数据库原理与应用
MySQL版

许薇　黄灿辉　主编

刘云香　郑冬花　林树青　贺琳　副主编

清华大学出版社
北 京

内容简介

本书基于 MySQL 9.0，系统介绍了数据库技术的原理和应用方法。全书结构合理、重难点突出，符合教学和读者的认知规律。本书包括数据库系统概念、数据库操作、数据库优化和管理、数据库设计和数据库编程 5 篇 17 章，内容循序渐进，环环相扣，强化知识脉络，案例实用、丰富。每篇提供思维导图，可帮助读者系统了解章节的知识架构；每章后面附有习题，可帮助读者巩固所学知识。

本书具有丰富的配套资源，包括实验资源、教学课件等，读者可以从相关网站下载。本书还可与学习通网站的"数据库原理与应用"课程实验配套使用。

本书可作为高等学校计算机及相关专业"数据库原理与应用"课程的教材，也可供从事计算机软件工作的科技人员、工程技术人员及其他有关人员参考。

图书在版编目（CIP）数据

数据库原理与应用：MySQL 版/许薇，黄灿辉主编. -- 北京：清华大学出版社，2025.9. -- ISBN 978-7-302-70341-9

Ⅰ. TP311.132.3

中国国家版本馆 CIP 数据核字第 2025DT1744 号

责任编辑：刘向威　李薇濛
封面设计：文　静
责任校对：王勤勤
责任印制：宋　林

出版发行：清华大学出版社
　　　　网　　　址：https://www.tup.com.cn，https://www.wqxuetang.com
　　　　地　　　址：北京清华大学学研大厦 A 座　　　　　邮　　编：100084
　　　　社 总 机：010-83470000　　　　　　　　　　　　邮　　购：010-62786544
　　　　投稿与读者服务：010-62776969，c-service@tup.tsinghua.edu.cn
　　　　质量反馈：010-62772015，zhiliang@tup.tsinghua.edu.cn
　　　　课件下载：https://www.tup.com.cn，010-83470236
印 装 者：三河市铭诚印务有限公司
经　　销：全国新华书店
开　　本：185mm×260mm　　　　印　　张：26.5　　　　字　　数：648 千字
版　　次：2025 年 9 月第 1 版　　　　　　　　　　　　　印　　次：2025 年 9 月第 1 次印刷
印　　数：1～1500
定　　价：79.00 元

产品编号：109088-01

前　言

　　数据库及其相关技术在计算机应用中非常活跃、发展迅速、应用领域广泛。随着物联网、云计算、移动互联、社交媒体等信息技术的飞速发展，数据资源急剧膨胀。如何解决实际工作中的数据资源管理的相关技术问题，是当前数据库课程的主要教学内容。

　　在国家大数据战略背景下，面对科技革命和产业革命，依托"新工科"特色人才培养模式，面向不同领域、不同专业培养数据库复合应用型人才，开展数据库类教材建设尤为重要。

　　本书主编于 2009 年带领教学团队从事行业类、计算机类和非计算机类专业"数据库"教学改革和教材建设工作，所编写的《数据库原理与应用》教材在近 16 年间 3 次再版。教材编写团队成员在超星学习网站上线了开放课程，该课程在 2024 年被评为校级一流建设课程。

本书特点

　　（1）本书立足"新工科"背景下的应用型人才培养需要，打造以数据库技术市场应用为主线的知识结构。

　　（2）本书以数据库原理、体系结构、新技术为基础支撑，以数据库操作、设计、运维管理和编程等数据库技术应用场景为知识结构的主线，支撑"工程知识运用""数据建模和操作问题分析""数据库设计及管理方案求解""团队协作开发"等人才培养目标达成。

　　（3）本书紧跟数据库技术发展，立足"自主可控"开源软件教学需要，基于 MySQL 9.0 组织相关知识，但不拘泥于 MySQL 9.0 数据库管理系统，部分内容兼容 MySQL 5 和其他主流关系数据库管理系统，方便各类高等学校和从业人员使用。

　　（4）本书通过"一题多解""语句模式分析""数据库设计案例驱动""技术适用场景研讨分析"等强化训练，助力读者数据库关键能力的养成，为数据库研发和科学研究奠定基础。

　　（5）本书突破传统教材模式，搭建以教材为核心，满足开源教育理念的教学生态资源平台，促进教材持续改进；充分吸纳新的教学手段，在学习通平台开发了理论和实践操作视频、实验任务指导，教学课件、习题参考答案和课程设计等服务资源，方便不同受众结合学习和工作需要，个性化定制和选择所需的配套教学资源。

本书使用指南

本书不仅包含数据库原理和技术的内容，还包含 MySQL 的使用方法。授课教师选用本书讲解时，可按照培养方案中规定的学时和知识点要求进行筛选或让学生自行学习。实验部分详细的知识点讲解与图形化操作界面，使得读者通过实验指导部分也可以巩固知识点。下面针对学时分配的两种情况给出建议。

教 学 内 容	理 论 学 时	实 验 学 时	理 论 学 时	实 验 学 时
数据库系统概念	4		4	
数据库操作	14	8	10	6
数据库优化和管理	10	8	8	6
数据库设计	12		10	
数据库编程	8		4	
共　计	64 学时(48＋16)		48 学时(36＋12)	

本书由许薇统稿并编写了各篇的思维导图、第 1、2 章和实验 1～6 内容；第 3～6 章由黄灿辉编写；第 7、8 章由贺琳编写；第 9、10、17 章和实验 7 由郑冬花编写；第 11～14 章由刘云香编写；第 15、16 章由林树青编写。

为了方便读者学习，每章后面附有习题，以便学生能够更好地理解理论知识。为配合课程的教学需要，本书为教师配有习题参考答案。

本书在编写过程中参考了大量优秀的数据库类教材和参考文献资料，在此向这些教材和文献的作者表示诚挚的谢意，并向广州商学院给予本书的经费支持表示感谢。由于编者水平有限，本书难免会有不足之处，恳请广大读者批评指正。

编　者

2025 年 8 月

目　录

第一篇　数据库系统概念

第二篇 数据库操作

第3章 SQL 的基本概念和 MySQL 简介 /49

第4章 数据库的创建和管理 /62

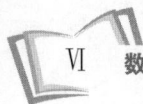

第三篇　数据库优化和管理

第 7 章　视图和索引　　/157

第 8 章　数据库安全性管理　　/176

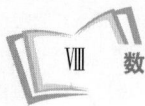

第四篇 数据库设计

第 11 章 数据库设计概述及需求分析 /243

第 14 章　数据库物理结构设计、实施和运行维护　　/294

第五篇　数据库编程

第 15 章　存储过程与存储函数　　/305

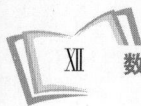

第 一 篇

数据库系统概念

思维导图

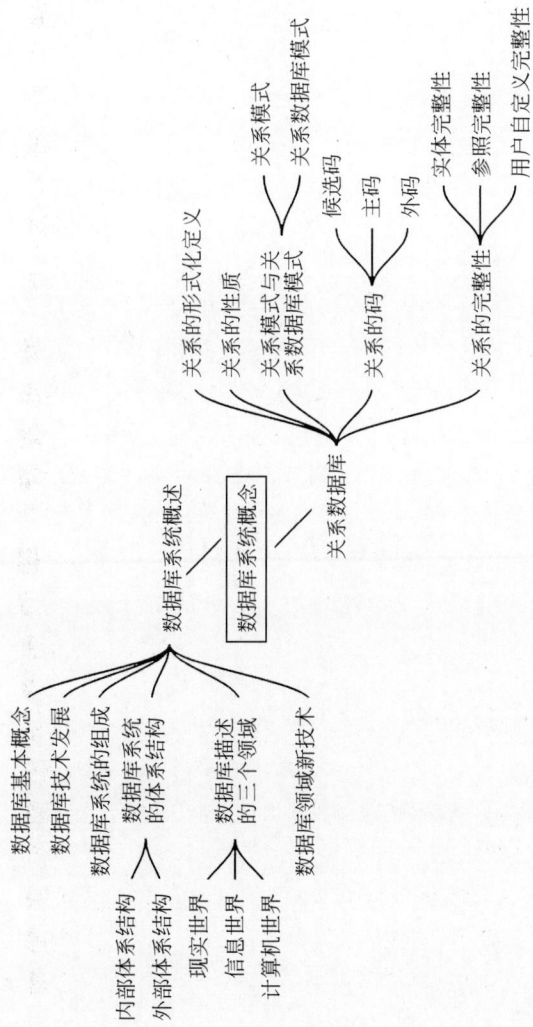

数据库基本概念
数据库技术发展
数据库系统的组成
数据库系统
的体系结构
现实世界
信息世界
计算机世界
数据库领域新技术

内部体系结构
外部体系结构

数据库描述
的三个领域

数据库系统概述

数据库系统概述

关系数据库

关系的形式化定义
关系的性质
关系模式与关
系数据库模式
关系模式
关系数据库模式
关系的码
候选码
主码
外码
关系的完整性
实体完整性
参照完整性
用户自定义完整性

第1章

数据库系统概述

本章介绍数据库基本概念,数据库技术的3个发展阶段及其特点,数据库系统的组成,数据库系统的体系结构,现实世界、信息世界与计算机世界及有关概念,以及数据库领域的新技术。

通过本章的学习,应达到如下目标:

- 理解数据和信息的概念,理解数据处理和数据管理的关系;
- 掌握数据库技术的发展阶段及其优缺点;
- 掌握数据库系统的组成,数据库管理系统的作用;
- 掌握数据库系统的内部和外部体系结构;
- 掌握现实世界、信息世界与计算机世界的概念;
- 了解数据库领域的新技术。

1.1 数据库基础概念和数据库技术发展

PPT 课件

随着计算机技术的进步,数据库系统已经成为现代社会人们日常生活的重要组成部分。在每天的工作和学习中,人们经常与数据库系统打交道,如学生们在网上选课、预订火车票或飞机票,在图书馆利用网站查找图书资料,网上购物等。计算机中的数据越来越多,因此,人们对数据管理、数据共享的要求也越来越高,能够统一管理和共享数据的数据库系统应运而生。

1.1.1 数据库基本概念

数据、数据库、数据库管理系统、数据库系统和数据库应用系统是与数据库技术密切相关的五个基本概念。

1. 数据(data)

数据是数据库的核心,是数据处理的最基本的单位。数据不仅是阿拉伯数字符号(例如0、120、56.78),还是对现实世界存在的万物的抽象表达。人们使用超文本和纯文本的符号来表示它们,形成了动态和静态的属性特征符号集合,这些集合包括数字、文字、图形、声音等多种形式,它们都可以经过数字化后存入计算机,所以我们把描述事物的符号记录称为数据。

数据要能够真正完全表达其内容,是和其语义分不开的。数据的语义就是指对数据的解释。因此数据和关于数据的解释是不可分的。数据的解释是指对数据含义的说明,数据的含义称为数据的语义。在日常生活中经常会看到许多数据,如65,如果单纯看这个数字,能看出来是表示什么的吗？如果把这个数据作为某个学生成绩的解释,是 65 分;如果把这个数据作为某人体重的解释,是 65kg,所以数据和关于这个数据的解释是分不开的。

在日常生活中,人们可以直接用自然语言来描述事物,如张小艺同学,女,20 岁,广东省广州市人,数据库原理的成绩是 65 分,在计算机中常常这样来描述:

(张小艺,女,20,广东省广州市,65)

即把学生的姓名、性别、年龄、出生地与数据库原理的考试成绩组织在一起,组成一条记录。这里,学生的记录是描述学生的数据,这样的数据是有结构的,记录是计算机存储数据的一种方法。

数据是反映客观事物属性的记录,任何事物的属性都是通过数据来表示的。数据经过加工处理之后成为信息。而信息必须通过数据才能传播,才能对人类产生影响。

数据处理是对各种类型的数据进行收集、存储、分类、计算、加工、检索和传输的过程。信息＝数据＋处理,如图 1.1 所示。

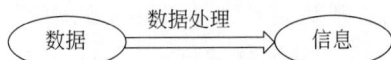

数据 ——数据处理——> 信息

图 1.1　数据处理过程

数据经过处理后,其表现形式仍然是数据。处理数据的目的是更好地解释数据。只有经过解释,数据才有意义。因此,信息是经过加工以后,对客观世界产生影响的数据。对同一数据,每个信息接受者的解释可能不同,对其决策的影响也可能不同。决策者利用经过处理的数据做出决策,可能取得成功,也可能得到相反的结果,关键在于对数据的解释是否正确,这是因为不同的解释往往来自不同的背景和目的。

数据是区别客观事物的符号;信息是关于客观事实的属性反映。

数据和信息之间的关系:对数据加工处理之后所得到的并对决策产生影响的数据才是信息。如天气预报,如果不改变你明天出行的决策行为,它就只是数据;如果改变了你明天出行的决策行为,它才成为信息。

可以看出,如果没有数据和信息,知识就难以发挥作用。数据和信息的获取相对比较简单,而只有知识能够帮助解决问题。

2. 数据库(database,DB)

数据库,通俗地讲,就是指存放数据的仓库,其确切的含义是存储在计算机内的、有组织的、大量的、可共享的数据和数据对象(如表、视图、存储过程和触发器等)的集合。这种集合按一定数据模型(或结构)组织、描述和储存,同时能以安全和可靠的方法进行数据的检索和存储。

数据库的特点是永久存储,能够被各种用户共享,具有最小的冗余度,数据间有密切的联系但又有较高的独立性。

3. 数据库管理系统(database management system,DBMS)

数据库管理系统是位于用户和操作系统之间的一层数据管理软件,为用户和应用程序提供访问数据的方法。DBMS 是一种操纵和管理数据库的系统软件,是数据库系统的核心。DBMS 对数据库进行统一的管理和控制,以保证数据库的安全性和完整性。用户通过DBMS 访问数据库中的数据,数据库管理员也通过 DBMS 进行数据库的维护工作。DBMS

扮演管家的角色,可使多个应用程序和用户使用不同的方法同时或在不同时刻建立、修改和查询数据库。它使用户能方便地定义和操纵数据,维护数据的安全性和完整性,以及进行多用户下的并发控制和恢复数据库。例如,当今的数据库管理系统,大型的有 Sybase、Oracle;中型的有 Microsoft SQL Server、Informix;小型的有 Microsoft Access、Visual FoxPro 等。

数据库管理系统按功能可分为 6 个主要部分。

1）数据定义功能

DBMS 提供数据定义语言(data definition language,DDL),定义数据的模式、外模式和内模式三级模式结构,定义模式/内模式和外模式/模式二级映像,定义有关的约束条件。例如,为保证数据库安全而定义用户口令和存取权限,为保证正确语义而定义完整性约束规则等。再如 DBMS 提供的结构化查询语言(structured query language,SQL)提供 CREATE、DROP、ALTER 等语句,可分别用来建立、删除和修改数据库。用 DDL 定义的各种模式需要由相应的模式翻译程序转换为机器内部代码表示形式,保存在数据字典(data dictionary,DD)中。数据字典是 DBMS 存取数据的基本依据。

2）数据操纵功能

DBMS 提供了数据操纵语言(data manipulation language,DML),实现对数据库的基本操作,包括检索、更新(包括插入、修改和删除)等。例如 DBMS 的数据操纵语言 DML 提供查询语句(SELECT)、插入语句(INSERT)、修改语句(UPDATE)和删除语句(DELETE),可分别实现对数据库中数据的查询、插入、修改和删除操作。

3）数据库运行管理功能

对数据库的运行进行管理是 DBMS 的核心功能。DBMS 对数据库的控制主要通过以下四方面实现。

（1）数据的安全性(security)控制。数据的安全使用是十分重要的,为了保证数据的安全,防止数据的丢失、泄密和损坏,每个用户只能按规定,对数据库中的一部分数据进行操作。例如,DBMS 通过口令检查用户身份或用其他手段验证用户身份,防止非法用户使用系统。DBMS 也可以对数据的存取权限进行限制,用户只能按所具有的权限对指定的数据进行相应的操作。

（2）数据的完整性(integrity)控制。数据库设计时要考虑数据的完整性,才能确保数据的准确性、有效性和相容性。系统提供了一系列存取方法来进行完整性检查,将数据控制在有效的范围内,并保证数据之间满足一定的关系,例如通过设置一些完整性规则等约束条件,确保数据的准确性、有效性和相容性。准确性是指数据的合法性,例如课程的课时属于数值型数据,不能含有字母或特殊符号。有效性是指数据是否在其定义的有效范围内,例如成绩不能是负数。相容性是指表示同一事实的两个数据应相同,否则就不相容,例如一位教师不能属于两个院系。

（3）并发控制(concurrency)。并发控制是指多个用户的并发进程同时存取、修改数据库时,可能会发生数据丢失、读"脏"数据以及数据的不一致性,因此必须对多用户的并发操作加以控制和协调。例如,要买广州到北京 G78 车次的火车票,只剩下一张票,但同时有甲和乙两个人要购买车票。由于两人同时操作,那么这两个进程将都看到还剩下一张票,结果会造成一张票卖给了两个人。因此,为防止这类错误发生,应对并发操作加以控制和协调。多个用户同时存取或修改数据库时,DBMS 可避免由于相互干扰而提供给用户不正确的数

据,并防止数据库受到破坏。

(4)数据恢复(recovery)。有时,计算机系统的硬件、软件故障以及故意的破坏都会影响数据库中数据的正确性,甚至造成数据库部分或全部数据的丢失。这时候,数据库系统应具有恢复能力,把数据库从错误状态恢复到某一已知的正确状态,这就是数据库的恢复功能。DBMS有能力将数据库从错误状态恢复到最近某一时刻的正确状态。

4)数据库的建立和维护功能

数据库的建立包括数据库的初始数据装入与数据转换等。数据库的维护包括数据库发生故障时,确保数据能够转储、恢复和重组织,同时具有系统性能监视、分析等功能,有效地恢复发生故障而丢失或受破坏的数据。

5)数据库的传输功能

DBMS提供与其他软件系统进行通信的功能。DBMS提供了与其他DBMS或文件系统的接口,从而使该DBMS能够将数据转换为另一个DBMS或文件能接受的格式,或者可接收其他DBMS或文件系统的数据,实现用户程序与DBMS、DBMS与DBMS、DBMS与文件系统之间的通信,通常这些功能需要操作系统协调完成。

6)数据的组织、存储和管理功能

DBMS负责对数据库中需要存放的各种数据(如数据字典、用户数据、存取路径等)进行组织、存储和管理,确定以何种文件结构和存取方式物理地组织这些数据,以提高存储空间利用率和对数据库中数据进行增加、删除、查询、修改等操作的效率。

4. 数据库系统(database system,DBS)

数据库系统由数据库、数据库管理系统、应用系统、数据库管理员和用户组成,其中数据库管理系统是数据库系统的核心。数据库系统是实现有组织地、动态地存储大量关联数据,方便多用户访问的,由计算机软件、硬件和数据资源组成的系统,即采用了数据库技术的计算机系统。

数据库系统的特点有:数据结构化存储,数据的共享性好,数据的独立性好,数据存储粒度小,并且数据管理系统为用户提供了友好的接口。

5. 数据库应用系统(database application system,DBAS)

数据库应用系统是指由系统开发人员利用数据库系统资源开发出来,面向某一类实际应用的应用软件系统,如教务管理系统、招生管理系统、工资管理系统等,如图1.2所示。

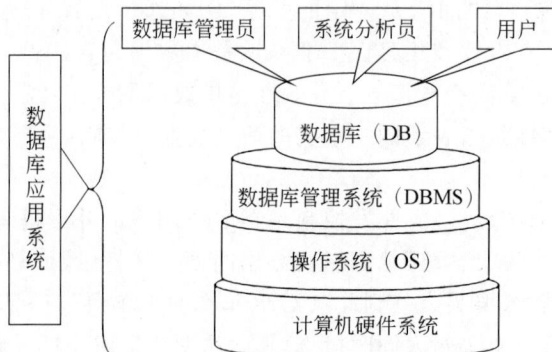

图1.2　数据库应用系统

1.1.2 数据库技术发展

数据库管理技术的发展主要经历了如下三个不同的发展阶段：人工管理阶段、文件系统阶段和数据库系统阶段。目前新兴的数据库管理技术还有面向对象技术等方面。

1. 人工管理阶段

自从第一台电子计算机诞生以来，计算机的主要任务是科学计算。用户用机器指令编码，通过纸带输入程序和数据，程序运行完毕后，用户取走纸带和运算结果，再让下一用户上机操作。当时没有操作系统，更没有相应的数据管理的软件。在20世纪50年代中期以前，计算机主要用于科学计算，在硬件方面只有卡片、纸带和磁带，没有磁盘等直接存取设备，数据处理方式是人工批处理；在软件方面也没有操作系统和数据库管理软件。在人工管理阶段，应用程序与数据之间是一一对应的关系，如图1.3所示，其数据具有如下特点。

(1) 数据不进行保存。

(2) 没有专门的应用程序进行数据管理。

(3) 没有数据共享的功能。一组数据只能对应一个程序。当多个应用程序涉及某些相同的数据时，由于必须各自定义，无法互相利用、互相参照，因此程序与程序之间有大量的冗余数据。

(4) 不具备数据的独立性。当数据的结构发生变化时，对应的程序必须进行修改。

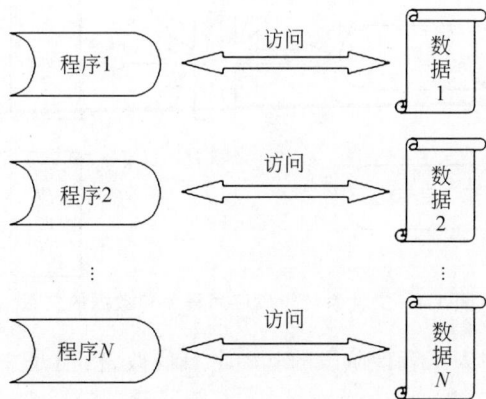

图 1.3 人工管理阶段程序和数据之间的对应关系

2. 文件系统阶段

20世纪50年代后期到60年代中期，计算机应用范围逐渐扩大，不仅用于科学计算，还大量用于信息管理。随着数据量的增加，数据的存储、检索和维护成为紧迫的需求。伴随着存储技术的发展，硬件方面，计算机有了磁带、磁盘、磁鼓等直接存取存储设备；软件方面，为了方便用户使用计算机，提高计算机系统的使用效率，产生了以操作系统为核心的系统软件，以有效地管理计算机资源。文件是操作系统管理的重要资源之一，而操作系统提供了文件系统的管理功能。

在文件系统中，数据以文件形式组织与保存。文件是一组具有相同结构的记录的集合。记录是由某些相关数据项组成的。数据组织成文件以后，就可以与它的程序相分离而单独存在。数据按其内容、结构和用途的不同，可以组织成若干不同命名的文件；处理方式方面，

不仅有了批处理,而且能够进行联机实时处理。

文件一般为某一用户(或用户组)所有,但也可供指定的其他用户共享。文件系统还为用户程序提供一组管理与维护文件的操作或功能,包括对文件的建立、打开、读/写和关闭等。应用程序可以调用文件系统提供的操作命令来建立和访问文件,应用系统就成了用户程序与文件之间的接口。

文件系统管理数据有如下特点。

(1)数据独立保存。计算机存储设备的出现,使得数据可以长期独立保存,相比人工管理阶段的管理有了很大的进步。计算机程序员可以根据需要执行修改、查询和插入等操作。

(2)用专门的数据管理软件来管理数据。由于文件系统为程序和数据之间提供了公共通道,应用程序可以统一地存取和操作数据,但是也存在数据冗余。

(3)文件的组成形式丰富。由于可以长期存储文件,文件组织形式出现了索引文件、直接存取文件、链接文件等多种类型。由于产生的文件类型增多,数据的访问形式也多种多样了。应用程序与数据之间的关系如图 1.4 所示。

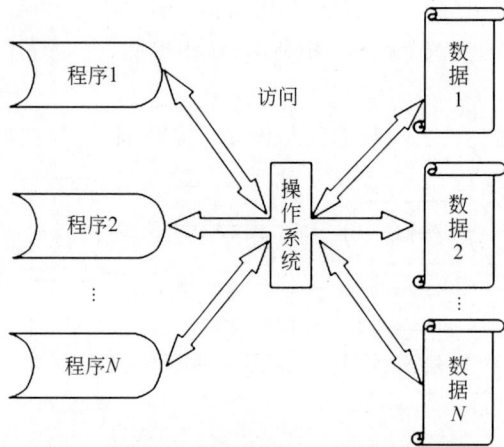

图 1.4　文件系统阶段应用程序和数据的关系

虽然文件系统阶段在人工管理阶段的基础上有所改进,但是一些根本的问题仍然没有彻底解决,主要表现在以下几方面。

(1)数据独立性差。由于数据的存取在很大程度上仍然依赖于应用程序,不同程序难以共享同一类型数据,一旦某一个数据的逻辑结构改变,必须修改应用程序,修改文件结构的定义,因此数据与程序之间仍缺乏独立性。

(2)数据共享性差,冗余度大。在文件系统中,没有一个统一的模型约束数据的存储,文件和应用程序之间还是形成一对一形式的联系,即使不同的应用程序具有部分相同的数据,也必须建立各自的文件,而不能共享相同的数据,因此仍然有较高的数据冗余,这就会导致在更新数据时造成数据的不一致,降低了数据的准确性。

(3)数据不一致性。这通常是由数据冗余造成的。由于相同数据在不同文件中重复存储、各自管理,对数据进行更新操作时,不但浪费磁盘空间,而且也容易造成数据的不一致性。

(4)数据间的联系弱。文件与文件之间是独立的,文件间的联系必须通过应用程序来构造。因此,文件系统只是一个没有结构的数据集合,不能反映现实世界事物之间的内在联系。

3. 数据库系统阶段

20世纪60年代后期以来,随着社会的多元素对象出现,数据的需求形式、种类及数据量越来越大。从硬件技术来看,计算机存储设备的容量增大,并且价格便宜,为数据库技术的产生提供了坚实的物质基础;从软件技术来看,高级程序设计语言的出现使操作系统的功能进一步增强;在处理方式上,联机实时处理要求更多,并且也出现了分布处理。为了解决多用户、多应用共享数据的要求,数据库技术应运而生,出现了统一管理数据的专门软件系统——数据库管理系统(database management system,DBMS),如图1.5所示。

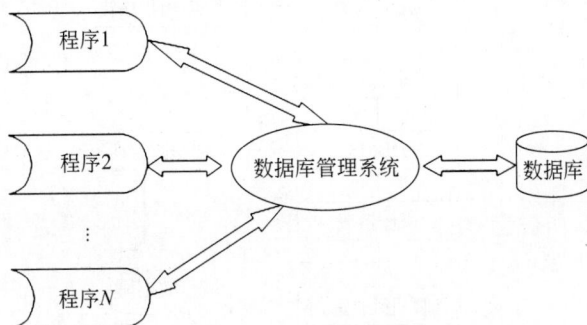

图 1.5　数据库系统阶段程序和数据的关系

数据库系统阶段的特点如下。

(1)数据结构化。采用数据模型表示复杂的数据结构,对所有的数据进行统一、集中、独立的管理。数据库系统实现了整体数据的结构化,这是数据库的主要特征之一,也是数据库系统与文件系统的本质区别。

(2)数据的共享性高,冗余度低,可扩展性和可移植性强。数据可以被多个用户、多个应用共享使用。数据共享可以减少数据冗余。

(3)数据独立于程序。数据独立性是数据库系统的最重要的目标之一,它能使数据独立于应用程序。数据独立性包括数据的物理独立性和逻辑独立性。

逻辑独立性是指用户的应用程序与数据库的逻辑结构是相互独立的,当数据的逻辑结构(如修改数据定义、增加新的数据类型、改变数据间的关系等)发生改变时,用户程序不必做修改,可以通过外模式/模式映射来实现,这就简化了应用程序的编制,大幅减少了应用程序的维护和修改工作。

物理独立性是指数据的存储结构与存取方法独立,也就是数据在磁盘上的存储由数据库管理系统来管理,用户程序不需要了解。应用程序要处理的只是数据的逻辑结构,这样当数据的物理存储改变时,应用程序无须改变。物理独立的好处是,即使数据的物理存储设备更新了,物理表示及存取方法改变了,数据的逻辑模式也可以不改变。

(4)数据库系统具有统一管理和控制功能,这些功能确保了数据的完整性、一致性和安全性。数据库系统还为用户管理、控制数据的操作提供了丰富的操作命令。

1.2 数据库系统的组成和分类

1.2.1 数据库系统的组成

数据库系统由支持数据库运行的软硬件、数据库、数据库管理系统(及其开发工具)、应用程序、数据库管理员和用户组成,如图 1.6 所示。

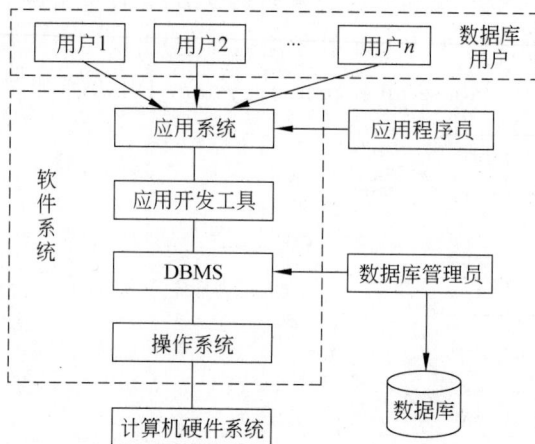

图 1.6 数据库系统的部分组成示意图

1. 数据库系统的硬件平台及软件

1) 硬件平台

由于数据库系统数据量大,并且 DBMS 的功能日益丰富,规模不断扩大,因此要求硬件有足够大的内存空间和足够大的磁盘空间;要求系统有较高的通信能力,以提高数据传送率。数据库系统对硬件资源的要求较高,列举如下:

(1) 足够大的内存,用于存放 OS、DBMS 的核心模块、数据缓冲区和应用程序。

(2) 有足够大的磁盘(或磁带)等直接存取设备存放数据库。

(3) 要求系统有较高的通道能力,以提高数据传送率。

2) 软件

主要包括操作系统、数据库管理系统、各种高级语言和应用开发支持软件。

(1) 操作系统。操作系统软件的主要任务是支持 DBMS 的运行。

(2) 数据库管理系统。DBMS 是数据库中专门用于数据管理的软件,主要任务是为数据库的建立、使用和维护提供配置。

(3) 高级语言和应用开发工具。应用开发支持软件是为应用开发人员和最终用户提供的高效率、多功能的工具集合,包括数据库接口、编译系统、应用生成器、第四代语言等。它们为数据库系统的开发和应用提供了良好的环境,并支持针对特定应用环境开发定制化的数据库应用系统。

2. 数据库

数据库是存储在计算机内的、有组织的、可共享的数据和数据对象的集合。它是一个结构化的数据集合,主要通过综合各个用户的文件,除去不必要的冗余,使之相互联系而形成一定的数据结构。

3. 数据库用户

开发、管理和使用数据库系统的人员主要是数据库管理员、系统分析员和数据库设计人员、应用程序员和用户。不同的人员涉及不同的数据抽象级别,具有不同的数据视图。

1) 数据库管理员(database administrator,DBA)

在数据库系统环境下,有两类共享资源,一类是数据库,另一类是数据库管理系统软件。DBA 是这个环境中的一个(组)人员,负责全面管理和控制数据库系统。其具体职责包括决定数据库中的信息内容和结构;设计与定义数据库系统;帮助最终用户使用数据库系统;决定数据库中的信息内容和结构;定义数据的安全性要求和完整性约束条件;监督与控制数据库系统的使用和运行;改进和重组数据库系统,调整数据库系统的性能。

2) 系统分析员和数据库设计人员

系统分析员负责应用系统的需求分析和规范说明,要和用户及 DBA 相结合,确定系统的硬件和软件配置,并参与数据库系统的概要设计。数据库设计人员负责数据库中数据的确定,数据库各级模式的设计。数据库设计人员必须参加用户需求调查和系统分析,然后再进行数据库设计。

3) 应用程序员

负责设计和编写应用系统的程序模块,并进行调试和安装。

4) 用户

最终用户通过应用系统的用户接口使用数据库。常用的接口方式有浏览器、菜单驱动、表格操作、图形显示、报表书写等,给用户提供了简明直观的数据表示。

1.2.2　数据库系统的分类

数据库在现代社会的应用越来越广泛,我们在日常生活中可能会接触到各种各样的数据库类型。数据库系统主要分为关系数据库、非关系数据库、面向对象数据库、分布式数据库、时序数据库等几种类型。其中,关系数据库是目前应用最广泛的一种数据库系统,它基于关系模型来组织数据。

1. 关系数据库

关系数据库(RDBMS)是最常见和广泛使用的数据库类型之一。它们使用表格来存储数据,表格由行和列组成。关系数据库具有强大的数据一致性和完整性,并支持复杂的查询操作。

1) 特点

(1) 数据存储在表格中。每个表格由行和列组成,行表示记录,列表示字段。

(2) 使用 SQL 进行查询。SQL(结构化查询语言)是一种用于管理和查询关系数据库的标准语言。

(3) 支持事务。事务是一组操作,数据库系统确保这些操作要么全部完成,要么全部不完成。

2) 常见的关系数据库

(1) MySQL。开源的关系数据库管理系统,广泛应用于中小型企业。

(2) PostgreSQL。功能强大的开源关系数据库,支持复杂查询和大规模数据处理。

（3）Oracle。商业化的关系数据库管理系统,性能和安全性高,适用于大型企业。

（4）SQL Server。微软开发的关系数据库管理系统,集成度高,适用于 Windows 平台。

2. 非关系数据库

非关系数据库(NoSQL)是一种不使用传统表格结构存储数据的数据库。它们可以存储各种类型的数据,如文档、键值对、列族、图形等。非关系数据库通常具有高度的可扩展性和灵活性,适合处理大量的非结构化数据。

1）特点

（1）灵活的数据模型。不需要预定义表结构,可以存储各种类型的数据。

（2）高性能。设计用于处理大规模数据和高并发访问。

（3）水平扩展。通过增加更多的服务器来扩展数据库容量和性能。

2）常见的非关系数据库

（1）MongoDB。基于文档存储的 NoSQL 数据库,适用于存储复杂的结构化数据。

（2）Cassandra。分布式 NoSQL 数据库,擅长处理大规模数据和高并发访问。

（3）Redis。内存中的键值存储数据库,适用于高速缓存和实时数据分析。

（4）Couchbase。混合文档和键值存储的 NoSQL 数据库,适用于需要高性能和高可用性的应用。

3. 面向对象数据库

面向对象数据库(OODBMS)将对象的概念引入数据库中,可以直接存储和操作对象。对象可以是真实世界中的实体,如人、车辆等;也可以是抽象的概念,如订单、发票等。面向对象数据库支持面向对象的编程模型,并且具有较好的数据封装性和继承性。一些流行的面向对象数据库包括 Db4o 和 Versant。

1）特点

（1）对象存储。数据以对象的形式存储,支持复杂数据结构和关系。

（2）与面向对象编程语言集成。无缝集成面向对象编程语言,简化数据模型和代码之间的映射。

（3）事务支持。支持事务管理,确保数据的一致性和完整性。

2）常见的面向对象数据库

（1）ObjectDB。Java 开发的对象数据库,支持 JPA 和 JDO 标准。

（2）Db4o。开源的对象数据库,支持多种编程语言(如 Java、.NET)。

（3）Versant。商用对象数据库,适用于高性能、高可用性应用。

（4）GemStone/S。面向 Smalltalk 语言的对象数据库,适用于复杂数据模型和高性能应用。

4. 分布式数据库

分布式数据库是由多个相互连接的计算机组成的数据库系统。它们将数据存储在不同的节点上,并允许并行处理和共享数据。分布式数据库可以提供更高的性能和可用性,以及更好的水平扩展性。

1）特点

（1）数据分布。数据存储在多个物理节点上,可以是地理上分散的多个数据中心。

（2）高可用性。通过复制和分区技术,确保系统高可用,即使某些节点发生故障也不影响整体运行。

（3）扩展性。通过增加更多的节点来扩展系统的存储容量和处理能力。

2）常见的分布式数据库

（1）Google Spanner。Google 开发的全球分布式数据库，提供强一致性和高可用性。

（2）Amazon DynamoDB。AWS 提供的分布式 NoSQL 数据库，支持自动扩展和高可用性。

（3）CockroachDB。开源的分布式 SQL 数据库，支持高可用性和水平扩展。

（4）TiDB。开源的分布式 SQL 数据库，兼容 MySQL 协议，适用于大规模数据处理。

5．时序数据库

时序数据库是一种专门用于存储和处理时间序列数据的数据库。时间序列数据是按时间顺序收集的数据，如传感器数据、日志记录等。时序数据库具有高效的数据写入和查询能力，并提供了专用的查询语言和功能。一些常见的时序数据库包括 InfluxDB、Prometheus 和 OpenTSDB。

1）特点

（1）时间序列数据存储。支持高效存储和查询时间序列数据。

（2）高写入性能。优化写入性能，能够处理大量的实时数据流。

（3）压缩和存档。提供数据压缩和存档功能，节省存储空间。

2）常见的时序数据库

（1）InfluxDB。开源的时序数据库，支持高性能的时间序列数据存储和查询。

（2）TimescaleDB。基于 PostgreSQL 的时序数据库，兼具关系数据库的特性和时序数据处理能力。

（3）OpenTSDB。基于 HBase 的分布式时序数据库，适用于大规模时序数据存储和分析。

（4）Prometheus。开源的监控系统和时序数据库，广泛应用于云原生环境中的监控和报警。

在实际应用中，选择合适的数据库系统非常重要。不同类型的数据库系统在处理数据的性能、扩展性、灵活性等方面各有特点，需要根据具体的应用场景和需求进行选择。例如，关系数据库适用于结构化数据和复杂查询的场景，非关系数据库适用于大规模数据和高并发访问的场景，分布式数据库适用于需要高可用性和水平扩展的场景，云数据库适用于需要弹性扩展和按需付费的场景，时序数据库适用于时间序列数据的存储和分析，对象数据库适用于面向对象编程的复杂数据模型。

在选择合适的数据库类型时，需要考虑以下五个因素。

（1）数据模型。根据数据的结构和需求，选择最适合的数据模型。

（2）性能需求。根据数据的读写频率、并发量等因素，选择具备良好性能的数据库。

（3）扩展性。若需要处理大规模数据或进行扩展，则应选择支持分布式的数据库。

（4）数据安全。根据数据的敏感性和合规要求，选择具备良好安全性能的数据库。

（5）成本考虑。考虑数据库的许可费用、维护成本等因素，选择适合预算的数据库。

1.3 数据库系统的体系结构

数据库系统的体系结构是数据库系统总的框架，从不同的角度可有不同的划分方式。

1.3.1 数据库系统的内部体系结构

在美国国家标准学会（American National Standards Institute, ANSI）1975 年公布的研究报告中，数据库系统内部体系结构从数据库管理系统的角度可分为三层，从外到内依次为外模式、模式和内模式。模式是所有数据库用户的公共数据视图，是数据库中全部数据的逻辑结构和特征的描述，如图 1.7 所示。

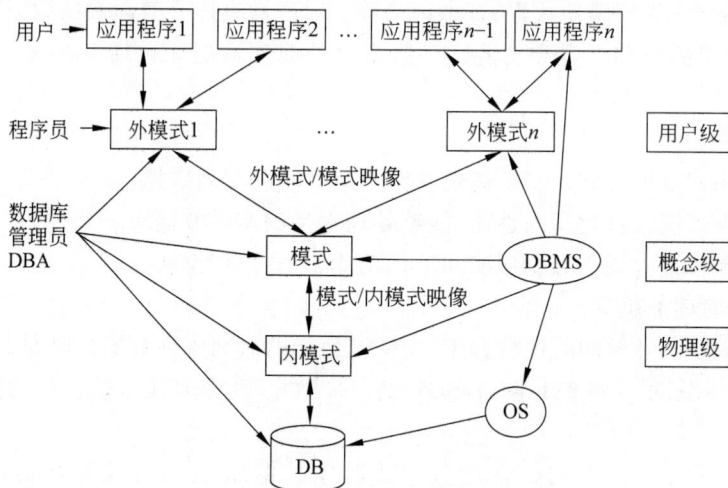

图 1.7 数据库系统体系结构

1. 数据库系统的三级模式结构

外模式、模式和内模式分别对应用户级、概念级和物理级，它们分别反映了看待数据库的三个角度。

1）模式

模式（schema）也称为概念模式（conceptual schema）或逻辑模式（logical schema），是数据库中全体数据的逻辑结构和特征描述，处于三级模式结构的中间层，不涉及数据的物理存储路径和硬件环境，与具体的应用程序、所使用的应用开发工具及高级程序设计语言无关。一个数据库只有一个模式，它是整个数据库数据在逻辑上的视图，是数据库的整体逻辑。

模式是数据库中全体数据的逻辑结构的描述，不涉及具体的值。例如，对于学生信息，可以定义其模式为：学生（学号，姓名，性别，年龄，专业，联系电话）。而（200905004，张欢，男，20，计算机，13596696669）是该模式的一个具体取值。

在数据库系统中，模式描述语言是用于定义和管理数据库三级模式（外模式、概念模式、内模式）的专用语言，通常由数据库管理系统（DBMS）提供，用于描述数据的逻辑结构、物理存储方式以及用户视图。使用数据定义语言（data definition language，DDL）定义用户外模式，即定义用户视图，描述用户可见的数据结构和访问权限、定义概念模式，即定义全局逻辑结构,描述实体、属性、关系及完整性约束;使用存储定义语言(storage definition language,SDL)定义物理存储细节,如文件组织、索引结构。部分 DBMS 通过 DDL 扩展或配置参数实现。

2) 外模式

外模式(external schema)也称为子模式(subschema)或用户模式(user schema),是三级模式结构的最外层,是与某一应用有关的数据的逻辑结构,它是数据库用户(包括应用程序员和最终用户)看见和使用的局部数据的逻辑结构和特征的描述,是数据库用户的数据视图。外模式通常是模式的子集,一个数据库可以有多个外模式。外模式是保证数据库安全性的一个有力措施。由于它是用户的数据视图,如果不同用户在应用需求、看待数据的方式、对数据保密的要求等方面存在差异,他们的外模式描述就是不同的,即虽然数据来自同一数据库,但在外模式中的结构、类型、长度、保密级等都可以不同。因此用户看到的结果是不同的,并且每个用户看到的结果是对应模式中的数据,数据库中的其余数据对他们来说是不可见的。

DBMS 提供外模式描述语言(data manipulation language,DML)对数据记录进行操作。

3) 内模式

内模式(internal schema)也称为存储模式(storage schema)或物理模式(physical schema),是三级模式结构中的最内层,也是靠近物理存储的一层,即与实际存储数据方式有关的一层。它是对数据库存储结构的描述,是数据在数据库内部的表示方式,例如,记录的存储方式是顺序存储、按照 B+树结构存储还是按 Hash 方法存储;索引按照什么方式组织;数据是否压缩存储,是否加密;数据的存储记录结构有何规定等。

综上所述,在数据库系统中,外模式可有多个,而模式、内模式只能各有一个。内模式是整个数据库实际存储的表示,而模式是整个数据库实际存储的抽象表示,外模式是逻辑模式的某一部分的抽象表示。

2. 数据库系统的二级映像

DBMS 在三级模式之间提供了二级映像的功能,实现上述三个抽象级别的模式联系和转换,保证了数据库系统较高的数据独立性,即逻辑独立性与物理独立性。

1) 外模式/模式映像

模式描述的是数据的全局逻辑结构,外模式描述的是数据的局部逻辑结构。数据库中的同一个模式可以有任意多个外模式,对于每一个外模式,都存在一个外模式/模式映像,它定义了该外模式与模式之间的对应关系。例如,在学生的逻辑结构"学生(学号,姓名,性别)"中添加新的属性"专业"时,学生的逻辑结构变为"学生(学号,姓名,性别,专业)",这些映像定义通常包含在各自外模式的描述中。由数据库管理员对各个外模式/模式映像做相应改变,这一映像功能保证了数据的局部逻辑结构不变(即外模式保持不变),从而保证了数据与应用程序间的逻辑独立性。

2) 模式/内模式映像

数据库中的模式和内模式都只有一个,所以模式/内模式映像是唯一的。它确定了数据的全局逻辑结构与存储结构之间的对应关系。存储结构变化时,如果采用了更先进的存储结构,就由数据库管理员对模式/内模式映像做相应变化,使其模式仍保持不变,即把存储结构变化的影响限制在模式之下。这使数据的存储结构和存储方法较好地独立于应用程序,通过映像功能保证数据存储结构的变化不影响数据的全局逻辑结构,从而不必修改应用程序,即保证了数据的物理独立性。

3. 数据库系统的三级模式和二级映像的优点

1)保证数据的独立性

将模式和内模式分开,保证了数据的物理独立性;将外模式和模式分开,保证了数据的逻辑独立性。

2)简化了用户接口

按照外模式编写应用程序或输入命令,不需要了解数据库内部的存储结构,方便用户使用系统。

3)有利于数据共享

在不同的外模式下可由多个用户共享系统中的数据,减少了数据冗余。

4)有利于数据的安全保密

在外模式下根据要求进行操作,只能对特定的数据操作,保证了其他数据的安全。

1.3.2 数据库系统的外部体系结构

数据库系统的外部体系结构是指数据库系统的整个体系的结构,是指数据库系统的组成构件(component)、各构件的功能及各构件间的协同工作方式。数据库系统是一个复杂系统,它的体系结构是建立在硬件平台基础上的。数据库系统的体系结构从用户的角度可分为单用户结构、主从式结构、分布式结构、客户机/服务器结构、浏览器/服务器结构等。

1. 单用户结构

单用户结构的数据库系统又称为桌面型数据库系统,其特点是将应用程序、DBMS 和

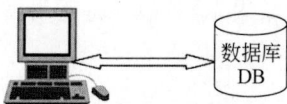

图 1.8 单用户结构

数据都装在一台计算机上,由一个用户独占使用,不同计算机间不能共享数据,如图 1.8 所示。

单用户结构使用起来方便,用户界面非常友好,独立性好,但是信息交换十分困难,资源共享和统一管理也十分困难,严重地限制了用户群的整体工作效率。当今有代表性的单一式体系结构数据库管理系统是 SQLite 和 Access。

2. 主从式结构

主从式结构的数据库系统是一个主机带多个终端的多用户结构,这种结构将操作系统、数据库系统(包括应用程序、DBMS、数据)都集中存放在主机上,事务处理都由主机来完成,终端只作为一种 I/O 设备。用户可以通过主机的终端并发地存取数据,共享数据资源,如图 1.9 所示。

主从式结构数据易于管理与维护,但是构建这种体系结构的成本高,而且当主机处理任务和请求过多时,网络负载很重,系统性能会大幅度下降,资源不能得到充分利用;一旦主机出现故障,整个系统都会处于瘫痪状态,因此系统的可靠性不高。

3. 分布式结构

分布式结构的数据库系统是在集中式数据库系统的基础上发展来的。分布式数据库是数据库技术与网络技术相结合的产物,在数据库领域已形成一个分支。它适应对地理上分散的用户群进行局部事务管理和控制的需求,也就是说网络中的节点都可以独立管理本地

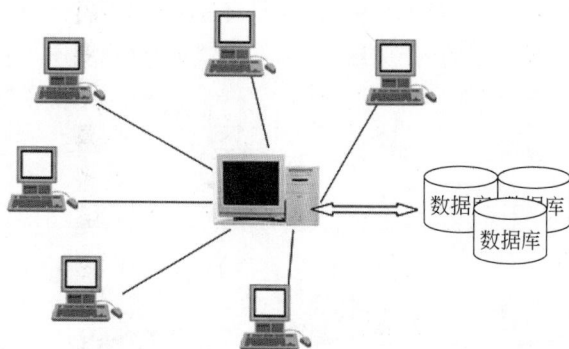

图 1.9 文件主从式体系结构

数据库中的数据。现在分布式结构的数据库系统已进入商品化应用阶段。分布式体系结构如图 1.10 所示。

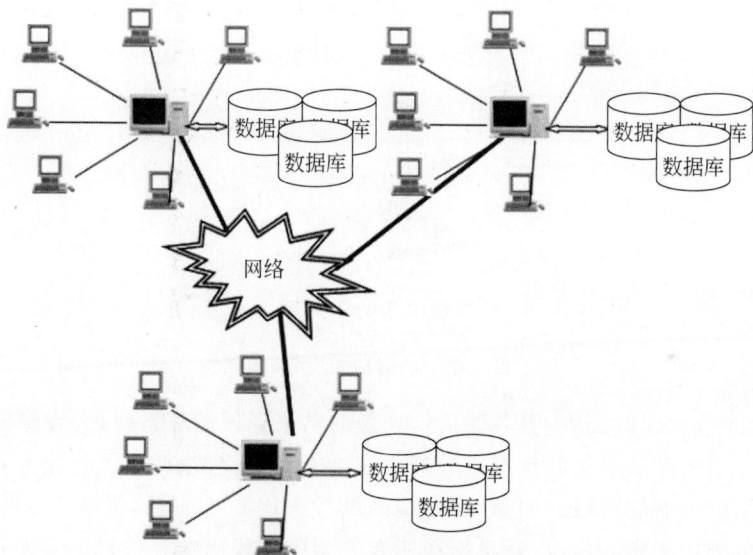

图 1.10 分布式体系结构

分布式结构的优点是体系结构灵活,数据不存储在同一个物理位置上,而是存储在计算机网络的多个物理位置上,也就是数据物理分布于各个场地,但逻辑上是一个整体,它们被所有用户(全局用户)共享,并由一个数据库管理系统统一管理,具有可靠性高、时效性强、局部应用速度快、扩展性好、易于集成现有系统,也易于扩充的优点;缺点是通信的系统开销较大、存取结构复杂、数据的安全性和保密性差。

4. 客户机/服务器结构

客户机/服务器(client/server,C/S)结构是近年来非常流行的一种分布式处理体系结构。其中,客户机是指运行用户服务请求程序,并将这些请求传送到服务器的计算机。服务器是指用于管理数据资源,并进行数据库处理的计算机。服务器响应并处理由客户机发出的请求,并将计算结果传送给客户机。

客户机负责管理用户界面、接收用户数据、处理应用逻辑;负责生产数据库服务请求,并将该请求发送给服务器,数据库服务器进行处理后,将处理结果返回给客户机,客户机将结果按一定格式显示给用户。因此,客户机/服务器模式又称为富客户机(rich client)模式,是一种两层结构。分布的和集中的客户机/服务器体系结构分别如图 1.11 和图 1.12 所示。

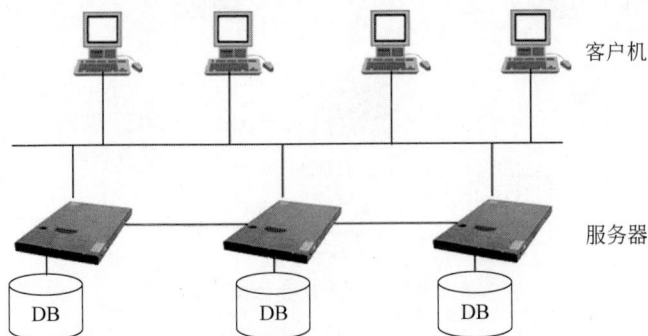

图 1.11　分布的客户机/服务器结构

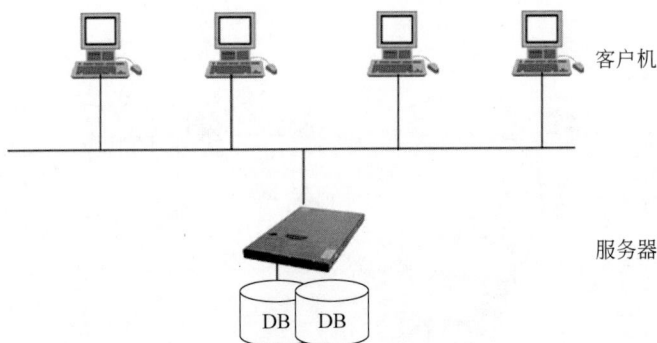

图 1.12　集中的客户机/服务器结构

C/S 结构的数据库系统中,服务器只将处理的结果返回给客户机,大大降低了网络上的数据传输量;应用程序的运行和计算机处理工作由客户机完成,减少了与服务器不必要的通信开销,减轻了服务器的负载。但是,这种结构维护升级很不方便,需要在每台客户机上安装客户机程序,应用程序一修改,就必须在所有安装应用程序的客户机上升级此应用程序。

5. 浏览器/服务器结构

浏览器/服务器结构(browser/server,B/S)的数据库系统如图 1.13 所示。客户机仅安装通用的浏览器软件,实现用户的输入/输出,应用程序不安装在客户机上,而是安装在介于客户机和数据库服务器之间的称为应用服务器的服务器上,即将客户机运行的应用程序转移到应用服务器上,这样,应用服务器就充当了客户机和数据库服务器的中介,架起了用户界面与数据库之间的桥梁。因此,浏览器/服务器模式又称为瘦客户机(thin client)模式,是一种三层结构。

网络间通过公共协议(TCP/IP)通信。Web 中的计算机可有两种角色:客户机(浏览器)、服务器。作为服务器,可以提供信息;作为客户机,可以浏览和请求信息。服务器与浏览器间通过 HTTP 交换信息。中间件负责管理 Web 服务器与数据库服务器间的通信,应用程序的业务计算和数据库访问。

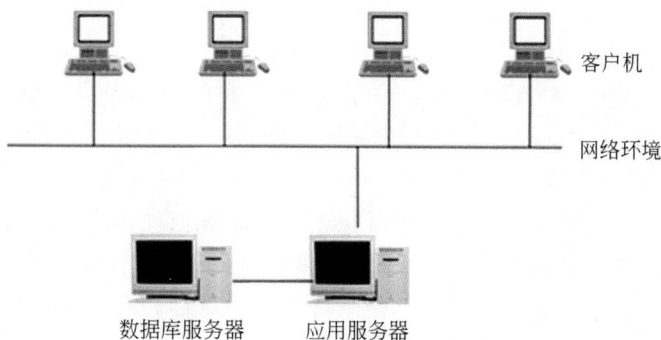

图 1.13　浏览器/服务器结构

1.4　数据库描述的三个领域

计算机信息管理的对象是现实生活中的客观事物,但这些事物是无法直接送入计算机的,必须进一步抽象、加工、整理成信息——计算机世界所能识别的数据模型,即数据模型(data model)。数据模型是对现实世界特征的模拟和抽象,它表现为一些相关数据的集合。用数据模型进行抽象和描述,一是能比较真实地模拟现实世界;二是容易理解;三是便于在计算机上实现;四是可以实现对现实世界的数据描述。这一过程经历了三个领域——现实世界、信息世界和计算机世界。客观事物是信息之源,是设计数据库的出发点,也是使用数据库的最终归宿,如图 1.14 所示。

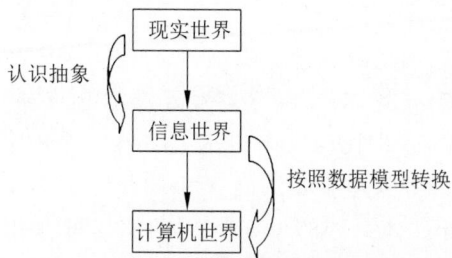

图 1.14　现实世界客观对象的抽象过程

1.4.1　现实世界

现实世界是客观存在的世界,其中存在各种事物及它们之间的联系,每个事物都有自己的特征或性质。人们总是选用感兴趣的、最能标识一个事物的若干特征来描述该事物。

例如,要描述一个学生,通常用学号、姓名、年龄、性别等来描述,通过这些特征就可以区分不同的学生。

现实世界中,事物之间是相互联系的,而这种联系可能是多方面的,但人们只选择那些感兴趣的联系,无须选择所有的联系。例如,“学生选择课程”这一联系可以表示学生和课程之间的关系。

1.4.2　信息世界

信息世界是现实世界在人们头脑中的反映,所反映的内容经过人脑的分析、归纳和抽象,形成信息;人们把这些信息进行记录、整理、归纳和分类后,就构成了信息世界。

信息世界涉及的主要概念如下。

(1) 实体(entity)。客观世界存在并可相互区别的事物称为实体。实体可以是具体的人、物、事件(如一场精彩的篮球比赛),也可以是抽象概念联系(如学生和系的隶属关系)等。

(2) 属性(attribute)。实体所具有的某一特性称为属性。一个实体可以由若干属性来描述。例如,在"学生管理系统"中描述的学生实体可以由学号、姓名、性别、所在系、入学时间等属性组成。

(3) 码(key)。唯一标识实体的属性称为码。例如,学号是学生实体的码(学号是唯一的,没有重复值)。

(4) 域(domain)。属性的取值范围称为该属性的域。例如,姓名的域为字符串的集合,年龄的域为小于30的整数,性别的域为男或女等。

(5) 实体集(entity set)。具有相同属性的类的实体集,例如学生实体集和教师实体集。

(6) 实体型(entity type)。具有相同属性的实体必然具有共同的特征和性质。用实体名及其属性名集合来抽象和刻画同类实体,就得到实体型。例如,学生(学号、姓名、性别、年龄、联系电话)就是一个实体型。

(7) 实体间联系(relationship)。在现实世界中,事物内部以及事物之间是有联系的,这些联系在信息世界中反映为实体(型)内部的联系和实体(型)之间的联系。两个实体型之间的联系可以分为3类。

① 一对一联系(1∶1)。如果对于实体集 A 中的每一个实体,实体集 B 中至多有一个(也可以没有)实体与之联系,反之亦然,则称实体集 A 与 B 具有一对一联系,记为1∶1。

例如,一个班级只有一个正班长,而一个班长也只在一个班中任职。

② 一对多联系(1∶n)。如果对于实体集 A 中的每一个实体,实体集 B 中有 n 个实体($n \geqslant 0$)与之联系;反之,对于实体 B 中的每一个实体,实体集 A 中至多只有一个实体与之联系,则称实体集 A 与 B 有一对多联系,记为1∶n。

例如,班级与学生、省与市之间的联系。

③ 多对多联系($m∶n$)。如果对于实体集 A 中的每一个实体,实体集 B 中有 n 个实体($n \geqslant 0$)与之联系;反之,对于实体 B 中的每一个实体,实体集 A 中有 m 个实体($m \geqslant 0$)与之联系,则称实体集 A 与 B 有多对多联系,记为 $m∶n$。

例如,学生与课程、教师与学生之间的联系。

实际上,一对一联系是一对多联系的特例,而一对多联系又是多对多联系的特例。

我们可以用图形来表示两个实体型之间的 3 种联系,如图 1.15 所示。

两个以上的实体型之间也存在一对一、一对多和多对多的联系。例如,对于课程、教师与参考书 3 个实体型,如果一门课程可以由若干名教师讲授,使用若干本参考书,而每一名教师只讲授一门课程,每一本参考书只供一门课程使用,则课程与教师、参考书之间的联系是一对多的联系。

单个实体型内部的各个实体之间存在的联系,也可以有一对一、一对多和多对多的联

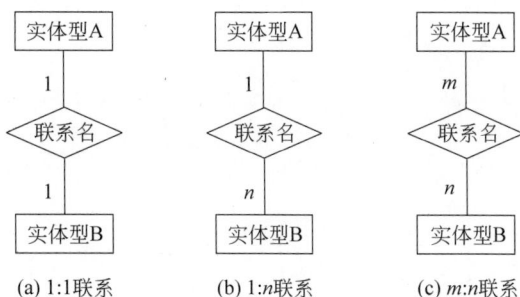

图 1.15　两个实体型之间的联系

系。例如,职工实体型内部具有领导与被领导的联系,即某一职工"领导"若干名职工,而一名职工仅被另外一名职工直接领导。职工实体型内部的这种联系,就是一对多的联系。

1.4.3　计算机世界

计算机世界是信息世界中信息数据化的产物,就是将信息用字符和数值等数据表示,以便存储在计算机中并由计算机进行识别和处理。

1. 计算机世界有关概念

在计算机世界中,常用的主要概念有以下几个。

(1) 字段(field)。标记实体属性的命名单位称为字段,也称为数据项。字段的命名往往和属性名相同。例如,课程有课程号、课程名和学分等字段。

(2) 记录(record)。字段的有序集合称为记录。通常用一个记录描述一个实体,因此,记录也可以定义为能完整地描述一个实体的字段集。例如,(C001,离散数学,2)为一个课程记录。

(3) 文件(file)。同一类记录的集合称为文件。文件是用来描述实体集的。例如,所有课程的记录组成了一个课程文件。

(4) 关键字(key)。能唯一标识文件中每个记录的字段或字段集,称为记录的关键字,或简称键(码)实体。例如,课程文件中,课程号可以唯一表示每一个课程记录,因此,课程号可作为课程记录的关键字。

2. 计算机世界的数据模型

根据存储结构的不同,数据模型又可以分为层次模型、网状模型和关系模型。

1) 层次模型

层次模型(hierarchical model)是数据库系统中最早出现的数据模型。采用层次数据库系统的典型代表是 IBM 公司的 IMS(information management system)数据库管理系统。

现实世界中,许多实体之间的联系都表现出一种很自然的层次关系,如家族关系、行政机构等,因此,层次模型用树形结构(有根树)来表示各类实体以及实体间的联系。在树形结构中,每个节点表示一个记录型,每个记录型可包含若干字段,记录型描述的是实体,字段描述实体的属性,各个记录型及其字段都必须命名。节点间的带箭头的连线(或边)表示记录型间的联系,连线上端的节点是父节点或双亲节点,连线下端的节点是子节点或子女节点,同一双亲的子女节点称为兄弟节点,没有子女节点的节点称为叶节点,如图 1.16 所示。

满足下面两个条件的基本层次联系的集合为层次模型:

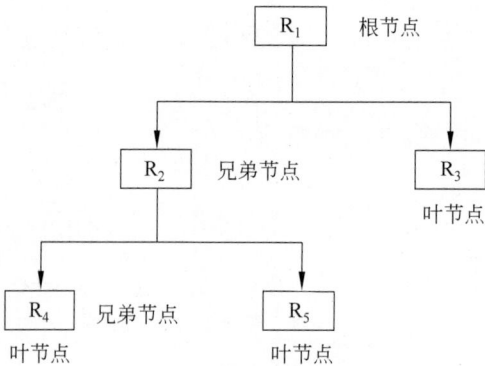

图 1.16　层次模型的示意图

- 有且只有一个节点没有双亲节点,这个节点称为根节点;
- 根以外的其他节点有且只有一个双亲节点。

层次模型的特点:

- 节点的双亲是唯一的;
- 只能直接处理一对多的实体联系;
- 每个记录类型可以定义一个排序字段,也称为码字段;
- 任何记录值只有按其路径查看时,才能显出它的全部意义;
- 没有一个子女记录值能够脱离双亲记录值而独立存在。

层次模型的数据操作主要有查询、插入、删除和修改,进行插入、删除和修改操作时要满足层次模型的完整性约束条件。

层次模型的优点:

- 层次模型的数据结构比较简单清晰;
- 查询效率高,性能优于关系模型,不低于网状模型;
- 层次数据模型提供了良好的完整性支持。

层次模型的缺点:

- 多对多联系表示不自然;
- 对插入和删除操作的限制多,应用程序的编写比较复杂;
- 查询子女节点必须通过双亲节点;
- 由于结构严密,层次命令趋于程序化。

2) 网状模型

网状模型(network model)数据库系统采用网状模型作为数据的组织方式,典型代表是DBTG系统,亦称CODASYL系统。20世纪70年代由DBTG提出的一个系统方案奠定了数据库系统的基本概念、方法和技术。实际系统有Cullinet Software Inc.公司的IDMS、Univac公司的DMS1100、Honeywell公司的IDS/2和HP公司的IMAGE。

网状模型采用有向图结构表示记录类型与记录类型之间的联系,可以更直接地描述现实世界,表示方法与层次数据模型相同。实体型用记录类型描述,每个节点表示一个记录类型(实体);属性用字段描述,每个记录类型可包含若干字段,联系用节点之间的连线表示记录类型(实体)之间的一对多的父子联系,如图1.17所示。

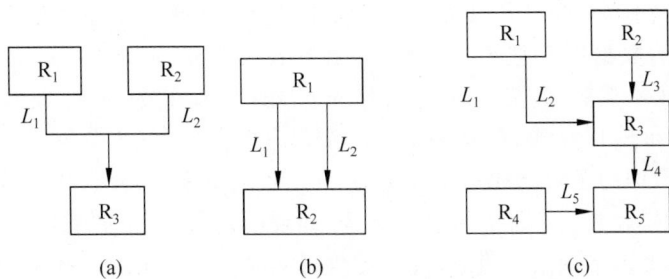

图 1.17 网状模型的示意图

满足下面两个条件的基本层次联系的集合可以构成网状模型：

- 允许一个以上的节点无双亲；
- 一个节点可以有多于一个的双亲。

网状模型与层次模型的区别：

- 网状模型允许多个节点没有双亲节点；
- 网状模型允许节点有多个双亲节点；
- 网状模型允许两个节点之间有多种联系（复合联系）；
- 网状模型可以更直接地描述现实世界；
- 层次模型实际上是网状模型的一个特例。

网状模型的数据操作主要有查询、插入、删除和修改，进行插入、删除和修改操作时要满足网状模型的完整性约束条件。插入数据时，允许插入尚未确定双亲节点值的子女节点值。例如，可增加一名尚未分配到某个教研室的教师，也可增加一些刚来报到、还未分配宿舍的学生。删除数据时，允许只删除双亲节点值。例如可删除一个教研室，而该教研室所有教师的信息仍保留在数据库中。修改数据时，可直接表示非树形结构，而无须像层次模型那样增加冗余节点。因此，进行修改操作时只需更新指定记录即可。网状模型不像层次模型那样有严格的完整性约束条件，它只提供一定的完整性约束。

网状数据模型的优点：

- 能够更为直接地描述现实世界，如一个节点可以有多个双亲；
- 具有良好的性能，存取效率较高。

网状数据模型的缺点：

- 结构比较复杂，而且随着应用环境的扩大，数据库的结构就变得越来越复杂，不利于最终用户掌握；
- DDL、DML 语言复杂，用户不容易使用。

3）关系模型

关系模型（relational model）是发展较晚的一种模型。关系数据库系统采用关系模型作为数据的组织方式。最早提出"关系模型"的是美国 IBM 公司的埃德加·弗兰克·科德（Edgar Frank Codd 或 E.F.Codd），他于 1970 年发表在《美国计算机学会会刊》题为"大型共享数据库的关系模型"的论文首次提出了数据库的关系模型。为此，科德获得了 1981 年的图灵奖。此后许多人把研究方向转到关系方法上，陆续出现了多种关系数据库。1977 年，IBM 公司研制的关系数据库 System R 开始运行，后来 IBM 公司又进行了不断改进和扩充，开发了基于 System R 的数据库系统 SQL/DB。

数据库领域当前的研究工作也都是以关系方法为基础的。关系数据库管理系统已成为目前应用最广泛的数据库管理系统,例如现在广泛使用的小型数据库管理系统 FoxPro、Access,开源数据库管理系统 MySQL、MongoDB,商业数据库管理系统 Oracle、SQL Server、Informix 和 Sybase 等,都是关系数据库管理系统。

关系模型的数据的逻辑结构是规范化的二维表,它由表名、表头和表体 3 部分构成。表名即二维表的名称,表头决定了二维表的结构(即表中列数及每列的列名、类型等),表体即二维表中的数据,由多个记录行组成,每一行数据又称为一个元组。每个二维表又可称为关系。关系和二维表术语对比如表 1.1 所示。

表 1.1   关系和二维表术语对比

关 系 术 语	一般二维表的术语
关系名	表名
关系模式	表头(表格的描述)
关系	(一张)二维表
元组	记录或行
属性	列
属性名	列名
属性值	列值
分量	一条记录中的一个列值
非规范关系	表中有表(大表中嵌有小表)

关系模型与层次模型、网状模型不同,它是建立在严格的数学概念之上的。关系模型中数据的逻辑结构是一张二维表,它由行和列组成,如表 1.2 所示。

表 1.2   Student(学生关系)

Sno 学号	Sname 姓名	Sage 年龄	Ssex 性别	Sdept 系别
202401001	王小明	19	女	计算机
202401002	黄大鹏	20	男	计算机
202402001	章小斌	18	女	软件工程
⋮	⋮	⋮	⋮	⋮

关系模型的数据操作主要有查询、插入、删除和修改数据。关系模型中的数据操作是集合操作,操作对象和操作结果都是关系,即若干元组的集合。

关系数据模型的优点:

- 建立在严格的数学概念的基础上;
- 概念单一;
- 实体和各类联系都用关系来表示;
- 对数据的检索结果也是关系;
- 关系模型的存取路径对用户透明,用户只需指出"干什么",而不必详细说明"怎么干";
- 具有更高的数据独立性,更好的安全保密性;

- 简化了程序编写和数据库开发建立的工作。

关系数据模型的缺点：

- 存取路径对用户透明导致查询效率往往不如非关系数据模，为提高性能，必须对用户的查询请求进行优化；
- 增加了开发 DBMS 的难度。

本书重点讲解关系模型和关系数据库。

3. 三类模型优缺点比较

1）层次模型的优、缺点

优点：数据模型比较简单，结构清晰，各节点之间的联系直观；容易表示现实世界的层次结构的事物及其之间的联系，提供良好的完整性支持。

缺点：不适合非层次性的联系，如不能表示两个以上实体之间的复杂联系和实体之间的多对多联系。

2）网络模型的优、缺点

优点：网络模型是一种比层次模型应用更广泛的结构，它突破了层次模型中的许多限制。网络模型能够表示复杂节点之间的联系，可以直接地描述现实世界，存取效率较高。

缺点：网状模型比较复杂，数据定义、插入、更新、删除操作变得复杂，数据的独立性差。

3）关系模型的优、缺点

优点：关系数据模型是建立在严格的数学概念的基础上的，实体以及实体之间的联系都用关系来表示；使用表的概念，简单直观；可直接表示实体之间的多对多联系；关系模型的存取路径对用户透明，从而具有更高的数据独立性，更好的安全保密性，也简化了程序编写和数据库开发设计的工作。

缺点：关系模型的连接等操作开销较大，查询的效率往往不如非关系数据模型，需要较高性能的计算机的支持。

1.5 数据库领域新技术

1.5.1 分布式数据库

1. 分布式数据库的定义

分布式数据库是一组结构化的数据集合，数据在逻辑上属于同一系统，在物理上分布在计算机网络的不同节点上。分布式数据库中有全局数据库和局部数据库两个概念。全局数据库就是从系统的角度出发，逻辑上的一组结构化的数据集合或逻辑项集；局部数据库是指不同物理节点上的各个数据库子集。

2. 分布式数据库的特点

分布式数据库可以建立在以局域网连接的一组工作站上，也可以建立在广域网（或称远程网）的环境中。分布式数据库系统的结构更适合具有地理分布特性的组织或机构使用，允许分布在不同区域、不同级别的各个部门对其自身的数据实行局部控制。例如，可实现全局数据在本地录入、查询、维护，这是由于计算机资源靠近用户，可以降低通信代价，提高响应速度，而其他场地数据库中的数据只是少量涉及，从而可以大幅减少网络上的信息传输量；

同时,局部数据的安全性也可以做得更好。但分布式数据库系统并不是简单地把集中式数据库安装在不同的场地,而是具有自己的性质和特点。

1)自治与共享

自治是指局部数据库可以是专用资源,使得大部分的局部事务管理和控制都能就地解决;也可以是共享资源,涉及其他场地的数据时需要通过网络作为全局事务来管理。共享资源体现了物理上的分散性,是按一定的约束条件划分而形成的,需要由一定的协调机制来控制以实现共享。

2)冗余的控制

分布式数据库允许冗余,即物理上重复。冗余增加了自治性,即数据可以重复地驻留在常用的节点上以减少通信代价,提供自治基础上的共享。冗余不仅改善了系统的性能,也增加了系统的可用性,即不会由于某个节点的故障而引起全系统的瘫痪。但这无疑增加了存储代价,也增加了副本更新时的一致性代价,特别是当有故障时,节点重新恢复后保持多个副本一致性的代价。

3)分布事务执行的复杂性

逻辑数据集实际上是由分布在各个节点上的多个关系片段(子集)组成的。一个项可以在物理上被划分为不相交(或相交)的片段,也可以有多个相同的副本且存储在不同的节点上。所以,分布式数据库存取的事务是一种全局性事务,它是由许多在不同节点上执行对各局部数据库存取的局部子事务组成的。如果仍保持事务执行的原子性,则必须保证全局事务的原子性。

4)数据的独立性

使用分布式数据库时,系统提供一种完全透明的性能,具体包括以下内容。

(1)逻辑数据透明性。某些用户的逻辑数据文件改变时,或者增加新的应用使全局逻辑结构改变时,对其他用户的应用程序没有影响或影响尽量少。

(2)物理数据透明性。数据在节点上的存储格式或组织方式改变时,数据的全局结构与应用程序无须改变。

(3)数据分布透明性。用户不必知道全局数据如何划分。

(4)数据冗余透明性。用户无须知道全局数据重复情况,即数据子集在不同节点上冗余存储的情况。

3. 分布式数据库的应用及展望

分布式数据库是在集中式数据库的基础上发展起来的,是分布式系统与传统数据库技术结合的产物,能够突破传统数据库的瓶颈,具有透明、数据冗余、易于扩展等特点,还具备高可靠、高可用、低成本等优势。分布式数据库目前已广泛应用于企业人事、财务和库存管理系统,电子银行、民航订票、铁路订票等在线处理系统,国家政府部门的经济系统,大规模数据资源等信息系统。

分布式数据库技术具有广阔的应用前景。随着计算机软、硬件技术的不断发展和计算机网络技术的发展,未来将走向更广阔的领域。

1.5.2　数据仓库与数据挖掘

从 20 世纪 80 年代起到 90 年代初,联机事务处理一直是关系数据库应用的主流。随着应用需求的不断变化,单靠联机事务处理系统已经不足以获得市场竞争优势,企业需要对其自身业务的运作以及整个市场相关行业的态势进行分析,进而做出有利的决策。这种决策需要对大量的业务数据(包括历史业务数据)进行分析才能得到,这种基于业务数据的决策分析称为联机分析处理,如图 1.18 所示。

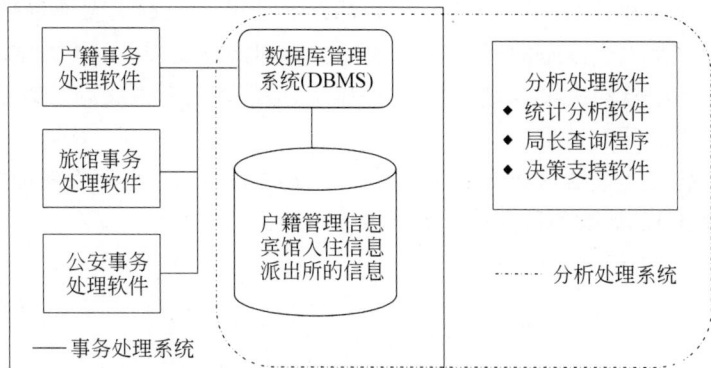

图 1.18 联机事务处理和联机分析处理

数据仓库(data warehouse,DW)是近年来信息领域发展起来的数据库新技术。随着企事业单位信息化建设的逐步完善,各单位信息系统将产生越来越多的历史信息数据,如何将各业务系统及其他档案数据中有分析价值的海量数据集中管理起来,在此基础上,建立分析模型,从中挖掘出符合规律的知识并用于未来的预测与决策,是非常有意义的,这也是数据仓库产生的背景和原因。

1. 数据仓库的定义

数据仓库是面向主题的、集成的、相对稳定的、反映历史变化的数据集合,用来更好地支持企业或组织决策分析,也是为企业所有级别的决策制定过程提供所有类型数据支持的战略集合。它是单一数据存储,出于分析性报告和决策支持目的而创建。数据仓库为需要业务智能的企业提供指导,可用于业务流程改进,监视时间与成本以及控制质量。

数据仓库特点如下:

(1)面向主题。操作型数据库的数据组织面向事务处理任务,各个业务系统相互分离;而数据仓库中的数据是按照一定的主题域进行组织的。主题是一个抽象的概念,是指用户使用数据仓库进行决策时所关心的重点领域,一个主题通常与多个操作型业务系统或外部档案数据相关。例如,一个超市的数据仓库组织数据的主题可能为供应商、顾客、商品等,若按应用来组织,则可能是销售子系统、供应子系统和财务子系统等。

(2)集成。数据仓库中的数据是在对原有分散的数据库数据做抽取、清理的基础上经过系统加工、汇总和整理得到的,消除了源数据中的不一致性。存放在数据仓库中的数据应使用一致性命名规则、格式、编码结构和相关特性来定义。

(3)相对稳定。操作型数据库中的数据通常实时更新,数据根据需要及时发生变化。数据仓库的数据主要供单位决策分析使用,所涉及的数据操作主要是数据查询和加载,一旦某个数据被加载到数据仓库中,就将作为数据档案长期保存,几乎不再做修改和删除操作。也就是说,针对数据仓库,通常有大量的查询操作及少量定期的加载(或刷新)操作。

（4）反映历史的变化。操作型数据库主要关心当前某个时间段的数据，而数据仓库中的数据通常包含较久远的历史数据，因此，数据仓库总是包含一个时间维度，以便用户研究趋势和变化。人们可以通过这些信息对未来趋势做出定量分析和预测。

2. 数据仓库系统的体系结构

数据仓库的建立和开发，是以企事业单位的现有业务系统和大量业务数据的积累为基础的。数据仓库不是一个静态的概念，只有把信息适时地交给需要这些信息的使用者，供他们做出改善其业务经营的决策，信息才能发挥作用，信息才是有意义的。数据仓库的开发通常是一个循环迭代的开发过程。

数据仓库系统的体系结构如图 1.19 所示。一个典型的数据仓库系统通常包括数据源、数据存储与管理、OLAP 服务器及前端工具与应用四部分。

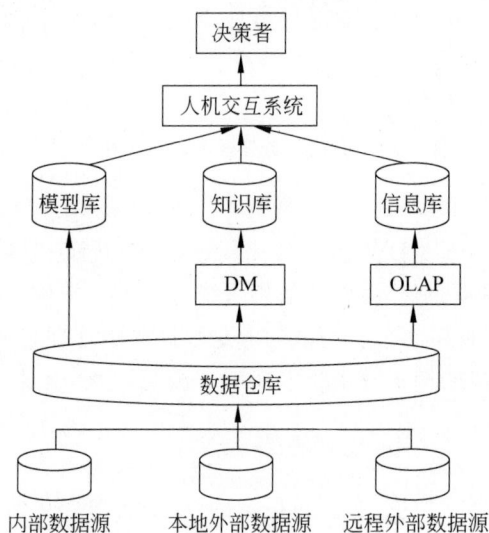

图 1.19　数据仓库系统的体系结构

（1）数据源。数据源是数据仓库系统的基础，是整个系统的数据源泉，通常包括企业内部信息和外部信息。内部信息包括存放于 RDBMS 中的各种业务处理数据和各类文档数据。外部信息包括各类法律法规、市场信息和竞争对手的信息等。

（2）数据的存储与管理。该部分是整个数据仓库系统的核心。数据仓库的真正关键是数据的存储和管理。数据仓库的组织管理方式决定了它有别于传统数据库，同时也决定了其对外部数据的表现形式。要决定采用什么产品和技术来建立数据仓库的核心，则需要从数据仓库的技术特点着手分析。针对现有各业务系统的数据进行抽取、清理，并有效集成，按照主题进行组织。数据仓库按照数据的覆盖范围可以分为企业级数据仓库和部门级数据仓库（通常称为数据集市）。

（3）OLAP 服务器。该服务器对分析需要的数据进行有效集成，按多维模型予以组织，以便进行多角度、多层次的分析，并发现趋势。其具体实现可以分为 ROLAP（关系型在线分析处理）、MOLAP（多维在线分析处理）和 HOLAP（混合型线上分析处理）。ROLAP 基本数据和聚合数据均存放在 RDBMS 中；MOLAP 基本数据和聚合数据均存放于多维数据库中；HOLAP 基本数据存放于 RDBMS 中，聚合数据存放于多维数据库中。

（4）前端工具。前端工具主要包括各种报表工具、查询工具、数据分析工具、数据挖掘工具以及各种基于数据仓库或数据集市的应用开发工具。其中数据分析工具主要针对 OLAP 服务器，报表工具、数据挖掘工具主要针对数据仓库。

3. 数据挖掘的定义

数据挖掘是指从数据库的大量数据中揭示出隐含、先前未知并有潜在价值的信息的非平凡过程。数据挖掘是一种决策支持过程，它主要基于人工智能、机器学习、模式识别、统计学、数据库、可视化技术等，高度自动化地分析企业的数据，做出归纳性的推理，从中挖掘出潜在的模式，帮助决策者调整市场策略，减少风险，做出正确的决策。

4. 数据挖掘的步骤

数据挖掘的步骤主要包括定义问题、建立数据挖掘库、分析数据、准备数据、建立模型、评价模型和实施，如图 1.20 所示。

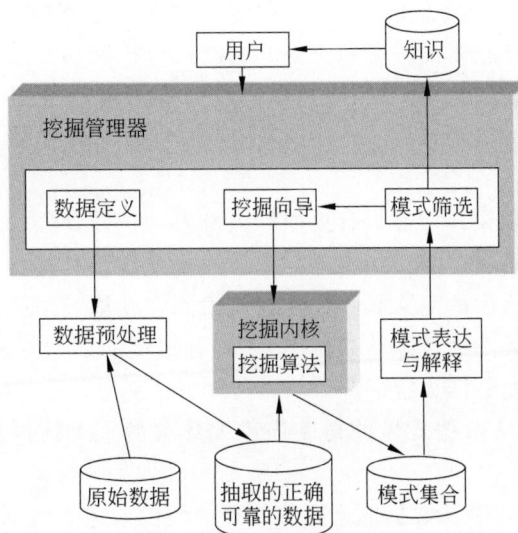

图 1.20　数据挖掘方法

（1）定义问题。在开始知识发现之前首先的也是最重要的要求就是了解数据和业务问题。必须对目标有清晰明确的定义，即决定到底想干什么。

（2）建立数据挖掘库。建立数据挖掘库包括以下几个步骤：数据收集，数据描述，选择，数据质量评估和数据清理，合并与整合，构建元数据，加载数据挖掘库，维护数据挖掘库。

（3）分析数据。分析的目的是找到对预测输出影响最大的数据字段，以及决定是否需要定义导出字段。如果数据集包含成百上千的字段，那么浏览分析这些数据将是一件非常耗时和累人的事情，这时需要选择一款界面友好、功能强大的工具软件作为协助。

（4）准备数据。这是建立模型之前的最后一步数据准备工作。可以把此步骤分为四部分：选择变量，选择记录，创建新变量，转换变量。

（5）建立模型。建立模型是一个反复的过程。需要仔细考察不同的模型以判断哪个模型对于解决商业问题最有用。先用一部分数据建立模型，然后再用剩下的数据来测试和验证这个模型。有时还有第三个数据集，称为验证集，因为测试集可能受模型的特性的影响，这时需要一个独立的数据集来验证模型的准确性。训练和测试数据挖掘模型需要把数据至少分成两部分,一部分用于模型训练,另一部分用于模型测试。

(6)评价模型。模型建立好之后,必须评价得到的结果,解释模型的价值。从测试集中得到的准确率只对用于建立模型的数据有意义。在实际应用中,需要进一步了解错误的类型和由此带来的相关费用的多少。经验证明,有效的模型并不一定是正确的模型。造成这种情况的直接原因就是模型建立中隐含的各种假定,因此,直接在现实世界中测试模型很重要。先在小范围内应用,取得测试数据,觉得满意之后再向大范围推广。

(7)实施。模型建立并经验证之后,可以有两种主要的使用方法。第一种是提供给分析人员做参考;第二种是把此模型应用到不同的数据集上。

1.5.3　大数据技术

1. 大数据技术的产生背景

传统的数据处理技术已经不能满足处理海量数据的需求,数据的处理和分析已经成为一个重要的挑战。大数据技术是一种以分布式、并行、可扩展和高效为特点的数据处理和分析技术。它能够处理大量的数据,并从中提取有用的信息和知识,以支持决策、优化业务和提高竞争力。

2. 大数据的概念

大数据是需要新处理模式才能具有更强的决策力、洞察发现力和流程优化能力的海量、高增长率和多样化的信息资产。

麦肯锡全球研究所给出的定义是:一种规模大到在获取、存储、管理、分析方面大大超出了传统数据库软件工具能力范围的数据集合,具有海量的数据规模、快速的数据流转、多样的数据类型和价值密度低四大特征。

(1)海量的数据,是从数据规模的角度描述大数据的。大数据的规模可以从数百 TB 到数百 PB,甚至 EB。

(2)快速的数据流转,是从数据的产生和处理的角度描述大数据的。一方面,现阶段每分钟产生大量的社会、经济、政治和人文等领域的相关数据。另一方面,大数据时代的很多应用,效率是核心,需要对数据具有"秒级"响应,从而进行有效的商业指导和生产实践。

(3)多样的数据类型,是从数据来源和数据种类的角度描述大数据的。大数据的数据类型从宏观上可以分为结构化和非结构化数据,其中结构化数据以关系数据库为主,占大数据的 10% 左右;非结构化的数据主要包括邮件、音频、位置信息、网络日志等,占大数据的 90% 左右。

(4)数据价值密度低,是从数据潜在的价值分布情况来描述大数据的。虽然大数据中具有很多有价值的潜在信息,但其价值的密度远远低于传统关系数据库中的数据价值。对于价值密度低的问题,很多学者认为这也体现了发展大数据各类技术的必要性,即通过技术革新,实现大数据的挖掘。

3. 大数据的关键技术

目前大数据的关键技术主要包括数据采集、数据存储和管理、数据处理和分析、数据安全和隐私保护等。

(1)数据采集。通过数据抽取工具和 ETL(extract,transform,load)过程,将分布在异构数据源或异构采集设备上的数据清洗、转换和集成,存储到分布式文件系统中。

(2) 数据存储和管理。使用分布式文件系统(如 HDFS)、NoSQL 数据库(如 HBase、MongoDB)等,以高效、可靠的方式存储大数据,支持大规模数据处理。

(3) 数据处理和分析。利用分布式并行编程模型和计算框架(如 MapReduce、Spark),结合机器学习、数据挖掘等算法,实现对大数据的离线和在线分析,提取有价值的信息和洞察。

(4) 数据安全和隐私保护。通过隐私保护策略和数据安全手段,确保大数据在利用过程中的安全和隐私,保障大数据的安全利用,防止数据泄露和滥用。

4. 大数据技术的应用场景

目前大数据技术的应用已经非常普遍,涉及的领域包括金融、医疗、电商、物流等多个领域。在金融领域,大数据可供银行和金融机构进行风险评估、欺诈检测、信用评分等;在医疗领域,大数据可以用于疾病预测、患者行为分析、药物研发、医疗资源分配等;在电商领域,大数据可以用于用户购买记录分析、行为分析、商品推荐等;在物流领域,大数据可以用于优化物流网络,提高物流效率,降低物流成本,货物跟踪等。

这些应用场景展示了大数据技术如何改变和提升各个行业的运作效率和用户体验。随着技术的不断发展,大数据将在未来发挥更大的作用。

本 章 小 结

本章介绍了信息、数据、数据处理与数据管理等基本概念,描述了数据管理技术发展的3个发展阶段及各自的优缺点,说明了数据库系统的特点;讲解了数据库系统的组成,并且重点讲解了 DBMS 的主要功能、组成和数据存取过程;描述了数据库系统的内部体系结构(三级模式和二级映像功能)和外部体系结构;介绍了现实世界、信息世界和计算机世界及其有关概念,重点分析了计算机世界中的数据模型,讲述了数据库领域的新技术。

习 题 一

一、选择题

1. 数据库中存储的是(　　)。

  A. 数据   B. 数据模型

  C. 数据之间的联系   D. 数据以及数据之间的联系

2. (　　)是长期存储在计算机内的有组织、可共享的数据集合。

  A. 数据库管理系统   B. 数据库系统   C. 数据库   D. 文件组织

3. 关于信息,以下说法正确的是(　　)。

  A. 信息=数据+语义   B. 信息=数据

  C. 信息=数据-语义   D. 信息=语义

4. 数据库系统是采用了数据库技术的计算机系统,由系统数据库、数据库管理系统、应用系统和(　　)组成。

  A. 系统分析员   B. 程序员   C. 数据库管理员   D. 操作员

5. 数据库(DB)、数据库系统(DBS)和数据库管理系统(DBMS)之间的关系是(　　)。

    A. DBS 包括 DB 和 DBMS　　　　　　　B. DBMS 包括 DB 和 DBS

    C. DB 包括 DBS 和 DBMS　　　　　　　D. DBS 就是 DB,也就是 DBMS

6. 下面列出的数据库管理技术发展的 3 个阶段中,在(　　)阶段数据的独立性差。

    A. 人工管理阶段　　　　　　　　　　B. 文件系统阶段

    C. 数据库阶段　　　　　　　　　　　D. 人工管理阶段和文件系统阶段

7. 不属于数据库系统特点的是(　　)。

    A. 数据共享性高　　B. 数据完整性高　　C. 数据冗余性高　　D. 数据独立性高

8. 数据库系统的数据独立性体现在(　　)。

    A. 数据共享　　　　B. 数据的独立性　　C. 没有共享　　　　D. 数据的冗余低

9. 三级模式之间存在两种映射,它们是(　　)。

    A. 模式与外模式,模式与内模式　　　　B. 外模式与内模式,外模式与内模式

    C. 外模式与外模式,模式与内模式　　　D. 模式与内模式,模式与模式

10. 数据库系统的体系结构是(　　)。

    A. 两级模式结构和一级映像　　　　　B. 三级模式结构和一级映像

    C. 三级模式结构和两级映像　　　　　D. 三级模式结构和三级映像

11. 要保证数据库物理数据独立性,需要修改的是(　　)。

    A. 模式　　　　　　　　　　　　　　B. 模式与内模式的映射

    C. 模式与外模式的映射　　　　　　　D. 内模式

12. 某学校宿舍是 4 人间,宿舍和学生之间的联系类型是(　　)。

    A. $1:1$　　　　　　　　　　　　　　B. $1:n$

    C. $m:n$　　　　　　　　　　　　　　D. 以上 3 个都不是

13. 以下选项中,不属于实体的是(　　)。

    A. 学生　　　　　　B. 教师　　　　　　C. 课程　　　　　　D. 性别

二、填空题

1. 数据库管理系统是数据库系统的一个重要组成部分,它的功能包括(　　)、(　　)、(　　)和(　　)。

2. 数据库管理技术经历了 3 个阶段,分别是(　　)、(　　)和(　　)阶段。

3. 数据模型是现实世界特征的(　　)和(　　),它表现为一些相关数据的集合。

4. 数据库具有数据结构化、最小的(　　)和较高(　　)等特点。

5. 数据库的三级模式结构中,(　　)对应基本表。

三、简答题

1. 什么是数据?什么是数据库?

2. 什么是数据库管理系统?它有哪些功能?

3. 简述数据库系统阶段的特点。

4. 简述数据库的三级模式结构,并说明其优点。

5. 现实世界、信息世界和计算机世界之间有什么联系?

第 2 章

关系数据库

本章介绍关系的定义和性质、关系模式和关系数据库模式,以及关系的码和关系的完整性。

通过本章的学习,应达到如下目标:

- 掌握关系的形式化定义和关系的性质;
- 掌握关系模式与关系数据库模式;
- 掌握关系的码、关系模型的数据结构、关系的完整性约束;
- 了解如何借助集合代数等数学概念和方法来处理数据库中的数据。

2.1 关系的形式及其性质

关系数据库是创建在关系模型基础上的数据库,借助于集合代数等数学概念和方法来处理数据库中的数据,现实世界中的各种实体以及实体之间的各种联系均用关系模型来表示。

2.1.1 关系的形式化定义

1. 域

域(domain)是一组具有相同数据类型的值的集合,又称为值域(用 D 表示)。如,自然数、整数、实数,长度小于 10 字节的字符串集合,{1,2}、介于某个取值范围的整数(如 20~100)、介于某个取值范围的日期等,都可以称为域。

(1) 域中所包含的值的个数称为域的基数(用 m 表示)。

(2) 关系中用域表示属性的取值范围。例如表 2.1 所示的学生关系表。

表 2.1 Student(学生关系)

Sno 学号	Sname 姓名	Ssex 性别	Sage 年龄	Sdept 系别
20240101101	陈名军	女	20	CS
20240101102	吴小晴	女	23	CS
20240101103	李国庆	男	21	CS
20240101104	李小祥	男	21	CS
20240101105	王大成	男	22	CS

$D_1 = \{20240101101, 20240101102, 20240101103, 20240101104, 20240101105\}$

$$m_1 = 5$$

$$D_2 = \{陈名军,张小平,李国庆,李小祥,王大成\} \qquad m_2 = 5$$
$$D_3 = \{男,女\} \qquad m_3 = 2$$
$$D_4 = \{20,23,21,22\} \qquad m_4 = 4$$
$$D_5 = \{\ CS\ \} \qquad m_5 = 1$$

其中,D_1,D_2,D_3,D_4,D_5 为域名,分别表示学生关系中学号、姓名、性别、年龄和系别的集合。

2. 笛卡儿积

设有一组域 D_1,D_2,$\cdots$,D_n,这些域可以部分或者全部相同,也可以完全不同。D_1,D_2,$\cdots$,D_n 的笛卡儿积(Cartesian product)为

$D_1 \times D_2 \times \cdots \times D_n = \{(d_1,d_2,\cdots,d_n) | d_i \in D_i, i=1,2,\cdots,n\}$。其中,

元组:每一个元素 $(d_1,d_2,\cdots,d_n)$ 称为一个 n 元组(n-Tuple)或简称元组(Tuple)。

分量:元组中每一个 d_i 值称为一个分量。

基数(cardinal number):若 $D_i(i=1,2,\cdots,n)$ 为有限集,其基数为 $m_i(i=1,2,3,\cdots,n)$,则 $D_1 \times D_2 \times D_3 \times \cdots \times D_n$ 的基数为

$$M = \prod_{i=1}^{n} m_i \qquad m_i(i=1,2,3,\cdots,n)$$

设 $D_1 = \{A,B,C\}$,$D_2\{1,2\}$,则 $D_1 \times D_2 = \{(A,1),(A,2),(B,1),(B,2),(C,1),(C,2)\}$ 的基数为 $3 \times 2 = 6$,如图 2.1 所示。

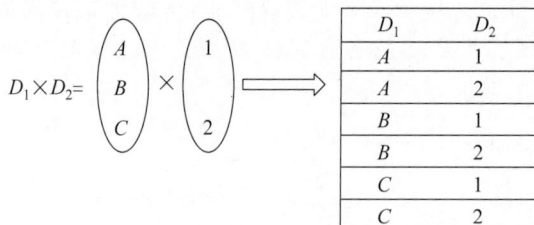

图 2.1　笛卡儿积

笛卡儿乘积可表示为一张二维表,表中的每行对应一个元组,表中的每列对应一个域,但是若干域的笛卡儿乘积可能存在大量的数据冗余,因此一般只取其中的某些子集。笛卡儿乘积的子集就称为关系。

【例 2.1】　给出三个域:$D_1 = $家电集合$=($冰箱,电视$)$,$D_2 = $产地集合$=($上海,深圳$)$,$D_3 = $单价集合$(2000,8000,10000)$。

$D_1 \times D_2 \times D_3$ 笛卡儿乘积为 $D_1 \times D_2 \times D_3 = \{($冰箱,上海,2000$)$,$($冰箱,上海,8000$)$,$($冰箱,上海,10000$)$,$($冰箱,深圳,2000$)$,$($冰箱,深圳,8000$)$,$($冰箱,深圳,10000$)$,$($电视,上海,2000$)$,$($电视,上海,8000$)$,$($电视,上海,10000$)$,$($电视,深圳,2000$)$,$($电视,深圳,8000$)$,$($电视,深圳,10000$)\}$。

其中,(冰箱,上海,2000),(冰箱,上海,8000)等都是元组;冰箱、上海、2000 等都是分量。

该笛卡儿乘积的基数为 $2 \times 2 \times 3 = 12$。$D_1 \times D_2 \times D_3$ 一共有 12 个元组,这 12 个元组可列成一张二维表,如表 2.2 所示。

表 2.2 $D_1 \times D_2 \times D_3$ 笛卡儿乘积

产 品 名 称	产　　地	单　　价
冰箱	上海	2000
冰箱	上海	8000
冰箱	上海	10000
冰箱	深圳	2000
冰箱	深圳	8000
冰箱	深圳	10000
电视	上海	2000
电视	上海	8000
电视	上海	10000
电视	深圳	2000
电视	深圳	8000
电视	深圳	10000

3. 关系

$D_1 \times D_2 \times \cdots \times D_n$ 的一个子集 R 称为在域 $D_1 \times D_2 \times \cdots \times D_n$ 上的一个关系(relation)，通常将其表示为 $R(D_1 \times D_2 \times \cdots \times D_n)$，其中，$R$ 表示该关系的名称，n 称为关系 R 的元数或度数(degree)，而关系 R 中所含有的元组数称为 R 的基数。由上述定义可以知道，域 $D_1 \times D_2 \times \cdots \times D_n$ 上的关系 R，就是由域 $D_1 \times D_2 \times \cdots \times D_n$ 确定的某些元组的集合，关系是笛卡儿的子积。

2.1.2 关系的性质

在关系模型中，关系一般具有下面几个性质：

(1) 表中元组的个数根据使用的 DBMS 不同而不同。

(2) 表中不能存在完全相同的元组，即元组应各不相同。

(3) 表中元组的次序无要求，即二维表中元组的次序可以任意交换。

(4) 表中分量必须取原子值，即二维表中每一个分量都是不可分割的数据项。如表 2.1 中的列"性别"不能再分为两个或两个以上的数据项了。

在表 2.3 中，"学期"出现了"表中有表"的现象，则为非规范化关系。将学期分为"第一学期"和"第二学期"，即可使其规范化，如表 2.4 所示。

表 2.3 非规范化表

课　程　号	课 程 名 称	学　　　　期	
		第 一 学 期	第 二 学 期
C001	数学	64 学时	48 学时
C002	数据库原理	48 学时	64 学时
C003	英语	64 学时	64 学时

表 2.4 规范化表

课 程 号	课 程 名 称	第 一 学 期	第 二 学 期
C001	数学	64 学时	48 学时
C002	数据库原理	48 学时	64 学时
C003	英语	64 学时	64 学时

(5) 表中属性的顺序无要求,即二维表中的属性与顺序无关,可任意交换。如,"学号"所在列可以和任意列交换位置,不影响查询、删除、更新、插入等操作。

(6) 表中分量值域具有同一性,即二维表中的属性分量属于同一值域。如,表中的"学号"都是"字符型",宽度为 10。

(7) 表中不同的属性要给予不同的属性名,即表中的每一列为一个属性,但不同的属性可出自同一个域,例如,有如表 2.5 所示的关系,"课程号"与"先行课号"是两个不同的属性,但它们取自同一个域。

表 2.5 Course(课程表)

Cno 课程号	Cname 课程名称	Cpno 先行课号	Ccredit 学分
C001	数据库原理	C004	4
C002	信息系统	C001	2
C003	操作系统		4
C004	数据结构		4

(8) 关系模型要求关系必须是规范化的,即要求关系必须满足一定的规范条件,如表 2.6 所示。

表 2.6 SC(选课关系)

Sno 学号	Cno 课程号	grade 成绩
20240101101	C001	60
20240101101	C002	83
20240101102	C003	78

2.2 关系模式与关系数据库模式

2.2.1 关系模式

关系数据库中,由于关系实质上是一张二维表,表的每一行称为一个元组,每一列称为一个属性,一个元组就是该关系所涉及的属性集的笛卡儿积的一个元素。关系是元组的集合,因此关系模式(relation schema)要指出元组集合的结构。现在把关系模式和关系系统称为关系。一个关系模式可以形式化地表示为：$R(U,D,\mathrm{DOM},F)$。其中：R 是关系名；U 是组成该关系的属性名集合；D 是属性组 U 中属性所来自的域；DOM 是属性值域的映像集合；F 是属性间的数据依赖关系集合。

【例 2.2】 将表 2.1 的学生关系通过 $R(U,D,\mathrm{DOM},F)$ 五元组的关系模式解释。

R（关系名）：学生关系。

U（属性集合）：学号、姓名、性别、年龄。

D（域）：字符型（学号，姓名，性别）、数值型（年龄）。

DOM（属性到域的映射）：学号（字符型、宽度为 10）；姓名（字符型、宽度为 8），性别（字符型、宽度为 2）、年龄（整型）。

F（属性间的数据依赖关系集合）：（学号是唯一的，能够分别决定姓名、性别、年龄）。

关系模式通常可简记为以下形式：$R(U)$ 或 $R(A_1,A_2,\cdots,A_n)$，其中：$A_1,A_2,\cdots,A_n$ 为各属性名。

关系实际上就是关系模式在某一时刻的数据操作状态或内容，通常情况下关系模式是型，即关系表的头；而关系是值，即关系体。关系模式是关系的框架（或称为表框架），是对关系结构的描述，它是静态的、稳定的；而关系是动态的、随时间不断变化的，它是关系模式在某一时刻的状态或内容，这是因为关系的各种操作在不断更新数据库中的数据。但在实际应用中，人们常常把关系模式和关系统称为关系。

【例 2.3】 表 2.1、表 2.5 和表 2.6 的关系模式可分别表示如下：

学生（学号，姓名，性别，年龄）

课程（课程号，课程名称，教材，参考书）

选课（学号，课程号，成绩）

2.2.2 关系数据库模式

在关系模型中，实体与实体间的联系都是用关系来表示的，例如，学生实体、课程实体、学生与课程之间的多对多联系都可以分别用一个关系来表示。在一个给定的应用领域中，所有实体及实体间的联系所对应的关系的集合构成一个关系数据库。

关系数据库也是有型和值之分的。关系数据库模式是对关系数据库结构的描述，或者说是对关系数据库框架的描述。而关系数据库的值也称为关系数据库，是关系模式在某一时刻对应关系的集合。也就是说，它与关系数据库模式对应的事件库中的当前值就是数据库的内容，称为关系数据库的实例。

关系数据模型是以集合论中的关系概念为基础发展起来的。关系模型中无论是实体还是实体间的联系均由单一的结构类型——关系来表示。在实际的关系数据库中的关系也称为"表"。一个关系数据库就是由若干表组成的。

2.3 关系的码和关系的完整性

2.3.1 关系的码

1. 码

在二维表中，用来唯一标识一个元组的某个属性或属性组合称为该表的键或码（key），

视频讲解

也称为关键字,如表 2.1 中的属性"学号"。码必须唯一。如果一个二维表中存在多个关键字或码,则它们称为该表的候选关键字或候选码。在候选关键字中指定一个关键字作为用户使用的关键字,称为主关键字或主码。二维表中某个属性或属性组合虽不是该表的关键字或只是关键字的一部分,但却是另外一个表的关键字时,称该属性或属性组合为这个表的外码或外键。下面具体介绍码的相关概念。

码是数据系统中的基本概念,是能唯一标识实体的属性。它是整个实体集的性质,而不是单个实体的性质。它包括超码、候选码、主码和外码。

(1) 超码(super key)是一个或多个属性的集合,这些属性可用于在一个实体集中唯一地标识一个实体。一个关系可能有多个超码。如果 K 是一个超码,那么 K 的任意超集也是超码,也就是说,如果 K 是超码,那么所有包含 K 的集合也是超码。

(2) 候选码(candidate key)是从超码中选出的,自然地,候选码也是一个或多个属性的集合。一个关系可能有多个候选码。候选码是最小超码,它们的任意真子集都不能成为超码。例如,如果 K 是超码,那么所有包含 K 的集合都不能是候选码;如果 K、J 都不是超码,那么 K 和 J 组成的集合(K,J)有可能是候选码。

(3) 主码(primary key)是从多个候选码中任意选出的一个,如果候选码只有一个,那么该候选码就是主码。虽然主码的选择比较随意,但在实际开发中还是要根据经验选择,不然开发出来的系统会出现很多问题。一般来说,主码应该选择那些从不或者极少变化的属性。

(4) 外码(foreign key)指在关系 K 中的属性或属性组若在另一个关系 J 中作为主码使用,则称该属性或属性组为 K 的外码。K 的外码和 J 中的主码必须定义在相同的域上,允许使用不同的属性名。

例如,表 2.6"选课关系"中,学号和课程号分别是学生关系和课程关系中的主码,则在选课关系中,学号和课程号称为外码。这时,选课关系称为参照关系,学生关系和课程关系称为被参照关系。

2. 属性

关系中不同列可以对应相同的域,为了加以区分,必须给每列起一个名字,称为属性(attribute)。属性可分为主属性和非主属性。

(1) 主属性(prime attribute)是指包含在主码中的各个属性。

(2) 非主属性(non-prime attribute)是指不包含在任何候选码中的属性,也称为非码属性。

在最简单的情况下,一个候选码只包含一个属性,例如,学生关系中的"学号",课程关系中的"课程号"。在最极端的情况下,所有属性的组合是关系的候选码,这时称为全码(all-key)。

2.3.2　关系的完整性

为了维护数据库的完整性,数据库管理系统(DBMS)必须提供一种机制来检查数据库中的数据是否满足语义约束条件。这些加在数据库数据之上的语义约束条件称为数据库的完整性约束条件。DBMS 检查数据是否满足完整性约束条件的机制称为完整性检查。

数据库的完整性是指数据库中数据的正确性、有效性和一致性的机制与规则。与数据库的安全性不同,数据库的完整性是为了防止数据库中存在不符合语义规定的数据,系统输入/输出无效信息,同时还要使存储在不同副本中的同一个数据保持一致性而提出的;而安全性的防范对象是非法用户和非法操作。维护数据库的完整性是数据库管理系统的基本要求。

1. 完整性控制的含义

数据库的完整性包括数据的正确性、有效性和一致性。其中,正确性是指输入数据的合法性,例如,一个数值型数据只能包含 0,1,…,9,不能含有字母和特殊字符,有了就是不正确,就失去了完整性。有效性是指所定义数据的有效范围,例如,人的性别不能有"男、女"之外的值;人一天的工作时间最多不能超过 24 小时;工龄不能大于年龄等。一致性是指描述同一事实的两个数据应相同,例如,一个人不能有两个不同的性别、年龄等。

数据库完整性控制对数据库系统是非常重要的。其作用主要体现在如下所述的五个方面:

(1) 数据库完整性约束能够防止合法用户使用数据库时向数据库中添加不符合语义规定的数据;

(2) 利用基于 DBMS 的完整性控制机制来实现业务规划,易于定义,容易理解,而且可降低应用程序的复杂性,提高应用程序的运行效率;

(3) 基于 DBMS 的完整性控制机制是集中管理的,因此比应用程序更容易实现数据库的完整性;

(4) 合理的数据库完整性设计,能够同时兼顾数据库的完整性和系统的效能;

(5) 在应用软件的功能测试中,完善的数据库完整性有助于尽早发现应用软件的错误。

通常情况下,对数据库的完整性的破坏来自以下六个方面:

(1) 操作人员或终端用户的错误或疏忽;

(2) 应用程序(操作数据)错误;

(3) 数据库中并发操作控制不当;

(4) 数据冗余,导致某些数据在不同副本中不一致;

(5) DBMS 或者操作系统出错;

(6) 系统中任何硬件(如 CPU、磁盘、通道、I/O 设备等)出错。

数据库的数据完整性随时都有可能遭到破坏,应尽量减少被破坏的可能性,以及在数据遭到破坏后尽快地将其恢复到原样。因此,完整性控制是一种预防性的策略。完整性控制能够保证各个操作的结果得到正确的数据,即只要能确保输入数据正确,就能够保证正确的操作产生正确的数据输出。

2. 完整性控制

DBMS 的完整性控制机制应具有三个方面的功能:

(1) 定义功能。提供定义完整性约束条件的机制。

(2) 检查功能。检查用户发出的操作请求是否违背了完整性约束条件。

(3) 违约提示。如果发现用户的操作请求使数据违背了完整性约束条件,则采取一定的动作来保证数据的完整性。

2.3.3　完整性规则

为了实现对数据库完整性的控制,DBA 应向 DBMS 提出一组适当的完整性规则,这组规则规定用户在对数据库进行更新操作时,对数据检查什么,检查出错误后怎样处理等。

　　完整性规则规定了触发程序的条件、完整性约束条件、违约响应。规则的触发条件,是指什么时候使用完整性规则进行检查;规则的约束条件,是指规定系统要检查什么样的错误;规则的违约响应,是指查出错误后应该怎样处理。

　　完整性规则由 DBMS 提供,由系统加以编译并存放在系统数据字典中,但在实际的系统中常常会省去某些部分。进入数据库系统后,就开始执行这些规则。这种方法的主要优点是违约响应所查出的错误由系统来处理,而不是让用户的应用程序来处理。另外,其规则集中存放在数据字典中,而不是散布在各个应用程序中,这样容易从整体上理解和修改。

2.3.4　完整性实现要考虑的问题

　　现有的 DBMS 系统中提供了定义和检查实体完整性、参照完整性和用户定义完整性的功能。在关系系统中,最重要的完整性约束是实体完整性和参照完整性,其他完整性约束条件则可以归入用户定义的完整性中。对于违反实体完整性和用户定义完整性的操作,一般拒绝执行;而对于违反参照完整性的操作,不是简单拒绝,而是根据语义执行一些附加操作,以保证数据库的正确性。

　　1. 实体完整性

　　在关系数据库中一个关系对应现实世界的一个实体集,关系中的每一个元组对应一个实体。在关系中用主关键字来唯一标识一个实体,表明现实世界中的实体是可以相互区分的,也即它们应具有某种唯一性以标识实体所具有的独立性,关系中的这种约束条件称为实体完整性(entity integrity)。关系中的主键的特点是不能取"空"值,并且是唯一的,如表 2.1 "学生关系表"中的"学号"就是主键。假如这个学号允许为空或是不唯一,则表中的记录将出现大量冗余或错误。比如班级中有两个女生都叫"吴小晴",年龄相同,如果学号允许为空,就会出现两个一样的"吴小晴",无法区别。

　　一个实体就是指表中的多条记录,而实体完整性是指在表中不能存在完全相同的两条或两条以上的记录,而且每条记录都要具有一个非空且不重复的主键值。修改关系中主码存在以下两种情况。

　　(1) 不允许修改主码。在有些 RDBMS 中,不允许修改关系主码,如,不能修改表 2.1 "学生关系表"中的学号。如果要修改,则只能先删除,然后再增加。

　　(2) 允许修改主码。在有些 RDBMS 中,允许修改关系主码,但必须保证主码的唯一性和非空,否则拒绝修改。当修改的关系是被参照关系时,还必须检查参照关系。

　　2. 参照完整性

　　参照完整性(referential integrity)是定义建立关系之间联系的主关键字与外部关键字引用的约束条件。参照完整性是指通过主键与外键建立两个或两个以上表的连接,建立连接的字段的类型和长度要保持一致。关系数据库中通常包含多个存在相互联系的关系,关系与关系之间的联系是通过公共属性来实现的。例如,学生表(Student)、课程表(Course)和选课表(SC)中,Student 关系的主码为学号(sno),Course 关系的主码为课程号(cno),SC 关系的主码为 sno 和 cno 的组合码,sno 和 cno 称为外码,SC 称为参照关系,Student、Course 为被参照关系。SC 关系中某一元组的 sno 列值若为空值,表示没有学生选课。这和应用环境的语意是相符的,因此关系的 sno 列可以取空值。实现参照完整性需要解决以下几个问题。

（1）外码能否接受空值问题。

在实现参照完整性时，系统除了应该提供定义外码的机制外，还应提供定义外码列是否允许空值的机制。

（2）在被参照关系中删除元组的问题。

一般地，当删除被参照关系的某个元组时，若参照关系存在若干元组，其外码值与被参照关系删除元组的主码值相同，这时可有三种不同的策略。

① 级联删除（cascades）。将参照关系外码值与被参照关系中待删除元组主码值相同的元组一起删除。

② 受限删除（restricted）。仅当参照关系中没有任何元组的外码值与被参照关系中待删除元组的主码值相同时，系统才执行删除操作，否则拒绝此删除操作。

③ 置空值删除（nullifies）。删除被参照关系的元组，并将参照关系中相应元组的外码值置空值。

（3）在参照关系中插入元组时的问题。

一般地，当参照关系插入某个元组，而被参照关系不存在相应的元组时，其主码值与参照关系插入元组的外码值相同，这时可有以下策略。

① 受限插入。仅当被参照关系中存在相应的元组，且其主码值与参照关系插入元组的外码值相同时，系统才允许插入，否则拒绝插入。

② 递归插入。首先向被参照关系中插入相应的元组，其主码值等于参照关系插入元组的外码值，然后向参照关系插入元组。

从上面的讨论可以看到 DBMS 在实现参照完整性时，除了要提供定义主码、外码的机制外，还需要提供不同的策略供用户选择。选择哪种策略，都要根据应用环境的要求来确定。

3. 用户自定义完整性

实体完整性和参照完整性适用于任何关系数据库系统，主要是针对关系的主关键字和外部关键字取值必须有效而做出的约束。用户定义完整性（user-defined integrity）则是根据应用环境的要求和实际的需要，对某一具体应用所涉及的数据提出约束性条件。这一约束机制一般不应由应用程序提供，而应由关系模型提供定义并检验。用户定义完整性主要包括字段有效性约束和记录有效性。

用户定义的完整性是根据具体的应用领域所要遵循的约束条件，由用户自己定义的特定的规则。通常情况下是通过 CHECK 约束、外键约束、默认约束、非空定义规则以及在建表时设置的数据类型实现的。

本 章 小 结

本章介绍了域和笛卡儿积的概念，给出了关系和关系模式的形式化定义，讲述了关系的性质，指出了关系、二维表之间的联系。系统介绍了关系完整性的含义、控制和规则和关系完整性（实体完整性、参照完整性和用户定义的完整性）约束的实现。

习 题 二

一、选择题

1. 一个关系只有一个（　　）。

    A. 超码　　　　　　B. 外码　　　　　　C. 候选码　　　　　　D. 主码

2. 关系模式的字段（　　）。

    A. 不可再分　　　　　　　　　　　　B. 可再分

    C. 不同的字段的域不能相同　　　　　D. 以上都不对

3. 以下选项中，不属于关系性质的是（　　）。

    A. 关系的列必须是同质的　　　　　　B. 关系中元组的顺序可以改变

    C. 关系中列的顺序可以改变　　　　　D. 关系中不同字段的域不能相同

4. 区分不同实体的依据是（　　）。

    A. 名称　　　　　　B. 属性　　　　　　C. 对象　　　　　　D. 概念

5. 下面的选项不是关系数据库基本特征的是（　　）。

    A. 不同的列应有不同的数据类型　　　B. 不同的列应有不同的列名

    C. 与行的次序无关　　　　　　　　　D. 与列的次序无关

6. 关系模型中，一个码是（　　）。

    A. 可以由多个任意属性组成

    B. 至多由一个属性组成

    C. 由一个或多个属性组成，其值能够唯一标识关系中一个元组

    D. 以上都不是

二、填空题

1. 1970 年，IBM 的研究员（　　）博士发表《大型共享数据库的关系模型》一文提出了关系模型的概念。

2. 在关系模型中，基本包括（　　）、（　　）、（　　）、（　　）、（　　）和分量等。

3. 实体完整性规则是对（　　）的约束，参照完整性规则是对（　　）的约束。

4. 在关系数据库中，把数据表示成规范化的二维表，每一个二维表称为（　　）。

5. 现有一个关系：借阅(书号,书名,库存数,读者号,借期,还期)，假如同一本书允许一个读者多次借阅,但不能同时对一种书借多本,则该关系模式的外码是（　　）。

三、简答题

1. 解释下述名词概念：关系模型、关系、属性、域、元组、候选码、码、实体完整性规则、参照完整性规则。

2. 为什么关系中的元组没有先后顺序？

3. 为什么关系中不允许有重复的元组？

第 二 篇

数据库操作

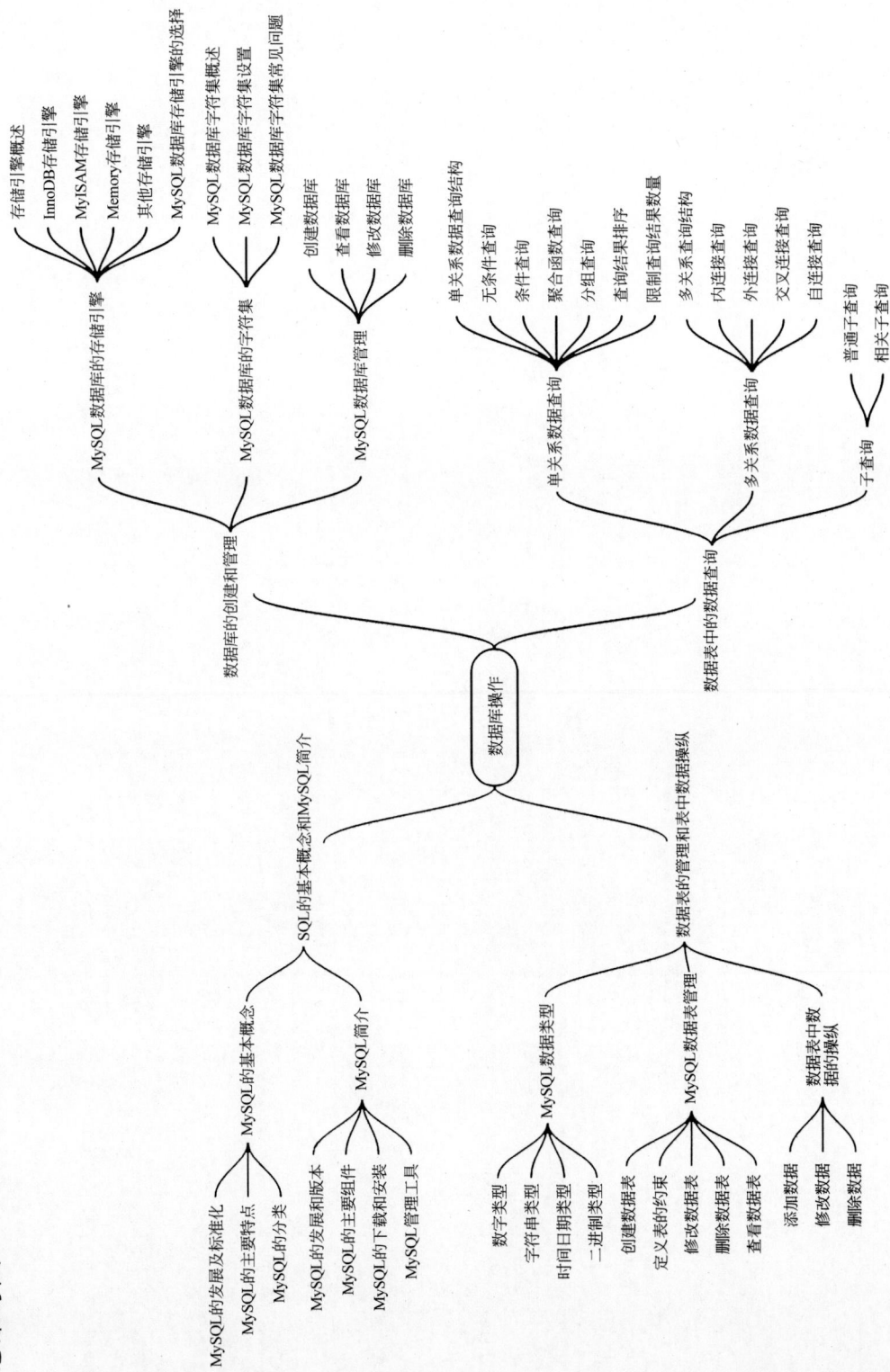

思维导图

MySQL的发展及标准化
MySQL的基本概念 — MySQL的主要特点
MySQL的分类

MySQL的发展和版本
MySQL的主要组件
MySQL简介 — MySQL的下载和安装
MySQL管理工具

SQL的基本概念和MySQL简介

数字类型
字符串类型
MySQL 数据类型 — 时间日期类型
二进制类型

创建数据表
定义表的约束
MySQL 数据表管理 — 修改数据表
删除数据表
查看数据表

数据库操作

数据表的管理和表中数据操纵

添加数据
数据表中数 — 修改数据
据的操纵 — 删除数据

数据库的创建和管理

存储引擎概述
InnoDB存储引擎
MySQL 数据库的存储引擎 — MyISAM存储引擎
Memory存储引擎
其他存储引擎
MySQL数据库存储引擎的选择

MySQL 数据库的字符集 — MySQL 数据库字符集概述
MySQL 数据库字符集设置
MySQL 数据库字符集常见问题

创建数据库
MySQL 数据库管理 — 查看数据库
修改数据库
删除数据库

数据表中的数据查询

单关系数据查询结构
无条件查询
条件查询
单关系数据查询 — 聚合函数查询
分组查询
查询结果排序
限制查询结果数量

多关系数据查询结构
内连接查询
多关系数据查询 — 外连接查询
交叉连接查询
自连接查询

子查询 — 普通子查询
相关子查询

第 3 章

SQL 的基本概念和 MySQL 简介

本章介绍 SQL 的基本概念,MySQL 的发展情况,讲解 SQL 的架构,引导读者安装 MySQL 并使用常见的 MySQL 管理工具。

通过本章的学习,应达到如下目标:

- 理解数据和信息的概念,理解数据处理和数据管理的关系;
- 掌握 SQL 的基本概念;
- 掌握 MySQL 的基本架构;
- 学会安装 MySQL;
- 学会安装 MySQL 图形管理工具;
- 了解 MySQL 中查询语句的执行过程。

3.1 SQL 的基本概念

1. SQL 的发展

SQL(structured query language,结构化查询语言)是具有数据操纵和数据定义等多种功能的数据库语言。MySQL 是一种关系数据库管理系统,它使用 SQL 来管理和操作数据,是当前应用广泛、流行的关系数据库语言。

SQL 最早于 1974 年由博伊斯(Boyce)和钱伯林(Chamberlin)提出,并作为 IBM 公司研制的关系数据库管理系统原型 System R 的一部分付诸实施。由于它具有功能丰富、使用方式灵活、语言简洁易学等突出优点,在计算机工业界和计算机用户中备受欢迎。SQL 广泛应用于各种大、中、小型数据库,如 Sybase、Oracle、SQL Server、MySQL、SQLite 等。

2. SQL 的标准化

随着关系数据库管理系统和 SQL 应用的日益广泛,1986 年 10 月,美国国家标准局(ANSI)的数据库委员会批准了 SQL 作为关系数据库语言的美国标准。1987 年 6 月国际标准化组织(ISO)将其采纳为国际标准。这个标准也称为 SQL-86。随着 SQL 标准化工作的不断进行,相继出现了 SQL-89、SQL2(1992)、SQL3(1993)、SQL(1999)、SQL(2003)。SQL 成为国际标准后,对数据库以外的领域也产生了很大影响,不少软件产品将 SQL 语言的数据查询功能与图形功能、软件工程工具、软件开发工具、人工智能程序结合起来。

现在各大数据库厂商提供不同版本的 SQL。这些版本的 SQL 不但包括原始的 ANSI 标准,而且还在很大程度上支持新推出的 SQL-92 标准。另外,它们均在 SQL2 的基础上作了修改和扩展,包含部分 SQL-99 标准。这就使不同的数据库系统之间的互操作有了可能。

3.1.1 SQL 的主要特点

数据库系统的主要功能通过数据库支持的数据语言实现。SQL 语言具有如下特点。

1. 一体化

SQL 是一种一体化语言,集数据定义、数据查询、数据操纵和数据控制的功能于一体,语言风格统一,可以独立完成数据库生命周期中的全部活动,列举如下。

(1) 定义关系模式,插入数据,建立数据库;

(2) 对数据库中的数据进行查询和更新;

(3) 数据库重构和维护;

(4) 数据库安全性、完整性控制等一系列操作要求。

这就为数据库应用系统的开发提供了良好的环境。特别是用户在数据库系统投入运行后,还可根据需要随时地、逐步地修改模式,并且不影响数据库的运行,从而使系统具有良好的可扩展性。

2. 高度非过程化

SQL 是一种非过程化的语言,在使用 SQL 进行数据操作时,用户无须指明"怎么做",只要提出"做什么",因此,用户不需要了解存取路径。存取路径的选择以及 SQL 的操作过程由系统自动完成。这不但大幅减轻了用户负担,而且有利于提高数据独立性。

3. 以同一种语法结构提供多种使用方式

SQL 既是独立的语言,又是嵌入式语言。作为独立的语言,SQL 能够独立地用于联机交互的使用方式,用户可以在终端键盘上直接输入 SQL 命令对数据库进行操作;作为嵌入式语言,SQL 语句能够嵌入高级语言程序中,供程序员设计程序时使用。在这两种不同的使用方式下,SQL 的语法结构基本上是一致的。这种以统一的语法结构提供多种不同使用方式的做法,提供了极大的灵活性与方便性。

4. 面向集合的语言

SQL 是一种面向集合的语言。SQL 采用集合的操作方式,每个命令的操作对象可以是元组的集合,结果也是元组的集合。

5. 语言简洁,易学易用

SQL 功能极强,但由于设计巧妙,语言十分简洁,完成核心功能只需 9 个动词。SQL 接近英语口语,因此容易学习与使用。

3.1.2 SQL 的分类

SQL 语言按其功能可以分为 4 类:数据定义语言、数据查询语言、数据操纵语言和数据控制语言。其中每类语言对应的命令动词如表 3.1 所示。

表 3.1 SQL 4 类语言及对应的动词

语 言 功 能	所使用动词
数据定义	CREATE、ALTER、DROP
数据查询	SELECT
数据操纵	INSERT、UPDATE、DELETE
数据控制	GRANT、REVOKE

下面分别介绍 SQL 的 4 类语言。

1. 数据定义语言

数据定义语言（data definition language，DDL）是一组 SQL 命令，主要用于创建和定义数据库对象，并将定义保存在数据字典中。数据定义语言主要包括 CREATE、ALTER 和 DROP 语句，可用于创建数据库对象、修改数据库对象和删除数据库对象等。其中 CREATE 负责数据库对象的建立，如数据库、数据表、数据库索引、视图等对象；ALTER 负责数据库对象的修改，用户可根据要修改的程度决定使用的参数；DROP 用于删除数据库对象，用户只需要指定要删除的数据库对象名称。

2. 数据查询语言

数据查询语言（data query language，DQL）用于查询数据库中的各种数据对象，主要包括 SELECT 语句，是数据库学习的重点。其基本结构是由 SELECT 子句、FROM 子句和 WHERE 子句组成的查询块，即根据查询条件，从表或视图中提取需要的字段。

3. 数据操纵语言

数据操纵语言（data manipulation language，DML）主要用于处理数据库中的数据。数据操纵语言包括 INSERT、UPDATE 和 DELETE 3 个语句，供用户对数据库中的数据进行插入、更新和删除等操作。其中，INSERT 是向数据表中插入数据，可以一次插入一条数据，也可以将 SELECT 查询子句的结果插入指定数据表；UPDATE 是根据给定条件，将数据表中符合条件的数据更新为新值；DELETE 用于从数据表中删除数据。除 INSERT，UPDATE 和 DELETE 可以通过 WHERE 子句指定数据范围，若不加 WHERE 子句，则访问全部数据。

4. 数据控制语言

数据控制语言（data control language，DCL）可以对数据访问权限进行控制，用于修改数据库结构的操作权限，由 GRANT 和 REVOKE 两个语句组成。用户通过授权和取消授权语句来实现相关数据的存取控制，以保证数据库的安全性。

虽然 SQL 可以用在所有关系数据库中，但很多数据库管理系统都有标准之外的一些语法，称为"方言"。例如，MySQL 中的 LIMIT 语句就是 MySQL 独有的方言，其他数据库都不支持。当然，Oracle 和 SQL Server 都有自己的方言。

3.2　MySQL 简介

MySQL 是一个关系数据库管理系统，由瑞典 MySQL AB 公司开发，属于 Oracle 旗下产品。MySQL 是最流行的关系数据库管理系统之一，在 Web 应用方面，MySQL 是最好的 RDBMS（relational database management system，关系数据库管理系统）应用软件之一。

MySQL 通过规范化设计将数据分布到关联表中，结合索引优化与事务控制，显著提升查询效率与系统可维护性。MySQL 具有以下特点：

- 安装简单，部署迅速，适合大批量快速部署；
- 易于扩展，扩展性能极佳；
- 架构灵活，可以根据业务特点配置适合自己的 MySQL 集群；
- 开源，可以根据自己的业务需求进行二次开发；

- 使用广泛,几乎所有的互联网公司都在使用 MySQL 数据库;
- 对于 OLTP(联机事务处理)业务,可以进行良好的支撑。

MySQL 所使用的 SQL 语言是用于访问数据库的常用标准化语言。

MySQL 软件采用了双授权政策,分为社区版和商业版,由于其体积小、速度快、总体拥有成本低,尤其是开放源码这一特点,一般中小型和大型网站的开发都选择 MySQL 作为网站数据库。

3.2.1　MySQL 的发展和版本

MySQL 的历史可以追溯到 1979 年,主要创始人是 Michael Monty Widenius、Allan Larsson 和 David Axmark,后来创建了 MySQL AB 公司。

1. 起源(1979 年)

最初,MySQL 的雏形是一个用于处理数据的数据库引擎,名为 Unireg。它的设计目标是提供快速、简单的数据库解决方案。

示例:早期版本的基本 SQL 操作

```
CREATE TABLE users
(id INT PRIMARY KEY AUTO_INCREMENT,
Username VARCHAR(50) NOT NULL,
Email VARCHAR(100) NOT NULL);
```

这段代码展示了 MySQL 的基本表创建语法。AUTO_INCREMENT 用于自动生成用户 ID。

这个简单的表结构可以用于存储用户信息,反映了早期 MySQL 的基本功能。

2.开源发布(1995 年)

1995 年,MySQL 首次以开源形式发布,允许开发者自由使用和修改。这一决定使 MySQL 迅速获得了广泛的关注和使用。开源的特性使得 MySQL 能够吸引大量的开发者社区,从而不断改进和增强其功能。

例如:查询用户表中的数据

```
SELECT * FROM users WHERE email LIKE '% @example.com';
```

这段代码展示了如何查询特定邮箱域名的用户。LIKE 关键字用于模糊匹配,反映了 MySQL 在数据查询方面的灵活性。

3. MySQL 3.23 发布(2001 年)

2001 年,MySQL 3.23 版本发布,增加了对事务的支持和更复杂的查询功能。这个版本引入了存储引擎的概念,使得用户可以根据需求选择不同的存储引擎(如 MyISAM 和 InnoDB),从而提高了数据库的灵活性和性能。

例如:使用事务

```
START TRANSACTION;
INSERT INTO users (username, email) VALUES ('john_doe','john@example.com');
COMMIT;
```

这段代码展示了如何使用事务来确保数据的一致性。

START TRANSACTION 用于开始一个事务,COMMIT 用于提交事务。

事务的引入标志着 MySQL 在数据管理方面的重大进步,使得开发者能够更安全地处理数据操作。

4. MySQL 5.0 发布（2005 年）

2005 年，MySQL 5.0 版本发布，增加了对存储过程、触发器和视图的支持。这些功能使得 MySQL 在处理复杂数据操作时更加高效和灵活，进一步提升了其在企业级应用中的地位。

例如：创建存储过程

```
DELIMITER //
CREATE PROCEDURE GetUserByEmail(IN user_email VARCHAR(100))
BEGIN
  SELECT * FROM users WHERE email =user_email;
END //
DELIMITER ;
```

这段代码展示了如何创建一个存储过程，用于根据邮箱查询用户信息。DELIMITER 用于改变语句结束符，以便定义存储过程。

存储过程的引入使得 MySQL 能够处理更复杂的业务逻辑，提升了数据库的功能性。

例如：创建视图

```
CREATE VIEW user_emails AS
SELECT username,email FROM users;
```

这段代码展示了如何创建一个视图，用于简化用户信息的查询。视图可以将复杂的查询结果封装为一个虚拟表。

视图的支持使得开发者能够更方便地处理数据，提高了查询的效率。

5. Oracle 收购 MySQL（2010 年）

2010 年，Oracle 公司收购了 Sun Microsystems，而 Sun 正是 MySQL 的拥有者。这一收购引发了对 MySQL 未来发展的广泛关注，尤其是在开源社区中。尽管如此，MySQL 依然保持了其开源的特性，并继续发展。

6. 现代发展与应用

近年来，MySQL 不断更新，推出了多个新版本，增强了性能、安全性和可扩展性。它已成为许多大型应用（如 Facebook、Twitter、YouTube 等）的核心数据库解决方案。

例如：使用 JSON 数据类型

```
CREATE TABLE products
(id INT PRIMARY KEY AUTO_INCREMENT,
Name VARCHAR(100),
Attributes JSON);
```

这段代码展示了 MySQL 对 JSON 数据类型的支持，允许在表中存储结构化数据。JSON 类型使得 MySQL 能够处理更复杂的数据结构，这种灵活性使得 MySQL 在现代应用中更加适应多样化的数据需求。

MySQL 的发展历程展示了其从一个简单的数据库引擎演变为功能强大的关系数据库管理系统的过程。随着开源特性的引入、功能的增强以及社区的支持，MySQL 已成为全球最受欢迎的数据库之一。

3.2.2　MySQL 的主要组件

了解 MySQL 的基础架构及各个组件之间的关系，有助于更加深入地理解 MySQL。下面从一张 MySQL 基础架构图来一起走进 MySQL。

MySQL 基本可以划分为 Server 层和存储引擎层两部分,如图 3.1 所示。

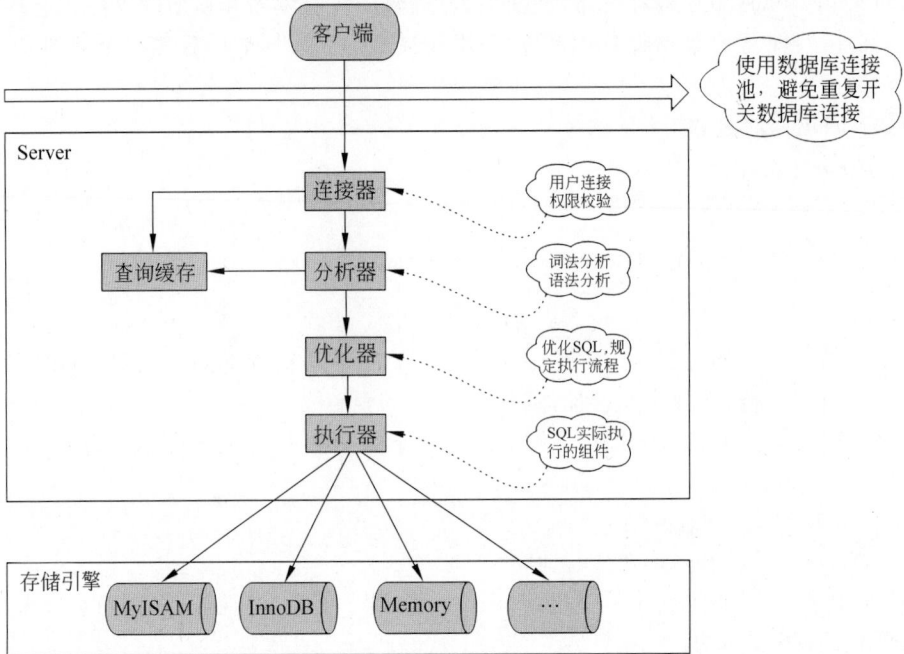

图 3.1　MySQL 基础架构图

Server 层包含了 MySQL 的大多数核心功能,除了图中标注的连接器、查询缓存、分析器、优化器、执行器,还有所有的内置函数。所有跨存储引擎的功能都在这一层实现,如存储过程、触发器、视图等。

存储引擎层负责 MySQL 中数据的存储和提取。和 Linux 下的各种文件系统一样,每个存储引擎都有自己的优势和劣势,各种存储引擎通过提供 API 和 Server 层对接,通过 API 屏蔽各种存储引擎之间的差异。常见的存储引擎有 InnoDB、MyISAM、Memory,现在最常用的是 InnoDB,从 MySQL 5.5 版本开始成为默认的存储引擎,在 5.5 之前默认的是 MyISAM。

下面详细介绍 Server 层的连接器、查询缓存、分析器、优化器、执行器分别是什么、各自主要负责哪些功能,以及 MySQL 的执行步骤。

1. 连接器

连接器主要用于数据库与客户端建立连接。连接器是 MySQL Server 层的第一个模块,也是处理客户端请求的模块。连接器负责与客户端建立连接,获取权限,维持和管理连接。

客户端(如 Navicat、MySQL Front、JDBC、SQLyog 以及各种编程语言实现的客户端连接程序等)要向 MySQL 发起通信,都必须先与服务器端建立通信连接,而建立连接的工作就是由连接器完成的。连接过程一般如下。

客户端会先连接到数据库上,这时候首先遇到的就是连接器。连接命令:mysql - h host[数据库地址] - u root[用户] - p root[密码] - P 3306;连接命令中的 mysql 是客户端工具,用来与服务器端建立连接。在完成经典的 TCP 握手后,连接器就要开始认证客户端的身份,所依据的是输入的用户名和密码。如果用户名或密码不对,就会返回"Access denied for user"的错误,然后客户端程序结束执行。如果用户名与密码认证通过,连接器就会到权限表里面查出客户端拥有的权限。之后,这个连接里面的权限判断逻辑,都将依赖于此时读到的权限。这就意味着,一个用户成功建立连接后,即使用管理员账号对这个用户的权限做了修改,也不会影响已经存在连接的权限。修改完成后,只有再新建的连接才会使用新的权限设置。

2. 查询缓存

MySQL 在执行某个查询语句时,会先到缓存中查看是否执行过该语句。如果之前执行过这个查询语句,则直接返回结果集,从而达到快速查询的效果。

MySQL 收到一个查询请求后,会先到查询缓存里检查之前是否执行过这条语句。之前执行过的语句及其结果可能会以 key-value 对的形式被直接缓存在内存中,key 是查询的语句,value 是查询的结果。如果新的查询能够直接在这个缓存中命中,那么结果就会被直接返回给客户端,查询效率较高。如果语句不在查询缓存中,就会继续后面的执行阶段。执行完成后,执行结果会被存入查询缓存中。

但是,大多数情况下,查询缓存的作用很"鸡肋"。这是因为缓存失效非常频繁,只要有对一个表的更新,这个表上所有的查询缓存都会被清空。缓存中的结果很可能还没使用,就被一个更新全清空了。对于更新频繁的数据库来说,查询缓存的命中率会非常低。

一般建议在静态表(即极少更新的表,如系统配置表、字典表等)里使用查询缓存。MySQL 也提供了这种"按需使用"的方式。可以将 my.cnf 参数 query_cache_type 设置成 DEMAND。query_cache_type 有 3 个值:0 代表关闭查询缓存 OFF;1 代表开启 ON;2 (DEMAND)代表当 SQL 语句中有 SQL_CACHE 关键词时才缓存。这样,对于默认的 SQL 语句都不使用查询缓存。而对于确定要使用查询缓存的语句,可以用 SQL_CACHE 显式指定,像下面这条语句一样:

```
SELECT SQL_CACHE * FROM test WHERE id=5;
```

查看当前 MySQL 实例是否开启缓存机制,可采用命令:

```
SHOW GLOBAL VARIABLES LIKE "%query_cache_type%";
```

注意:MySQL 8.0 已经移除了查询缓存功能。

3. 词法分析器

分析器主要用于分析 SQL 语法是否正确,通过词法分析,明确用户输入的 SQL 语句代表什么、要做什么;之后通过语法分析,判断用户输入的 SQL 语句是否满足 MySQL 语法规则。

下面以一条真实 SQL 查询语句来分析 MySQL 查询的执行过程。

```
SELECT id,name,sex,phone
FROM user t
WHERE t.age='26' AND t.account='javadaily'
```

首先,客户端需要连接数据库,如果账号或密码错误,则直接返回错误信息;如果正确,则进入下一步。

MySQL 8.0 之前的版本会首先以这条 SQL 语句作为 key 在内存中查询是否有结果,

如果有则先判断是否有权限,有权限则返回客户端,否则报错;如果没有命中查询缓存,则进入下一步,通过分析器进行词法分析,提取 SQL 语句的关键元素。比如,上面这条语句的命令是查询 select,提取需要查询的表名为 user,需要查询的列为 id,name,sex,phone,查询条件是 age=26 和 account=javadaily。然后判断这条 SQL 语句是否有语法错误,比如关键词是否正确等,如果没有问题就执行下一步——进行权限校验,如果有查询权限,则调用数据库引擎接口返回执行结果;否则报错。

4. 优化器

SQL 语句经过分析器分析后,在开始执行之前,还要先经过优化器的处理。

优化器的作用是在表里面有多个索引的时候,决定使用哪个索引;或者在一条语句有多表关联(join)的时候,决定各个表的连接顺序,以及 MySQL 内部的一些优化机制。

上面的 SQL 语句有方案 a 和方案 b 两种执行方案。

方案 a:先查询 account=javadaily 的用户,然后判断 age 是否等于 26。

方案 b:先找出 age=26 的用户,再查询 account=javadaily 的用户。

优化器根据自己的优化算法选择执行效率较高的方案 a(统计信息不准可能导致优化器选择错误的执行方案),确定了优化方案后就开始执行。

5. 执行器

开始执行 SQL 语句的时候,要先判断客户端对这个表有没有执行查询的权限,如果没有,就会返回没有权限的错误;如果有权限,就打开表继续执行。打开表的时候,执行器就会根据表的引擎定义,去使用这个引擎提供的接口。

3.2.3 MySQL 的下载和安装

下面介绍在 Windows 操作系统下 MySQL 的安装步骤。

1. 下载 MySQL

在安装之前,用户登录 MySQL 官网(https://www.mysql.com)下载所需要的 MySQL 版本(本书选用 MySQL 9.0)。MySQL 下载界面如图 3.2 所示。

2. 安装 MySQL

运行下载的安装文件 mysql-9.0.1-winx64,进入图 3.3 所示的安装欢迎界面。

单击 Next 按钮,打开同意用户许可协议界面,如图 3.4 所示。

阅读"用户许可协议",勾选 I accept the terms in the license agreement 选项。单击 Next 按钮,进入安装方式界面,如图 3.5 所示。

安装方式分传统方式、自定义方式和完全安装方式。如果要指定安装位置,可以单击 Custom 按钮,修改软件安装路径。单击 Next 按钮,进入准备安装界面,如图 3.6 所示。

单击 Install 按钮,开始安装 MySQL。

判断 MySQL 安装是否成功有两种验证方法。

1) 命令提示符 cmd 窗口验证

按快捷键 Win+R,打开"运行"对话框,在"打开"文本框中输入命令 cmd,如图 3.7 所示,单击"确定"按钮,进入"命令提示符"界面。

假设 MySQL 的安装目录是 C:\Program Files\MySQL\ MySQL Server9.0\bin。在命令提示符中先输入命令 cd C:\Program Files\MySQL\MySQL Server 9.0\bin,回车后进入

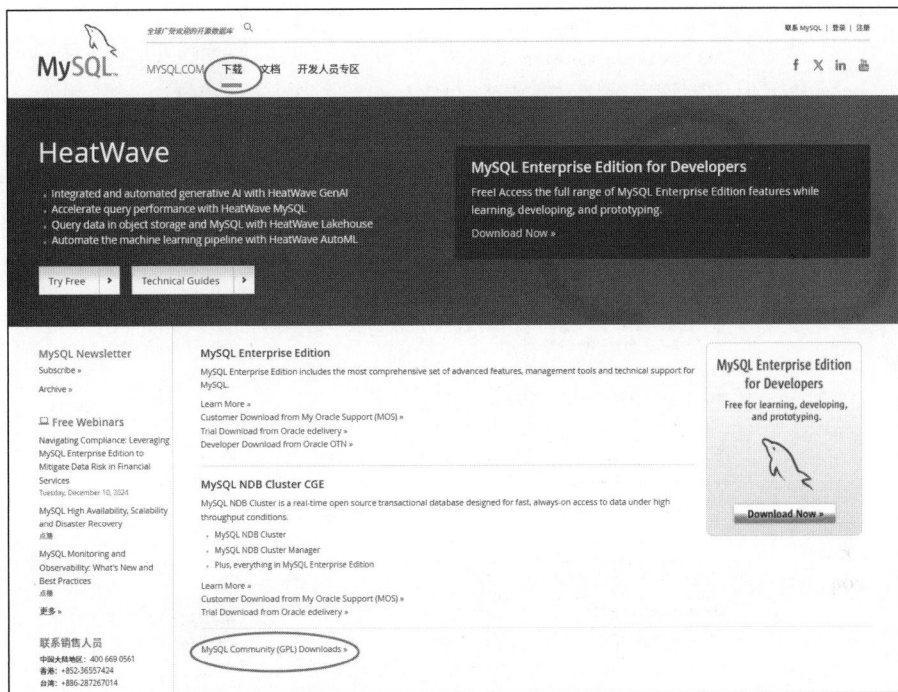

图 3.2　MySQL 下载界面

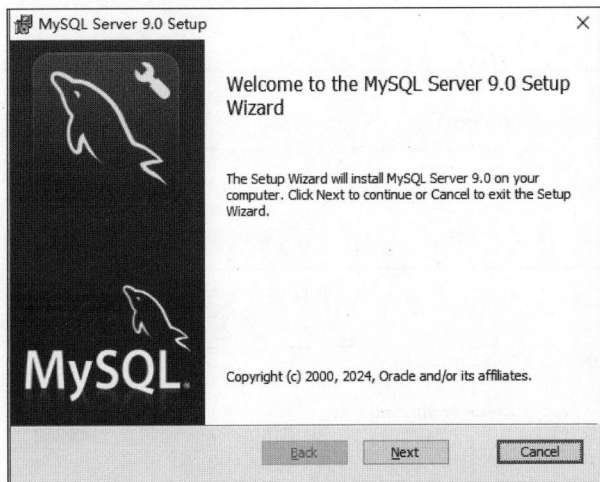

图 3.3　MySQL 安装欢迎界面

该目录然后输入命令 mysql -h localhost -u root -p，回车后登录数据库，接着输入数据库密码，如果密码正确，就能看到登录成功信息，如图 3.8 所示。

最后输入命令 status，如果显示 MySQL 的版本信息，说明安装成功，如图 3.9 所示。

2）MySQL 控制台验证

在"开始"菜单中打开 MySQL 9.0 Command Line Client 程序，如图 3.10 所示。

单击 MySQL 9.0 Command Line Client，进入命令窗口，根据提示输入数据库密码，然后会看到当前 MySQL 的服务器状态。

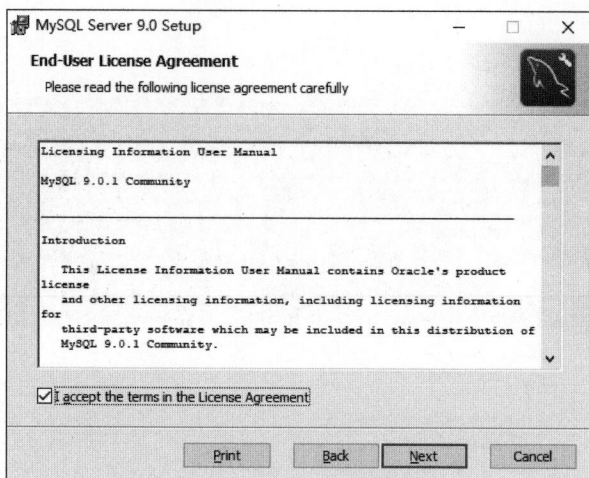

图 3.4　同意用户许可协议

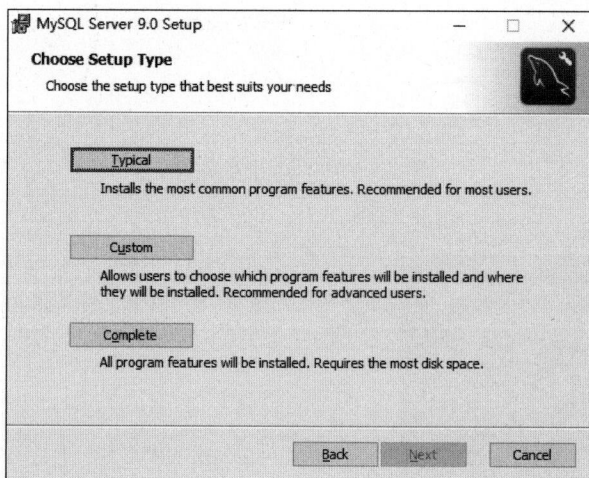

图 3.5　选择安装方式

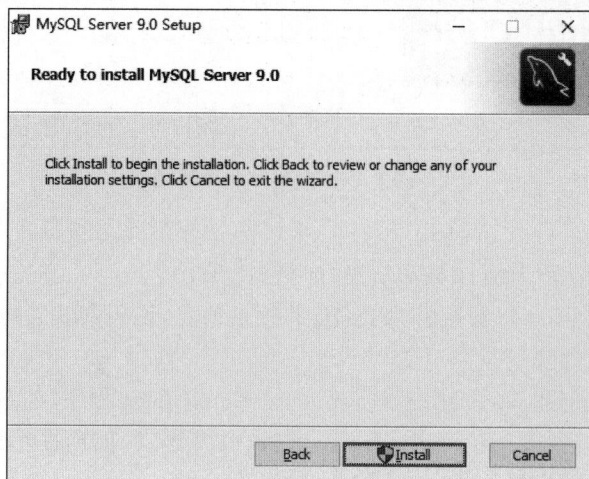

图 3.6　准备安装界面

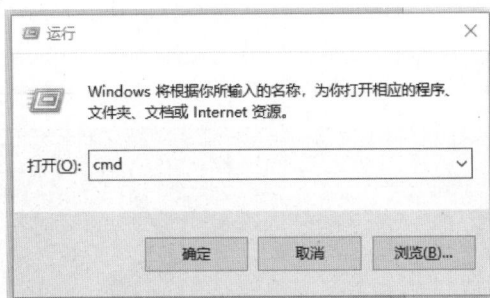

图 3.7 在"打开"文本框中输入命令 cmd

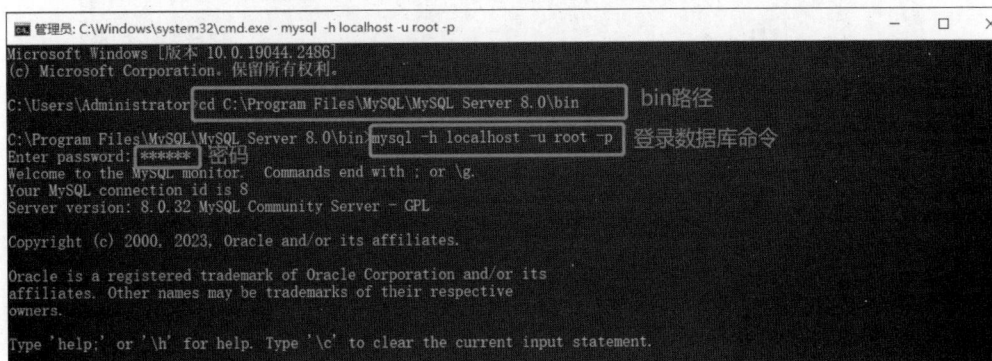

图 3.8 MySQL 登录成功信息

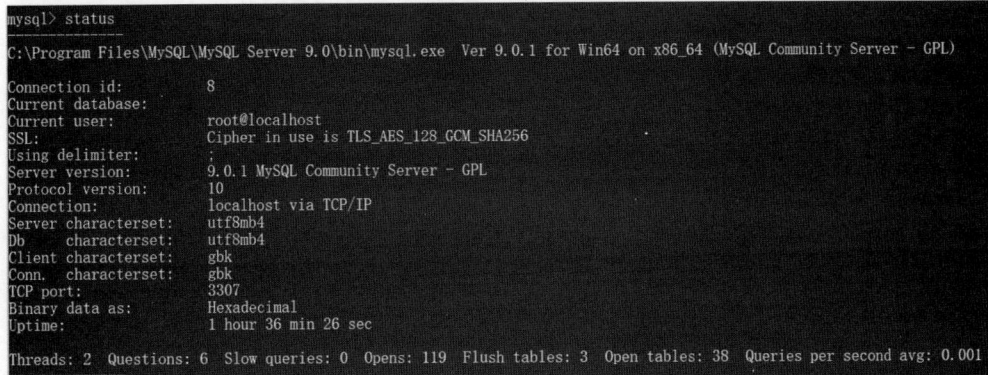

图 3.9 MySQL 版本信息

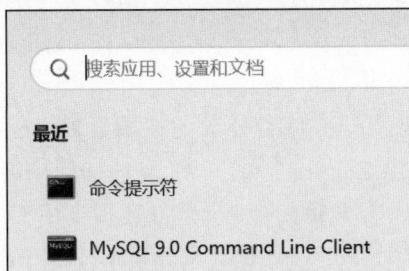

图 3.10 启动 MySQL

如果能显示出与图 3.11 类似的内容,则表示安装成功。框线标出的是 MySQL 数据库版本号,可能与下图版本号不一样,以实际安装的版本为准,如图 3.11 所示。

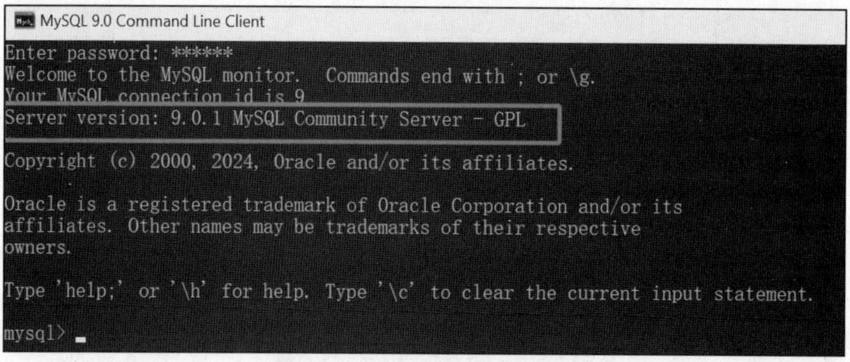

图 3.11　MySQL 安装成功信息

3.2.4　MySQL 管理工具

MySQL 是日常开发中的基础软件,对其数据的管理必不可少。除了系统自带的命令行管理工具之外,还有许多其他的图形化管理工具,下面介绍常见的 MySQL 图形化管理工具。

1. Navicat

Navicat 是一个桌面版 MySQL 数据库管理和开发工具,和微软 SQLServer 的管理器很像,易学易用。Navicat Premium 是一套多连接数据库开发工具,允许用户在单一应用程序中同时连接多种类型的数据库,如 MySQL、MariaDB、MongoDB、SQL Server、SQLite、Oracle 和 PostgreSQL,可一次快速方便地访问所有数据库。支持中文,免费试用。Navicat 的官网地址为 https://www.navicat.com.cn/。

2. SQLyog

SQLyog 能够在任何地点有效地管理数据库,是一款简洁高效、功能强大的图形化 MySQL 数据库管理工具。使用 SQLyog 可以快速直观地从任一地点通过网络来维护远端的 MySQL 数据库。SQLyog 的官网地址为 https://webyog.com/product/sqlyog/。

3. DataGrip

DataGrip 是 JetBrains 发布的多引擎数据库环境,支持 MySQL 和 PostgreSQL,Microsoft SQL Server 和 Oracle、Sybase、DB2、SQLite,还有 HyperSQL、Apache Derby 和 H2。DataGrip 的官网地址为 https://www.jetbrains.com/zh-cn/datagrip/。

4. DBeaver

DBeaver 是一个基于 Java 开发,免费开源的通用数据库管理和开发工具,使用非常友好的 ASL 协议。DBeaver 采用 Eclipse 框架开发,支持插件扩展,并且提供了许多数据库管理工具:E-R 图、数据导入/导出、数据库比较、模拟数据生成等。DBeaver 可以支持几乎所有的数据库产品,包括 MySQL、PostgreSQL、MariaDB、SQLite、Oracle、Db2、SQL Server、Sybase、MS Access、Teradata、Firebird、Derby 等。DBeaver 的官网地址为 https://dbeaver.io/。

5. HeidiSQL

HeidiSQL 的压缩包大小仅有 20 多 M，支持 MySQL、PostgreSQL 和 SQLServer 三款数据库。和基于 Eclipse 的数据库管理软件 DBeaver 相比，HeidiSQL 的体积更加小巧，运行速度更快。HeidiSQL 的官网地址为 https://www.heidisql.com/download.php。

本书后面章节的 SQL 语句的实操采用 HeidiSQL 管理工具平台。

本 章 小 结

本章重点讲解 SQL 语句的基础概念、MySQL 的发展历史以及基本的架构、安装步骤。MySQL 是一种关系数据库管理系统，它使用结构化查询语言（SQL）来管理和操作数据。MySQL 的 Server 层主要负责管理连接，身份验证；词法分析、语法分析；操作引擎、返回结果。MySQL 的存储引擎负责数据的存储和提取。

习　题　三

一、填空题

1. MySQL 可以基本划分为（　　　）层和（　　　）层两部分。

2. 判断 MySQL 安装是否成功，有（　　　）和（　　　）两种验证方法。

3. 查看 MySQL 版本的命令是（　　　）。

4. MySQL 是一种开放源代码的关系数据库管理系统（RDBMS），MySQL 数据库系统使用最常用的数据库管理语言（　　　）进行数据库管理。

二、简答题

1. 简述 SQL 分类。

2. 简述 MySQL 的 Server 层、存储引擎层的主要工作。

第 4 章

数据库的创建和管理

本章介绍 MySQL 数据库创建与管理的基础知识。数据库的管理包括创建新数据库、删除已存在的数据库、修改数据库属性、切换与查看数据库、选择当前工作数据库、列出所有可用数据库等。在创建和修改数据库的过程中，需要涉及存储引擎的选择、字符集和排序规则的设置。MySQL 支持多种存储引擎，每种存储引擎各有优点和适合的应用场景。字符集和排序规则在处理文本数据时起着至关重要的作用，不同的排序规则会影响字符比较的结果。

通过本章的学习，应达到如下目标：

- 掌握存储引擎的基本概念；
- 掌握 MySQL 中存储引擎的种类，各种存储引擎的功能和特点；
- 掌握设置和修改存储引擎的方法；
- 掌握根据应用场景选择存储引擎的方法；
- 掌握字符集的概念、字符集的种类和特点；
- 掌握字符集和排序规则的设置；
- 掌握管理数据库的各个命令。

4.1 MySQL 数据库的存储引擎

简单来说，存储引擎就是指表的类型以及表在计算机上的存储方式。存储引擎的核心作用是对数据的处理，需要关心的核心问题有如何组织数据、保证数据安全、提高读写效率以及解决存储介质问题等。

4.1.1 存储引擎概述

在 MySQL 中的存储引擎有很多种，可以通过 SHOW ENGINES 语句来查看。图 4.1 显示出 MySQL 的存储引擎种类。可以看到，MySQL 存储引擎包括 InnoDB、MyISAM、Memory、CSV、ARCHIVE 和 NDB 等。每种存储引擎都有其独特的功能、优点和限制。

下面详细介绍几种常见的 MySQL 存储引擎，包括 InnoDB、MyISAM、Memory。

4.1.2 InnoDB 存储引擎

InnoDB 是一种兼顾高可靠性和高性能的通用存储引擎。InnoDB 给 MySQL 的表提供了事务处理、回滚、崩溃修复能力和多版本并发控制的事务安全。MySQL 从 3.23.34a 版本开始包含 InnoDB。MySQL 5.5 版本之后，InnoDB 成为默认存储引擎，它是 MySQL 上第

#	Engine	Support	Comment
1	MEMORY	YES	Hash based, stored in memory, useful for temporary tables
2	MRG_MYISAM	YES	Collection of identical MyISAM tables
3	CSV	YES	CSV storage engine
4	FEDERATED	NO	Federated MySQL storage engine
5	PERFORMANCE_SCHEMA	YES	Performance Schema
6	MyISAM	YES	MyISAM storage engine
7	InnoDB	DEFAULT	Supports transactions, row-level locking, and foreign keys
8	ndbinfo	NO	MySQL Cluster system information storage engine
9	BLACKHOLE	YES	/dev/null storage engine (anything you write to it disappears)
10	ARCHIVE	YES	Archive storage engine
11	ndbcluster	NO	Clustered, fault-tolerant tables

图 4.1 MySQL 支持的存储引擎

一个提供外键约束的表引擎。InnoDB 对事务处理的能力,也是其他存储引擎不能比拟的,它因此成为事务型数据库优先使用的引擎。InnoDB 存储引擎将表和索引存储在一个表空间中,表空间可以包含多个文件(或原始磁盘分区),InnoDB 表可以是任意大小。

在 MySQL 中,可以通过以下命令设置默认的存储引擎。

```
SET default_storage_engine=<存储引擎名>;
```

【例 4.1】 要将默认存储引擎设置为 InnoDB,可以使用以下命令。

```
SET default_storage_engine=InnoDB;
```

如何验证 InnoDB 是否设置成为当前的存储引擎?

可以使用"SHOW VARIABLES LIKE 'default_storage_engine'"进行验证,运行结果如图 4.2 所示。

```
1 SET default_storage_engine=INNODB;
2 SHOW VARIABLES LIKE 'default_storage_engine';
```

#	Variable_name	Value
1	default_storage_engine	InnoDB

session_variables (1r × 2c)

图 4.2 显示当前存储引擎

InnoDB 存储引擎支持 AUTO_INCREMENT。自动增长列的值不能为空,并且值必须唯一。MySQL 中规定自增列必须为主键。在插入值的时候,如果自动增长列不输入值,则插入的值为自动增长后的值;如果输入的值为 0 或空(NULL),则插入的值也是自动增长后的值;如果插入某个确定的值,且该值在前面没有出现过,则可以直接插入。

InnoDB 还支持外键(FOREIGN KEY)。外键所在的表叫子表,外键所依赖(REFERENCES)的表叫父表。父表中被子表外键关联的字段必须为主键。当删除、更新父表中的某条信息时,子表也必须有相应的改变,这是数据库的参照完整性规则。

InnoDB 中,创建的表的表结构存储在.frm 文件中。数据和索引存储在 innodb_data_home_dir 和 innodb_data_file_path 定义的表空间中。

InnoDB 的优点是提供了良好的事务处理、崩溃修复能力和并发控制;缺点是读写效率较差,占用的数据空间相对较大。InnoDB 通常用于事务处理应用程序,支持外键。如果应用对事务的完整性有比较高的要求,在并发条件下要求数据一致性,数据操作除了插入和查询,还包括很多的更新删除操作,则 InnoDB 比较合适。InnoDB 存储引擎除了能有效地降低由于删除和更新操作导致的锁定,还可以确保事务的完整提交和回滚。

【**例4.2**】 可以用下面的语句创建一个 InnoDB 存储引擎的表。

```
CREATE TABLE InnoDB_tab
    (id INT PRIMARY KEY,
    name VARCHAR(100)
    ) ENGINE=InnoDB;
```

语句执行情况如图 4.3 所示。

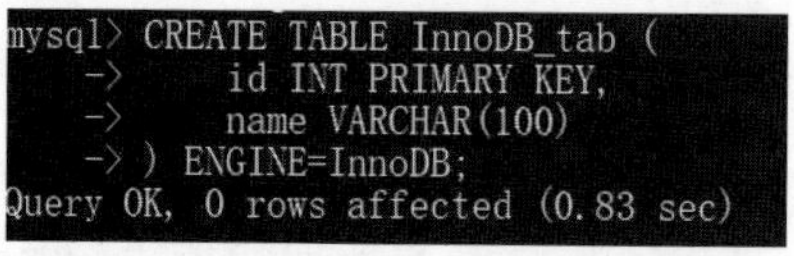

图 4.3　创建 InnoDB 存储引擎的表

创建 InnoDB 引擎的表后,会对应产生.ibd 文件,如图 4.4 所示。

图 4.4　InnoDB 存储引擎对应的文件

MySQL 中的.ibd 文件是 InnoDB 存储引擎用来存储表数据和索引的物理文件。每个使用 InnoDB 存储引擎的表,如果启用了独立表空间(每表一个文件),都会有一个对应的.ibd 文件来存储该表的所有数据和所有的索引结构。

具体来说,.ibd 文件包含以下内容:

- 表的数据行记录;
- 表的所有索引,包括主键索引和其他辅助索引;
- 用于实现多版本并发控制(MVCC)的信息,这是 InnoDB 为了支持事务处理和高并发场景而采用的技术。

在 InnoDB 中,表可以被组织为不同的表空间类型。

- 共享表空间:所有 InnoDB 表的数据和索引存储在同一文件或一组文件中(通常是"ibdata1"),这种模式适用于小规模数据库,但可能导致文件规模增长迅速且不易管理。
- 独立表空间(也称为表分区表空间或单表表空间):每个 InnoDB 表都有自己的.ibd 文件,包含该表的数据和索引,便于管理,特别是对于大型数据库,可以单独备份、移动或删除单个表。

查看当前表空间模式,可以使用如下命令检查 innodb_file_per_table 变量的值:"SHOW VARIABLES LIKE 'innodb_file_per_table'; "。

如果返回 Value 为 ON,表示是独立表空间;若为 OFF,则是共享表空间。运行结果如图 4.5 所示。

独立表空间的优点在于更好的资源隔离,更方便的备份和维护,但可能会增加磁盘 I/O,因为每个表都有自己的文件。共享表空间则节省磁盘空间,但管理和扩展可能更复杂。正确配置 InnoDB 的表空间模式对于数据库管理员至关重要,它直接影响数据库的性能、可维护性和资源利用率。根据实际需求选择合适的表空间模式,可以优化数据库的整体运作。

```
mysql> show variables like 'innodb_file_per_table';
+-----------------------+-------+
| Variable_name         | Value |
+-----------------------+-------+
| innodb_file_per_table | ON    |
+-----------------------+-------+
1 row in set, 1 warning (0.10 sec)
```

图 4.5 查看当前表空间

InnoDB 非常适合处理需要高并发的事务系统，如银行交易系统，涉及大量的插入、更新操作，并且需要保证事务的完整性和隔离性；电子商务平台，需要频繁的订单插入和库存更新，并保证数据一致性。

4.1.3 MyISAM 存储引擎

MyISAM 是 MySQL 早期的默认存储引擎。它支持全文搜索，但从 MySQL 5.6 版本起已不被推荐使用。MyISAM 既不支持事务，也不支持行级锁定。

如果应用以读操作和插入操作为主，只有很少的更新和删除操作，并且对事务的完整性、并发性要求不是很高，那么可选用此种存储引擎。MyISAM 在读操作中可以提供比较高的读写性能，因为其使用的是表级锁定机制，适合读多写少的场景；其次支持全文索引功能，在处理大量文本数据的时候，可以快速地进行文本搜索。

MyISAM 的主要特性如下：

- 索引类型。支持 B+树索引，适用于多数查询要求；
- 全文索引。内置全文搜索功能，便于处理文本数据的检索；
- 空间数据支持。支持地理空间数据类型和索引，适合地理信息系统应用；
- 压缩数据。通过 myisampack 工具，可将表压缩为只读格式，节省存储空间。

MyISAM 的主要限制如下。

- 事务支持。不支持事务处理，无法保证 ACID 特性；
- 外键约束。不支持外键，需在应用层手动维护数据完整性；
- 锁定机制。采用表级锁定，可能在高并发写入场景下导致性能瓶颈；
- 数据缓存。不提供数据缓存功能，需依赖操作系统的文件系统缓存。

【例 4.3】 可以用下面的语句创建一个名为 myisam_tab 的 MyISAM 存储引擎的表。

```
CREATE TABLE myisam_tab
  (name VARCHAR(100) NOT NULL,
  age INT,
  id  INT PRIMARY KEY AUTO_INCREMENT,
  email VARCHAR(100)
  )ENGINE=MYISAM;
```

代码执行效果如图 4.6 所示，表所对应的文件如图 4.7 所示。

MyISAM 用的是非聚集索引方式，即数据和索引落在不同的两个文件上。因此 MyISAM 存储引擎创建表时会生成一个.MYD 文件和一个.MYI 文件，其中.MYD 是数据文件，该文件中存储的是数据相关的信息；而.MYI 是索引文件，此文件中存储的是索引相关的信息。这就是非聚簇索引的特点，索引和数据是分开存储的。

因为 MyISAM 表的存储格式更紧凑，数据和索引是分开存储的，所以在磁盘中占用的空间一般比支持事务的引擎更少；而且 MyISAM 结构简单，数据和索引单独存储在文件中，

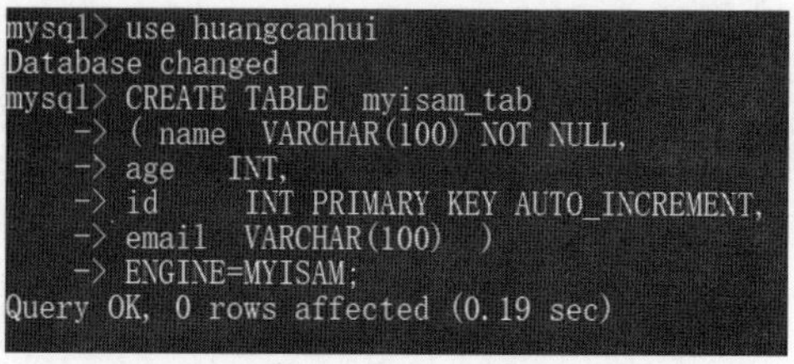

图 4.6　创建 MyISAM 存储引擎的表

名称	修改日期	类型	大小
myisam_tab.MYD	2024/12/5 12:36	MYD 文件	0 KB
myisam_tab.MYI	2024/12/5 12:36	MYI 文件	1 KB

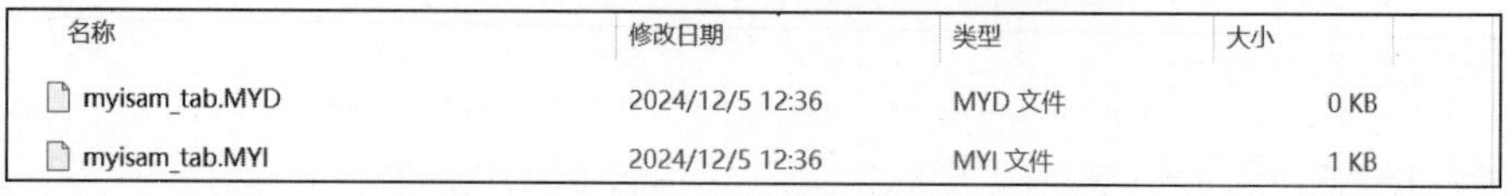

图 4.7　MyISAM 存储引擎的表对应的文件

方便备份和恢复。

MyISAM 在建表时以主键作为 KEY 来建立主索引 B+树,树的叶子节点存储的是对应数据的物理地址。获得这个物理地址后,就可以到 MyISAM 数据文件中直接定位具体的数据记录了。

MyISAM 的适用场景有只读数据库,用于静态数据存储,且更新频率低的场景,例如数据仓库或日志存储系统;全文搜索,需要对文本进行快速全文搜索的场景。

4.1.4　Memory 存储引擎

Memory 存储引擎将表中的数据存储在内存中,适用于需要快速访问数据的场景。Memory 的缺陷是对表的大小有限制,太大的表无法缓存在内存中。如果服务器重启,存储在内存中的数据会丢失。

【例 4.4】　可以用下面的语句创建一个 Memory 的表。

```
CREATE TABLE memory_tab
    (id INT PRIMARY KEY,
    name VARCHAR(100)
    ) ENGINE=MEMORY;
```

上面语句执行效果及表所对应的文件如图 4.8、图 4.9 所示。所建立的.sdi 文件存储该表结构信息。

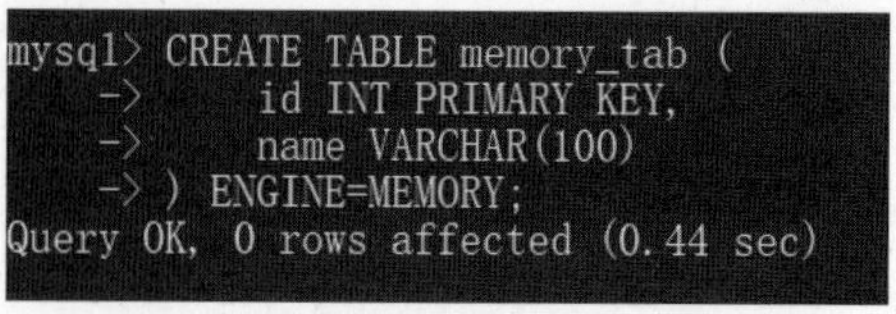

图 4.8　创建 Memory 存储引擎的表

名称	修改日期	类型	大小
memory_tab_382.sdi	2024/12/6 10:26	SDI 文件	3 KB

图 4.9　Memory 存储引擎的表对应的文件

因为 Memory 引擎的表数据是存储在内存中的,由于受到硬件问题或断电问题的影响,只能将这些表作为临时表或缓存使用。

Memory 存储引擎的适用场景有临时数据处理,包括临时数据处理、缓存数据等,例如临时表或会话数据存储;快速查询结果存储,需要高效快速查询但不需要持久化的场景。

4.1.5　其他存储引擎

1. CSV 存储引擎

CSV 存储引擎是一个独特的选择,它允许数据以逗号分隔值(CSV)格式存储在文本文件中。CSV 存储引擎将数据存储在 CSV 格式的文件中,这些文件可以直接用文本编辑器打开,也可以被大多数表格软件(如 Microsoft Excel)读取。使用 CSV 存储引擎创建表时,MySQL 会为这个表创建两个文件:一个是数据文件(.CSV 扩展名),另一个是元数据文件(.CSM 扩展名)。数据文件包含表中的数据,而元数据文件存储了表的结构和行数信息。

CSV 存储引擎特别适用于需要简单数据导出和导入的场景,例如数据交换和轻量级的数据分析。由于 CSV 格式受到广泛支持,使用 CSV 存储引擎可以轻松地与其他系统交换数据,无须复杂的数据转换过程。

CSV 存储引擎的优点如下:

- 易于数据交换。CSV 格式被广泛支持,可以轻松地与其他系统交换数据,无须进行复杂的数据转换。
- 简化的数据导入/导出。由于数据以纯文本形式存储,导入和导出数据变得非常直接。
- 应用兼容性。可以被多种应用程序直接读取,包括文本编辑器和表格处理软件。

创建一个 CSV 表非常简单,只需在创建表时指定 ENGINE=CSV 选项。

【例 4.5】　以下是一个创建 CSV 表的例子。

```
CREATE TABLE test_csv
(id INT NOT NULL,
name VARCHAR(100) NOT NULL
) ENGINE=CSV;
```

插入和查询数据的方式与使用其他存储引擎的 MySQL 表相同。但是,由于 CSV 格式的限制,所有列都必须声明为 NOT NULL。

2. Archive 存储引擎

该存储引擎是一种专门用于存储大量索引数据的特殊引擎,主要特点是压缩比高,存储占用少,一般适用于存储大量历史数据、日志信息等(主要是数据量大但是偶尔才需要查询的场景)。

Archive 存储引擎的主要特点如下。

- 适合大规模数据存储:Archive 存储引擎专门用于高效地存储大量的历史数据或归档数据;
- 支持插入和查询:Archive 只支持插入操作和查询操作,不支持更新和删除操作;
- 数据压缩:Archive 引擎会将数据进行压缩存储,从而减少磁盘占用;
- 表级锁定:Archive 使用表级锁定。

Archive 的适用场景为日志系统,非常适合存储日志数据,历史归档数据等数据存储空

间有限的场景。

3. Merge 存储引擎

该存储引擎是一组具有相同结构的 MyISAM 表的组合。Merge 本身没有数据,对 Merge 可以进行查询、更新和删除操作,这些操作实际上是对内部的 MyISAM 表进行的。Merge 常用于分区数据管理。

4. Federated 存储引擎

该存储引擎用于分布式数据库系统,可以在不同 MySQL 实例之间进行跨服务器查询。

5. NDB Cluster 存储引擎

该存储引擎用于 MySQL Cluster 配置,是一种分布式、容错的存储引擎,常用于高可用系统。

4.1.6　MySQL 数据库存储引擎的选择

在实际工作中,用户可以根据应用场景的不同,对各种存储引擎的特点进行对比和分析,选择适合的存储引擎。存储引擎的选择策略主要考虑以下几方面。

1. 考虑应用需求

考虑应用的具体需求,包括数据的读写比例、事务处理要求、数据完整性要求、全文搜索需求等,根据这些需求来选择最适合的存储引擎。对于复杂的应用系统,还可以根据实际情况选择多种存储引擎进行组合。

① 若应用需要进行复杂的事务处理,并且对数据的完整性和一致性要求较高,那么 InnoDB 存储引擎是一个不错的选择。

② 若应用主要是进行数据的读取操作或者大量的数据插入操作,而对事务处理和并发更新要求不高,那么 MyISAM 存储引擎可能更适合。

③ 若应用需要临时存储数据或者需要快速响应,并且对数据的持久性要求不高,那么 Memory 存储引擎可以考虑。

2. 性能要求

如果应用对性能要求较高,就需要考虑存储引擎的读写性能、并发性能等因素。可以通过实际测试来评估不同存储引擎在特定应用场景下的性能表现。

① InnoDB 存储引擎在高并发环境下具有较好的性能表现,特别是在处理大量并发事务时。

② MyISAM 存储引擎在插入和查询操作方面具有较高的性能,但在并发性能上不如 InnoDB。

③ Memory 存储引擎具有非常高的读写性能,但由于数据存储在内存中,不适合存储大量数据。

3. 数据安全性和可靠性

对于数据安全性和可靠性要求较高的应用,应选择支持事务处理、崩溃恢复和数据备份等功能的存储引擎,如 InnoDB。

① InnoDB 存储引擎具有良好的崩溃恢复能力,可以在数据库发生故障时快速恢复到一致状态,减少数据丢失的风险。

② MyISAM 存储引擎不支持事务处理和崩溃恢复,因此在数据安全性和可靠性方面

相对较弱。

③ Memory 存储引擎由于将数据存储在内存中,当数据库服务器重启或发生故障时,数据会丢失,无法保障数据的安全性,因此不适合存储重要数据。

4. 存储成本

如果存储成本是一个重要考虑因素,可以考虑使用支持数据压缩的存储引擎,如MyISAM;或者选择适合临时数据存储的存储引擎,如 Memory,以减少磁盘空间的使用。

① MyISAM 存储引擎可以对数据进行压缩存储,节省磁盘空间。对于数据量较大但对存储成本有要求的应用,可以考虑使用 MyISAM 存储引擎并开启数据压缩功能。

② Memory 存储引擎由于数据存储在内存中,不占用磁盘空间,因此在存储成本方面具有优势。但由于数据易失性,需要考虑数据的备份和恢复策略。

InnoDB、MyISAM 和 Memory 三种存储引擎特点对比见表 4.1。

表 4.1　三种存储引擎特点对比

项　　目	InnoDB	MyISAM	Memory
存储限制	64TB	有	有
事务安全	支持	—	—
锁机制	行锁	表锁	表锁
B+树索引	支持	支持	支持
哈希索引	—	—	支持
全文索引	支持(5.6 版本以后)	支持	—
空间使用	高	低	N/A
内存使用	高	低	中等
批量插入速度	低	高	高
支持外键	支持	—	—

在 MySQL 中,创建数据库(database)和表(table)是数据库设计的基础步骤。而选择合适的字符集和排序规则对于确保数据的正确存储、检索以及提升查询性能至关重要。

4.2　MySQL 数据库的存储字符集

4.2.1　MySQL 数据库字符集概述

1. 字符集(character set)

字符集是按照一定的字符编码方案,将特定的符号集编码为计算机能够处理的数值的集合。MySQL 支持多种字符集,包括 ASCII、Latin1、GBK、UTF-8 及其超集 utf8mb4 等。选择合适的字符集对确保数据的正确性和完整性至关重要。以下是几种常用字符集的简要介绍。

(1) UTF-8。一种广泛使用的 Unicode 编码方式,可以表示世界上几乎所有的字符,包括中文字符。但 UTF-8 有一个限制,即它无法直接存储某些 Unicode 字符(如某些 emoji

表情),需要使用 utf8mb4。

(2) utf8mb4。UTF-8 的超集,支持所有 Unicode 字符,包括 emoji 等。对于需要存储这类字符的应用,推荐使用 utf8mb4。

(3) GBK。适用于简体中文环境,能够较好地处理中文字符,但在国际化场景中可能不够灵活。

(4) Latin1。适用于西欧语言,如英语、法语等,对于其他语言支持有限。

表 4.2 是上述 4 种字符集的中英文支持能力与长度说明。

表 4.2　字符集

字 符 集	长 度	说 明
GBK	2	支持中文,但不是国际通用字符集
UTF-8	3	支持中英文混合场景,是国际通用字符集
Latin1	1	MySQL 默认字符集
utf8mb4	4	完全兼容 UTF-8,用 4 字节存储更多的字符

2. 排序规则(Collation)

排序规则定义了字符集中的字符如何进行比较和排序。在 MySQL 中,每种字符集都对应多种排序规则,这些规则决定了字符串比较的规则、是否区分大小写、是否考虑重音符号等因素。

排序规则是指定字符集下字符间的比较规则。

一些常用的命名规则如下:

• _ci。结尾表示大小写不敏感(case insensitive)。

• _cs。表示大小写敏感(case sensitive)。

• _bin。表示二进制的比较(binary)。

常见字符集 utf8mb4 对应的常用排序规则如下:

utf8mb4_general_ci。不区分大小写,校对速度快,但准确度稍差。

utf8mb4_bin。每个字符串用二进制数据编译存储。区分大小写,而且可以存储二进制的内容。

utf8mb4_unicode_ci。不区分大小写,校对准确度高,但校对速度稍慢。

通常情况下,新建数据库时选用 utf8mb4_general_ci 就可以了。

utf8mb4_unicode_ci 和 utf8mb4_general_ci 比较如下:

• 准确性。utf8mb4_unicode_ci 基于标准的 Unicode 排序和比较,能够在各种语言之间精确排序;utf8mb4_general_ci 则没有实现 Unicode 排序规则,在遇到某些特殊语言或者字符集时,排序结果可能不一致。但是,在绝大多数情况下,所遵循的这些特殊字符的顺序并不需要那么精确。

• 性能。utf8mb4_general_ci 在比较和排序的时候更快。utf8mb4_unicode_ci 在特殊情况下,所遵循的 Unicode 排序规则为了能够处理特殊字符的情况,实现了略微复杂的排序算法。但是在绝大多数情况下不会发生此类复杂比较。相比于选择哪一种排序规则,使用者更应该关心字符集与排序规则在数据库里的统一问题。

4.2.2　MySQL 数据库字符集设置

设置字符集一般有两种方法,一种是在创建数据库或者创建表的时候设置字符集,另一种是数据库建成或者数据表建成之后修改字符集。

1. 创建数据库时指定字符集

创建数据库时指定字符集的命令格式如下:

```
CREATE DATABASE <数据库名>
    [[DEFAULT] CHARACTER SET 字符集]
    [[DEFAULT] COLLATE 排序规则];
```

【例 4.6】　创建一个名为 mydatabase1 的数据库,使用 utf8mb4 字符集。

命令语句为

```
CREATE DATABASE mydatabase1 DEFAULT CHARACTER SET=utf8mb4;
```

这个示例的执行如图 4.10 所示。

```
mysql> create database mydatabase1 default character set=utf8mb4;
Query OK, 1 row affected (0.01 sec)
```

图 4.10　创建数据库使用 utf8mb4 字符集

【例 4.7】　创建一个名为 mydatabase2 的数据库,使用 utf8mb4 字符集和 utf8mb4_unicode_ci 排序规则。

命令语句为

```
CREATE DATABASE mydatabase2 CHARACTER SET utf8mb4 COLLATE utf8mb4_unicode_ci;
```

这个示例的配置适合多语言环境,特别是当数据库需要存储多种语言的文本数据时。

在 MySQL 中,字符集和排序规则是区分开来的,可以单独设置字符集和排序规则。如果字符集和排序规则都不填写,SQL 会做默认处理;或者设置其一,比如设置字符集,会默认设置了与字符集相应的排序规则。

2. 创建表时指定字符集

(1) 创建表时指定字符集的命令格式如下:

```
CREATE TABLE 表名(属性,…)
[[DEFAULT] CHARACTER SET ]
[COLLATE collation_name];
```

【例 4.8】　创建一个名为 student 的表,使用 UTF8 字符集。

命令语句为

```
CREATE TABLE student(sid INT,sname CHAR(30))
DEFAULT charset utf8;
```

(2) 查看已经创建好的数据表的信息,命令格式如下:

```
SHOW CREATE TABLE 表名;
```

此句不仅可以查看创建表时的定义语句,还可以查看表的字符编码。

【例 4.9】　查看创建学生表的定义和字符集。

命令语句为

```
SHOW CREATE TABLE student;
```

运行结果如图 4.11 所示。

图 4.11　查看创建表的定义和字符编码

（3）创建表，指定表的字符集，指定某些列（字段）的字符集。

【例 4.10】　创建 student1 表，指定 address 字段的字符集。

命令语句为

```
CREATE TABLE student1(sid INT,
sname CHAR(30),
address CHAR(20) character set latin1)
DEFAULT charset utf8;
```

图 4.12 是查看创建 student1 表时的定义语句，还可以查看表及某些列的字符编码。

图 4.12　查看创建表的定义、表与字段的字符编码

3. 修改建成数据库的字符集

语句格式如下：

```
ALTER DATABASE 数据库名
    [[DEFAULT] CHARACTER SET 字符集]
    [[DEFAULT] COLLATE 排序规则];
```

【例 4.11】　修改 mydatabase 数据库的默认字符集为 gbk。

```
ALTER DATABASE mydatabase DEFAULT character set gbk;
```

4. 修改建成表的字符集

语句格式如下：

```
ALTER TABLE tbl_name
    [[DEFAULT] CHARACTER SET charset_name]
    [COLLATE collation_name];
```

【例 4.12】　将 student 表的字符集修改为 gbk。

命令语句为

```
ALTER TABLE student DEFAULT character set gbk;
```

5. 字符集级别

MySQL 的字符集有 4 个级别：服务器级别、数据库级别、表级别、列级别。

4 个级别的使用规则如下：

① 新建数据库的时候，如果不指定字符集与字符比较方式，就会默认以服务器级别为准；

② 新建表的时候，如果不指定字符集与字符比较方式，就会默认以数据库级别为准；

③ 新建字段的时候，如果不指定字符集与字符比较方式，就会默认以表级别为准。

【例 4.13】　查看并验证 MySQL 字符集有 4 个级别的规则。

依次进行如下操作。

步骤一：创建一个名为 mydatabase1 的数据库（如果 mydatabase1 数据库存在，可用语句"DROP DATABASE mydatabase1；"删除），指定字符集为 utf8mb4，查看其字符集和排序规则。语句如下：

```
CREATE DATABASE mydatabase1 DEFAULT CHARACTER SET=utf8mb4;
SHOW CREATE DATABASE mydatabase1;
```

执行上述语句，结果如图 4.13 所示。

```
1 CREATE DATABASE mydatabase1 DEFAULT CHARACTER SET=UTF8MB4;
2 SHOW CREATE DATABASE mydatabase1;
```

结果 #1 (1r × 2c)

#	Database	Create Database
1	mydatabase1	CREATE DATABASE `mydatabase1` /*!40100 DEFAULT CHARACTER SET utf8mb4 COLLATE utf8mb4_0900_ai_ci

图 4.13　查看数据库的字符

步骤二：打开数据库 mydatabase1，在该数据库内创建表。语句如下：

```
USE mydatabase1;
CREATE TABLE student
  (Id INT(10),
  Name VARCHAR(20),
  Age INT(3)
  );
```

Student 表在创建时，未指定字符集。

步骤三：查看创建表时的定义语句和表的字符编码语句为"SHOW CREATE TABLE student\G；"。结果如图 4.14 所示。

```
mysql> show create table student\G;
*************************** 1. row ***************************
       Table: student
Create Table: CREATE TABLE `student` (
  `Id` int DEFAULT NULL,
  `Name` varchar(20) DEFAULT NULL,
  `Age` int DEFAULT NULL
) ENGINE=InnoDB DEFAULT CHARSET=utf8mb4 COLLATE=utf8mb4_0900_ai_ci
```

图 4.14　查看表的字符集

注：\G 的作用是在 MySQL 命令行客户端将结果以"垂直格式"显示。

可见表 student 创建时若未指定字符集，就会默认以数据库级别的字符集为准。

步骤四：查看 student 中某些列的字符编码，语句为

```
Show full  columns  from student;
```

执行上述语句，结果如图 4.15 所示。

```
mysql> Show  full columns  from student;
```

Field	Type	Collation
Id	int	NULL
Name	varchar(20)	utf8mb4_0900_ai_ci
Age	int	NULL

图 4.15　查看字段的字符集

从图 4.15 可以看出 Name 列的排序规则为 utf8mb4_0900_ai_ci,这与数据库 mydatabase1 是一致的。

4.2.3 MySQL 数据库字符集常见问题

MySQL 查询字符集和排序规则常用的命令,如表 4.3"查询字符集和排序规则常用的命令"所示。

表 4.3　查询字符集和排序规则常用的命令

功　　能	命　　令
查看 MySQL 中支持的字符集	Show character set;
查看 MySQL 数据库中关于字符集的相关设置	Show variables like 'character_set%';
查看数据库信息字符集排序规则	Show create database 数据库名
查看表的结构信息、存储引擎、字符集、排序规则	Show create database 表名;
查看数据库表全部字段信息排序规则	Show full columns from 表;
查看表中某个字段的信息排序规则	Show full columns from 表名 like '%字段名%';

要查看 MySQL 中支持的字符集,执行以下命令:

```
Show character set;
```

这条语句将列出 MySQL 中所有支持的字符集。支持的部分字符集如图 4.16 所示。

Charset	Description	Default collation	Maxlen
armscii8	ARMSCII-8 Armenian	armscii8_general_ci	1
ascii	US ASCII	ascii_general_ci	1
big5	Big5 Traditional Chinese	big5_chinese_ci	2
binary	Binary pseudo charset	binary	1
cp1250	Windows Central European	cp1250_general_ci	1
cp1251	Windows Cyrillic	cp1251_general_ci	1
cp1256	Windows Arabic	cp1256_general_ci	1
cp1257	Windows Baltic	cp1257_general_ci	1
cp850	DOS West European	cp850_general_ci	1
cp852	DOS Central European	cp852_general_ci	1
cp866	DOS Russian	cp866_general_ci	1
cp932	SJIS for Windows Japanese	cp932_japanese_ci	2
dec8	DEC West European	dec8_swedish_ci	1
eucjpms	UJIS for Windows Japanese	eucjpms_japanese_ci	3
euckr	EUC-KR Korean	euckr_korean_ci	2
gb18030	China National Standard GB18030	gb18030_chinese_ci	4
gb2312	GB2312 Simplified Chinese	gb2312_chinese_ci	2
gbk	GBK Simplified Chinese	gbk_chinese_ci	2
geostd8	GEOSTD8 Georgian	geostd8_general_ci	1
greek	ISO 8859-7 Greek	greek_general_ci	1
hebrew	ISO 8859-8 Hebrew	hebrew_general_ci	1
hp8	HP West European	hp8_english_ci	1
keybcs2	DOS Kamenicky Czech-Slovak	keybcs2_general_ci	1
koi8r	KOI8-R Relcom Russian	koi8r_general_ci	1
koi8u	KOI8-U Ukrainian	koi8u_general_ci	1
latin1	cp1252 West European	latin1_swedish_ci	1
latin2	ISO 8859-2 Central European	latin2_general_ci	1

图 4.16　MySQL 支持的部分字符集

查看 MySQL 数据库中关于字符集的相关设置,执行以下命令:

```
SHOW VARIABLES LIKE 'character_set%';
```

运行结果如图 4.17 所示。

```
1 SHOW variables LIKE 'character_set%';
```

session_variables (8r × 2c)

#	Variable_name	Value
1	character_sets_dir	C:\Program Files\MySQL\MySQL Server 9.0\share\charsets\
2	character_set_client	utf8mb4
3	character_set_connection	utf8mb4
4	character_set_database	utf8mb3
5	character_set_filesystem	binary
6	character_set_results	utf8mb4
7	character_set_server	utf8mb4
8	character_set_system	utf8mb3

图 4.17　MySQL 数据库中关于字符集的相关设置

图中 Variable_name 列的说明如下。

character_set_client 代表客户端字符集。客户端，简单来说，就是这个命令行，或者其他操作数据库的网页、应用等。客户端字符集规定了用户输入的字符用什么字符集来编码。

character_set_connection：代表与客户端服务器之间连接层使用的字符集。

character_set_database：数据库采用的字符集。

character_set_filesystem：文件采用的是二进制。

character_set_results：结果字符集，返回结果时采用的字符集。

character_set_server：MySQL 服务器采用的字符集，也就是操作默认的字符集。

character_set_system：系统字符集，用户输入的命令"insert..."等语句字符串采用的字符集。

MySQL 服务器支持多种字符集，在同一台服务器、同一个数据库，甚至同一个表的不同字段都可以指定使用不同的字符集。与 Oracle 等其他数据库管理系统在同一个数据库只能使用相同的字符集相比，MySQL 明显具有更大的灵活性。

每种字符集都可能有多种校对规则，并且都有一个默认的校对规则；每个校对规则只针对某个字符集，和其他的字符集没有关系。

MySQL 数据库在开发运维中，字符集选用规则如下：如果系统开发面向国外业务，需要处理不同国家、不同语言，则应该选择 UTF-8 或者 utf8mb4；如果只需要支持中文，没有国外业务，则为了性能考虑，可以采用 GBK。

4.3　MySQL 数据库管理

MySQL 是一个功能强大的开源关系数据库管理系统，广泛应用于各种 Web 应用、企业级应用和数据分析等领域。无论是初学者还是资深开发者，掌握 MySQL 的数据库管理、性能优化以及最佳实践都是非常重要的。

4.3.1　创建数据库

视频讲解

创建数据库的基本命令格式如下：

```
CREATE DATABASE [IF NOT EXISTS] 数据库名
    [CHARACTER SET charset_name];
    [COLLATE collation_name];
```

如果数据库已经存在,执行 CREATE DATABASE 将导致错误。为了避免这种情况,可以在 CREATE DATABASE 语句中添加 IF NOT EXISTS 子句。

注意:同一个服务器中,数据库不能同名;同一个库中,表不能重名;同一个表中,字段不能重名,应避免字段和保留字、数据库系统或常用方法名冲突。

【例 4.14】 创建一个名为 mydatabase3 的数据库。

命令语句为

```
CREATE DATABASE mydatabase3;
```

执行该语句,数据库即可建立。

【例 4.15】 在创建某个数据库前,可以判断该数据库是否存在,如果不存在则创建该数据库。

命令语句为

```
CREATE DATABASE IF NOT EXISTS mydatabase4;
```

如果希望在创建数据库时指定一些选项,可以使用 CREATE DATABASE 语句的其他参数。

【例 4.16】 创建 mydatabase5,指定字符集和排序规则。

命令语句为

```
CREATE DATABASE mydatabase5
CHARACTER SET utf8mb4
COLLATE utf8mb4_general_ci;
```

也可以在 MySQL 的可视化管理工具中管理数据库和管理表。在 HeiDiSQL 工具中创建数据库的界面,如图 4.18 所示。

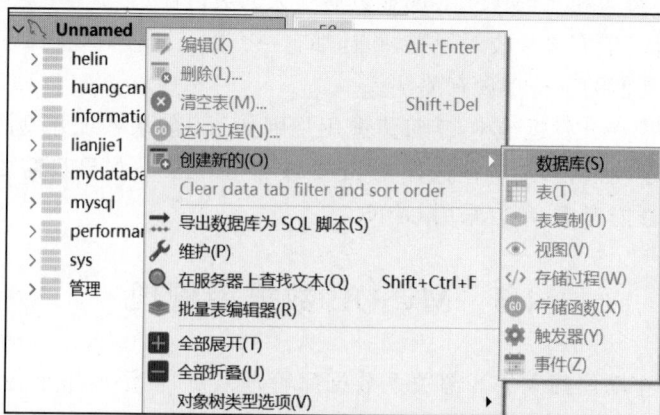

图 4.18　利用 HeiDiSQL 可视化工具创建数据库

4.3.2　查看数据库

查看所有的数据库,命令格式如下:

```
SHOW DATABASES;
```

运行结果为当前服务器中的所有数据库,如图 4.19 所示。

4.3.3　修改数据库

数据库创建之后,用户可以根据需要修改数据库的参数。如果 MySQL 的默认存储引擎是 InnoDB,则无法修改数据库名,只能修改字符集和校对规则。

修改数据库的命令语句格式如下:

```
ALTER DATABASE <数据库名>
[DEFAULT] CHARACTER SET=字符集名
[DEFAULT] COLLATE=校对规则名;
```

图 4.19　查看当前服务器中的数据库

需要注意的是,用户必须有数据库的修改权限,才能使用 ALTER DATABASE 命令修改数据库。

如果在 ALTER DATABASE 语句中省略了数据库名,并且当前会话有默认数据库,则该语句将应用于默认数据库。但是,如果会话中没有设置默认数据库,并且尝试省略数据库名执行 ALTER DATABASE 语句,数据库管理系统将无法确定用户想要修改哪个数据库,并会返回一个错误。

【例 4.17】　修改 my_database 数据库的字符集和校对规则。

命令语句为

```
ALTER DATABASE my_database
CHARACTER SET =utf8mb4
COLLATE =utf8mb4_unicode_ci;
```

修改完数据库之后,可以通过 SHOW CREATE DATABASE 命令查看修改之后的相关信息。

4.3.4　删除数据库

在 MySQL 中,删除数据库是指在数据库系统中删除已经存在的数据库,删除成功后原来分配的空间将被收回。如果数据库中已经包含了数据表和数据,则删除数据库时,这些内容也会被删除。需要注意的是,删除数据库是一个不可逆的操作,一旦执行,所有的表、视图、存储过程等都将被永久删除。因此,删除数据库之前最好先对数据库进行备份。

删除数据库操作的使用场景有以下三种:

- 开发测试环境清理。在开发或测试环境中,经常需要重新创建数据库以测试新的功能或清理数据。
- 废弃数据库清理。当某个数据库不再使用时,可以将其删除以释放资源。
- 数据迁移。在数据迁移过程中,可能需要先删除旧的数据库,然后再创建新的数据库。

删除数据库的命令语句格式如下:

```
DROP DATABASE [IF EXISTS] <数据库名>;
```

如果指定数据库存在,则删除它。使用 IF EXISTS 可以避免在数据库不存在的情况下出现错误。

【例 4.18】 删除 my_database 数据库。

命令语句为

```
DROP DATABASE my_database;
```

本 章 小 结

MySQL 中的存储引擎是其数据库管理系统的核心模块,表 4.4 总结了存储引擎的特点以及适用场景。

表 4.4　存储引擎的特点以及适用场景

存储引擎	主要特点	适用场景
InnoDB	支持事务、行级锁定、外键支持	高并发事务系统(如银行、电子商务平台)
MyISAM	不支持事务、表级锁定;支持全文索引	静态数据存储、读多写少的系统
Memory	数据存储在内存中,速度快	临时数据处理、缓存、会话管理
CSV	数据存储为文本文件,便于数据交换	数据导入导出场景
Archive	只支持插入和查询,数据压缩	日志数据存储、大规模历史数据归档
Merge	合并多个 MyISAM 表	分区数据管理
Federated	分布式数据库系统,跨服务器查询	需要与其他 MySQL 实例交互的系统

在选择 MySQL 数据库的存储引擎时,需要综合考虑应用需求、性能要求、数据安全性和可靠性以及存储成本等因素。通过了解不同存储引擎的特点和适用场景,可以更好地选择适合自己应用的存储引擎,从而提高数据库的性能和可靠性。

在 MySQL 中,utf8mb4 是目前最通用的字符集之一,通过将数据库、表和列的字符集统一更改为 utf8mb4,可以确保数据存储具有更高的兼容性和灵活性。特别是对于需要存储多语言内容或特殊字符的应用程序,utf8mb4 字符集提供了广泛的支持。

在选择字符集时,需要考虑使用的语言、特殊字符的需求以及数据存储的具体情况,确保所选字符集能够覆盖项目中的所有字符需求,并选择合适的排序规则以确保数据的正确比较和排序。

习　题　四

一、填空题

1. 写出数据库管理中下列操作对应的命令。

创建新数据库(　　)DATABASE;删除已存在的数据库(　　) DATABASE;修改数据库(　　)DATABASE;选择当前工作数据库(　　)DATABASE;(　　)DATABASES 列出当前服务器中所有可用数据库;查询当前数据库的命令是(　　)。

2. 采用 InnoDB 存储引擎查看当前表空间模式,使用命令检查"SHOW VARIABLES

LIKE INNODB_FILE_PER_TABLE;"如果返回 VALUE 为 ON,表示是（　　）；若为 OFF,则是（　　）。

3.（　　）是 MySQL 中最早提供的存储引擎,不支持事务和外键约束,但在读取操作方面性能较好,适用于读密集型应用。

4. MySQL 按层级来设定字符集与排序规则,MySQL 可以设置（　　）、（　　）、（　　）、（　　）。

5. 创建一个名为 dbtest 的数据库,设置字符集为 UTF-8,语句为:

`CREATE DATABASE IF NOT EXISTS  DBTEST CHARACTER(     );`

6. 指定 column 级别的 CHARACTER SET 和 COLLATION,只有 column 的类型为（　　）,如 CHAR、VARCHAR、TEXT 等时,才可指定 CHARACTER SET 和 COLLATION。

二、选择题

1. 应用需要进行事务处理,并且对数据的完整性和一致性要求较高,那么选择（　　）存储引擎较为适合。

    A. InnoDB　　　　　B. MyISAM　　　　　C. MEMORY　　　　　D. CSV

2. 以下（　　）存储引擎将数据存储在内存中,并且速度快。

    A. InnoDB　　　　　B. MyISAM　　　　　C. MEMORY　　　　　D. CSV

3. MySQL 9.0 默认的存储引擎是（　　）。

    A. Archive　　　　　B. MyISAM　　　　　C. MEMORY　　　　　D. InnoDB

4. 关于存储引擎,描述正确的是（　　）。

    A. MyISAM 存储引擎支持外键约束

    B. InnoDB 存储引擎支持外键约束,可以维护数据的引用完整性

    C. MyISAM 存储引擎支持事务处理,所有更改都可以回滚

    D. MyISAM 存储引擎所有的数据都在内存中,数据的处理速度快

5. 关于字符集和排序集,描述错误的是（　　）。

    A. 创建数据库的时候指定字符集/排序规则,后续创建表、字段的时候,如果不特殊指定,不会继承对应数据库的字符集/排序规则

    B. 如果需要支持多种语言,特别是中文、日文、韩文等,推荐使用 utf8mb4

    C. 在某些情况下,使用更简单的字符集可以提高查询性能

    D. utf8mb4 允许每个字符使用 4 字节进行存储

三、实操示例题

假设有一个名为 cloud-test 的数据库,其中有一张名为 users 的表。该表中包含了一个名为 username 的 VARCHAR 类型的列。

可以按照以下步骤将该表的字符集转换为 utf8mb4。

1）修改数据库字符集

命令语句为

`ALTER DATABASE cloud-test CHARACTER SET utf8mb4 COLLATE utf8mb4_unicode_ci;`

2）修改 users 表的字符集

命令语句为

```
ALTER TABLE users  CONVERT TO CHARACTER SET utf8mb4 COLLATE utf8mb4_unicode_ci;
```

3）修改 username 列的字符集

命令语句为

```
ALTER TABLE cloud-test.users MODIFY COLUMN username VARCHAR(255) CHARACTER SET
utf8mb4 COLLATE utf8mb4_unicode_ci;
```

第 5 章

数据表的管理和表中数据操纵

MySQL 提供了强大的数据表管理功能,包括表的创建、表结构的修改、表的删除、表约束的管理等。可以使用命令查看表的结构、各种约束、字符集等信息。在管理表的过程中,需要掌握数据类型。数据类型决定了一个字段能够存储什么样的数据、取值的范围等。MySQL 提供了丰富的数据类型,本章对数据类型进行了说明和比较,详细介绍数据类型的使用场景。用户对数据库中的数据进行得最多的操作就是查询和修改,本章介绍了MySQL 数据插入、修改、删除功能。

通过本章的学习,应达到如下目标:

- 掌握 MySQL 数据类型的概念、各种数据类型的特点、大小、取值范围;
- 掌握创建表的语法,给字段设置合理的数据类型;
- 掌握修改表的语法,根据实际需要修改表;
- 掌握各种约束的管理,包括创建、修改、删除;
- 掌握数据操纵的语法;
- 应用数据操纵的功能管理表中的数据。

5.1 MySQL 数据类型

MySQL 中定义数据字段的类型对数据库的优化是非常重要的。数据类型是数据库定义字段属性的核心概念,它决定了一个字段所能存储的数据形式,比如整数、字符串、日期等。在实际开发中,合适的数据类型选择可以解决以下几个问题:

- 存储效率。合理分配字段的存储大小,避免浪费。
- 数据准确性。确保字段只能存储符合业务逻辑的数据,例如用户年龄为正整数。
- 查询性能。优化查询速度,减少不必要的计算和转换。

MySQL 支持多种数据类型,大致可以分数值、日期/时间和字符串(字符)三类。

可以用下面语句来查看 MySQL 所支持的数据类型:

```
SELECT DATA_TYPE FROM information_schema.COLUMNS GROUP BY DATA_TYPE;
```

5.1.1 数值类型

MySQL 支持所有标准 SQL 数值数据类型。这些类型包括严格数值数据类型(INTEGER、SMALLINT、DECIMAL 和 NUMERIC),以及近似数值数据类型(FLOAT、REAL 和 DOUBLE PRECISION)。

关键字 INT 是 INTEGER 的同义词,关键字 DEC 是 DECIMAL 的同义词。

BIT 数据类型保存位字段值,并且支持 MyISAM、Memory、InnoDB 和 BDB 表。

作为 SQL 标准的扩展,MySQL 也支持整数类型 TINYINT、MEDIUMINT 和 BIGINT。数值类型的存储空间和取值范围如表 5.1 所示。

表 5.1　数值类型的存储空间和取值范围

类　　型	存 储 空 间	范围(有符号)	范围(无符号)	用　　途
TINYINT	1 字节	$(-128,127)$	$(0,255)$	小整数值
SMALLINT	2 字节	$(-32768,32767)$	$(0,65535)$	大整数值
MEDIUMINT	3 字节	$(-2^{23},2^{23}-1)$	$(0,2^{24}-1)$	大整数值
INT 或 INTEGER	4 字节	$(-2^{31},2^{31}-1)$	$(0,2^{32}-1)$	大整数值
BIGINT	8 字节	$(-2^{63},2^{63}-1)$	$(0,2^{64}-1)$	极大整数值
FLOAT	4 字节	$(3.402823466E+38, -1.175494351E-38), 0,(1.175494351E-38, 3.402823466351E+38)$	$0,(1.175494351E-38, 3.402823466E+38)$	单精度浮点数值
DOUBLE	8 字节	$(-1.7976931348623157E+308, -2.2250738585072014E-308),0, (2.2250738585072014E-308, 1.7976931348623157E+308)$	$0,(2.2250738585072014E308, 1.7976931348623157E+308)$	双精度浮点数值
DECIMAL	如果 M>D, 为 M+2;否则为 D+2	依赖于 M 和 D 的值	依赖于 M 和 D 的值	如果 M>D, 为 M+2;否则为 D+2

关于数值类型的相关说明如下:

① FLOAT(M,D)。单精度浮点型,有两个指定的参数,M 是总位数,D 是小数点后面的位数,大约可以精确到小数点后 7 位。

② DOUBLE(M,D)。双精度浮点型,有两个指定的参数,M 是总位数,D 是小数点后面的位数,大约可以精确到小数点后 15 位。

③ DECIMAL(M,D)。不存在精度损失,M 是总位数,D 是小数点后的位数。DECIMAL 的最大位数(M)为 65,最大小数位数(D)为 30,如果省略 M,则默认为 10;如果省略 D,则默认为 0。M 中不计算小数点和负数的一号,如果 D 为 0,则值没有小数点和小数部分。

【例 5.1】　创建用户表。

命令语句为

```
CREATE TABLE 用户表(
    用户 ID TINYINT UNSIGNED COMMENT '用户的唯一标识',
    年龄 SMALLINT COMMENT '用户年龄,范围为 0 到 65535',
    工资 DECIMAL(10,2) COMMENT '用户的薪资,保留两位小数');
```

例 5.1 的说明如下。

- 在 MySQL 中,创建新表的语句中,可在属性(或列)定义语句中利用 comment 添加属性的注释。
- TINYINT UNSIGNED。用于存储用户 ID,取值范围为 0~255。UNSIGNED 表示无符号类型(非负),所有的整数类型都有一个可选的属性 UNSIGNED(无符号属性),无符号整数类型的最小取值为 0。所以,如果需要在 MySQL 数据库中保存非负整数值,可以将整数类型设置为无符号类型。
- SMALLINT。表示年龄字段,能够容纳较大范围的整数。
- DECIMAL(10,2)。适用于存储金额等需要精确到小数点的数值。

【例 5.2】 如果 test1 表不存在,则创建 test1 表,该表包含一个 TINYINT 数据类型的字段。

命令语句为

```
CREATE TABLE IF NOT EXISTS test1(num TINYINT);
```

TINYINT 大小为 1 字节,无符号数的取值范围在 0~55,有符号数的取值范围在 −128~127,使用的时候直接定义该类型即可。此例题中,num 字段定义成有符号数类型。向 test1 中插入数据,命令语句如下:

```
INSERT INTO test1 VALUES(1);          //插入成功
INSERT INTO test1 VALUES(127);        //插入成功
INSERT INTO test1 VALUES(-128);       //插入成功
INSERT INTO test1 VALUES(0);          // 插入成功
INSERT INTO test1 VALUES(-129);
//ERROR 1264 (22003):Out of range value for column 'num' at row 1
MYSQL>INSERT INTO test1 VALUES(128);
//ERROR 1264 (22003): Out of range value for column 'num' at row 1
```

上述插入数据运行情况如图 5.1 所示。

图 5.1 例 5.2 运行结果

注意:在 MySQL 中,整型可以指定是有符号的和无符号的,默认是有符号的。可以通过 UNSIGNED 来说明某个字段是无符号的。

5.1.2 字符串类型

字符串类型指 CHAR、VARCHAR、BINARY、VARBINARY、BLOB、TEXT、ENUM

和 SET。表 5.2 给出字符串类型与大小。

表 5.2　字符串类型与大小

类　型	大　小	用　途
CHAR	0～255 字符	固定长度字符串
VARCHAR	0～65535 字符	可变长度字符串
TINYTEXT	0～255 字符	短文本字符串
TEXT	0～65535 字符	长文本数据
MEDIUMTEXT	0～16777215 字符	中等长度文本数据
LONGTEXT	0～4294967295 字符	极大文本数据

关于字符串类型的相关说明如下：

① CHAR(n) 和 VARCHAR(n) 括号中的 n 代表字符的个数，并不代表字节个数，例如 CHAR(30) 可以存储 30 个字符。

② CHAR 和 VARCHAR 类型类似，但它们保存和检索的方式不同。它们的最大长度和尾部空格是否被保留等方面也不同。在存储或检索过程中不进行大小写转换。

③ BINARY 和 VARBINARY 类似于 CHAR 和 VARCHAR，不同的是前两者包含二进制字符串，不包含非二进制字符串。也就是说，它们包含字节字符串，不包含字符字符串。这说明它们没有字符集，并且排序和比较基于列值字节的数值。

④ 有 4 种 TEXT 类型：TINYTEXT、TEXT、MEDIUMTEXT 和 LONGTEXT。可存储的最大长度不同，可根据实际情况选择。

ENUM 和 SET 类型将在 5.1.5 节中做出说明。

【例 5.3】　创建一个含有字符型字段的表。

命令语句为

```
CREATE TABLE mytest(
    用户名 VARCHAR(50) COMMENT '用户的登录名',
    密码 CHAR(32) COMMENT '用户密码的加密值',
    描述 TEXT COMMENT '用户的详细描述');
```

例 5.3 的说明如下：

① VARCHAR(50)。表示用户名字段最大长度为 50 个字符。

② CHAR(32)。用于存储加密后的密码，长度固定为 32 个字符。

③ TEXT。适用于对存储用户的详细描述，支持较长文本。

CHAR 和 VARCHAR 的特性对比如表 5.3 所示。

表 5.3　CHAR 和 VARCHAR 特性对比

特　性	CHAR	VARCHAR
存储效率	固定长度存储，效率高	根据数据长度动态调整存储效率
空间占用	固定空间，占用更多磁盘	更节省磁盘空间
使用场景	身份证号、MD5 值等定长数据	名字、地址等长度不固定的数据

TEXT 文本类型可以存储比较大的文本段,搜索速度稍慢,因此如果不是特别大的内容,建议使用 CHAR、VARCHAR 来代替。还有 TEXT 类型不用加默认值,即使尝试设置默认值也不会生效。

5.1.3　时间日期类型

表示时间值的日期和时间类型为 DATETIME、DATE、TIMESTAMP、TIME 和 YEAR。各种日期和时间类型及范围大小如表 5.4 所示。

表 5.4　日期和时间类型数据的大小范围格式

类　　型	大　　小	范　　围	格　　式	用　　途
DATE	3 字节	1000-01-01～9999-12-31	YYYY-MM-DD	日期值
TIME	3 字节	−838:59:59～838:59:59	HH:MM:SS	时间值
YEAR	1 字节	1901～2155	YYYY	年份值
DATETIME	8 字节	1000-01-01 00:00:00～9999-12-31 23:59:59	YYYY-MM-DD HH:MM:SS	混合日期和时间值
TIMESTAMP	4 字节	1970-01-01 00:00:01～2038-01-19 03:14:07(UTC)	YYYY-MM-DD HH:MM:SS	时间戳

每个时间类型有一个有效值范围和一个“零”值,当指定不合法的、MySQL 不能表示的值时使用“零”值。

TIMESTAMP 类型有专有的自动更新特性,MySQL 的 TIMESTAMP 数据类型是用于存储日期和时间的字段类型之一。它具有许多灵活的用法,可以用于记录数据的创建时间、更新时间,或者作为版本控制的时间戳。TIMESTAMP 字段默认为非空,且在插入数据时会自动设置为当前时间。

关于时间日期类型的相关说明如下:

① YYYY 表示年,MM 表示月,DD 表示日,HH 表示小时,MM 表示分钟,SS 表示秒。

② TIME、DATETIME 和 TIMESTAMP 类型可以精确到秒。DATE 类型只存储日期,不存储时间。

③ DATETIME 和 TIMESTAMP 类型既包含日期又包含时间。二者的不同之处除了存储字节和支持范围不同外,还有 DATETIME 类型在存储时,按照实际输入的格式存储,和用户所在时区无关;而 TIMESTAMP 类型中的值的存储是以世界标准时间格式保存的。例如,TIMESTAMP 范围中的结束时间是第 2147483647 秒,于北京时间是 2038 年 1 月 19 日上午 11:14:07,而格林尼治时间为 2038 年 1 月 19 日凌晨 03:14:17。

【例 5.4】　创建 mytime1 表,包含 3 个字段,数据类型分别为 DATE、DATETIME、TIMESTAMP。

命令语句为

```
CREATE TABLE mytime1 (
    T1 DATE,
    T2 DATETIME,
    时间戳 TIMESTAMP DEFAULT CURRENT_TIMESTAMP);
```

依次向 mytime1 插入如下数据：

```
INSERT INTO mytime1 (T1, T2) VALUES('2007-7-1','2008-8-8 12:1:1') ;
INSERT INTO mytime1 (T1, T2) VALUES ('2008-7-1','2009-8-8 12:1:1');
```

查询 mytime1 表的数据，结果如图 5.2 所示。

```
mysql> select  *  from  mytime1;
+------------+---------------------+---------------------+
| T1         | T2                  | 时间戳              |
+------------+---------------------+---------------------+
| 2007-07-01 | 2008-08-08 12:01:01 | 2024-12-29 11:47:33 |
| 2008-07-01 | 2009-08-08 12:01:01 | 2024-12-29 11:48:06 |
+------------+---------------------+---------------------+
2 rows in set (0.00 sec)
```

图 5.2　例 5.4 的数据插入查询结果

由例 5.4 可以看出时间戳记录了数据记录的插入时间。

接下来执行如下的修改语句，其执行结果如图 5.3 所示。

```
UPDATE mytime1 SET T2='2022-8-8 12:1:1' WHERE T1='2007-7-1';
```

```
mysql> select  *  from  mytime1;
+------------+---------------------+---------------------+
| T1         | T2                  | 时间戳              |
+------------+---------------------+---------------------+
| 2007-07-01 | 2022-08-08 12:01:01 | 2024-12-29 11:47:33 |
| 2008-07-01 | 2009-08-08 12:01:01 | 2024-12-29 11:48:06 |
+------------+---------------------+---------------------+
```

图 5.3　例 5.4 的数据修改后的查询结果

注意：TIMESTAMP 时间戳在创建的时候可以有多重不同的特性，列举如下。

- 在创建新记录和修改现有记录的时候都对这个数据列刷新：

```
TIMESTAMP DEFAULT CURRENT_TIMESTAMP ON UPDATE CURRENT_TIMESTAMP
```

- 在创建新记录的时候把这个字段设置为当前时间，但以后修改时不再刷新它，例 5.4 采用这种特性：

```
TIMESTAMP DEFAULT CURRENT_TIMESTAMP
```

- 在创建新记录的时候把这个字段设置为 0，以后修改时刷新它：

```
TIMESTAMP ON UPDATE CURRENT_TIMESTAMP
```

- 在创建新记录的时候把这个字段设置为给定值，以后修改时刷新它：

```
TIMESTAMP DEFAULT 'yyyy-mm-dd hh:mm:ss' ON UPDATE CURRENT_TIMESTAMP
```

5.1.4　二进制类型

MySQL 中的二进制字符串类型主要存储一些二进制数据，比如可以存储图片、音频和视频等二进制数据。

MySQL 中支持的二进制字符串类型主要包括 BINARY、VARBINARY、TINYBLOB、BLOB、MEDIUMBLOB 和 LONGBLOB 类型。

BLOB 指的是二进制大对象（binary large object），它实际上是一个能够存放任何内容的容器，其容量大到超出想象，多达 4GB。BLOB 可以容纳可变数量的数据。BLOB 类型有4 种：TINYBLOB、BLOB、MEDIUMBLOB 和 LONGBLOB。它们的区别在于可容纳存储范围不同,详情如表 5.5 所示。

表 5.5　二进制字符串类型及大小

类　　型	大　　小	用　　途
TINYBLOB	0~255 字节	不超过 255 个字符的二进制字符串
BLOB	0~65535 字节	二进制形式的长文本数据
MEDIUMBLOB	0~16777215 字节	二进制形式的中等长度文本数据
LONGBLOB	0~4294967295 字节	二进制形式的极大文本数据

5.1.5　其他类型

1. 枚举与集合类型(enumeration and set types)

MySQL 支持两种复合数据类型 ENUM 和 SET。ENUM 类型允许从一个集合中取得一个值,而 SET 类型允许从一个集合中取得多个值。

1)枚举类型 ENUM

用于存储单一值,可以选择一个预定义的集合,ENUM 是"单选"类型。

命令语句格式:

ENUM ('选项 1','选项 2','选项 3',...);

MySQL 中的 ENUM 类型就是常说的枚举类型,它的取值范围需要在创建表时通过枚举方式(一个个地列出来)显式指定。对 1 至 255 个成员的枚举需要 1 字节存储;对于 256 至 65535 个成员,需要 2 字节存储。最多允许有 65535 个成员。

【例 5.5】　创建表 mytest,表中字段包括 id、Sex,其中 id 自增(从 7 开始),Sex 字段采用枚举数据类型。

命令语句为

```
CREATE TABLE mytest(
    Id int NOT NULL AUTO_INCREMENT,
    Sex enum('男','女') DEFAULT NULL,
    PRIMARY KEY (id)
    ) ENGINE=InnoDB AUTO_INCREMENT=7
    DEFAULT CHARSET=utf8mb4);
```

接下来依次插入如下数据:

```
INSERT INTO mytest(sex) VALUES('男');
INSERT INTO mytest(sex) VALUES('女');
INSERT INTO mytest(sex) VALUES(1);
INSERT INTO mytest(sex) VALUES('1');
INSERT INTO mytest(sex) VALUES('未知');
//ERROR 1265 (01000): Data truncated for column 'Sex' at row 1
INSERT INTO mytest(sex) VALUES('0');
INSERT INTO mytest(sex) VALUES(0);
//ERROR 1265 (01000): Data truncated for column 'Sex' at row 1
```

插入操作的执行情况如图 5.4 所示。

执行查询时,通过"列名+0"即可获取该值在枚举中的位置关系。

现查询"sex"值在枚举中的位置,查询语句为"SELECT id,sex,sex+0 FROM mytest;"。

图5.4　例5.5插入示例数据的结果

图 5.5 为这语句的执行结果。

图5.5　例5.5查询某个值在枚举中的位置

可以看出字段中的 ENUM 值在 MySQL 中的数据结构中类似于一个数组,并且下标是从 1 开始计算的。

从例 5.5 中可以得出如下结论:

- 通过正确的枚举值可以插入数据库,如,第 1、2 条插入语句;
- 通过正确的下标可以插入数据库,如,第 3、4 条插入语句;
- 插入'0'将保存为空字符串,如,第 6 条插入语句;
- 插入数字 0 或者'未知'时会出现执行错误,如,第 5、7 条插入语句。

枚举类型通常用于表示类别值。例如,对于某个定义为 ENUM('N','Y') 的列,其值可以是'N'或'Y'。另外,也可以将 ENUM 类型用于表示某种产品的尺寸或颜色,或者用于表示调查问卷中的多重选择题的答案(仅限单选)。

例如,Color ENUM('red','green','blue','black')

　　　Size ENUM('S','M','L','XL','XXL')

2) 集合类型 SET

用于存储多个值,可以选择多个预定义的集合。SET 是“多选”类型。

命令语句格式:

SET('选项值 1','选项值 2','选项值 3',...);

该设定只是提供了若干选项的值,最终一个单元格中可存储其中任意多个值;而且出于效率考虑,这些值实际存储的是“数字”,因为这些选项的每个选项值依次对应如下数字:1,

2,4,8,16,32,…,最多 64 个。

【例 5.6】 创建一个含有 SET 数据的表 test11,其中 hobby(爱好)字段可以有多个爱好,爱好数量不限。

命令语句为

```
CREATE TABLE test11(
    id INT,
    hobby SET('游泳','足球','篮球','跳绳'));
```

依次执行下面的插入操作。

```
INSERT INTO test11 VALUES(100,'游泳,足球');
INSERT INTO test11 VALUES(100,'跳绳,足球');
INSERT INTO test11 VALUES(100,'篮球');
```

对 test11 执行查询操作,查询语句为

```
SELECT * FROM test11;
```

查询结果如图 5.6 所示。

假设要查询 hobby 字段中含有足球的记录,查询语句为

```
SELECT * FROM test11 WHERE find_in_SET('足球', hobby);
```

查询结果如图 5.7 所示。

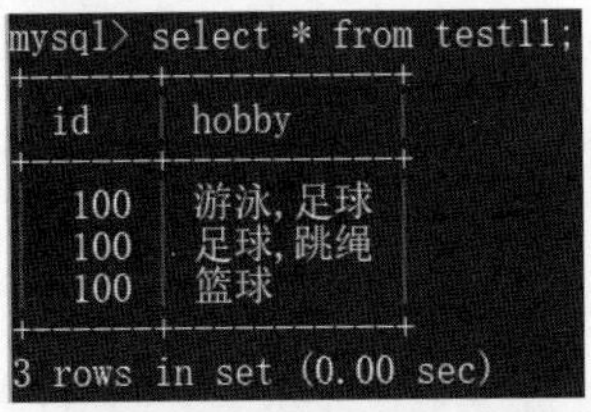

```
mysql> select * from test11;
+-----+-----------+
| id  | hobby     |
+-----+-----------+
| 100 | 游泳,足球 |
| 100 | 足球,跳绳 |
| 100 | 篮球      |
+-----+-----------+
3 rows in set (0.00 sec)
```

图 5.6　例 5.6 的查询结果

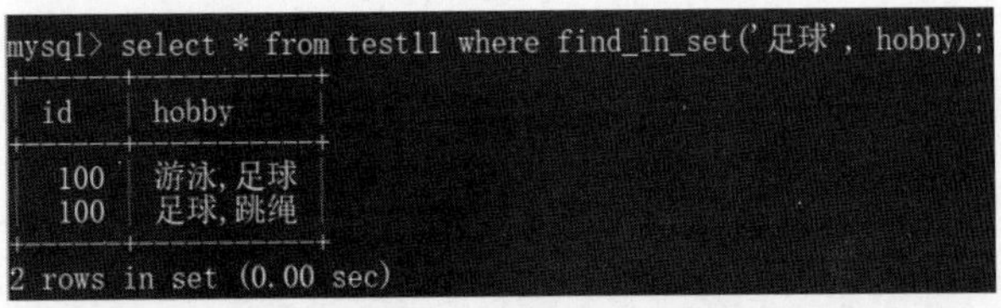

```
mysql> select * from test11 where find_in_set('足球', hobby);
+-----+-----------+
| id  | hobby     |
+-----+-----------+
| 100 | 游泳,足球 |
| 100 | 足球,跳绳 |
+-----+-----------+
2 rows in set (0.00 sec)
```

图 5.7　例 5.6 查询 SE 类型字段中指定值的结果

2. 空间数据类型(spatial data types)

MySQL 空间数据类型扩展支持地理特征的生成、存储和分析。这里的地理特征表示世界上具有位置的任何东西,既可以是一个实体,例如一座山;也可以是空间,例如一座办公楼;还可以是一个可定义的位置,例如一个十字路口,等等。MySQL 中使用 GEOMETRY(几何)来表示所有地理特征。GEOMETRY 指一个点或点的集合,代表世界上任何具有位置的事物。

GEOMETRY 及其子类 POINT、LINESTRING、POLYGON、MULTIPOINT、MULTILINESTRING、MULTIPOLYGON、GEOMETRYCOLLECTION 可用于存储种类多样的空间数据(地理信息、几何图形等)。

5.2　MySQL 数据表管理

数据库实际上就是由多个表组成的,表中存储着数据。数据表也是数据库最重要的组成部分之一,我们绝大多数情况下都是在跟表打交道,例如从表里查找一些数据,删除表中的某些数据,更新表中的某些数据,等等。

视频讲解

5.2.1 创建数据表

创建数据表就是定义数据表的结构。数据表由行(row)和列(column)组成，是一个二维的网格结构，字段由字段名称和字段的数据类型以及一些约束条件组成。表中至少要有一字段，可以有多行或 0 行，同一个数据库中表名要唯一。

创建 MySQL 数据表需要的信息有表名、表字段名和定义每个表字段的数据类型。

使用 MySQL 语句创建数据表，其基本语法格式如下：

```
CREATE TABLE [IF NOT EXISTS] <表名>
(字段名称 字段类型 [约束条件],
字段名称 字段类型 [约束条件],
        ⋮
)ENGINE=存储引擎 CHARSET=编码方式;
```

默认的存储引擎是 InnoDB，8.x 版本的 MySQL 的默认编码方式是 UTF-8。

注意：*首先要先进入数据库，才能操作表。*

【例 5.7】 创建一个用户表 user。user 表中含有用户的账号(account)、密码(pwd)、姓名(name)、年龄(age)、性别(gender)等字段。规定账号是唯一值且不能为空，密码不能为空，姓名可以重复不为空，年龄是大于 0 的数，性别有男或女或保密。

创建用户表 user 的语句如下：

```
CREATE TABLE IF NOT EXISTS user
(account VARCHAR(50) unique NOT NULL,
   pwd VARCHAR(50) NOT NULL,
   name VARCHAR(20) NOT NULL,
   age TINYINT UNSIGNED,
   gender ENUM('男','女','保密') DEFAULT '保密'
 );
```

可以用“DESC user;”查看 user 表的结构。结果如图 5.8 所示。

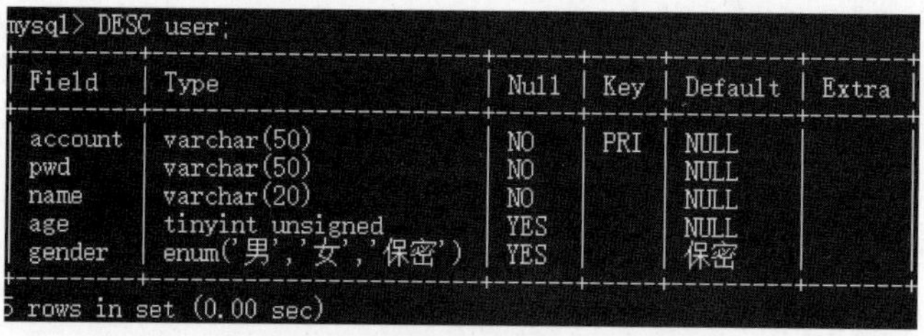
```
mysql> DESC user;
+---------+-----------------------+------+-----+---------+-------+
| Field   | Type                  | Null | Key | Default | Extra |
+---------+-----------------------+------+-----+---------+-------+
| account | varchar(50)           | NO   | PRI | NULL    |       |
| pwd     | varchar(50)           | NO   |     | NULL    |       |
| name    | varchar(20)           | NO   |     | NULL    |       |
| age     | tinyint unsigned      | YES  |     | NULL    |       |
| gender  | enum('男','女','保密') | YES  |     | 保密    |       |
+---------+-----------------------+------+-----+---------+-------+
5 rows in set (0.00 sec)
```

图 5.8 例 5.7 user 表的结构

视频讲解

5.2.2 定义表的约束

数据的完整性是指保护数据库中数据的正确性、有效性和相容性，防止错误的数据进入数据库造成无效操作。当数据库用户对数据库进行操作时，数据库管理系统会自动检测操作是否符合相关完整性约束。

约束条件就是给字段加一些约束，在 MySQL 中，主要有如下六种约束：

(1) NOT NULL。非空约束，用于约束该字段的值不能为空，例如姓名、学号等。

(2) PRIMARY KEY。主键约束，用于约束该字段的值具有唯一性，一个表最多有一个主键。表可以没有主键,主键值非空,例如学号、员工编号设为主键。

（3）UNIQUE。唯一约束,用于约束该字段的值具有唯一性,一个表可以有多个字段设置唯一约束,也可以没有唯一约束,唯一可以有空值出现,例如座位号、邮箱、电话号这些属性可以设置唯一约束。

（4）FOREIGN KEY。外键约束,经常和主键约束一起使用,用于限制两个表之间的联系。外键用于保证从表该字段的值必须来自主表的关联字段的值。在从表中添加外键约束,用于引用主表中某列的值,例如学生表的专业编号,员工表的部门编号,员工表的工种编号。

（5）DEFAULT。默认值约束,用于约束该字段有默认值,约束当数据表中某个字段不输入值时,自动为其添加一个已经设置好的值,例如性别。

（6）CHECK。检查约束,用来检查数据表中,字段值的取值范围,数据的有效性,例如年龄、性别、成绩。

约束主要归类为列级约束和表级约束。

- 列级约束关键字：NOT NULL、DEFAULT、PRIMARY KEY、UNIQUE、CHECK；
- 表级约束关键字：PRIMARY KEY、UNIQUE、CHECK、FOREIGN KEY。

【例 5.8】　创建 Student 表,规定 Sno（学号）为主键,Student 表主键的约束为列级约束;创建 Course 表,规定 Cno（课程号）为主键,Course 表主键的约束为表级约束,Pcno 为外键,参照 Course 表的 Cno,参照表和被参照表可以是同一张表;创建 SC 表,规定 Sno、Cno 构成复合主键,Course 表主键的约束为表级约束。Sno 和 Cno 为 SC 表的外键,其中 SC 表的 Sno 参照 Student 表的 Sno,SC 表的 Cno 参照 Course 表的 Cno。参照表和被参照表可以是同一张表。Student 表、Course 表和 SC 表的结构如表 5.6、表 5.7、表 5.8 所示。

表 5.6　Student 表的结构

列　　名	说　　明	数 据 类 型	约 束 说 明
Sno	学号	定长字符类型,长度为 10	主键
Sname	姓名	可变长字符类型,长度为 20	取值唯一
Ssex	性别	定长字符类型,长度为 2	取'男'或'女'
Sage	年龄	整数	取值范围为(15,45)
Sdept	所在系	可变长字符类型,长度为 20	默认值"计算机系"

表 5.7　Course 表结构

列　　名	说　　明	数 据 类 型	约 束 说 明
Cno	课程号	定长字符类型,长度为 6	主码
Cname	课程名	可变长字符类型,长度为 30	唯一值
Pcno	先行课程号	定长字符类型,长度为 6	外码,参照本表中的 Cno
Credit	学分	整数	取值大于零

表 5.8　SC 表结构

列　　名	说　　明	数　据　类　型	约　束　说　明
Sno	学号	定长字符类型,长度为 10	外码,参照 Student 的主码
Cno	课程号	定长字符类型,长度为 6	外码,参照 Course 的主码
Grade	成绩	整数	取值范围为[0,100]

创建 Student 表、Course 表和 SC 表的代码如下:

```
CREATE TABLE Student(
    Sno CHAR(10) PRIMARY KEY COMMENT '学号',
    Sname VARCHAR(20) NOT NULL COMMENT '姓名',
    Ssex CHAR(2) check Ssex in ('男', '女') COMMENT '性别',
    Sage TINYINT CHECK( Sage between 15 and 45 ) COMMENT '年龄',
    Sdept CHAR(20) DEFAULT '计算机系' COMMENT '所在系');

CREATE TABLE Course(
    Cno CHAR(6),
    Cname VARCHAR(30) UNIQUE,
    Credit TINYINT Check(Credit >0),
    Pcno CHAR(6),
    PRIMARY KEY(Cno),
    FOREIGN KEY(Pcno) REFERENCES Course(Cno));

CREATE TABLE SC(
    Sno CHAR(10) NOT NULL,
    Cno CHAR(6) NOT NULL,
    Grade INT CHECK(Grade >=0 and Grade <=100),
    PRIMARY KEY(Sno,Cno),
    FOREIGN KEY (Sno) REFERENCES Student(Sno),
    FOREIGN KEY (Cno) REFERENCES Course(Cno));
```

例 5.8 中用 CHECK 列级约束规定了 Grade(成绩)字段取值范围。

一个 CHECK 约束可以被指定为表级约束或列级约束,两者的区别如下:

- 表级约束不会出现在列定义内,可以引用任意多个或一个列,且允许引用后续定义的表列;
- 列级约束出现在列定义内,仅允许引用该列。

检查约束通常用于以下场景:

- 限制列的值范围。例如,确保年龄字段的值在合理范围内(如 18～100)。
- 确保两个相关字段之间的值满足特定关系。例如,发货日期时间字段的值必须大于订货日期时间字段的值。

【例 5.9】　创建一个产品表,包含产品编号、产品名称、生产日期、到期日期四个字段。规定产品编号为主键,产品名称唯一值约束,生产日期早于到期日期。

命令语句为

```
CREATE TABLE 产品表(
    产品编号 CHAR(10)  PRIMARY KEY ,
    产品名称 VARCHAR(30)  UNIQUE,
    生产日期 DATE,
```

```
  到期日期　DATE,
  CHECK (到期日期>生产日期));
```

依次插入数据

```
INSERT INTO 产品表(产品编号,产品名称,生产日期,到期日期) VALUES('p01','洗发水','2022
-12-3','2024-12-3');
//成功
INSERT INTO 产品表(产品编号,产品名称,生产日期,到期日期) VALUES('p02','牙膏','2023-
12-3','2022-12-3');
/* SQL 错误(3819):Check constraint '产品表_chk_1' is violated. */
```

5.2.3　修改数据表

修改表指的是修改数据库中已经存在的数据表的结构。MySQL 使用 ALTER TABLE 语句修改表结构。常用的修改表的操作有增加字段、删除字段、修改字段名(或字段类型/字段位置/字段默认值)、设置约束、修改表名等。

常用的语法格式如下:

```
ALTER TABLE <表名>[修改选项];
```

修改选项的语法格式如下:

```
{ADD [COLUMN] <列名><类型>
|CHANGE [COLUMN] <旧列名><新列名><新列类型>
|ALTER [COLUMN] <列名>{ SET DEFAULT <默认值>| DROP DEFAULT }
|MODIFY [COLUMN] <列名><类型>
|DROP [COLUMN] <列名>
|RENAME TO <新表名>};
```

1. 添加字段的语法格式

```
ALTER TABLE <表名>
  ADD 字段名称 字段属性 [完整性约束条件] [FIRST|AFTER 字段名称];
```

【例 5.10】　为例 5.7 中创建的 user 表添加一个 addr 的字段。

命令语句为

```
ALTER TABLE user ADD addr VARCHAR(50);
```

查看 user 表的结构,如图 5.9 所示。

```
mysql> DESC user;

| Field   | Type                | Null | Key | Default | Extra |
| account | varchar(50)         | NO   | PRI | NULL    |       |
| pwd     | varchar(50)         | NO   |     | NULL    |       |
| name    | varchar(20)         | NO   |     | NULL    |       |
| age     | tinyint unsigned    | YES  |     | NULL    |       |
| gender  | enum('男','女','保密')| YES  |     | 保密    |       |
| addr    | varchar(50)         | YES  |     | NULL    |       |
```

图 5.9　例 5.10 修改 user 表结构的结果

2. 删除字段的语法格式

```
ALTER TABLE <表名>DROP 字段名称;
```

【例 5.11】　删除 user 表的 addr 字段。

命令语句为

```
ALTER TABLE user DROP addr;
```

3. 修改字段名和数据类型

（1）修改字段名和数据类型属于表结构的修改，其语法格式为

```
ALTER TABLE <表名>
        CHANGE [COLUMN] 原字段名 新字段名 新数据类型;
```

【例 5.12】 将 user 表的 pwd 字段名字改为 password，同时字段类型改为 char(32)。命令语句为

```
ALTER TABLE user CHANGE pwd password CHAR(32);
```

注意：关键词 CHANGE 用于同时修改字段名和数据类型，也可以用来单独修改字段名或者单独修改数据类型。

（2）MODIFY 关键字也可以实现修改字段的数据类型，其语法格式为

```
ALTER TABLE <表名>
        MODIFY [COLUMN] 字段名 新数据类型
```

【例 5.13】 将 user 表的 account 字段改为 char 数据类型，长度 50。命令语句为

```
ALTER TABLE user MODIFY account CHAR(50);
```

注意：MODIFY 关键字仅对字段的数据类型进行修改。

4. 增加约束

（1）修改表时添加主键约束的语法格式：

```
ALTER TABLE <表名>
ADD PRIMARY KEY(列名);
```

【例 5.14】 有一个仓库表，其创建语句为

```
CREATE TABLE 仓库表(仓库号 CHAR(10),
    城市 VARCHAR(10),
    面积 INT);
```

对已经存在的仓库表添加一个主键约束，主键为仓库号。其语句如下：

```
ALTER TABLE 仓库表
ADD PRIMARY KEY(仓库号);
```

（2）修改表时增、删外键约束的语法格式。

① 增加外键约束。

```
ALTER TABLE <表名>
ADD [CONSTRAINT 约束名] FOREIGN KEY (字段名)
REFERENCES 父表 (主码字段名);
```

【例 5.15】 有一个职工表，其创建语句为

```
CREATE TABLE 职工表(
  职工号 VARCHAR(10) PRIMARY KEY,
  姓名 VARCHAR(10),
  仓库号 CHAR(10),
  月工资 INT,
  性别 CHAR(2));
```

对已经存在的职工表添加一个外键约束,外键为仓库号,参照仓库表的仓库号。语句如下:

```
ALTER TABLE 职工表
ADD FOREIGN KEY (仓库号)  REFERENCES 仓库表 (仓库号);
```

或者

```
ALTER TABLE 职工表
ADD CONSTRAINT FK_CK FOREIGN KEY (仓库号)  REFERENCES 仓库表 (仓库号);
```

② 删除外键约束。

当不需要外键时,可以将其删除。删除外键的语法格式为

```
ALTER  TABLE <表名>DROP FOREIGN KEY <外键名>;
```

【例 5.16】 修改职工表,删除外键 FKCK。

```
ALTER TABLE 职工表 DROP FOREIGN KEY FKCK ;
```

(3)修改表时增加、删除检查约束。

① 添加检查约束。

语法格式为

```
ALTER TABLE <表名>ADD CONSTRAINT 约束名 CHECK (条件表达式);
```

【例 5.17】 对例 15 所建的职工表添加月工资字段取值大于 3000 的约束。

命令语句为

```
ALTER TABLE 职工表 ADD CONSTRAINT chk_sal CHECK (月工资>3000);
```

当输入或者修改数据时,月工资值小于 3000,将报错,例如以下的插入和更新示例语句。

```
INSERT INTO 职工表 (职工号, 姓名,月工资,性别)
VALUES ('E01', '李明', 500, '女');
UPDATE 职工表 SET 月工资=100
WHERE  职工号='E01';
```

② 删除检查约束。

语法格式为

```
ALTER TABLE <表名>DROP CONSTRAINT 约束名;
```

【例 5.18】 删除职工表月工资字段取值大于 3000 的约束。

命令语句为

```
ALTER TABLE 职工表 DROP CONSTRAINT chk_sal;
```

注意:在 MySQL 中,所有的约束类型在每个数据库内有自己的命名空间。所以,CHECK 约束的名称在数据库内必须唯一,也就是说不允许有两张表使用同一个 CHECK 约束名称。例外,一个临时表可能使用与非临时表一样的约束名称。

(4)修改表时增、删唯一值约束。

增加唯一值约束的语法格式为

```
ALTER TABLE <表名>
ADD [CONSTRAINT 约束名] UNIQUE(列名);
```

【例 5.19】　给例 5.7 建立的 user 表中 name 字段添加唯一值约束。

命令语句为

```
ALTER TABLE user
ADD CONSTRAINT UN_Name UNIQUE(name);
```

删除唯一值约束的语法格式为

```
ALTER TABLE 表名
DROP INDEX 唯一约束名;
```

【例 5.20】　删除 user 表的 name 字段唯一值约束。

命令语句为

```
ALTER TABLE  user
DROP INDEX UN_Name;
```

（5）修改表增删默认值约束。

增加默认值约束语法如下：

```
ALTER TABLE <表名>
ALTER [COLUMN] <列名>SET DEFAULT <默认值>;
```

【例 5.21】　向 Student 表的 Sage(年龄)字段添加一个默认值约束,默认值为 18。

命令语句为

```
ALTER TABLE Student ALTER Sage SET DEFAULT 18;
```

删除默认值约束语法如下：

```
ALTER TABLE <表名>
ALTER [COLUMN] <列名>{ DROP DEFAULT };
```

【例 5.22】　删除 Student 中 Sage(年龄)默认值约束。

命令语句为

```
ALTER TABLE Student  ALTER  Sage  DROP  DEFAULT;
```

5. 表名的修改

表名修改的语法如下：

```
ALTER TABLE <表名>RENAME TO <新表名>;
```

【例 5.23】　将职工表修改为员工表。

命令语句为

```
ALTER TABLE 职工表 RENAME TO 员工表;
```

5.2.4　删除数据表

MySQL 中删除数据表是非常容易操作的,但是在进行删除表操作时要非常小心,因为执行删除命令后所有数据都会消失。

删除数据表的语法格式为

```
DROP TABLE <表名>;
```

【例 5.24】　删除 user 表。

命令语句为

```
DROP TABLE user;
```

DROP TABLE 能够快速删除整个表及其数据,不会生成事务日志,减少数据库负担。但是完全删除表,包括表结构和数据,是无法恢复的,需要谨慎使用,否则容易导致数据丢失。

5.2.5　查看数据表

1. 查看当前数据库下的所有表

命令语句为

```
SHOW TABLES;
```

2. 查看表结构

下面提供三种命令格式。

1) 查看表基本结构的语句

命令格式:

```
DESCRIBE 表名;
```

DESCRIBE 表名提供了关于表的详细结构信息,包括列的属性。使用这个命令,可以更深入了解表的设计和定义。

【例 5.25】　查看 user 表的结构。

命令语句为

```
DESCRIBE user;
```

也可以简写成:

```
DESC user;
```

2) 查看表详细结构的语句

命令格式:

```
SHOW CREATE TABLE <表名\G>
```

功能说明:该语句可以用来查看创建表的详细语句,还可以用来查看存储引擎和字符编码;加上参数'\G'后,可使显示结果更加直观,易于查看。

【例 5.26】　查看 user 表的结构、存储引擎、字符集等信息。

命令语句为

```
SHOW CREATE TABLE user\G
```

运行结果如图 5.10 所示。

图 5.10　例 5.26 显示的结果

3）显示表中列信息的语句

命令格式：

```
SHOW COLUMNS FROM  <表名>;
```

【例 5.27】 显示表 user 中所有列的信息。

命令语句为

```
SHOW COLUMNS FROM user;
```

5.3　数据表中数据的操纵

数据表的相关操作由 DML（data manipulation language，数据操作语言）完成，用于插入、删除、更新表里的数据。

5.3.1　向表中添加数据

MySQL 中常用的三种插入数据的语句如下。

- INSERT INTO：插入数据；
- REPLACE INTO：插入替换数据；
- INSERT IGNORE：如果已存在，忽略当前新数据。

1. 使用 INSERT INTO 语句插入数据

MySQL 数据表插入数据的语法格式如下：

```
INSERT INTO <表名>[(字段 1, 字段 2, 字段 3, …)]
VALUES (数值 1, 数值 2, 数值 3, …);
```

参数说明：

表名是需要插入数据的表的名称。

字段 1，字段 2，字段 3，…是表中的列名。

数值 1，数值 2，数值 3，…是要插入的具体数值。

如果数据是字符型，必须使用单引号"''"或者双引号"""，如：'value1', "value1"。

【例 5.28】 插入一行数据到名为 user 的表中。

命令语句为

```
INSERT INTO user (account, password, name,age, gender)
VALUES ('A002', '888666', '小王', 21, '男');
```

因为 user 表中 gender 字段的数据类型为 enum，所以以下语句也可以实现插入。

```
INSERT INTO user (account, password, name,age, gender)
        VALUES ('A001', '888667', '小李', 21,1);
```

CHAR 和 VARCHAR 数据类型的数据需要用单引号括起来，比如 A001、A002 这些账户号和"小王""小李"这些名字。

此外，TEXT、DATE、TIME 和 ENUM 等类型的数据也需要单引号修饰，而 INT、FLOAT、DOUBLE 等则不需要。

如果要插入多行数据，可以在 VALUES 子句中指定多组数值。

【例 5.29】　向 user 表插入多条记录。

命令语句为

```
INSERT INTO user (account, password, name,age, gender)
    VALUES ('A003', '123456', '小周', 22,1),
           ('A004', '880066', '小琳', 19, '女'),
           ('A005', '811634', '小琳', 19,2);
```

查询 user 表可以看到如图 5.11 所示的记录。

```
mysql> select *  from user;

account   password   name   age   gender

A001      888666     小李     21    男
A002      888666     小王     21    男
A003      123456     小周     22    男
A004      880066     小琳     19    女
A005      811634     小琳     19    女

5 rows in set (0.00 sec)
```

图 5.11　例 5.29 插入数据的结果

如果再次运行前 2 行命令语句：

```
INSERT INTO user (account, password, name,age, gender)
VALUES ('A003', '123456', '小周', 22,1);
```

则 INSERT INTO 语句的 DBMS 会检查主键，发现重复会报错，如图 5.12 所示。

```
mysql> INSERT INTO user (account, password, name,age, gender)
    -> VALUES ('A003', '123456', '小周', 22,1);
ERROR 1062 (23000): Duplicate entry 'A003' for key 'user.account'
```

图 5.12　例 5.29 插入主键值重复数据出错提示

插入数据时，字段名可以省略，但是插入的值一定要与字段在表中定义的顺序一致。

【例 5.30】　运行以下的语句，也可将记录插入 user 表中。此例字段名省略。

命令语句为

```
INSERT INTO user
VALUES ('A006', '10006', '小红', 22, '女');
```

使用插入语句时应注意以下问题。

① 值列表中的值与表名中的字段按照位置顺序对应，它们的数据类型必须一致。

② 如果<表名>后面没有指明字段名，则插入记录的值顺序必须与表中字段的定义顺序保持一致，且每一个列均有值(可以为空)。

③ 如果值列表中提供的值个数或者顺序与表定义顺序不一致，则[(字段 1，字段 2，…)]部分不能省略。没有被提供值的字段必须是允许为 NULL 的列，因为在插入时，系统自动为被省略的列插入 NULL。

可以将一个查询的结果插入表中。语法格式如下：

```
INSERT INTO <表名>[(字段 1, 字段 2, …)] Select …
```

子查询不仅可以嵌套在 SELECT 语句中，用于构造父查询的条件，也可以嵌套在 INSERT 语句中，用以生成要插入的批量数据。SELECT 语句产生的查询结果是保存在内存中的，如果希望将查询结果永久地保存起来，则可以通过以下方法实现。

在使用子查询的结果插入元组时，子查询的结果必须匹配待插入关系中的属性个数并和相应各属性数据类型兼容，属性名可以不同。

【例 5.31】 创建表 gender_count 用来保存 user 表男女两种性别的人数。

首先创建 gender_count 表。

命令语句为

```
CREATE TABLE gender_count(
性别  char(1),
人数  int);
```

然后将男女性别对应人数插入 gender_count 表。

```
INSERT INTO gender_count
    SELECT gender, count(*)
    FROM user
    GROUP BY gender;
```

gender_count 表的数据如图 5.13 所示。

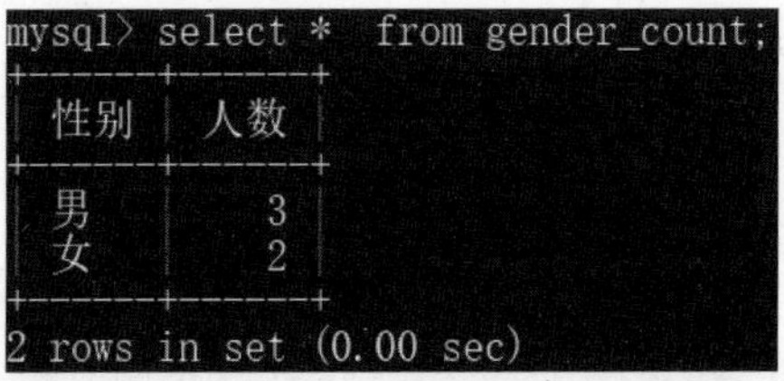

```
mysql> select *  from gender_count;
+------+------+
| 性别 | 人数 |
+------+------+
| 男   |    3 |
| 女   |    2 |
+------+------+
2 rows in set (0.00 sec)
```

图 5.13　例 5.31 gender_count 表的数据

【例 5.32】 建立新表 s_avg，存放每个学生的学号、姓名和平均成绩，并把子查询的结果插入新表 s_avg 中。

首先在数据库中建立新表 s_avg，其中第一列存放学号，第二列存放姓名，第三列存放平均成绩。

命令语句为

```
CREATE TABLE s_avg
    (sno CHAR(10),
    sname VARCHAR(10),
    avg_grade REAL);
```

然后对 Student 表和 SC 表按学号、姓名分组，再把学号、姓名、平均成绩存入表 s_avg 中。

```
INSERT INTO s_avg(sno,sname, avg_grade)
    (SELECT SC.Sno,Sname,avg(Grade)
     FROM SC,Student
     WHERE SC.Sno=Student.Sno GROUP BY SC.Sno,Sname);
```

2. 使用 replace into 插入替换数据

REPLACE INTO 插入替换数据的语法格式如下：

```
REPLACE INTO <表名>[(字段名 1,字段名 2,…) ]VALUES(值 1,值 2,…);
```

按照表中所有字段插入数据，插入顺序一定要与字段在表中定义的顺序一致。

如果插入操作的表中设置了 PRIMARY KEY 或者 UNIQUE 索引,并且新插入的数据与表中原来数据记录出现了重复的主键值或者重复唯一值数据的现象,就用新数据替换。如果没有出现主键值数据重复或唯一值数据重复,那么 REPLACE INTO 的效果和 INSERT INTO 一样。

【例 5.33】 向 user 表插入记录,插入的记录主键值 A003 在 user 表中已经存在,那么新插入的记录会替换原来的记录。运行结果比较如图 5.14 所示。

命令语句为

```
REPLACE INTO user (account, password, name,age, gender)
VALUES ('A003', '123456', '丽霞',22,2);
```

account	password	name	age	gender		account	password	name	age	gender
A001	888666	小李	21	男		A001	888666	小李	21	男
A002	888666	小王	21	男		A002	888666	小王	21	男
A003	123456	小周	22	男		A003	123456	丽霞	22	女
A004	880066	小琳	19	女		A004	880066	小琳	19	女
A005	811634	小琳	19	女		A005	811634	小琳	19	女
A006	10006	小红	22	女		A006	10006	小红	22	女

图 5.14 例 5.33 replace into 操作数据记录对比

下面的语句中主键 account 字段的值对应为 A007,原先表中无此主键值,下面记录的插入与 INTSERT INTO 效果一样,直接插入 user 表。

```
REPLACE INTO user (account, password, name,age, gender)
VALUES ('A007', '000900', '小美',22,2);
```

3. 使用 INSERT IGNORE 插入数据

使用 INSERT IGNORE 数据时,如果插入的新数据已存在,则忽略当前新数据。
语法格式:

```
INSERT IGNORE INTO 表名[(字段名 1,字段名 2,…)]values(值 1,值 2,…);
```

【例 5.34】 向 user 表插入记录,插入的记录主键值 A003 在 user 表中已经存在,那么当前新数据被忽略。user 表的数据记录无变化。

命令语句为

```
INSERT IGNORE user (account, password, name,age, gender)
VALUES ('A003', '000899', '老张', 22,1);
```

运行情况如图 5.15 所示。

```
mysql> insert ignore user (account, password, name,age, gender)
    -> VALUES ('A003', '000899', '老张', 22,1);
Query OK, 0 rows affected, 1 warning (0.04 sec)
```

图 5.15 例 5.34 的运行情况

结果没有报错,数据记录也没有更改。

注意:对于以上三种数据插入的方法,如果表中没有设置主键或唯一索引,则效果都是一样的,即直接插入数据。

5.3.2　修改数据表中的数据

1. 表中数据的修改

当需要修改数据库表中的某些字段的值时,使用 UPDATE 语句指定要修改的字段和想要赋予的新值。通过 WHERE 子句,还可以指定要修改的必须满足的条件。没有WHERE 子句时,表中的全部记录都要更新。

修改数据记录的语句格式如下:

```
UPDATE <表名>SET 字段 1=表达式 1[,字段 2=表达式 2]
  ⋮
[WHERE  条件];
```

说明:

- <表名>给出了需要修改数据的表的名称。
- Set 子句指定要修改的字段,表达式指定修改后的新值。
- 在表中找到满足条件的记录,然后更新:表达式 1 的值赋予字段 1;表达式 2 的值赋予字段 2,以此类推。

1) 无条件更改

无条件的修改,没有 WHERE 子句,表中所有的记录都要更新。

【例 5.35】　将所有课程的学分增加 2 分。

命令语句为

```
UPDATE Course SET Credit=Credit+2;
```

2) 有条件更改

当用 WHERE 子句指定更改数据的条件时,可以分为两种情况。一种是基于本表条件的更新,即更新的记录和更新记录的条件在同一张表中。另一种是基于其他表条件的更新,即要更新的记录在一张表中,而更新的条件来自另一张表。

【例 5.36】　将计算机系的所有学生年龄增加一岁。

命令语句为

```
UPDATE Student SET Sage=Sage+1 WHERE Sdept='计算机系';
```

本例题是基于本表条件的更新。其修改结果前后对比如图 5.16 所示。

Sno	Sname	Ssex	Sage	Sdept
S0001	赵菁菁	女	23	计算机系
S0002	李勇	男	20	计算机系
S0003	张力	男	19	计算机系
S0004	张衡	男	18	信息系
S0005	张向东	男	20	信息系
S0006	张向丽	女	20	信息系
S0007	王芳	女	20	计算机系
S0008	王民生	男	25	数学系
S0009	王小民	女	18	数学系
S0010	李晨	女	22	数学系

Sno	Sname	Ssex	Sage	Sdept
S0001	赵菁菁	女	24	计算机系
S0002	李勇	男	21	计算机系
S0003	张力	男	20	计算机系
S0004	张衡	男	18	信息系
S0005	张向东	男	20	信息系
S0006	张向丽	女	20	信息系
S0007	王芳	女	21	计算机系
S0008	王民生	男	25	数学系
S0009	王小民	女	18	数学系
S0010	李晨	女	22	数学系

图 5.16　例 5.36 修改数据前后对比

【例 5.37】　将计算机系所有学生的考试成绩置零。以下 3 种方法均可实现。本例题是基于其他表条件的更新。

- 利用不相关子查询构造更新的条件：

```
UPDATE SC SET Grade = 0
    WHERE Sno IN
        (SELECT Sno FROM Student WHERE Sdept = '计算机系');
```

- 利用相关子查询构造更新的条件：

```
UPDATE SC SET Grade = 0
WHERE '计算机系' = (SELECT Sdept FROM  Student
                    WHERE Student.Sno=SC.Sno);
```

- 利用 JOIN 连接多个表构造更新的条件：

```
UPDATE   SC
    JOIN   student   ON   Student.Sno =SC.Sno
    SET grade=0
    WHERE   Sdept='计算机系';
```

【例 5.38】 将学分最低课程的学分加 2 分。

命令语句为

```
UPDATE course
  JOIN  (SELECT MIN(credit) AS min_credit FROM course) AS temp
      ON course.credit =temp.min_credit
      SET course.credit =course.credit +2;
```

说明：MySQL 中 UPDATE 操作的表不能和嵌套的子查询 SELECT 用同一个表。

如果是在 SQL Server 中，以下语句是正确可行的。

```
UPDATE Course SET Credit=Credit+2
    WHERE Credit=(SELECT MIN(Credit) FROM  Course);
```

2. 多个表数据的修改

MySQL 中的多表修改语句通常涉及多个表之间的数据关联和更新。这通常通过 JOIN 操作来实现，可以在一个 UPDATE 语句中同时更新多个表中的数据。

一个 UPDATE 语句中同时更新多个表中的数据的优势包括以下 3 方面。

- 原子性：在一个事务中执行多表修改，可以保证所有操作要么全部成功，要么全部失败，从而保持数据的一致性。
- 效率：相比于分别对每个表执行修改操作，多表修改可以在一次查询中完成多个表的更新，减少了网络传输和数据库负载。
- 数据一致性：通过多表修改，可以确保相关联的数据在多个表中保持一致。

【例 5.39】 假设这样一个场景，有两个表：customers(客户)和 orders(订单)。现想要更新所有订单状态为"已完成"，并同时更新对应客户的信用额度。

两个表的说明如下。

(1) 客户表：customers(cid,name,credit_limit)，其中 cid 为客户的 id，name 为客户的姓名，credit_limit 为客户的信用额度。

(2) 订单表：orders(oid, customer_id, total_amount, status)，其中 oid 为订单的 id，customer_id 为对应客户的 id，total_amount 为订单总额，status 为订单状态。

先用以下代码创建这两个表。

```
CREATE TABLE customers
```

```
    (cid INT PRIMARY KEY,
    name VARCHAR(50),
    credit_limit DECIMAL(10, 2));
CREATE TABLE orders
    (oid INT PRIMARY KEY,
    customer_id INT,
    total_amount DECIMAL(10, 2),
    status VARCHAR(20),
    FOREIGN KEY(customer_id) REFERENCES customers (cid));
```

① 先向 customers 表插入数据。每个客户都有对应的信用额度。

```
INSERT INTO customers (cid, name, credit_limit)
VALUES (1, '老张', 1000),
       (2, '老刘', 2000);
```

② 再向 orders 表插入客户的订单数据。

```
INSERT INTO orders (oid, customer_id, total_amount, status)
VALUES (1, 1, 200, '待处理'),
       (2, 2, 300, '待处理');
```

③ 执行多表修改。

```
UPDATE orders o
JOIN customers c ON o.customer_id =c.cid
SET o.status ='已完成',
    c.credit_limit =c.credit_limit -o.total_amount
    WHERE o.status ='待处理';
```

一旦 orders(订单)表订单状态发生修改,customers(客户)表中客户的信用额度就相应减少,减少额为对应订单的订单总额。此操作能够保证数据的一致性。

5.3.3　删除数据表中的数据

当确定不再需要某些记录时,通常可以使用删除语句 DELETE,将这些记录删掉。

1. 使用 DELETE FROM 命令删除 MySQL 数据表中的记录

语法格式如下:

```
DELETE FROM <表名>
[WHERE 条件];
```

WHERE 条件是一个可选的子句,用于指定删除的行。如果省略 WHERE 子句,将删除表中的所有行。

【例 5.40】　删除 user 表中姓名为小王的记录。

命令语句为

```
DELETE FROM user WHERE name='小王';
```

【例 5.41】　删除 Student 表中年龄小于 20 岁的学生记录。

命令语句为

```
DELETE FROM Student WHERE Sage <20;
```

这条语句本身的语法是正确的,但是这个删除有可能不成功。由于 Student 表(父表)和 SC 表(子表)之间存在 Sno(学号)的参照引用,因此删除 Student 中的记录,还要考虑

Student 表和 SC 表之间参照动作和数据的参照完整性问题。

如果表已经创建,但未设置级联删除,可以通过修改外键约束来添加级联删除,语法格式为

```
ALTER TABLE 子表
ADD CONSTRAINT 约束名
FOREIGN KEY (子表外键) REFERENCES 父表(父表主键) ON DELETE CASCADE;
```

可以对 SC 表设置删除时,级联的参照动作。命令语句如下:

```
ALTER TABLE SC
ADD CONSTRAINT fk_sno
FOREIGN KEY (sno) REFERENCES Student(sno) ON DELETE CASCADE;
```

进行了参照动作的设置后,删除 Student 表的记录(删除某个学生的记录,这个学生有选课记录),可能会引发 SC 表某些记录的删除。通常建议在执行删除操作之前进行备份,并且要小心使用级联删除,因为它可能会在不经意间删除大量数据。

【例 5.42】 删除计算机系考试成绩不及格学生的选课记录。以下 3 种方法均可实现。

- 利用不相关子查询构造删除的条件:

```
DELETE FROM SC
WHERE Grade < 60 AND  Sno  IN (
                              SELECT Sno FROM Student
                              WHERE Sdept = '计算机系' );
```

- 利用相关子查询构造删除的条件:

```
DELETE FROM SC
WHERE  '计算机系'=
                  (SELECT Sdept FROM  Student
                  WHERE Student.Sno=SC.Sno) AND Grade < 60;
```

- 利用 JOIN 连接多个表构建删除的条件:

```
DELETE SC
FROM SC JOIN Student ON SC.Sno = Student.Sno
WHERE Sdept = '计算机系';
```

2. 使用 TRUNCATE TABLE 快速删除 MySQL 数据表中所有数据

语法格式为

```
TRUNCATE TABLE <表名>;
```

【例 5.43】 使用 TRUNCATE TABLE 操作来清空 SC 表中的所有学生选课的数据,但保留表的结构。

命令语句如下:

```
TRUNCATE TABLE SC;
```

下面将 TRUNCATE TABLE 与 DELETE 语句的特点进行对比。

- 速度。TRUNCATE TABLE 通常比使用 DELETE 语句删除所有数据要快得多。这是因为 TRUNCATE 不会逐行删除数据,而是直接从表中删除数据页,因此效率更高。TRUNCATE 不会触发任何 DELETE 触发器。
- 是否允许使用 WHERE 子句。TRUNCATE TABLE 不允许使用 WHERE 子句来指定特定的删除条件。它总是删除整个表中的所有数据。如果需要按条件删除数

据,应该使用 DELETE 语句。

- 事务日志记录删除。TRUNCATE TABLE 操作通常不生成事务日志,因此不会记录删除操作。这可以节省磁盘空间和提高性能,但是也意味着无法通过回滚来恢复被删除的数据。在删除时,DELETE 操作会生成日志,以支持事务回滚。如果需要记录删除操作并能够进行回滚,应该使用 DELETE 语句,并在事务中执行。
- 自动重置 AUTO_INCREMENT 计数器。当使用 TRUNCATE TABLE 删除数据时,与表关联的 AUTO_INCREMENT 计数器将自动重置为 1。这意味着下次插入新数据时,将从 1 开始计数。DELETE 操作则不会自动重置该计数器。
- 所需权限。执行 TRUNCATE TABLE 操作需要足够的权限。通常,只有具有表的 DELETE 权限的用户才能执行 TRUNCATE TABLE 操作。
- 返回值。DELETE 操作后返回删除的记录数,而 TRUNCATE 返回的是 0 或者−1 (成功则返回 0,失败则返回−1)。

本 章 小 结

本章主要介绍了 MySQL 所支持的数据类型。每种数据类型都有其长度范围以及适合使用的场景。创建表的过程中,需要合理地选择适合的数据类型。约束的使用使得字段更加满足实际需求。数据的增加、删除和修改操作过程中,要综合考虑数据的完整性和数据的一致性。

习　题　五

一、填空题

1. 在删除时,DELETE 操作会生成日志,以支持事务回滚。(　　) TABLE 操作通常不生成事务日志,因此不会记录删除操作。

2. 有创建表的语句"CREATE TABLE IF NOT EXISTS test2(num TINYINT UNSIGNED);",num 字段插入的数据范围是(　　)。

3. 要实现级联删除,需要在创建外键约束时指定(　　)选项。这样,当从父表中删除一行时,所有设置了级联删除的子表中的相应行也会被自动删除。

4. (　　)命令用于删除整个表,包括表结构和所有数据。因此,这种方法不仅会删除数据,还会删除表本身。

5. CHAR(L)是固定长度字符串,L 是可以存储的长度,单位为字符,最大长度值可以为(　　)。

6. MySQL 中常用的数据插入语句是(　　)、(　　)、(　　)。

二、选择题

1. 创建 test9 表,创建表的语句为"CREATE TABLE test9(id INT,name VARCHAR (6));"。

下面(　　)语句执行失败。

A. INSERT INTO test9 VALUES(100,'hello');

B. INSERT INTO test9 VALUES(100,'大家好大家好');

C. INSERT INTO test9 VALUES(100,'大家好大家好！');

D. INSERT INTO test9 VALUES(100,'hello!');

2. FOREIGN KEY 约束是(　　)约束。

　　A. 实体完整性　　　　B. 引用完整性　　　　C. 用户自定义完整性　　　D. 域完整性

3. 关于删除表中的数据,以下(　　)说法是错误的。

　　A. TRUNCATE 是删除表中所有数据,但不能与 WHERE 一起使用

　　B. 效率上 TRUNCATE 比 DELETE 高

　　C. DELETE FROM 的作用是删除表数据,还保留表结构

　　D. TRUNCATE 和 DELETE 能作用于表视图等

4. 关于 AUTO_INCREMENT 自增长约束描述错误的是(　　)。

　　A. AUTO_INCREMENT 约束的字段必须具备 NOT NULL 属性

　　B. 一个表可以有多个字段使用 AUTO_INCREMENT 约束

　　C. 默认情况下,AUTO_INCREMENT 的初始值是 1,每新增一条记录,字段值会自动加 1

　　D. AUTO_INCREMENT 约束的字段只能是整数类型

5. 创建表的语句如下:

```
CREATE TABLE t_ user2(
Id INT PRIMARY KEY AUTO_INCREMENT,
Name VARCHAR(20)
)AUTO INCREMENT=100;
```

向表 t_user2 中插入数据时,id 值会从(　　)开始。

　　A. 100　　　　　　　B. 101　　　　　　　C. 1　　　　　　　　D. 99

三、分析设计题

假设要运营一个在线比萨饼订购服务,需要一个表来存储比萨饼的信息。比萨饼的属性有编号、名称、口味、大小、价格。其中口味的种类包括 thin、regular、pan style、deep dish。大小的种类为 SMALL、MEDIUM、LARGE。请设计一个表存储比萨饼的信息。

第6章

数据表中的数据查询

数据表中的数据查询可以为用户提供单表和多表的查询服务。查询数据库表的操作是数据库核心的操作,而 SELECT 是最重要的、使用频率最高的语句。本章主要介绍单表查询、多重条件查询、集合查询、多表连接查询、复杂查询和子查询。查询中涉及聚合函数的应用、排序、分组、筛选分组等知识的运用。

通过本章的学习,应达到如下目标:

- 掌握查询语句的基本结构;
- 熟练操作单表查询,包括运算符的使用、构建多重条件的查询;
- 掌握聚合函数的应用;
- 掌握分组语句的应用;
- 掌握内连接、外连接的概念;
- 熟练操作多表连接查询;
- 熟练操作子查询,包括相关子查询和不相关子查询;
- 熟练操作集合查询。

6.1 单关系数据查询

SQL 语言的核心是数据查询。MySQL 的查询语句(通常称为 SQL 查询)是数据库操作中非常重要的一部分。数据查询是根据用户的需要从数据库中提取所需要的数据,是数据库操作的重要和核心部分。数据库的查询操作是通过 SELECT 查询命令实现的,本节将介绍数据查询有关的操作。

查询语句格式如下:

```
SELECT [ALL|DISTINCT] <目标字段表达式>,<目标字段表达式>] …
FROM <表名或视图名>[, <表名或视图名>] …
[ WHERE <条件表达式>]
[ GROUP BY <列名 1>[ HAVING <条件表达式>] ]
[ ORDER BY <列名 2>[ ASC|DESC ] ]
[LIMIT number];
```

说明:

- SELECT 子句。指定要显示的字段。
- FROM 子句。指定查询对象(基本表或视图)。
- WHERE 子句。指定查询条件。
- GROUP BY 子句。对查询结果按指定字段的值分组,该字段值相等的记录为一个分组。

- HAVING 短语。筛选出只有满足指定条件的分组。
- ORDER BY 子句。对查询结果按指定字段值的升序或降序排序。
- LIMIT number 是一个可选的子句,用于限制返回的行数。

本章所有有关 SQL 查询的操作都建立在表 6.1"Student 表"、表 6.2"Course 表"和表 6.3 "SC 表"的基础上。

各表包含的字段含义如下:

(1) Student 表。Sno(学号)、Sname(姓名)、Ssex(性别)、Sage(年龄)、Sdept(所在系)。

(2) Course 表。Cno(课程号)、Cname(课程名)、Credit(学分)、Semester(开课学期)、Pcno(直接先修课)。

(3) SC 表。Sno(学号)、Cno(课程号)、Grade(成绩)。

如果没有特别说明,本章所示的查询结果均为 HeidiSQL12.8.0.6908 中执行产生的结果形式。

表 6.1　Student 表

Sno	Sname	Ssex	Sage	Sdept
S0001	赵菁菁	女	23	计算机系
S0002	李勇	男	20	计算机系
S0003	张力	男	19	计算机系
S0004	张衡	男	18	信息系
S0005	张向东	男	20	信息系
S0006	张向丽	女	20	信息系
S0007	王芳	女	20	计算机系
S0008	王民生	男	25	数学系
S0009	王小民	女	18	数学系
S0010	李晨	女	22	数学系

表 6.2　Course 表

Cno	Cname	Credit	Semester	Pcno
C001	高等数学	4	1	NULL
C002	大学英语	3	1	NULL
C003	大学物理	3	3	C001
C004	计算机文化学	2	1	NULL
C005	C 语言	4	2	C004
C006	数据结构	4	3	C005
C007	数据库原理	4	5	C006

表 6.3 SC 表

Sno	Cno	Grade
S0001	C001	96
S0001	C002	80
S0001	C003	84
S0001	C004	73
S0001	C005	67
S0002	C001	87
S0002	C003	89
S0002	C004	67
S0002	C005	70
S0002	C006	80
S0003	C002	81
S0004	C001	69
S0004	C002	65
S0005	C006	50
S0010	C001	83
S0010	C002	70

6.1.1 单关系数据查询结构

单关系查询是指查询的结果或者查询的条件仅来自一个表,无须进行表的连接,查询结果仍为表。WHERE、SELECT 分别相当于关系代数中的选择、投影操作。

SELECT 语句的可选参数比较多,让我们先从最简单的开始。

最基本的语句格式为

```
SELECT * FROM <表名>[WHERE 条件];
```

或者

```
SELECT <目标列表达式 1>,<目标列表达式 2>,<目标列表达式 3>…
FROM <表名>[WHERE 条件];
```

6.1.2 无条件查询

无条件查询是指只包含"SELECT … FROM …"的查询,也称投影查询。投影查询相当于关系代数的投影运算,需要注意的是,在关系代数中,投影运算完成之后自动消去重复行;而 SQL 中必须使用关键字 DISTINCT 才会消去重复行。

【例 6.1】 查询 Student 表中的所有记录的全部内容。

在学生表中共有 5 列:Sno(学号)、Sname(姓名)、Ssex(性别)、Sage(年龄)、Sdept(所在

视频讲解

视频讲解

系）。可以采用以下两种方法查询。

（1）SELECT 后面列出表中的全部字段名。

命令语句为

```
SELECTSno,Sname,Ssex,Sage,Sdept FROM Student;
```

（2）用"＊"表示表中的全部字段名。

命令语句为

```
SELECT * FROM Student;
```

说明：＊表示所有列。

查询结果如图 6.1 所示。

图 6.1　例 6.1 和 6.2 的运行结果

在很多情况下，用户只对表中的一部分字段感兴趣，可以在 SELECT 子句中指定要查询的字段。

【例 6.2】　查询所有学生的姓名和性别。

命令语句为

```
SELECT Sname,Ssex ROM Student;
```

SELECT 子句的＜目标列表达式＞不仅可以是表中的字段，也可以是表达式，表达式可以是算术表达式、字符串常量、函数、列别名等。

【例 6.3】　查询所有学生的姓名、出生年份和年龄。使用别名改变查询结果的列标题。

命令语句为

```
SELECT  Sname,YEAR(NOW())-Sage  AS  出生年份,Sage
FROM  student;
```

查询结果如图 6.2 所示。

说明：NOW()函数用于返回当前的日期和时间，YEAR()函数直接从日期值中提取年份。取别名时，AS 可以省略。

注意：更改的是查询结果显示的列标题，这是列的别名，而不是更改了数据库表或视图的列标题。

在 SELECT 子句中使用 DISTINCT 关键字可以去掉结果中的重复行。DISTINCT 关

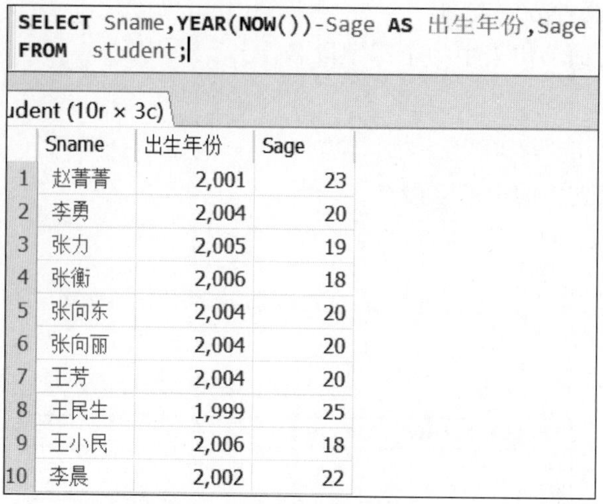

```
SELECT Sname,YEAR(NOW())-Sage AS 出生年份,Sage
FROM  student;
```

	Sname	出生年份	Sage
1	赵菁菁	2,001	23
2	李勇	2,004	20
3	张力	2,005	19
4	张衡	2,006	18
5	张向东	2,004	20
6	张向丽	2,004	20
7	王芳	2,004	20
8	王民生	1,999	25
9	王小民	2,006	18
10	李晨	2,002	22

udent (10r × 3c)

图 6.2　例 6.3 的运行结果

键字放在 SELECT 词的后面、目标字段序列的前面。

【例 6.4】　在 Student 表中查询有哪些系。

（1）去掉重复行。

命令语句为

SELECT DISTINCT Sdept FROM Student;

查询结果如图 6.3 所示。

（2）不去掉重复行。

命令语句为

SELECT Sdept FROM Student;

查询结果如图 6.4 所示。

显然，去掉重复行更加符合要求。

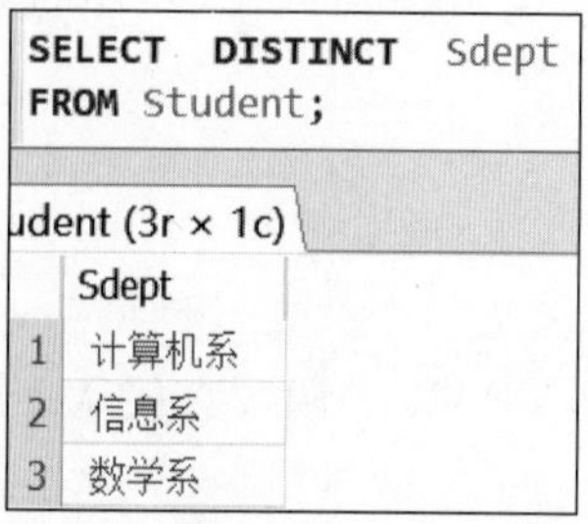

```
SELECT    DISTINCT  Sdept
FROM Student;
```

udent (3r × 1c)

	Sdept
1	计算机系
2	信息系
3	数学系

图 6.3　例 6.4(1)的运行结果

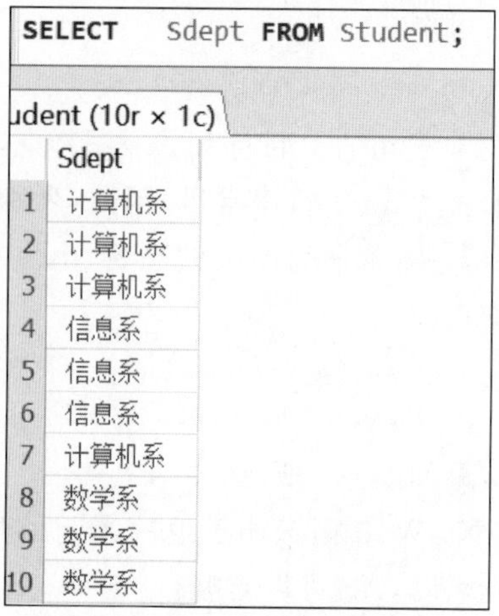

```
SELECT    Sdept FROM Student;
```

udent (10r × 1c)

	Sdept
1	计算机系
2	计算机系
3	计算机系
4	信息系
5	信息系
6	信息系
7	计算机系
8	数学系
9	数学系
10	数学系

图 6.4　例 6.4(2)的运行结果

6.1.3 条件查询

在一些查询中,经常需要根据某种条件进行查询。可以使用 WHERE 子句指定查询条件。查询条件中,字段名与字段名之间,或者字段名与常数之间,通常使用比较运算符连接。常用的查询条件、运算符与关键字如表 6.4 所示。

视频讲解

表 6.4 常用查询条件、运算符与关键字

含 义	运算符与关键字
比较	=、>、<、>=、<=、!=、<>、!>、!<
确定范围	BETWEEN AND、NOT BETWEEN AND
确定集合	IN、NOT IN
字符匹配	LIKE、NOT LIKE
空值	IS NULL、IS NOT NULL
多重条件	AND(&&)、OR(||)、NOT(!)

1. 单一条件和多重条件查询

【例 6.5】 在 Student 表中查询所有女生的信息。

命令语句为

```
SELECT * FROM Student WHERE Ssex='女';
```

运行结果如图 6.5 所示。

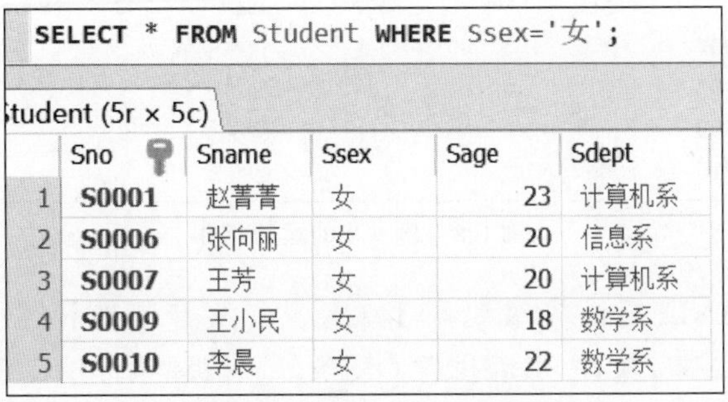

SELECT * FROM Student WHERE Ssex='女';				
Student (5r × 5c)				
	Sno 🔑	Sname	Ssex	Sage	Sdept
1	**S0001**	赵菁菁	女	23	计算机系
2	**S0006**	张向丽	女	20	信息系
3	**S0007**	王芳	女	20	计算机系
4	**S0009**	王小民	女	18	数学系
5	**S0010**	李晨	女	22	数学系

图 6.5 例 6.5 的运行结果

【例 6.6】 在 Student 表中查询所有年龄在 20 岁以下的学生姓名及其年龄。

命令语句为

```
SELECT Sname,Sage
FROM Student
WHERE Sage<20;
```

运行结果如图 6.6 所示。

【例 6.7】 在 Course 表中查询哪些课程没有先修课程,列出其课程号、课程名、学分。

命令语句为

```
SELECT Cno,Cname,Credit
FROM Course
```

```
WHERE Pcno IS NULL;
```

运行结果如图 6.7 所示。

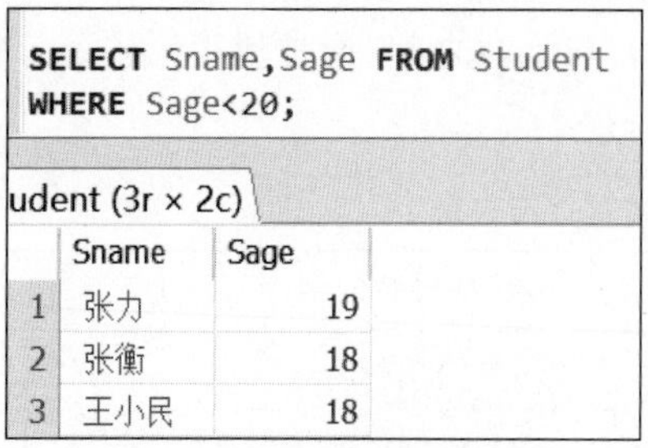

```
SELECT Sname,Sage FROM Student
WHERE Sage<20;
```

	Sname	Sage
1	张力	19
2	张衡	18
3	王小民	18

udent (3r × 2c)

图 6.6 例 6.6 的运行结果

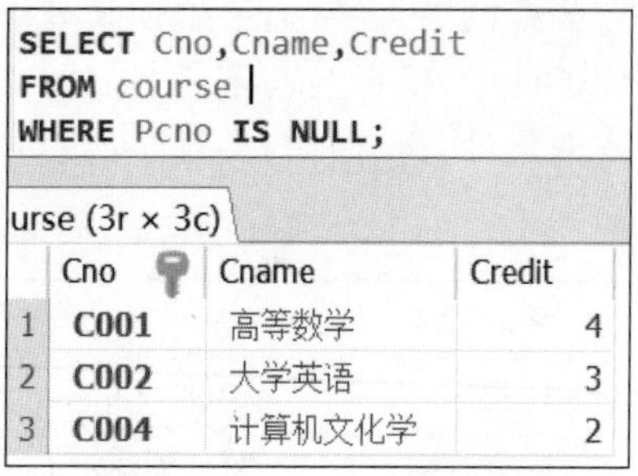

```
SELECT Cno,Cname,Credit
FROM course
WHERE Pcno IS NULL;
```

	Cno	Cname	Credit
1	C001	高等数学	4
2	C002	大学英语	3
3	C004	计算机文化学	2

urse (3r × 3c)

图 6.7 例 6.7 的运行结果

【例 6.8】 在 Student 表中查询计算机系、数学系两个系的女生的信息。

命令语句为

```
SELECT *
FROM Student
WHERE Ssex='女'  AND  (Sdept='计算机系' OR  Sdept='数学系');
```

运行结果如图 6.8 所示。

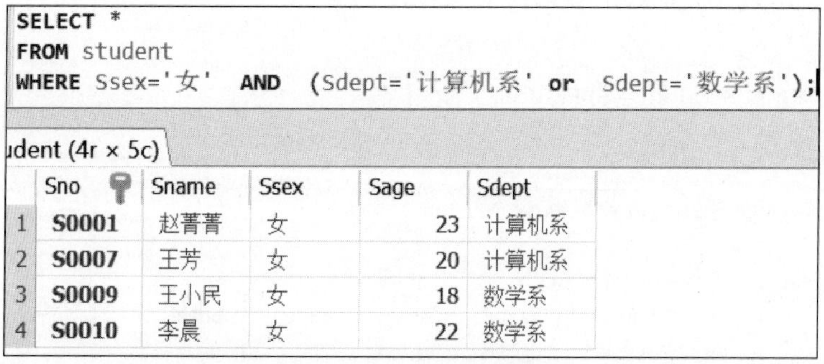

```
SELECT *
FROM student
WHERE Ssex='女'  AND  (Sdept='计算机系' or  Sdept='数学系');
```

	Sno	Sname	Ssex	Sage	Sdept
1	S0001	赵菁菁	女	23	计算机系
2	S0007	王芳	女	20	计算机系
3	S0009	王小民	女	18	数学系
4	S0010	李晨	女	22	数学系

udent (4r × 5c)

图 6.8 例 6.8 的运行结果

在 MySQL 中，AND 的优先级要高于 OR。在没有其他符号（如括号）的情况下，MySQL 会首先执行 AND 条件，然后执行 OR 条件。该题条件中 OR 如果不加括号，将会查询计算机系的女生或者数学系的学生。加上括号，则改变优先级。为了避免混淆，推荐在涉及 AND 和 OR 的复杂表达式时使用括号。这样做不仅可以提高 SQL 语句的可读性，还能确保其他人能够正确理解你的意图，这在团队协作中尤为重要。

【例 6.9】 在 Course 表中查询没有先修课程并且学分为 2 的课程信息。

命令语句为

```
SELECT *
FROM Course
WHERE Pcno IS NULL AND Credit=2;
```

运行结果如图 6.9 所示。

在 MySQL 中，NULL 代表一个字段没有值，这与零值或包含空格的字段不同。无法使用比较运算符（如＝、＜或＞）来测试 NULL 值，因此必须使用 IS NULL 和 IS NOT NULL

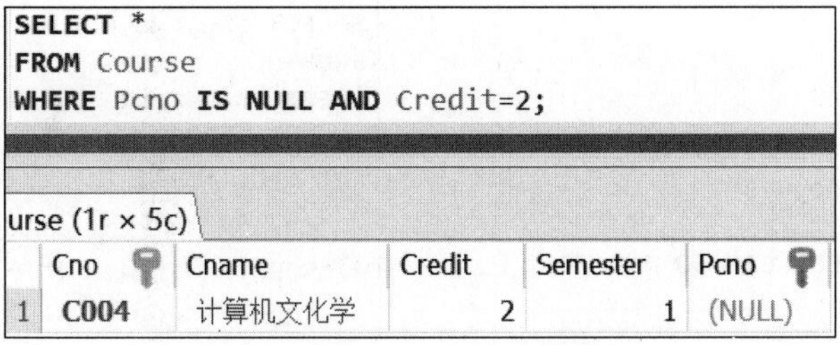

```
SELECT *
FROM Course
WHERE Pcno IS NULL AND Credit=2;
```

	Cno	Cname	Credit	Semester	Pcno
1	C004	计算机文化学	2	1	(NULL)

urse (1r × 5c)

图 6.9 例 6.9 的运行结果

运算符。

2. 确定范围

BETWEEN…AND 和 NOT BETWEEN…AND 是逻辑运算符,可以用来查找属性值在(或不在)指定范围内的元组,其中 BETWEEN 后面可以指定范围的下限,AND 后面可以指定范围的上限。

BETWEEN…AND 的语法格式为

列名|表达式 [NOT] BETWEEN 下限值 AND 上限值;

"BETWEEN 下限值 AND 上限值"的含义是:如果列或表达式的值在下限值和上限值范围内(包括边界值),则结果为 TRUE,表明此记录符合查询条件。

"NOT BETWEEN 下限值 AND 上限值"的含义正好相反:如果列或表达式的值不在下限值和上限值范围内(不包括边界值),则结果为 TRUE,表明此记录符合查询条件。

【例 6.10】 查询 SC 表中考试成绩在 60~70(含 60 和 70)的学号、课程号、成绩。

命令语句为

```
SELECT Sno,Cno,Grade
FROM SC
WHERE grade BETWEEN 60 AND 70;
```

此语句等价于

```
SELECT Sno,Cno,Grade
FROM SC
WHERE Grade>=60 AND Grade<=70;
```

运行结果如图 6.10 所示。

【例 6.11】 查询数据库表 SC 中考试成绩不在 60~70 的记录对应的学号、课程号、成绩。

命令语句为

```
SELECT Sno,Cno,Grade
FROM SC
WHERE grade NOT BETWEEN 60 AND 70;
```

此语句等价于

```
SELECT Sno,Cno,Grade
FROM SC
WHERE Grade<60 OR Grade>70;
```

运行结果如图 6.11 所示。

图 6.10 例 6.10 的运行结果

图 6.11 例 6.11 的运行结果

对于日期类型的数据也可以使用基于范围的查找。

【例 6.12】 设有图书表(书号,类型,价格,出版日期),出版日期为 Date 型。查找 2021 年 12 月出版的图书信息的语句如下。

```
SELECT 书号,类型,价格,出版日期
FROM 图书表
WHERE 出版日期 BETWEEN '2021-12-1' AND '2021-12-31';
```

运行结果如图 6.12 所示。

图 6.12 例 6.12 的运行结果

3. 确定集合

【例 6.13】 在 Student 表中查询计算机系、数学系这两个系的学生的姓名、性别和年龄。

命令语句为

```
SELECT Sname,Ssex,Sage,Sdept
FROM Student
WHERE Sdept IN ('计算机系','数学系');
```

此句等价于

```
SELECT Sname,Ssex,Sage,Sdept
FROM Student
WHERE Sdept='计算机系' OR Sdept='数学系';
```

运行结果如图 6.13 所示。

【例 6.14】 在 Student 表中查询既不是计算机系,也不是数学系的学生的姓名、性别和年龄。

命令语句为

```
SELECT Sname,Ssex,Sage,Sdept
FROM Student
WHERE Sdept NOT IN ('计算机系','数学系');
```

此句等价于

```
SELECT Sname,Ssex,Sage,Sdept
FROM Student
WHERE Sdept!='计算机系' AND Sdept!='数学系';
```

运行结果如图 6.14 所示。

| SELECT Sname,Ssex,Sage,Sdept |
| FROM student |
| WHERE Sdept IN ('计算机系','数学系'); |

dent (7r × 4c)

	Sname	Ssex	Sage	Sdept
1	赵菁菁	女	23	计算机系
2	李勇	男	20	计算机系
3	张力	男	19	计算机系
4	王芳	女	20	计算机系
5	王民生	男	25	数学系
6	王小民	女	18	数学系
7	李晨	女	22	数学系

图 6.13 例 6.13 的运行结果

| SELECT Sname,Ssex,Sage,Sdept |
| FROM Student |
| WHERE Sdept not IN ('计算机系','数学系'); |

dent (3r × 4c)

	Sname	Ssex	Sage	Sdept
1	张衡	男	18	信息系
2	张向东	男	20	信息系
3	张向丽	女	20	信息系

图 6.14 例 6.14 的运行结果

4. 字符串匹配

LIKE 和 REGEXP 操作符在 MySQL 中为开发者提供了强大的模糊匹配功能,合理使用它们可以大幅提升数据查询的灵活性和准确性。

LIKE 操作符是 MySQL 中最常用的模糊匹配工具,它通过通配符来实现对字符串的灵活匹配。基本的语法如下:

字段名 [NOT] LIKE <匹配串>;

匹配串可以是完整的字符串,也可以含有%和_。其中:

%(百分号):代表任意长度(长度也可为 0)的字符串。

_(下画线):代表任意单个字符。

【例 6.15】 在 Student 表查询所有姓张学生的姓名、性别和所在系。

命令语句为

```
SELECT Sname,Ssex,Sdept
FROM Student
WHERE  Sname LIKE '张%';
```

运行结果如图 6.15 所示。

【例 6.16】 在 Student 表查询所有不姓张的学生的姓名、学号和年龄。

命令语句为

```
SELECT Sname,Sno,Sage
FROM Student
WHERE Sname NOT LIKE '张%';
```

运行结果如图 6.16 所示。

【例 6.17】　在 Student 表中查询名字中第 2 个字为"向"字的学生的姓名和学号。

命令语句为

```
SELECT Sname,Sno
FROM Student
WHERE Sname LIKE '_向%';
```

运行结果如图 6.17 所示。

SELECT Sname,Ssex,Sdept		
FROM Student		
WHERE Sname LIKE '张%';		
dent (4r × 3c)		
Sname	Ssex	Sdept
1 张力	男	计算机系
2 张衡	男	信息系
3 张向东	男	信息系
4 张向丽	女	信息系

图 6.15　例 6.15 的运行结果

SELECT Sname,Sno,Sage		
FROM Student		
WHERE Sname NOT LIKE '张%';		
dent (6r × 3c)		
Sname	Sno 🔑	Sage
1 赵菁菁	S0001	23
2 李勇	S0002	20
3 王芳	S0007	20
4 王民生	S0008	25
5 王小民	S0009	18
6 李晨	S0010	22

图 6.16　例 6.16 的运行结果

SELECT Sname,Sno	
FROM Student	
WHERE Sname LIKE '_向%';	
dent (2r × 2c)	
Sname	Sno 🔑
1 张向东	S0005
2 张向丽	S0006

图 6.17　例 6.17 的运行结果

与 LIKE 相比，REGEXP 操作符提供了更强大的正则表达式匹配功能，允许开发者定义更复杂的匹配模式。REGEXP 操作符基本语法格式为

```
字段名 [NOT] REGEXP <匹配串>;
```

REGEXP 操作符支持以下元字符。

^：匹配字符串的开始。

$：匹配字符串的结束。

.：匹配任意单个字符。

*：匹配前一个字符零次或多次。

+：匹配前一个字符一次或多次。

?：匹配前一个字符零次或一次。

|：表示"或"操作。

[ ]：匹配方括号内的任意单个字符，例如 [abc] 匹配 a、b 或 c。

【例 6.18】　在 Student 表中查询学号的最后一位不是 2、3、5 的学生信息。

命令语句为

```
SELECT *
FROM Student
WHERE Sno NOT REGEXP '[235]$';
```

运行结果如图 6.18 所示。

```
SELECT *
FROM Student
WHERE Sno NOT REGEXP '[235]$';
```

udent (7r × 5c)

	Sno	Sname	Ssex	Sage	Sdept
1	S0001	赵菁菁	女	23	计算机系
2	S0004	张衡	男	18	信息系
3	S0006	张向丽	女	20	信息系
4	S0007	王芳	女	20	计算机系
5	S0008	王民生	男	25	数学系
6	S0009	王小民	女	18	数学系
7	S0010	李晨	女	22	数学系

图 6.18　例 6.18 的运行结果

【例 6.19】 在 Student 表中查询姓名以“张”开头或以“晨”结尾的所有记录。

命令语句为

```
SELECT *
FROM Student
WHERE Sname REGEXP  '^张|晨$';
```

运行结果如图 6.19 所示。

```
SELECT * FROM Student WHERE Sname REGEXP '^张|晨$';
```

udent (5r × 5c)

	Sno	Sname	Ssex	Sage	Sdept
1	S0003	张力	男	19	计算机系
2	S0004	张衡	男	18	信息系
3	S0005	张向东	男	20	信息系
4	S0006	张向丽	女	20	信息系
5	S0010	李晨	女	22	数学系

图 6.19　例 6.19 的运行结果

【例 6.20】 在 Course 表中查询课程名中含有英语字母的课程。

命令语句为

```
SELECT * FROM course WHERE Cname REGEXP '[A-Z]';
```

运行结果如图 6.20 所示。

```
SELECT * FROM course  WHERE  Cname REGEXP '[A-Z]';
```

urse (1r × 4c)

	Cno	Cname	Credit	Pcno
1	C005	C语言	4	C004

图 6.20　例 6.20 的运行结果

注意：默认情况下，REGEXP 是不区分大小写的。

【例 6.21】 在 Course 表中查询哪些课程不在 1～3 学期开课。

命令语句为

```
SELECT * FROM course WHERE Semester NOT REGEXP '[1-3]';
```

运行结果如图 6.21 所示。

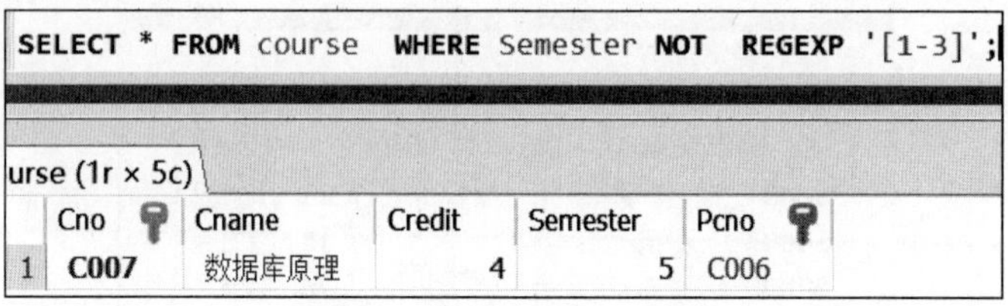

图 6.21　例 6.21 的运行结果

6.1.4　聚合函数查询

统计函数也称为集合函数或者聚合函数,其作用是对一组值进行计算并返回一个统计结果。为了进一步方便用户,增强检索功能,SQL 提供了许多聚合函数,列举如下。

(1) Count ([distinct | all] *):统计元组(记录)个数。

(2) Count ([distinct | all]<列名>):统计一列中值(不为 NULL)的个数。

(3) Sum ([distinct | all]<列名>):求一列值的总和(必须为数值型)。

(4) Avg ([distinct | all]<列名>):求一列值的平均数(必须为数值型)。

(5) Max ([distinct | all]<列名>):求一列值中的最大值。

(6) Min ([distinct | all]<列名>):求一列值中的最小值。

【**例 6.22**】　在 Student 表中查询学生总人数。

命令语句为

```
SELECT COUNT( * ) AS 学生人数
FROM Student;
```

或者

```
SELECT COUNT(Sno) AS 学生数
FROM Student;
```

运行结果如图 6.22 所示。

【**例 6.23**】　在 SC 表中统计 C002 号课程最高分和最低分。

命令语句为

```
SELECT MAX(Grade) 最高分,MIN(Grade) 最低分
FROM SC
WHERE Cno='C002';
```

运行结果如图 6.23 所示。

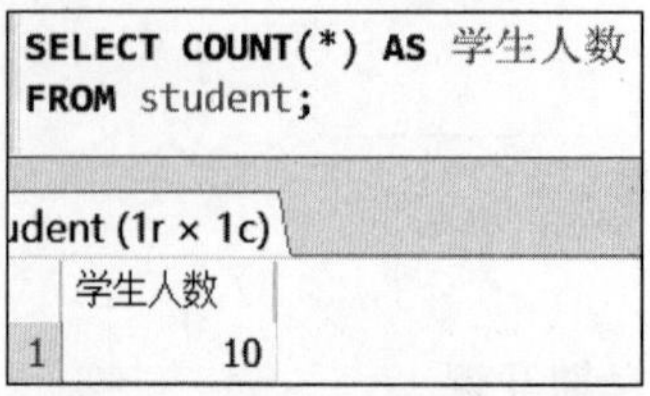

图 6.22　例 6.22 的运行结果

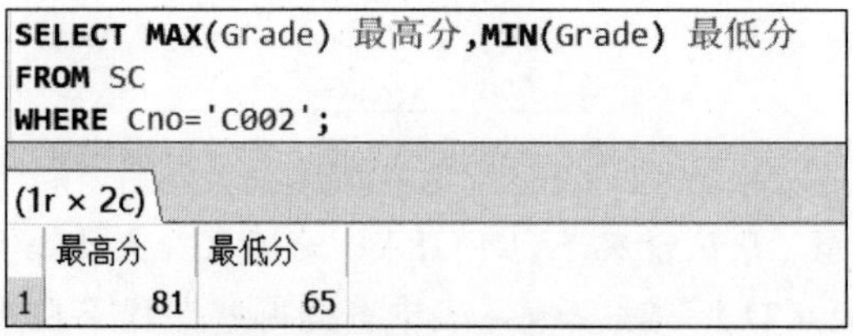

图 6.23　例 6.23 的运行结果

【例 6.24】 在 SC 表中查询 S0001 号学生的总分、平均分。

命令语句为

```
SELECT SUM(Grade) 总分,AVG(Grade) 平均分
FROM SC
WHERE Sno='S0001';
```

运行结果如图 6.24 所示。

【例 6.25】 在 Course 表中查询，共有几门课程是其他课程的先修课。

命令语句为

```
SELECT COUNT(distinct Pcno) AS  先修课程门数
FROM Course;
```

因为某门课程可以是其他几门课程的先修课程，所以在计数前需要去重。

运行结果如图 6.25 所示。

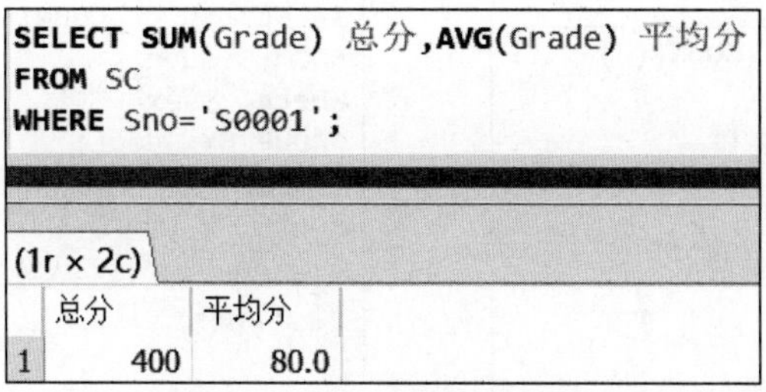

```
SELECT SUM(Grade) 总分,AVG(Grade) 平均分
FROM SC
WHERE Sno='S0001';
```

(1r × 2c)	总分	平均分
1	400	80.0

图 6.24 例 6.24 的运行结果

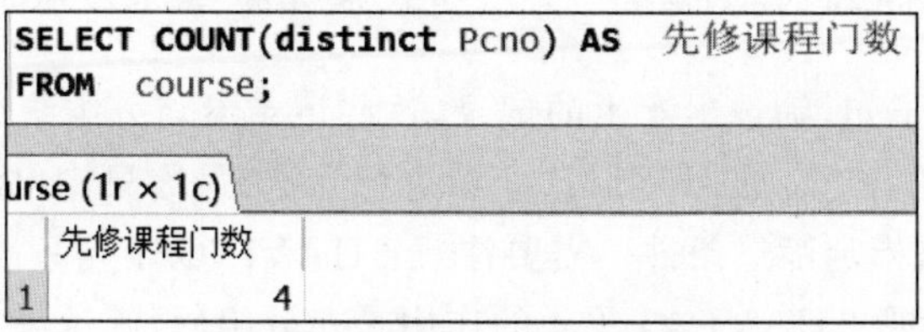

```
SELECT COUNT(distinct Pcno) AS  先修课程门数
FROM  course;
```

urse (1r × 1c)	先修课程门数
1	4

图 6.25 例 6.25 的运行结果

6.1.5 分组查询

上面所举的统计函数的例子，均是针对表中满足 WHERE 条件的全体元组进行的，统计的结果是一个函数返回一个单值。在实际应用中，有时需要对数据进行分组，然后再对每个分组进行统计，而不是对全表所有记录进行统计。比如，统计每个学生的平均成绩、每个系的学生人数、每门课程的考试平均成绩等信息时就需要将数据先分组，然后对每个组进行统计。这种情况就需要用到 GROUP BY 子句。

GROUP BY 子句用于对查询结果按某一列或多列的值分组，值相等的分为一组。对查询结果分组的目的是细化聚合函数的作用对象。如果未对查询结果分组，聚合函数将作用于整个查询结果。

【例 6.26】 查询各个系的学生人数。

命令语句为

```
SELECT Sdept,COUNT(*) 人数
```

```
FROM Student
GROUP BY Sdept;
```

运行结果如图 6.26 所示。

该语句对查询结果按 Sdept 的值分组,所有具有相同 Sdept 值的元组为一组,然后对每一组使用聚合函数 COUNT 计算,以求得该组的学生人数。

【例 6.27】 统计每个系的女生人数。

命令语句为

```
SELECT Sdept,COUNT( * ) 女生人数
FROM Student
WHERE Ssex='女'
GROUP BY Sdept;
```

运行结果如图 6.27 所示。

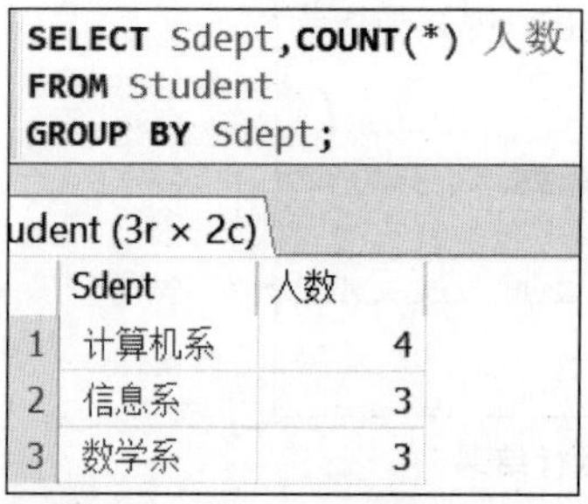

图 6.26　例 6.26 的运行结果

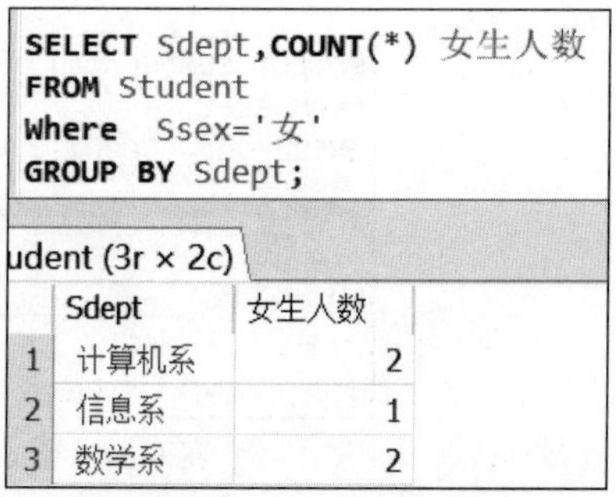

图 6.27　例 6.27 的运行结果

先执行 WHERE 子句,筛选出女生的记录,这些记录参与分组统计。

如果分组后还要求按一定的条件对这些组进行筛选,最终只输出满足指定条件的组,可以使用 HAVING 短语指定筛选条件。需要注意: HAVING 子句只能配合 GROUP BY 子句使用,而不能单独出现。HAVING 子句的作用是在分组后,筛选满足条件的分组。

在分组限定条件中出现的属性只能是以下形式:

* 分组属性;
* 聚集函数(任意属性)。

【例 6.28】 查询出平均分数在 80 分以上的课程的选课人数、平均分数。

分析:本查询首先通过 GROUP BY 子句分组,然后通过 HAVING 子句从分组中挑选出平均分超过 80 的组。

命令语句为

```
SELECT Cno 课程号,COUNT(Sno) 人数,AVG(Grade) 平均分
FROM    SC
GROUP BY Cno
HAVING AVG(Grade)>80
```

运行结果如图 6.28 所示。

【例 6.29】 查询哪些系的男生人数达到或超过 2 人。

分析:先筛选出男生的记录,然后以所在系分组,再挑选出组内学号个数超过 2 的组。

命令语句为

```
SELECT Sdept,COUNT(Sno) 人数
FROM   Student
WHERE Ssex='男'
GROUP BY Sdept
HAVING COUNT(Sno)>=2;
```

运行结果如图 6.29 所示。

```
SELECT Cno  课程号,COUNT(Sno) 人数 ,AVG(Grade) 平均分
FROM   SC
GROUP BY Cno
Having AVG(Grade)>80;
```

(2r × 3c)

	课程号 🔑	人数	平均分
1	C001	4	83.75
2	C003	2	86.5

图 6.28　例 6.28 的运行结果

```
SELECT Sdept,COUNT(Sno) 人数
FROM     Student
WHERE Ssex='男'
GROUP BY Sdept
Having COUNT(Sno)>=2;
```

dent (2r × 2c)

	Sdept	人数
1	计算机系	2
2	信息系	2

图 6.29　例 6.29 的运行结果

HAVING 短语与 WHERE 子句的区别如下：

- 作用对象不同，WHERE 子句作用于基本表或视图，从中选择满足条件的元记录；HAVING 短语作用于组，从中选择满足条件的组。
- WHERE 子句中不能使用聚合函数，而 HAVING 短语中可以使用聚合函数。

6.1.6　查询结果排序

有时需要对查询的结果进行排序，这时可以用 ORDER BY 子句进行排序，ORDER BY 子句根据查询结果中的一个字段或者多个字段对查询结果进行排序。

ORDER BY 子句语法格式为

```
ORDER BY{<排序表达式>[ASC|DESC]}[,….n]
```

其中<排序表达式>用于指定排序的依据，可以是字段名也可以是字段别名。ASC 和 DESC 指定排序方向，ASC 指定字段的值按照升序排列，DESC 指定排序方式为降序排列。如果没有指定具体的排序，则默认为升序排列。

【例 6.30】　在 SC 表中查询学号为 S001 的学生的选课信息，并按成绩(GRADE)降序排序。

命令语句为

```
SELECT * FROM SC WHERE Sno='S0001' ORDER BY Grade DESC;
```

运行结果如图 6.30 所示。

【例 6.31】　求每门课程的选课人数与平均分数，并按照平均分排升序。

命令语句为

```
SELECT Cno  课程号,COUNT(Sno) 人数,AVG(Grade) 平均分
FROM  SC
GROUP BY Cno
ORDER BY AVG(Grade);
```

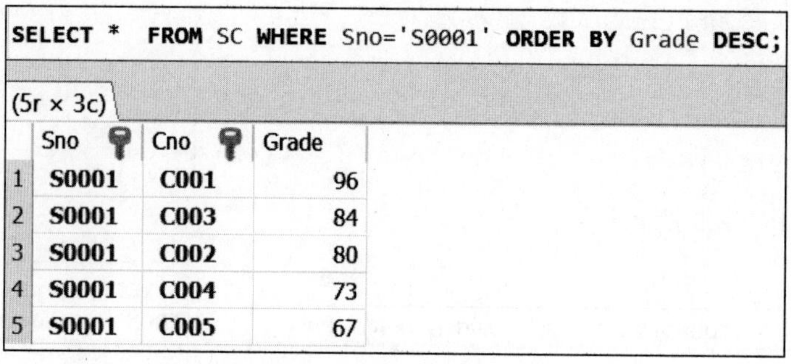

```
SELECT *  FROM SC WHERE Sno='S0001' ORDER BY Grade DESC;
```

	Sno 🔑	Cno 🔑	Grade
1	S0001	C001	96
2	S0001	C003	84
3	S0001	C002	80
4	S0001	C004	73
5	S0001	C005	67

(5r × 3c)

图 6.30　例 6.30 的运行结果

运行结果如图 6.31 所示。

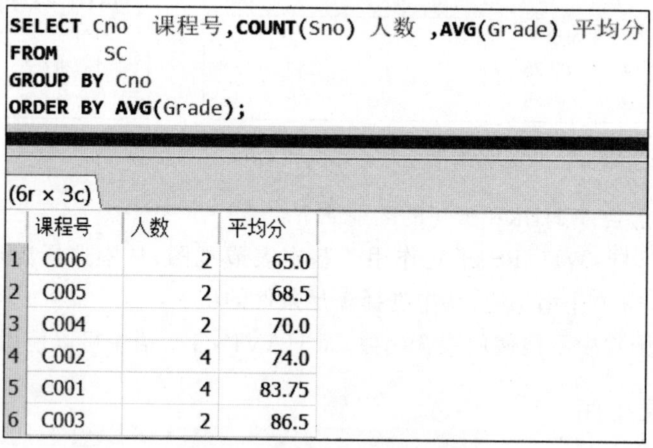

```
SELECT Cno   课程号,COUNT(Sno) 人数 ,AVG(Grade) 平均分
FROM      SC
GROUP BY Cno
ORDER BY AVG(Grade);
```

	课程号	人数	平均分
1	C006	2	65.0
2	C005	2	68.5
3	C004	2	70.0
4	C002	4	74.0
5	C001	4	83.75
6	C003	2	86.5

(6r × 3c)

图 6.31　例 6.31 的运行结果

【例 6.32】　统计每个系的男生人数和女生人数以及男生的最大年龄和女生的最大年龄。结果按系名升序排序。

命令语句为

```
SELECT Sdept,COUNT(*) 人数 ,MAX(Sage)   最大年龄
FROM Student
GROUP BY Sdept,Ssex
ORDER BY Sdept ASC;
```

运行结果如图 6.32 所示。

MySQL 校对规则(Collation)定义了字符串的比较规则,它影响 MySQL 对字符串进行排序和比较的行为。

说明：Sdept 字段的数据类型是字符型,采用默认的 utf8mb4_0900_as_ci 校对规则。如果 Sdept 字段改用 gbk_chinese_ci 校对规则,则结果如图 6.33 所示。

6.1.7　限制查询结果数量

当数据表中有上万条数据时,一次性查询出表中的全部数据会降低数据返回的速度,同时给数据库服务器造成很大的压力。这时就可以用 LIMIT 关键字来限制查询结果返回的条数。

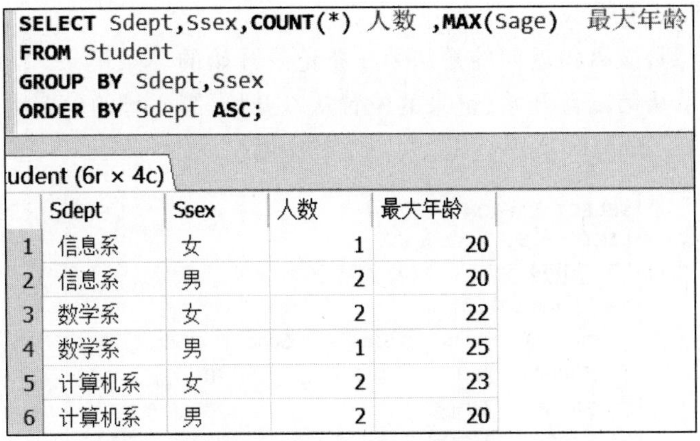

```
SELECT Sdept,Ssex,COUNT(*) 人数 ,MAX(Sage)   最大年龄
FROM Student
GROUP BY Sdept,Ssex
ORDER BY Sdept ASC;
```

udent (6r × 4c)			
	Sdept	Ssex	人数	最大年龄
1	信息系	女	1	20
2	信息系	男	2	20
3	数学系	女	2	22
4	数学系	男	1	25
5	计算机系	女	2	23
6	计算机系	男	2	20

图 6.32　例 6.32 的运行结果(1)

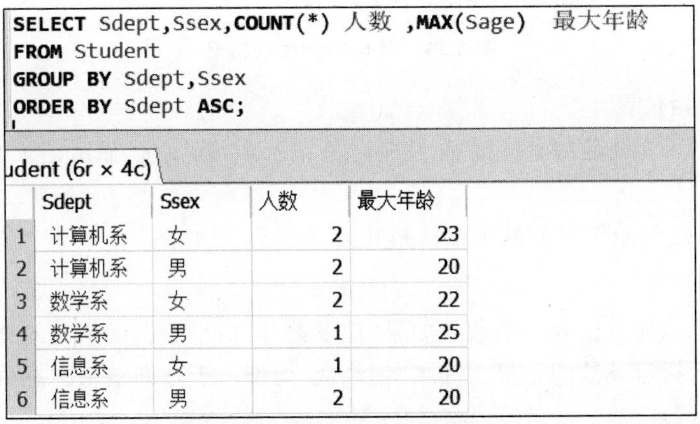

```
SELECT Sdept,Ssex,COUNT(*) 人数 ,MAX(Sage)   最大年龄
FROM Student
GROUP BY Sdept,Ssex
ORDER BY Sdept ASC;
```

udent (6r × 4c)			
	Sdept	Ssex	人数	最大年龄
1	计算机系	女	2	23
2	计算机系	男	2	20
3	数学系	女	2	22
4	数学系	男	1	25
5	信息系	女	1	20
6	信息系	男	2	20

图 6.33　例 6.32 的运行结果(2)

LIMIT 是 MySQL 中的一个特殊关键字,用于指定查询结果从哪条记录开始显示,一共显示多少条记录。

LIMIT 关键字有三种使用方式:

- 指定初始位置;
- 不指定初始位置;
- LIMIT 和 OFFSET 组合使用。

1. 指定初始位置

LIMIT 关键字可以指定查询结果从哪条记录开始显示,显示多少条记录。

LIMIT 指定初始位置的基本语法格式如下:

```
LIMIT 初始位置,记录数
```

其中,"初始位置"表示从哪条记录开始显示;"记录数"表示显示记录的条数。第一条记录的位置是 0,第二条记录的位置是 1。后面的记录依此类推。

【例 6.33】　在 Students 表中,使用 LIMIT 子句返回从第 4 条记录开始的行数为 5 的记录,SQL 语句如下。

```
SELECT * FROM Student
LIMIT 3,5;
```

运行结果如图 6.34 所示。

由结果可以看到,该语句返回的是从第 4 条记录开始的 5 条记录。LIMIT 关键字后的第一个数字“3”表示从第 4 行开始(记录的位置从 0 开始,第 4 行的位置为 3),第二个数字 5 表示返回的行数。

```
SELECT * FROM Student
LIMIT 3,5;
```

udent (5r × 5c)

	Sno	Sname	Ssex	Sage	Sdept
1	S0004	张衡	男	18	信息系
2	S0005	张向东	男	20	信息系
3	S0006	张向丽	女	20	信息系
4	S0007	王芳	女	20	计算机系
5	S0008	王民生	男	25	数学系

图 6.34　例 6.33 的运行结果

2. 不指定初始位置

LIMIT 关键字不指定初始位置时,从第一条记录开始显示。显示记录的条数由 LIMIT 关键字指定。

LIMIT 不指定初始位置的基本语法格式为

```
LIMIT 记录数
```

其中,“记录数”表示显示记录的条数。如果“记录数”的值小于查询结果的总数,则会从第一条记录开始,显示指定条数的记录。如果“记录数”的值大于查询结果的总数,则会直接显示查询出来的所有记录。

【例 6.34】 在 Student 表中,查询结果的前 4 行,SQL 语句如下。

```
SELECT * FROM Student
LIMIT 4;
```

运行结果如图 6.35 所示。

```
SELECT * FROM Student
LIMIT 4;
```

udent (4r × 5c)

	Sno	Sname	Ssex	Sage	Sdept
1	S0001	赵菁菁	女	23	计算机系
2	S0002	李勇	男	20	计算机系
3	S0003	张力	男	19	计算机系
4	S0004	张衡	男	18	信息系

图 6.35　例 6.34 的运行结果

结果中只显示了 4 条记录,说明“LIMIT 4”限制了显示条数为 4。

3. LIMIT 和 OFFSET 组合使用

LIMIT 可以和 OFFSET 组合使用,语法格式为

```
LIMIT 记录数 OFFSET 初始位置
```

参数和 LIMIT 语法中参数含义相同，"初始位置"指定从哪条记录开始显示；"记录数"表示显示记录的条数。

【例 6.35】　在 Student 表中，使用 LIMIT OFFSET 返回从第 4 条记录开始的行数为 4 的记录，SQL 语句如下：

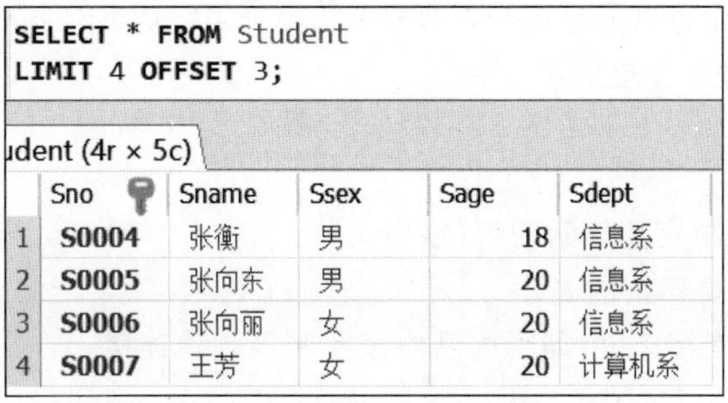

```
SELECT * FROM Student
LIMIT 4 OFFSET 3;
```

运行结果如图 6.36 所示。

由结果可以看到，该语句返回的是从第 4 条记录开始的 4 条记录，即"LIMIT 4 OFFSET 3"意思是获取第 4 条记录及以后的共 4 条记录。

图 6.36　例 6.35 的运行结果

6.2　多关系数据查询

在前一节中，我们已经学会了如何在一张表中读取数据，这是相对简单的，但是在真正的应用中经常需要从多个数据表中读取数据。在关系数据库中，数据通常分散在多个表中，而不是存储在单个表中。多表查询是指从一个以上的表中检索数据并将其组合以满足特定需求的操作。

虽然 SQL 是一门遵循 ANSI(American National Standards Institute，美国国家标准化组织)标准的计算机语言，但是仍然存在着多种不同版本的 SQL 语言。在 SQL 标准的发展过程中产生了两种连接查询语法：

- ANSI SQL-86 标准使用 FROM 和 WHERE 子句指定表的连接查询。
- ANSI SQL-92 标准使用 JOIN 和 ON 子句指定表的连接查询。

MySQL 主要支持多个版本 SQL 标准。MySQL 和标准 SQL 特权系统之间有一些区别。本章采用的例题为 ANSI SQL-92 标准。MySQL 使用 JOIN 在两个或多个表中查询数据。可以在 SELECT、UPDATE 和 DELETE 语句中使用 MySQL 的 JOIN 来联合多表查询。

MySQL 支持不同类型的 JOIN 操作，满足不同的数据需求。以下是一些常见的 JOIN 类型。

(1) INNER JOIN。INNER JOIN 返回两个表中匹配的行，并且只返回匹配的行。如果两个表中没有匹配的行，则不返回任何结果。

(2) LEFT JOIN(或 LEFT OUTER JOIN)。LEFT JOIN 返回左表中的所有行以及右

表中与左表匹配的行。如果右表中没有匹配的行,则返回 NULL 值。

(3) RIGHT JOIN(或 RIGHT OUTER JOIN)。RIGHT JOIN 与 LEFT JOIN 相反,它返回右表中的所有行以及左表中与右表匹配的行。如果左表中没有匹配的行,则返回 NULL 值。

(4) CROSS JOIN。CROSS JOIN 返回两个表的笛卡儿积,即左表中的每一行与右表中的每一行组合在一起。

6.2.1　多关系数据查询结构

在 MySQL 中,使用 JOIN 子句来执行多表查询。JOIN 子句用于将两个或多个表中的行组合在一起,以创建一个包含来自这些表的数据的结果集。基本的 JOIN 子句语法格式为

```
SELECT 字段 1,字段 2,字段 3…
FROM 表 1 JOIN 表 2 ON 表 1.字段 <比较运算符>表 2.字段;
```

说明:

① SELECT 语句指定要检索的列(字段)。

② 表 1 和表 2 是要连接的表。

③ ON 子句指定连接条件,即哪些列应该匹配以创建连接。

6.2.2　内连接查询

内连接是最常用的连接,使用内连接时,如果两个表的相关字段满足连接条件,则从这两个表中提取数据并组合新的记录。

内连接方式的内连接语法格式为

```
SELECT<列名表>
FROM 表名 1 [INNER] JOIN 表名 2 ON <连接条件>;
```

在连接条件中指明两个表按照什么条件进行连接,连接条件中的比较运算符称为连接谓词。连接条件中的连接字段必须是可比的,即必须是语义相同的列,否则比较将是无意义的。连接条件的一般格式为

表名 1.字段 <比较运算符>表名 2.字段

当比较运算符为等号(=)时,称为等值连接,使用其他运算符的连接称为非等值连接。这同关系代数中的等值连接和 θ 连接的含义是一样的。

DBMS 执行连接操作的过程是:首先取表中的第 1 个元组,然后从头开始扫描表 2,逐一查找满足连接条件的元组,找到后将表 1 中的第 1 个元组与该元组拼接起来,形成结果表中的一个元组。表 2 全部查找完毕后,再取表 1 中的第 2 个元组,然后再从头开始扫描表 2,逐一查找满足连接条件的元组,找到后就将表 1 中的第 2 个元组与该元组拼接起来,形成结果表中的另一个元组。重复这个过程,直到表 1 中的全部元组处理完毕。

【例 6.36】 查询每个学生的学号、姓名、性别、年龄、所在系和选课信息。

由于学生的基本信息存放在 Student 表中,学生选课信息存放在 SC 表中,因此这个查询涉及两个表,这两个表之间进行连接的条件是两个表的 Sno 相等。

命令语句为

```
SELECT Student.Sno,Sname,Ssex,Sage,Sdept,SC.Sno,Cno,Grade
```

FROM Student INNER JOIN SC ON Student.Sno=SC.Sno;

运行结果如图 6.37 所示。

```
SELECT Student.Sno,Sname,Ssex,Sage,Sdept,SC.Sno,Cno,Grade
FROM Student INNER JOIN SC ON Student.Sno=SC.Sno;
```

dent (16r × 8c)

	Sno	Sname	Ssex	Sage	Sdept	Sno	Cno	Grade
1	S0001	赵菁菁	女	23	计算机系	S0001	C001	96
2	S0001	赵菁菁	女	23	计算机系	S0001	C002	80
3	S0001	赵菁菁	女	23	计算机系	S0001	C003	84
4	S0001	赵菁菁	女	23	计算机系	S0001	C004	73
5	S0001	赵菁菁	女	23	计算机系	S0001	C005	67
6	S0002	李勇	男	20	计算机系	S0002	C001	87
7	S0002	李勇	男	20	计算机系	S0002	C003	89
8	S0002	李勇	男	20	计算机系	S0002	C004	67
9	S0002	李勇	男	20	计算机系	S0002	C005	70
10	S0002	李勇	男	20	计算机系	S0002	C006	80
11	S0003	张力	男	19	计算机系	S0003	C002	81
12	S0004	张衡	男	18	信息系	S0004	C001	69
13	S0004	张衡	男	18	信息系	S0004	C002	65
14	S0005	张向东	男	20	信息系	S0005	C006	50
15	S0010	李晨	女	22	数学系	S0010	C001	83
16	S0010	李晨	女	22	数学系	S0010	C002	70

图 6.37　例 6.36 的运行结果

两个表的连接结果中包含了两个表的全部列。Sno 列有两个，一个来自 Student 表，一个来自 SC 表，这两个列的值完全相同（因为这里的连接条件就是 Student.Sno＝SC.Sno）。

由于进行多表连接之后，连接生成的表可能存在列名相同的列，因此，为了明确需要的是哪个列，可以在列名前添加表名前缀限制，其格式为

表名.列名

根据 ANSI SQL-86 标准，笛卡儿积操作的实现是 FROM 语句后带多个表名（使用逗号分开表），选择条件在 WHERE 子句中指定。实现例 6.36 可以使用如下语句：

```
SELECT Student.Sno,Sname,Ssex,Sage,Sdept,SC.Sno,Cno,Grade
FROM Student,SC
WHERE Student.Sno=SC.Sno;
```

【例 6.37】　查询选修了"高等数学"的学生的基本信息、成绩、课程号。列出学号、姓名、性别、年龄、所在系、课程号、课程名、成绩（去掉重复列）。

查询涉及 3 张表，每连接一张表，就需要加一个 JOIN 子句。语句如下：

```
SELECT Student.Sno,Sname,Ssex,Sage,Sdept,Course.Cno,Cname,Grade
FROM Student JOIN SC ON Student.Sno=SC.Sno
JOIN Course ON SC.Cno=Course.Cno WHERE Course.Cname='高等数学';
```

运行结果如图 6.38 所示。

如果笛卡儿积操作的实现是 FROM 语句后有多个表（使用逗号分开表），选择条件在 WHERE 子句中指定，那么例 6.37 还可以使用下面的语句实现，运行效果如图 6.39 所示。

```
SELECT Student.Sno,Sname,Ssex,Sage,Sdept,Course.Cno,Cname,Grade
```

```
SELECT   Student.Sno,Sname,Ssex,Sage,Sdept,Course.Cno,Cname,Grade
FROM Student   JOIN SC ON Student.Sno=SC.Sno
               JOIN Course ON SC.Cno=Course.Cno
WHERE   Course.Cname='高等数学'
```

	Sno 🔑	Sname	Ssex	Sage	Sdept	Cno 🔑	Cname	Grade
1	**S0001**	赵菁菁	女	23	计算机系	**C001**	高等数学	96
2	**S0002**	李勇	男	20	计算机系	**C001**	高等数学	87
3	**S0004**	张衡	男	18	信息系	**C001**	高等数学	69
4	**S0010**	李晨	女	22	数学系	**C001**	高等数学	83

Student (4r × 8c)

图 6.38 例 6.37 的运行结果(1)

```
FROM Student ,SC,Course
WHERE Student.Sno=SC.Sno AND  SC.Cno=Course.Cno
      AND Course.Cname='高等数学';
```

```
SELECT   Student.Sno,Sname,Ssex,Sage,Sdept,Course.Cno,Cname,Grade
FROM Student,sc,Course
WHERE Student.Sno=SC.Sno AND sc.Cno=course.Cno
      AND  Course.Cname='高等数学';
```

	Sno 🔑	Sname	Ssex	Sage	Sdept	Cno 🔑	Cname	Grade
1	**S0001**	赵菁菁	女	23	计算机系	**C001**	高等数学	96
2	**S0002**	李勇	男	20	计算机系	**C001**	高等数学	87
3	**S0004**	张衡	男	18	信息系	**C001**	高等数学	69
4	**S0010**	李晨	女	22	数学系	**C001**	高等数学	83

(4r × 8c)

图 6.39 例 6.37 的运行结果(2)

可以为表指定别名,这样可以简化表的书写,而且在有些连接查询(后面介绍的自连接)中要求必须指定别名。表指定别名的格式如下:

<原表名> [AS] <表别名>

【例 6.38】 查询每门课程的选修人数,列出课程名称、课程号。

命令语句如下:

```
SELECT C.Cno,C.Cname,COUNT(Sno) as 选修人数
FROM SC JOIN Course C ON SC.Cno=C.Cno  GROUP BY C.Cno,C.Cname;
```

```
SELECT C.Cno,C.Cname,COUNT(Sno) as 选修人数
FROM SC  JOIN Course C ON SC.Cno=C.Cno
GROUP BY C.Cno,C.Cname;
```

	Cno	Cname	选修人数
1	C001	高等数学	4
2	C002	大学英语	4
3	C003	大学物理	2
4	C004	计算机文化学	2
5	C005	C语言	2
6	C006	数据结构	2

(6r × 3c)

图 6.40 例 6.37 的运行结果

Course 的别名为 C,可以简化书写。运行结果如图 6.40 所示。

6.2.3 外连接查询

在通常的内连接操作中,只有满足连接条件的元组才能作为结果输出。例如,例 6.37 中的图 6.40 没有列出选课人数为 0 人的情况,原因在于课程表(Course 表)中无人选修课程所对应的课程号,无法在选课表(SC 表)中找到匹配的课程号。也就是说,课程表(Course 表)中

无人选修的课程所对应元组"失配"了,造成课程表(Course 表)中的这些元组在连接时被舍弃了。若需要将每门课程选课人数都列出来,即使没有人选修的课程也要在查询结果中显示"0",为满足这一查询就必须使用外连接。

本书主要学习左外连接(LEFT OUTER JOIN 或 LEFT JOIN)和右外连接(RIGHT OUTER JOIN 或 RIGHT JOIN)。ANSI 方式的外连接的语法格式如下。

```
FROM 表1 LEFT|RIGHT [OUTER] JOIN 表2 ON <连接条件>
```

左外连接包括表1("左"表,出现在 JOIN 子句的最左边)中的所有行,限制表2(右表)中的行必须满足连接条件。右外连接包括表2("右"表,出现在 JOIN 子句的最右边)中的所有行,限制左表中行必须满足连接条件。

【例 6.39】 查询每个学生的基本信息及其选修课程的情况(也包括没有选修课程的学生的基本信息)。

命令语句为

```
SELECT Student.*,SC.*
FROM  Student LEFT JOIN SC ON Student.Sno=SC.Sno;
```

运行结果如图 6.41 所示。

图 6.41 例 6.39 的运行结果

例 6.39 运用左外连接实现,Student 表为左表,SC 表为右表,所以 Student 表的失配元组(即没有选修课程的学生对应的记录)也出现在结果集中。没有选修课的学生的记录在 SC 表所有列均取空值。

【例 6.40】 查询每门课程的选修人数,列出课程名称、课程号。即使该课程无人选修,也列出其选修人数为 0。

命令语句为

```
SELECT C.Cno,C.Cname,COUNT(Sno) as 选修人数
FROM Course C  LEFT OUTER  JOIN SC ON SC.Cno=C.Cno
GROUP BY C.Cno,C.Cname;
```

运行结果如图 6.42 所示。

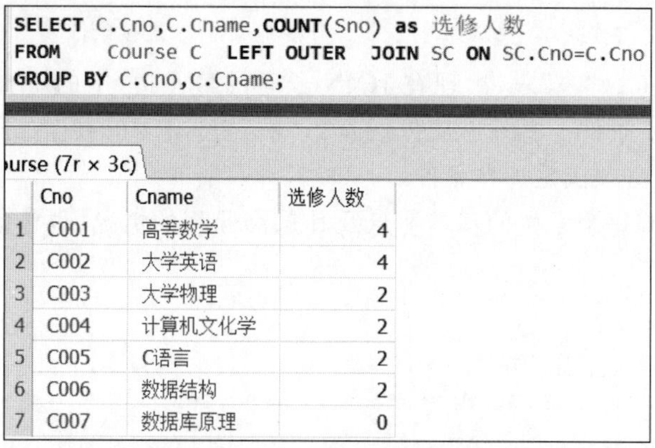

图 6.42 例 6.40 count(sno)统计的运行结果

例 6.40 运用左外连接实现，Course 表为左表，SC 表为右表。Course 表中的失配元组出现在结果集中，而 COUNT(Sno)忽略空值计算。

本例题若运用如下语句：

```
SELECT C.Cno,C.Cname,COUNT(*) as 选修人数
FROM  Course C LEFT OUTER JOIN SC ON SC.Cno=C.Cno
GROUP BY C.Cno,C.Cname;
```

则其运行结果如图 6.43 所示。

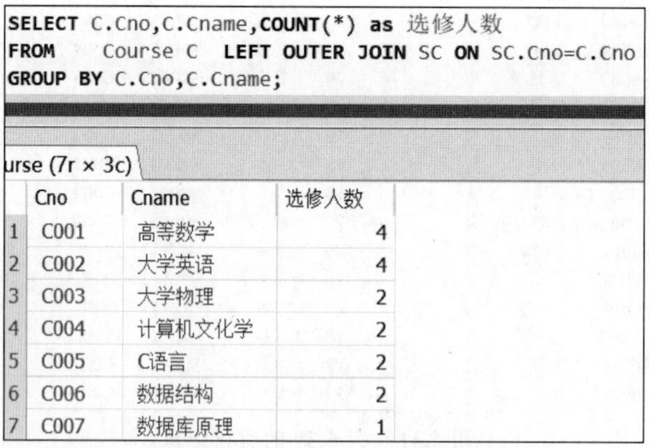

图 6.43 例 6.40 count(＊)统计的运行结果

显然这个结果是不正确的，出现这种情况的原因是 COUNT(＊)在统计中不会忽略空值，它直接对元组个数进行计数。

【例 6.41】 查询没有人选修的课程对应的基本信息。

先让 SC 表与 Course 表右外连接。其中 SC 为左表，Course 为右表。Course 表的失配元组（即没有人选修的课程对应的记录）出现在结果集中。语句如下：

```
SELECT c.*,sc.Sno,sc.Cno
FROM SC RIGHT  JOIN Course C ON SC.Cno=C.Cno
```

语句的运行结果如图 6.44 所示。

```
SELECT c.*,sc.Sno,sc.Cno
FROM SC RIGHT  JOIN Course  C ON SC.Cno=C.Cno
```

(17r × 7c)

	Cno	Cname	Credit	Semester	Pcno	Sno	Cno
1	C001	高等数学	4	1	(NULL)	S0001	C001
2	C001	高等数学	4	1	(NULL)	S0002	C001
3	C001	高等数学	4	1	(NULL)	S0004	C001
4	C001	高等数学	4	1	(NULL)	S0010	C001
5	C002	大学英语	3	1	(NULL)	S0001	C002
6	C002	大学英语	3	1	(NULL)	S0003	C002
7	C002	大学英语	3	1	(NULL)	S0004	C002
8	C002	大学英语	3	1	(NULL)	S0010	C002
9	C003	大学物理	3	3	C001	S0001	C003
10	C003	大学物理	3	3	C001	S0002	C003
11	C004	计算机文化学	2	1	(NULL)	S0001	C004
12	C004	计算机文化学	2	1	(NULL)	S0002	C004
13	C005	C语言	4	2	C004	S0001	C005
14	C005	C语言	4	2	C004	S0002	C005
15	C006	数据结构	4	3	C005	S0002	C006
16	C006	数据结构	4	3	C005	S0005	C006
17	C007	数据库原理	4	5	C006	(NULL)	(NULL)

图 6.44　例 6.41 的运行结果(1)

Course 表的失配元组在 SC 表中找不到相匹配的课程号和学号。两表外连接后，Course 表的失配元组在 SC 表中的所有列值均为空值，故设置 WHERE 中条件为 SC. Sno IS NULL。

```
SELECT C.*
FROM SC RIGHT  JOIN Course  C ON SC.Cno=C.Cno
WHERE SC.Sno IS NULL;
```

语句的运行结果如图 6.45 所示。

```
SELECT C.*
FROM SC RIGHT  JOIN Course  C ON SC.Cno=C.Cno
WHERE SC.Sno IS NULL;
```

(1r × 4c)

	Cno	Cname	Credit	Pcno
1	C007	数据库原理	4	C006

图 6.45　例 6.41 的运行结果(2)

6.2.4　交叉连接查询

交叉查询(cross join)查询返回的结果是被连接的两张数据表中所有数据行的笛卡儿积。

语法格式为

```
SELECT <字段名>FROM <表 1>CROSS JOIN <表 2>;
```

【例 6.42】 假设有 S 和 C 两个表，数据和字段如表 6.5 和表 6.6 所示。S 表和 C 表的交叉查询语句如下，结果如图 6.46 所示。

```
SELECT *
FROM S CROSS  JOIN  C;
```

表 6.5　S 表

学　号	姓　名	班　号
S1	小李	C1
S2	小王	C1
S3	小张	C2

表 6.6　C 表

班　号	班 主 任
C1	刘老师
C2	吴老师

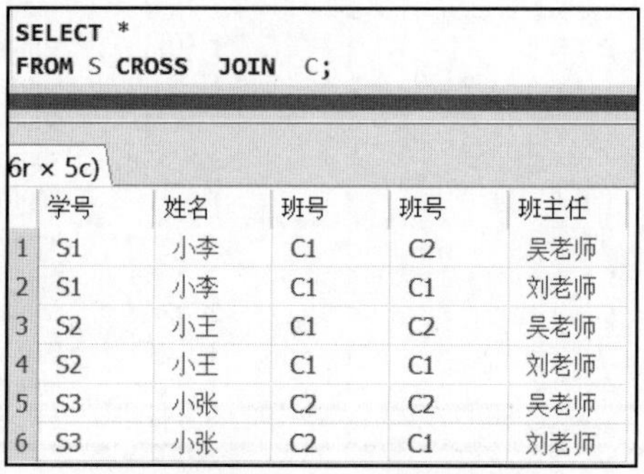

```
SELECT *
FROM S CROSS  JOIN  C;
```

6r × 5c)

	学号	姓名	班号	班号	班主任
1	S1	小李	C1	C2	吴老师
2	S1	小李	C1	C1	刘老师
3	S2	小王	C1	C2	吴老师
4	S2	小王	C1	C1	刘老师
5	S3	小张	C2	C2	吴老师
6	S3	小张	C2	C1	刘老师

图 6.46　例 6.42 的运行结果

按照 SQL-86 标准，例 6.41 还可用以下的语句表达。

```
SELECT *
FROM S,C;
```

总结：得到的查询结果是两张表的笛卡儿积，也就是用 A 表中的每条数据都去匹配 B 表中的所有数据，但获得的结果往往不是我们需要的，因此一般很少使用交叉连接。

视频讲解

6.2.5　自连接查询

连接操作不仅可以在两个表之间进行，也可以是一个表与其自身连接，称为表的自连接。自连接是一种特殊的内连接，它是指相互连接的表在物理上为同一张表，但在逻辑上看成两张表。

只有通过为表取别名的方法，才能让物理上的一张表在逻辑上成为两个表。因此，在使用自连接时一定要为表取别名。例如：

FROM 表 1 AS T1--在内存中生成表名为“T1”的表(逻辑上的表)

JOIN 表 1 AS T2--在内存中生成表名为“T2”的表(逻辑上的表)

【例 6.43】 查询每门课程的先修课程名称。列出课程号、课程名、先修课程号、先修课程名。

分析：在 Course 表中，只有每门课的先修课程号，但没有先修课的课程名称。要得到这个信息，必须先找到一门课的先修课课程号，再按此先修课的课程号查找它的对应课程名称。这就要将 Course 表与其自身连接。

为此，要为 Course 表取两个别名，一个是 FIRST，另一个是 SECOND。

图 6.47 左边为 FIRST 表，右边为 SECOND 表。例如要查“数据库原理”这门课的先修课名称，先在 FIRST 表中查找“数据库原理”的先修课程号为“C006”，然后再到 SECOND 表中查找课程号“C006”对应的课程名称。因此我们设置了 FIRST.Pcno＝SECOND.Cno 这个条件，此题的关键是 FIRST 表的先修课程号与 SECOND 表的课程号的比较，要求值相等。图 6.47 帮助我们理解分析过程。

```
SELECT FIRST.* ,SECOND.*
FROM Course  AS  FIRST JOIN Course AS SECOND  ON  FIRST.Pcno=SECOND.Cno
```

ourse (4r × 10c)　FIRST表　SECOND表

	Cno	Cname	Credit	Semester	Pcno	Cno	Cname	Credit	Semester	Pcno
1	C003	大学物理	3	3	C001	C001	高等数学	4	1	(NULL)
2	C005	C语言	4	2	C004	C004	计算机文化学	2	1	(NULL)
3	C006	数据结构	4	3	C005	C005	C语言	4	2	C004
4	C007	数据库原理	4	5	C006	C006	数据结构	4	3	C005

图 6.47　例 6.43 的运行分析

根据题目要求，命令语句如下：

```
SELECT FIRST.Cno AS 课程号, FIRST.Cname 课程名,SECOND.Cname AS  先修课程号,SECOND.
Cname AS 先修课程名
FROM Course  AS  FIRST JOIN Course AS SECOND  ON  FIRST.Pcno=SECOND.Cno;
```

运行结果如图 6.48 所示。

```
SELECT FIRST.Cno AS 课程号, FIRST.Cname 课程名,SECOND.Cname AS  先修课程号,
       SECOND.Cname AS 先修课程名
FROM Course  AS  FIRST JOIN Course AS SECOND  ON  FIRST.Pcno=SECOND.Cno;
```

urse (4r × 4c)

	课程号	课程名	先修课程号	先修课程名
1	C003	大学物理	高等数学	高等数学
2	C005	C语言	计算机文化学	计算机文化学
3	C006	数据结构	C语言	C语言
4	C007	数据库原理	数据结构	数据结构

图 6.48　例 6.43 的运行结果

【例 6.44】 查询哪些学生的年龄比李勇年龄小，列出其学号、姓名、性别、年龄。

分析：为 Student 取别名 s1 和 s2，这样就有了两张表，分别为 s1 表和 s2 表。图 6.49 左边为 s1 表，右边为 s2 表。s1 作为查询条件的表，在此表中设置条件“s1.Sname＝'李勇'”；s2 作为结果的表，在 s2 表中找出比李勇年龄小的学生的信息，因此我们设置了 s1.Sage(李勇的年龄值)＞s2.Sage 这个条件。本例中要比较的是 s1 的年龄值和 s2 的年龄值，要求 s1 的年龄值大于 s2 的年龄值。

先写出下面的语句。

```
SELECT s1.*,s2.*
FROM Student s1 JOIN Student s2 ON s1.Sage>s2.Sage
WHERE s1.Sname='李勇';
```

运行结果如图 6.49 所示。

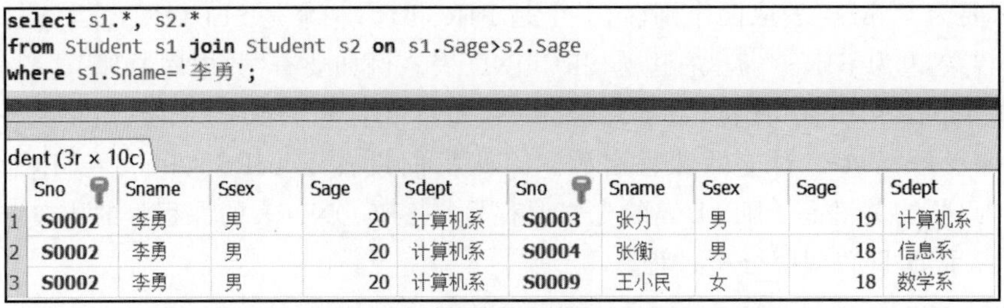

```
select s1.*, s2.*
from Student s1 join Student s2 on s1.Sage>s2.Sage
where s1.Sname='李勇';
```

	Sno	Sname	Ssex	Sage	Sdept	Sno	Sname	Ssex	Sage	Sdept
1	S0002	李勇	男	20	计算机系	S0003	张力	男	19	计算机系
2	S0002	李勇	男	20	计算机系	S0004	张衡	男	18	信息系
3	S0002	李勇	男	20	计算机系	S0009	王小民	女	18	数学系

图 6.49　例 6.44 的运行分析

根据题目要求,命令语句如下:

```
SELECT  s2.*
FROM Student s1 JOIN Student s2 ON s1.Sage>s2.Sage
WHERE s1.Sname='李勇';
```

执行结果如图 6.50 所示。

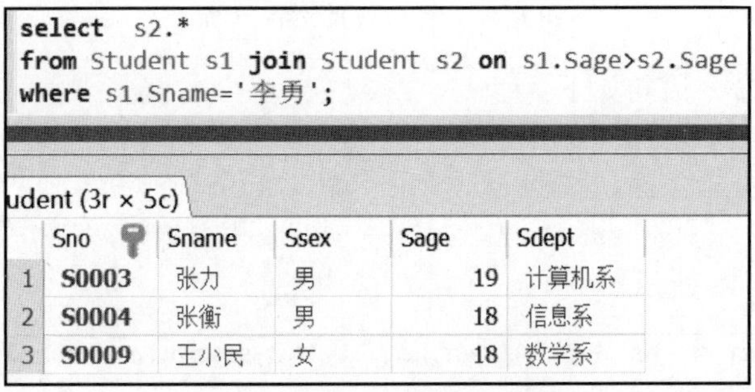

```
select  s2.*
from Student s1 join Student s2 on s1.Sage>s2.Sage
where s1.Sname='李勇';
```

	Sno	Sname	Ssex	Sage	Sdept
1	S0003	张力	男	19	计算机系
2	S0004	张衡	男	18	信息系
3	S0009	王小民	女	18	数学系

图 6.50　例 6.44 的运行结果

6.3　子　查　询

在 SQL 语言中,一个 SELECT-FROM-WHERE 语句称为一个查询块。

如果一个 SELECT 语句嵌套在一个 SELECT、INSERT、UPDATE 或 DELETE 语句中,则称为子查询(subquery)或内层查询;而包含子查询的语句称为父查询或外层查询。一个子查询也可以嵌套在另一个子查询中。为了与外层查询有所区别,总是把子查询写在圆括号中。与外层查询类似,子查询语句中也必须至少包含 SELECT 子句和 FROM 子句,并根据需要选择使用 WHERE 子句、GROUP BY 子句、FROM 子句和 HAVING 子句。

6.3.1　普通子查询

子查询语句可以出现在任何能够使用表达式的地方。子查询可以在 WHERE 子句中、FROM 子句或 SELECT 列表中出现。

1. 在 WHERE 子句中使用子查询

【例 6.45】 查询 SC 表中成绩最高的记录,列出对应的学号、课程号和成绩。

分析:做这个查询需要两个步骤。

第一步:通过查询得到最高分是多少,语句如下:

```
SELECT MAX(Grade) FROM SC;
```

如图 6.51 所示,得到最高分是 96。

第二步:根据这个最高分在 SC 表中查询它所对应的学号、课程号和成绩。语句如下:

```
SELECT Sno,Cno,Grade FROM SC WHERE Grade=96;
```

查询结果如图 6.52 所示。

SELECT MAX(Grade) FROM SC;
(1r × 1c)

	MAX(Grade)
1	96

图 6.51　例 6.45 分解第一步的运行结果

SELECT Sno,Cno,Grade FROM SC WHERE Grade=96;
(1r × 3c)

	Sno 🔑	Cno 🔑	Grade
1	S0001	C001	96

图 6.52　例 6.45 分解第二步的运行结果

下面将第一步查询嵌入第二步查询的条件中,构造嵌套查询如下:

```
SELECT SNO,CNO,GRADE
FROM SC
WHERE GRADE= (SELECT MAX(GRADE)  FROM SC);
```

子查询语块"SELECT MAX(Grade) FROM SC"嵌套在父查询"SELECT Sno, Cno,Grade FROM SC"的 WHERE 条件语句中。例 6.45 中,子查询的条件不依赖于父查询,称为不相关子查询。求解方法是由里向外处理,即先执行子查询,子查询的结果用于建立其父查询的查找条件。例 6.45 先执行"SELECT MAX(Grade) FROM SC"查询语句,再执行"SELECT Sno,Cno,Grade FROM SC"查询语句。

【例 6.46】　查询与王民生同一个系的学生对应的信息。

命令语句为

```
SELECT *
FROM Student
WHERE Sdept=
  (SELECT Sdept
  FROM Student
  WHERE Sname='王民生')
  AND Sname<>'王民生';
```

先通过子查询在 Student 表中查出王民生的所在系,然后通过外层查询找出所在系的学生,但不包括王民生本人,语句运行结果如图 6.53 所示。

注意:使用子查询进行比较时,要求子查询语句必须是返回单值的查询语句。

在嵌套查询中,子查询的结果往往是一个集合,所以谓词 IN 是嵌套查询中最经常使用的谓词。

【例 6.47】　查询选修了课程名为"高等数

SELECT *
FROM Student
WHERE Sdept=
(SELECT Sdept
FROM Student
WHERE Sname='王民生')
AND Sname<>'王民生';

	Sno 🔑	Sname	Ssex	Sage	Sdept
1	S0009	王小民	女	18	数学系
2	S0010	李晨	女	22	数学系

图 6.53　例 6.46 的运行结果

学"的学生的学号、姓名、所在系。

命令语句为

```
SELECT Sno,Sname,Sdept
FROM Student
WHERE Sno  IN
        (SELECT Sno
         FROM SC
         WHERE Cno=(SELECT Cno
                    FROM Course
                    WHERE Cname='高等数学'));
```

或者使用以下的语句,子查询为一个多表连接查询:

```
SELECT Sno,Sname,Sdept
FROM Student
WHERE Sno  IN (SELECT Sno FROM SC JOIN Course ON SC.Cno=Course.Cno
              WHERE Course.Cname='高等数学');
```

多表连接查询也可以直接实现,语句如下:

```
SELECT Student.Sno,Sname,Sdept
FROM Student  JOIN SC ON Student.Sno=SC.Sno
              JOIN Course ON SC.Cno=Course.Cno
WHERE  Course.Cname='高等数学';
```

以上语句的运行结果相同,如图 6.54 所示。

图 6.54　例 6.47 的运行结果

　　有些嵌套查询可以用连接查询来替代,有些则是不能替代的。对于可以用连接运算代替嵌套查询的案例,到底采用哪种方法,用户可以根据自己的习惯确定。

　　【例 6.48】　查询计算机系的学生中,哪些没有选修 C001 号课程,列出这些学生的学号和姓名。

命令语句为

```
SELECT Sno,Sname
FROM Student
WHERE Sdept='计算机系' AND  Sno NOT IN
                    (SELECT Sno
                     FROM SC
```

```
                    WHERE Cno='C001');
```

运行结果如图 6.55 所示。

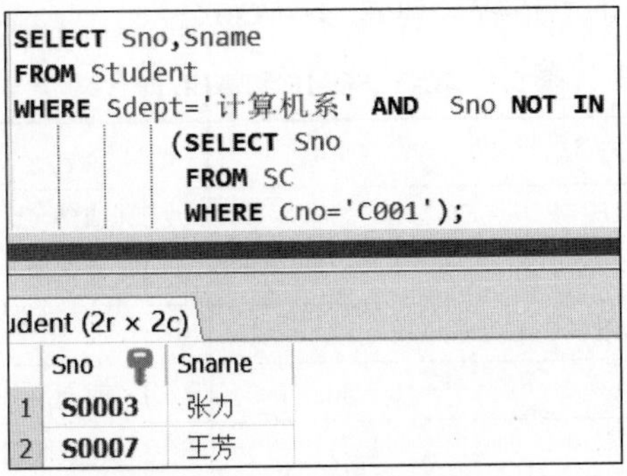

```
SELECT Sno,Sname
FROM Student
WHERE Sdept='计算机系' AND Sno NOT IN
              (SELECT Sno
               FROM SC
               WHERE Cno='C001');
```

	Sno 🔑	Sname
1	S0003	张力
2	S0007	王芳

udent (2r × 2c)

图 6.55　例 6.48 的运行结果

2. 在 HAVING 子句中使用子查询

【例 6.49】　查询哪些学生的考试平均成绩高于全体学生的总平均成绩,列出这些学生的学号和平均成绩。

命令语句为

```
SELECT Sno,AVG(Grade) 平均成绩
FROM SC
GROUP BY Sno
HAVING AVG(Grade)>(SELECT AVG(Grade) FROM SC);
```

语句的运行结果如图 6.56 所示。

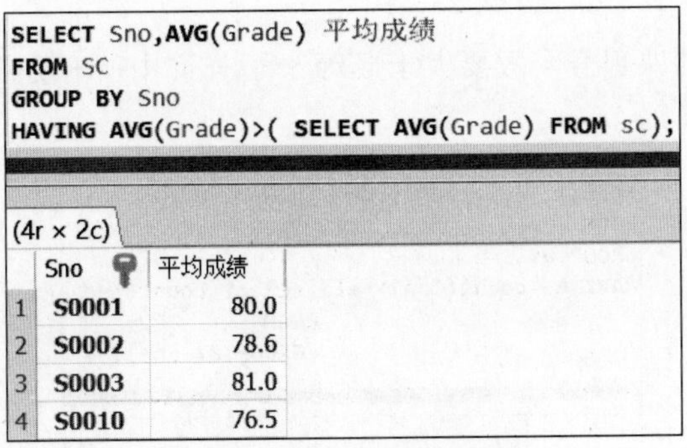

```
SELECT Sno,AVG(Grade) 平均成绩
FROM SC
GROUP BY Sno
HAVING AVG(Grade)>( SELECT AVG(Grade) FROM sc);
```

(4r × 2c)

	Sno 🔑	平均成绩
1	S0001	80.0
2	S0002	78.6
3	S0003	81.0
4	S0010	76.5

图 6.56　例 6.49 的运行结果

3. 带有 ANY(SOME)或者 ALL 的子查询

ANY、SOME、ALL 是 MySQL 当中的运算符,作用是将子查询返回的单列值的集合与父查询的单个值作比较。

ANY 可以与=、>、>=、<、<=、<>结合使用,分别表示等于、大于、大于或等于、小于、小于或等于、不等于中的任何一个数据。

ALL 可以与=、>、>=、<、<=、<>结合使用,分别表示等于、大于、大于或等于、小于、小于或等于、不等于其中的所有数据。

三种运算符的返回值特点如下:

• ANY。只要子查询返回的值中有任何一个与给定值匹配,结果就为 TRUE。

- ALL。只有当子查询返回的所有值都与给定值匹配时,结果才为 TRUE。
- SOME。在 SQL 标准中,SOME 与 ANY 是等价的,功能相同。

ANY、SOME 和 ALL 的具体含义如表 6.7 所示。

表 6.7　ANY、SOME 和 ALL 的含义

表 达 方 法	含　义
>ANY(或>=ANY),>SOME(或>=SOME)	大于(或等于)子查询结果中的某个值
>ALL(或>=ALL)	大于(或等于)子查询结果中的所有值
<ANY(或<=ANY),<SOME(或<=SOME)	小于(或等于)子查询结果中的某个值
<ALL(或<=ALL)	小于(或等于)子查询结果中的所有值
=ANY,=SOME	等于子查询结果中的某个值
=ALL	等于子查询结果中的所有值
!=ANY(或<>ANY),!=SOME(或<>SOME)	不等于子查询结果中的某个值
!=ALL(或<>ALL)	不等于子查询结果中的任何一个值

【例 6.50】　查询哪些学生的选课门数是最多的。求出这些学生的学号、选课数。

命令语句为

```
SELECT Sno, Count(Cno) 选课数目
FROM SC
GROUP BY Sno
HAVING  Count(Cno)>=ALL(SELECT count(Cno)
                       FROM SC
                       GROUP BY Sno);
```

这个例题中,分组的课程号个数要大于或等于子查询中所有分组的课程号个数。语句运行结果如图 6.57 所示。

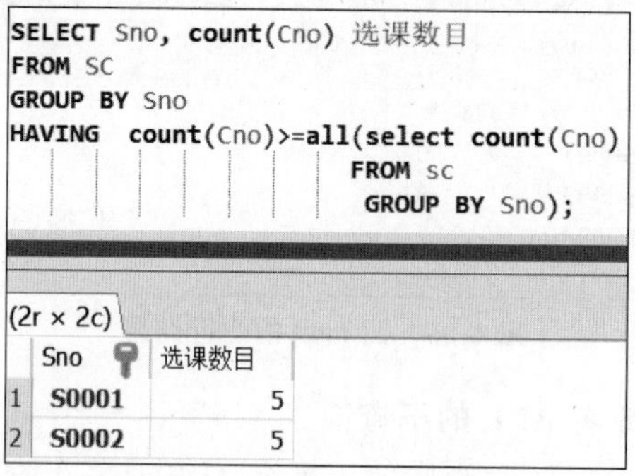

图 6.57　例 6.50 的运行结果

【例 6.51】　查询哪些学生的年龄值大于计算机系学生最小的年龄值,并列出这些学生的基本信息。

命令语句为

```
SELECT *  FROM student  WHERE Sage >
ANY (SELECT Sage FROM student WHERE  Sdept='计算机系');
```

这个例题中父查询 Sage 列中的值要大于子查询中计算机系的任意一个年龄值,即必须

大于子查询集中计算机系的最小年龄值。运行结果如图 6.58 所示。

```
SELECT *  from student  WHERE Sage  >
    any (select Sage  FROM  student  WHERE  Sdept='计算机系');
```

dent (7r × 5c)

	Sno 🔑	Sname	Ssex	Sage	Sdept
1	S0001	赵菁菁	女	23	计算机系
2	S0002	李勇	男	20	计算机系
3	S0005	张向东	男	20	信息系
4	S0006	张向丽	女	20	信息系
5	S0007	王芳	女	20	计算机系
6	S0008	王民生	男	25	数学系
7	S0010	李晨	女	22	数学系

图 6.58 例 6.51 的运行结果

4. 在 FROM 子句中派生临时表

派生表一般是一个查询中的子查询结果集。在 From 子句中,允许用子查询构造新的关系,称为派生关系。新关系必须命名,其属性也可以重命名,语法格式为

FROM…(SQL 子查询) AS 关系名…

【例 6.52】 求每个系年龄最大的学生的学号、姓名、性别、年龄、所在系。

假设我们先查询每个系的最大年龄值。命令语句为

```
SELECT Sdept,max(Sage) AS 最大年龄
FROM Student GROUP BY Sdept;
```

查询内容如图 6.59 所示。

接下来将此查询放到 FROM 子句当中,来构造派生关系。命令语句为

```
SELECT Student.*
FROM Student JOIN (SELECT Sdept,max(Sage) AS 最大年龄
                FROM Student GROUP BY Sdept) AS S
                ON Student.Sage=S.最大年龄
WHERE Student.Sdept=S.Sdept;
```

运行结果如图 6.60 所示。

```
SELECT Student.*
FROM Student JOIN (SELECT Sdept,max(Sage) as 最大年龄
                FROM Student GROUP BY Sdept) AS s
                ON Student.Sage=S.最大年龄
WHERE Student.Sdept=S.Sdept
```

udent (4r × 5c)

	Sno 🔑	Sname	Ssex	Sage	Sdept
1	S0001	赵菁菁	女	23	计算机系
2	S0005	张向东	男	20	信息系
3	S0006	张向丽	女	20	信息系
4	S0008	王民生	男	25	数学系

Sdept	最大年龄
计算机系	23
信息系	20
数学系	25

图 6.59 例 6.52 的派生表

图 6.60 例 6.52 的运行结果

【例 6.53】 查询哪个系的女生人数比男生人数多,列出系名。

命令语句为

```
SELECT   a.Sdept
FROM(SELECT Sdept,COUNT(*)  as 女生人数
     FROM   Student
     WHERE Ssex='女'
     GROUP BY Sdept)  AS a  JOIN
     (SELECT Sdept, COUNT(*)  AS 男生人数
      FROM   Student
      WHERE Ssex='男'
      GROUP  Y Sdept) AS b ON  a.Sdept=b.Sdept
WHERE   a. 女生人数>b. 男生人数;
```

查询中派生的 a 表内容是每个系的女生人数,b 表内容是每个系的男生人数。

观察图 6.61 和图 6.62,连接的条件是 Sdept,必须是同一个系比较;筛选记录的条件是 a.女生人数>b.男生人数。

Sdept	女生人数
计算机系	2
信息系	1
数学系	2

图 6.61　例 6.53 的派生表 a

Sdept	男生人数
计算机系	2
信息系	2
数学系	1

图 6.62　例 6.53 的派生表 b

语句的运行结果如图 6.63 所示。

图 6.63　例 6.53 的运行结果

6.3.2　相关子查询

视频讲解

如果子查询的条件依赖于父查询,则这类查询称为相关子查询(correlated subquery),整个查询语句称为相关嵌套查询。

【例 6.54】 在 SC 表中找出每个学生的哪些课程的对应成绩大于(或等于)他选修课程的平均成绩,列出学号、课程号和成绩。

命令语句为

```
SELECT   Sno,Cno,Grade
FROM SC x
WHERE Grade>=(SELECT AVG(Grade)
             FROM SC y
             WHERE y.Sno=x.Sno);
```

x 是表 SC 的别名,又称为元组变量,可以用来表示 SC 的一个元组。内层查询是求一个学生所有选修课程的平均成绩,至于是哪个学生的平均成绩则要看参数 x.Sno 的值,而该

值是与父查询相关的，因此这类查询称为相关子查询。

这个语句可能的执行过程是：

① 从外层查询中取出 SC 的第一个元组，将该元组 x 的 Sno 值(S0001)传送给内存查询。查询语句为

```
SELECT AVG(Grade)  FROM SC y  WHERE y.Sno='S0001';
```

② 执行内层查询，得到值 80，用该值代替内层查询，得到外层查询如下：

```
SELECT  Sno,Cno, Grade FROM SC x  WHERE Grade>=80;
```

③ 执行这次查询，外层查询元组变量的成绩为 96，96>80，所以得到结果集的第一行为 (S0001,C001,96)

然后外层查询取出下一个元组，重复做①～③步骤的处理，直到外层的 SC 元组全部处理完毕。结果如图 6.64 所示。

【例 6.55】 查询哪些学生的年龄小于其所在系学生的平均年龄，列出这些学生的信息。

命令语句为

```
SELECT x.*
FROM Student x
WHERE  Sage< (SELECT AVG(Sage)
              FROM  Student y
              WHERE  y.Sdept=x.Sdept);
```

运行结果如图 6.65 所示。

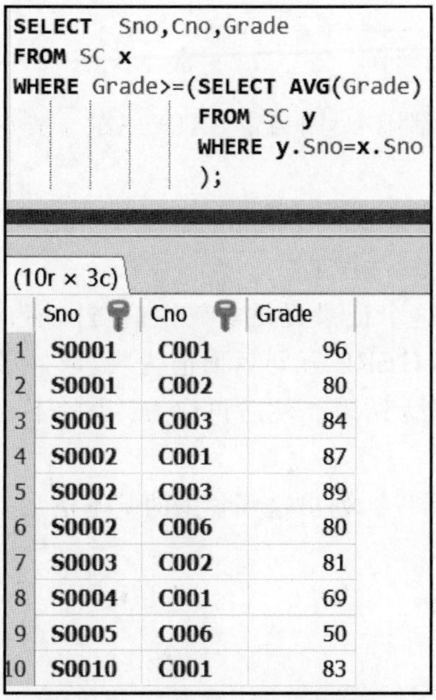

```
SELECT  Sno,Cno,Grade
FROM SC x
WHERE Grade>=(SELECT AVG(Grade)
              FROM SC y
              WHERE y.Sno=x.Sno
              );
```

(10r × 3c)

	Sno	Cno	Grade
1	S0001	C001	96
2	S0001	C002	80
3	S0001	C003	84
4	S0002	C001	87
5	S0002	C003	89
6	S0002	C006	80
7	S0003	C002	81
8	S0004	C001	69
9	S0005	C006	50
10	S0010	C001	83

图 6.64　例 6.54 的运行结果

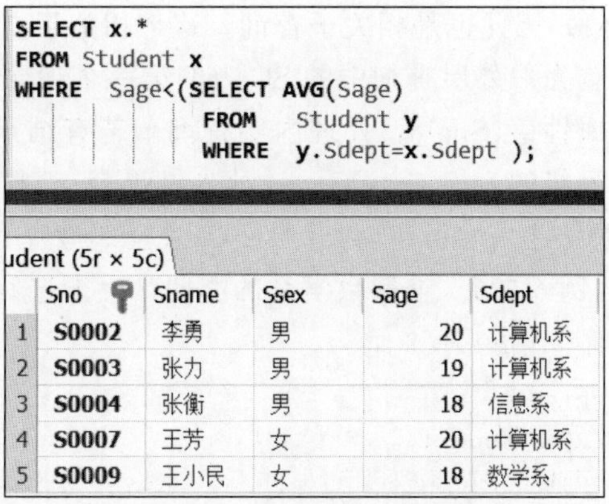

```
SELECT x.*
FROM Student x
WHERE  Sage<(SELECT AVG(Sage)
             FROM  Student y
             WHERE  y.Sdept=x.Sdept );
```

udent (5r × 5c)

	Sno	Sname	Ssex	Sage	Sdept
1	S0002	李勇	男	20	计算机系
2	S0003	张力	男	19	计算机系
3	S0004	张衡	男	18	信息系
4	S0007	王芳	女	20	计算机系
5	S0009	王小民	女	18	数学系

图 6.65　例 6.55 的运行结果

使用 EXISTS 谓词的子查询可以进行存在性测试，其基本使用形式如下：

```
WHERE [NOT] EXISTS(子查询)
```

带 EXISTS 谓词的子查询不返回查询的数据，只产生逻辑真值和假值。

- EXISTS 的含义是：当子查询中有满足条件的数据时，返回真值；否则返回假值。
- NOT EXISTS 的含义是：当子查询中有满足条件的数据时，返回假值；否则返回真值。

【例 6.56】 查询信息系学生的学号、课程号、成绩。

命令语句为

```
SELECT Sno,Cno,Grade
FROM SC
WHERE EXISTS
    (SELECT *
     FROM Student
     WHERE Sno=SC.Sno AND Sdept='信息系');
```

运行结果如图 6.66 所示。

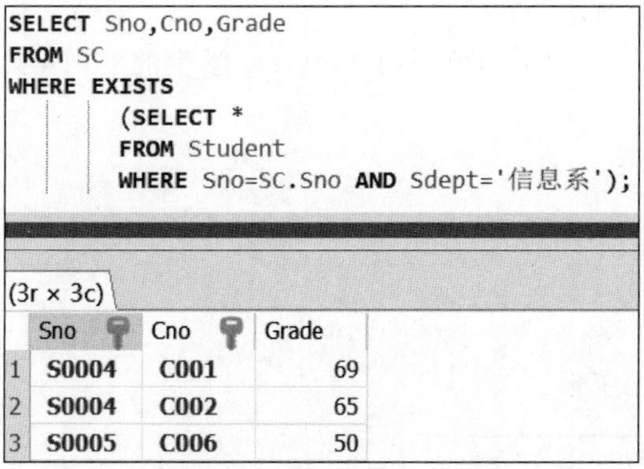

图 6.66 例 6.56 的运行结果

由 EXISTS 引出的子查询，其目标列表达式通常都用 ∗，因为带 EXISTS 的子查询只返回真值或假值，给出列名无实际意义。

例 6.56 中的子查询的查询条件依赖外层父查询的某个属性值（在例 6.56 中是 SC 表的 Sno 值），因此也是相关子查询。这个相关子查询的处理过程是：

首先取外层查询中的 SC 表的第一个记录，根据这个记录提供的属性值与内层查询相关的属性值（Sno 值）处理内层查询。若有结果，则 WHERE 子句返回值为真，取外层查询中该元组的 Sno、Cno、Grade 放入结果表；否则不能作为结果。然后再取 SC 表的下一个元组；重复这一过程，直到外层（SC）表全部检查完为止。

【例 6.57】 查询数学系的哪些学生未选修任何课程。列出这些学生的基本信息。

命令语句为

```
SELECT *
FROM Student
WHERE NOT  EXISTS
     (SELECT *
      FROM SC
      WHERE Sno=Student.Sno )
      AND Sdept='数学系';
```

运行结果如图 6.67 所示。

上面的例 6.56、例 6.57 也可以用 IN(NOT IN)的查询实现。

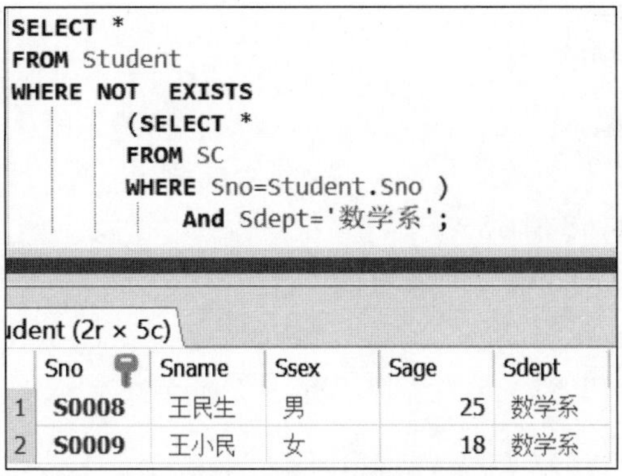

```
SELECT *
FROM Student
WHERE NOT  EXISTS
        (SELECT *
        FROM SC
        WHERE Sno=Student.Sno )
          And Sdept='数学系';
```

	Sno 🔑	Sname	Ssex	Sage	Sdept
1	S0008	王民生	男	25	数学系
2	S0009	王小民	女	18	数学系

图 6.67　例 6.57 的运行结果

EXISTS 只在乎子查询中是否有记录,与具体的结果集无关。当子查询的表大的时候,使用 EXISTS 可以有效减少总循环次数以提升速度;当外查询的表大的时候,使用 IN 可以有效减少对外查询表的循环遍历以提升速度。显然,外表大子表小时,IN 的效率更高;外表小子表大时,EXISTS 的效率更高;若两表差不多大,则效率差别不大。

6.4　集合运算查询

SELECT 语句的查询结果是元组的集合,所以多个 SELECT 语句的结果可进行集合操作。集合的主要操作包括并操作 UNION、交操作 INTERSECT 和差操作 EXCEPT。

在 SQL 查询中可以利用关系代数中的集合运算(并、交、差)来组合关系。SQL 为此提供了相应的运算符:并操作 UNION、交操作 INTERSECT、差操作 EXCEPT。

MySQL 查询集合组合通常指的是使用 SQL 语句中的集合操作符(如 UNION、UNION ALL、NTERSECT、EXCEPT)来合并多个查询结果集。这些操作符允许将多个 SELECT 语句的结果组合成一个单一的结果集。

1. 并操作 UNION

并运算可以将两个或多个查询语句的结果集合并为一个结果集,这个运算可以使用 UNION 运算符实现。UNION 是一个特殊的运算符,通过它可以实现让两个或者更多的查询产生单一结果集。

使用 UNION 的语法格式为

```
SELECT 语句 1
UNION [ALL]
SELECT 语句 2
UNION [ALL]
⋮
SELECT 语句 n
```

说明:

UNION 会合并多个 SELECT 语句的结果集,并移除重复的行。

UNION ALL 也会合并结果集,但不会移除重复行。

【例 6.58】　查询计算机系的学生或性别为男的学生的信息。

命令语句为

```
SELECT * FROM Student
WHERE Sdept='计算机系'
UNION
SELECT * FROM Student
WHERE  Ssex='男';
```

语句执行结果如图 6.68 所示。

如果换成 UNION ALL,则命令语句为

```
SELECT * FROM Student
WHERE Sdept='计算机系'
UNION ALL
SELECT * FROM Student
WHERE Ssex='男';
```

语句执行结果如图 6.69 所示。

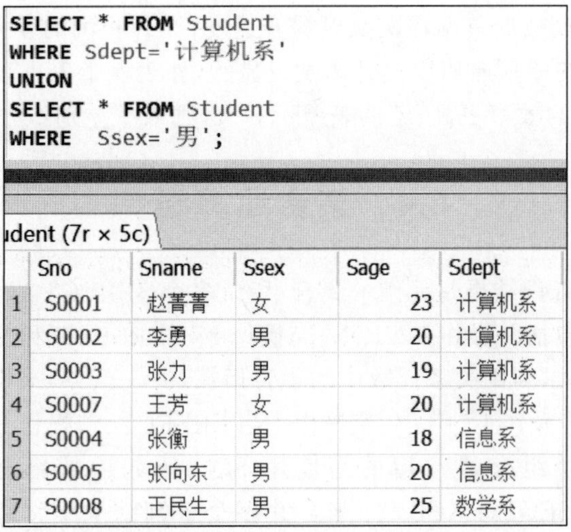

```
SELECT * FROM Student
WHERE Sdept='计算机系'
UNION
SELECT * FROM Student
WHERE  Ssex='男';
```

udent (7r × 5c)

	Sno	Sname	Ssex	Sage	Sdept
1	S0001	赵菁菁	女	23	计算机系
2	S0002	李勇	男	20	计算机系
3	S0003	张力	男	19	计算机系
4	S0007	王芳	女	20	计算机系
5	S0004	张衡	男	18	信息系
6	S0005	张向东	男	20	信息系
7	S0008	王民生	男	25	数学系

图 6.68 例 6.58 的运行结果(1)

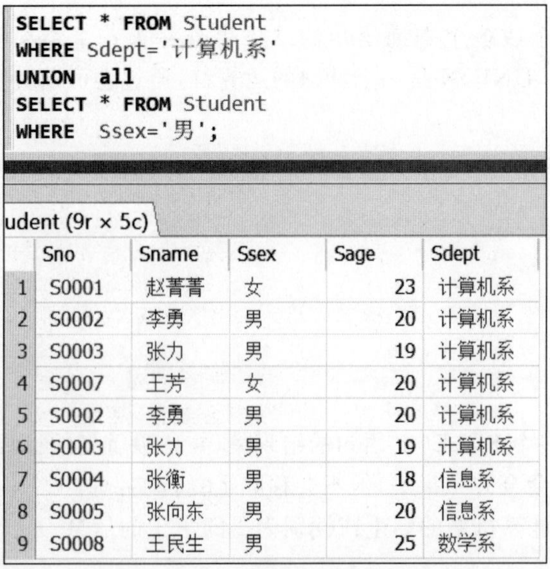

```
SELECT * FROM Student
WHERE Sdept='计算机系'
UNION  all
SELECT * FROM Student
WHERE  Ssex='男';
```

udent (9r × 5c)

	Sno	Sname	Ssex	Sage	Sdept
1	S0001	赵菁菁	女	23	计算机系
2	S0002	李勇	男	20	计算机系
3	S0003	张力	男	19	计算机系
4	S0007	王芳	女	20	计算机系
5	S0002	李勇	男	20	计算机系
6	S0003	张力	男	19	计算机系
7	S0004	张衡	男	18	信息系
8	S0005	张向东	男	20	信息系
9	S0008	王民生	男	25	数学系

图 6.69 例 6.58 的运行结果(2)

【例 6.59】　查询选修 C001 或者 C002 课程的学生的学号、课程号。

命令语句为

```
SELECT Sno,Cno FROM SC  WHERE Cno='C001'
UNION
SELECT Sno,Cno FROM SC WHERE Cno='C002';
```

运行结果如图 6.70 所示。

显然,例 6.59 也可以用如下查询语句实现。

```
SELECT   Sno,Cno  FROM SC
WHERE Cno='C001' OR Cno='C002';
```

运行结果如图 6.71 所示。

SELECT Sno,Cno FROM SC WHERE Cno='C001' UNION SELECT Sno,Cno FROM SC WHERE Cno='C002';		
(8r × 2c)		
	Sno	Cno
1	S0001	C001
2	S0002	C001
3	S0004	C001
4	S0010	C001
5	S0001	C002
6	S0003	C002
7	S0004	C002
8	S0010	C002

图 6.70　例 6.59 的运行结果(1)

SELECT Sno,Cno FROM SC WHERE Cno='C001' OR Cno='C002';		
(8r × 2c)		
	Sno	Cno
1	S0001	C001
2	S0002	C001
3	S0004	C001
4	S0010	C001
5	S0001	C002
6	S0003	C002
7	S0004	C002
8	S0010	C002

图 6.71　例 6.59 的运行结果(2)

2. 交操作 INTERSECT

交运算返回同时在两个集合中出现的记录,即返回两个查询结果集中各个列的值均相同的记录,并用这些记录构成交运算的结果。

使用 INTERSECT 谓词的语法格式为

```
SELECT 语句 1
INTERSECT
SELECT 语句 2
```

上面语句的返回结果为返回多个 SELECT 语句结果集的交集。

【例 6.60】　查询既属于计算机系又是男生的学生的信息。

命令语句为

```
SELECT * FROM Student
WHERE Sdept='计算机系'
INTERSECT
SELECT * FROM Student
WHERE  Ssex='男';
```

查询结果如图 6.72 所示。

本例也可以表示为:

```
SELECT * FROM Student
WHERE Sdept='计算机系' AND Ssex='男';
```

查询结果如图 6.73 所示。

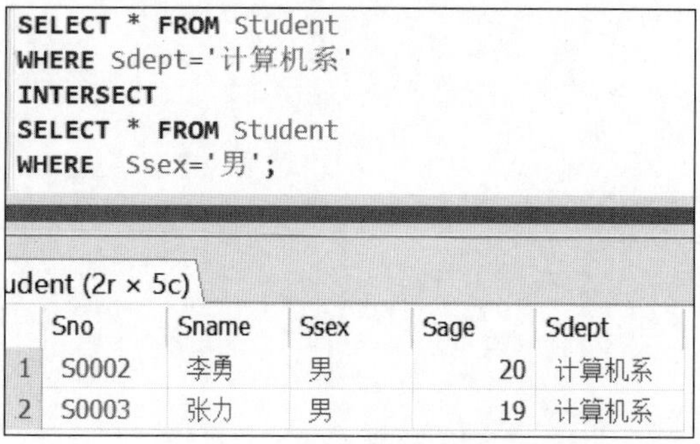

图 6.72　例 6.60 的运行结果(1)

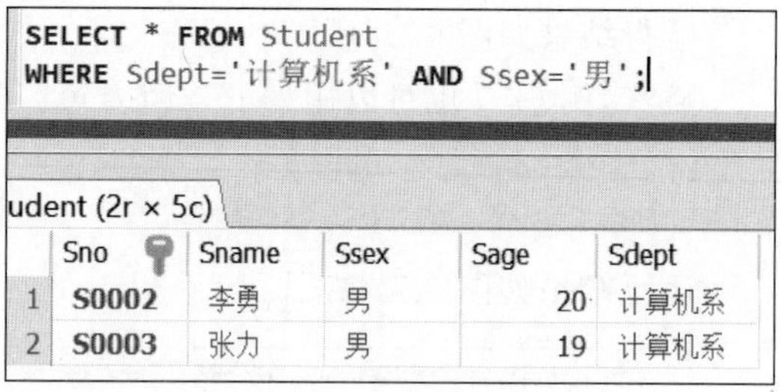

图 6.73　例 6.60 的运行结果(2)

【例 6.61】　查询既选修 C001 又选修 C002 课程的学生的学号。

命令语句为

```
SELECT Sno FROM SC WHERE Cno='C001'
INTERSECT
SELECT Sno FROM SC  WHERE Cno='C002';
```

查询结果如图 6.74 所示。

本例能否用如下查询语句实现?

```
SELECT Sno FROM SC
WHERE Cno='C001' AND  Cno='C002';
```

查询结果如图 6.75 所示。

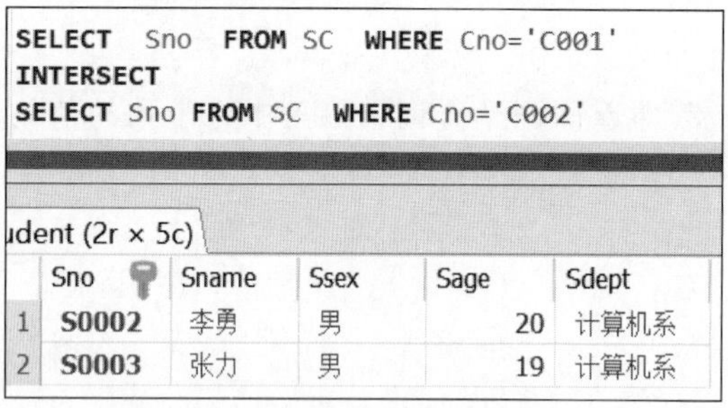

图 6.74　例 6.61 的运行结果(1)

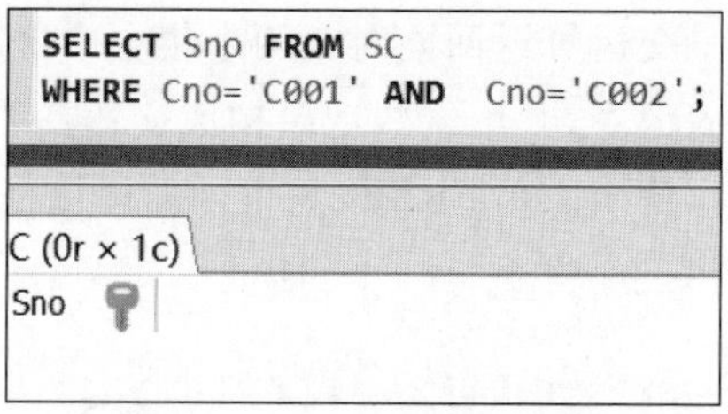

图 6.75　例 6.61 的运行结果(2)

　　显然这个语句查询结果为空集合,没有得到我们想要的结果。对同一个属性设置两个条件时,两个条件之间可以用 OR 连接;如果用 AND 的连接,不会有语法的错误,但是存在逻辑的错误。例如,此例中不会有某个元组的课程号 Cno 既等于'C001'又等于 'C002'。

3. 差操作 EXCEPT

　　集合的差运算的含义在讲解关系代数时已经介绍过,返回第一个 SELECT 语句结果集中存在而第二个 SELECT 语句结果集中不存在的行。现在介绍用 SQL 语句实现集合的差运算。

　　实现差运算的 SQL 运算符为 EXCEPT,其语法格式为

```
SELECT 语句 1
EXCEPT
SELECT 语句 2
```

【例 6.62】 查询数学系学生中，哪些学生的年龄不是 25 岁。列出这些学生的信息。

命令语句为

```
SELECT * FROM Student
WHERE Sdept='数学系'
EXCEPT
SELECT * FROM Student
WHERE  Sage=25;
```

运行结果如图 6.76 所示。

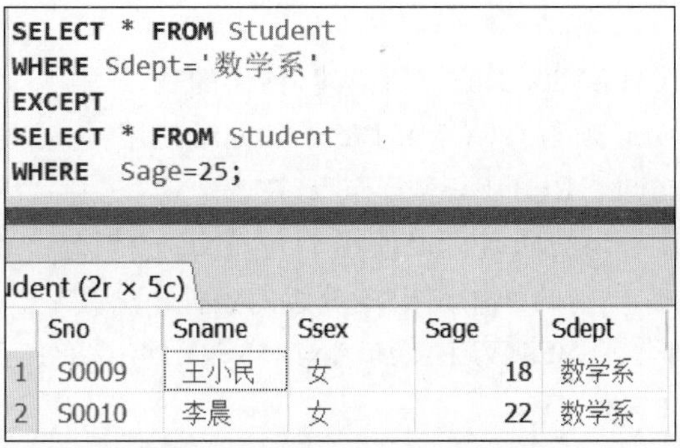

```
SELECT * FROM Student
WHERE Sdept='数学系'
EXCEPT
SELECT * FROM Student
WHERE  Sage=25;
```

udent (2r × 5c)

	Sno	Sname	Ssex	Sage	Sdept
1	S0009	王小民	女	18	数学系
2	S0010	李晨	女	22	数学系

图 6.76　例 6.62 的运行结果

MySQL 集合查询具有三点优势。

① 简化查询。通过集合操作符，可以将多个查询合并为一个，减少代码复杂度。

② 提高效率。在某些情况下，使用集合操作符可以比多次执行单个查询更高效。

③ 数据整合。可以方便地整合来自不同表或不同查询的数据。

本 章 小 结

查询语句主要分为单表查询、多表连接查询和子查询，包括的功能有无条件查询、有条件查询、分组、排序、选择查询结果集中的若干行等。

多表连接查询主要涉及内连接、自连接、左外连接和右外连接。

子查询涉及的是相关子查询和不相关子查询。子查询中派生表的查询和相关子查询存在一定难度。

MySQL 查询主要包括以下十个方面的知识。

(1) 基础查询。SELECT 语句的基本用法。

(2) 条件查询。使用 WHERE 子句限定查询条件。

(3) 排序查询。使用 ORDER BY 对结果集进行排序。

(4) 聚合查询。使用 COUNT( )、SUM( )、AVG( )、MAX( )、MIN( )聚合函数。

(5) 分组查询。使用 GROUP BY 以指定的列进行数据记录分组。

(6) 筛选分组。使用 HAVING 筛选满足条件的分组，必须配合 GROUP BY 使用。

（7）连接查询。使用 JOIN 连接多个表。

（8）子查询。在查询中嵌套其他查询。

（9）分页查询。使用 LIMIT 和 OFFSET 进行分页。

（10）集合查询。使用 UNION、UNION ALL、INTERSECT、EXCEPT 操作符，将多个 SELECT 语句的结果组合成一个单一的结果集。

SQL 的数据查询功能是最丰富，也是最复杂的。读者应当加强实验练习，达到举一反三的目的。

习 题 六

一、选择题

1. 下列关于 SQL 中 HAVING 子句的描述，错误的是（　　）。

　　A. HAVING 子句必须与 GROUP BY 子句同时使用

　　B. HAVING 子句与 GROUP BY 子句无关

　　C. 使用 WHERE 子句的同时可以使用 HAVING 子句

　　D. 使用 HAVING 子句的作用是限定分组的条件

2. SQL 语言中，条件年龄 BETWEEN 15 AND 35 表示年龄在 15 至 35 岁之间，且（　　）。

　　A. 包括 15 岁和 35 岁

　　B. 不包括 15 岁和 35 岁

　　C. 包括 15 岁但不包括 35 岁

　　D. 包括 35 岁但不包括 15 岁

3. SQL 中，下列涉及空值的操作，不正确的是（　　）。

　　A. age IS NULL　　　　　　　　　　　B. age IS NOT NULL

　　C. age ＝ NULL　　　　　　　　　　　D. NOT（age IS NULL）

4. 下列聚合函数中不忽略空值（null）的是（　　）。

　　A. SUM（列名）　　B. MAX（列名）　　C. COUNT（ ＊ ）　　D. AVG（列名）

5. 对于某查询语句的条件 where Sdept like C_er%y，将筛选出以下（　　）值。

　　A. Cherry　　　　　　B. Csherry　　　　　C. Cherr　　　　　　D. C_er%y

6. 下列有关查询的说法中，错误的是（　　）。

　　A. GROUP BY 子句用于对查询结果进行分组输出

　　B. HAVING 子句后面可以跟随统计函数

　　C. 子查询返回的是单个值，且不可以嵌套

　　D. EXISTS 子查询实际上不产生任何数据，只返回 TRUE 或 FALSE 值

7. 当 WHERE 子句、ORDER BY 子句、GROUP BY 子句和 HAVING 子句同时出现在一个查询中时，最后执行的是（　　）。

　　A. ORDER BY 子句　　　　　　　　　B. WHERE 子句

　　C. HAVING 子句　　　　　　　　　　D. GROUP BY 子句

二、试用 SQL 语言完成以下查询

设有一个 SPJ 数据库，包括 S、P、J、SPJ 四个关系模式，具体说明如下：

4个数据表分别为

S(SNO,SNAME,STATUS,CITY);

P(PNO,PNAME,COLOR,WEIGHT);

J(JNO,JNAME,CITY);

SPJ(SNO,PNO,JNO,QTY)。

供应商表S由供应商代码(SNO)、供应商姓名(SNAME)、供应商状态(STATUS)、供应商所在城市(CITY)组成;

零件表P由零件代码(PNO)、零件名(PNAME)、颜色(COLOR)、重量(WEIGHT)组成;

工程项目表J由工程项目代码(JNO)、工程项目名(JNAME)、工程项目所在城市(CITY)组成;

供应情况表SPJ由供应商代码(SNO)、零件代码(PNO)、工程项目代码(JNO)、供应数量(QTY)组成,表示某供应商供应某种零件给某工程项目的数量为QTY。

(1) 求供应工程J1零件的供应商号码SNO。

(2) 求供应工程J1零件P1的供应商号码SNO。

(3) 求供应工程J1零件为红色的供应商号码SNO。

(4) 求没有使用天津供应商生产的红色零件的工程号JNO。

(5) 找出使用上海产的零件的工程名称。

第 三 篇

数据库优化和管理

思维导图

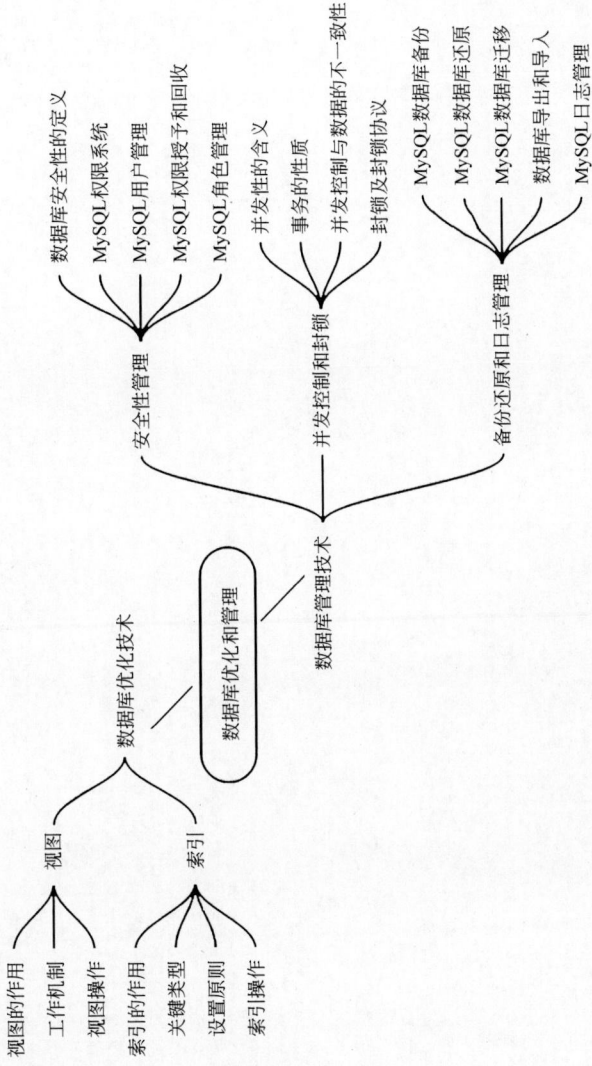

数据库优化和管理

数据库优化技术
- 视图
  - 视图的作用
  - 工作机制
  - 视图操作
- 索引
  - 索引的作用
  - 关键类型
  - 设置原则
  - 索引操作

数据库管理技术
- 安全性管理
  - 数据库安全性的定义
  - MySQL权限系统
  - MySQL用户管理
  - MySQL权限授予和回收
  - MySQL角色管理
- 并发控制和封锁
  - 并发性的含义
  - 事务的性质
  - 并发控制与数据的不一致性
  - 封锁及封锁协议
- 备份还原和日志管理
  - MySQL数据库备份
  - MySQL数据库还原
  - MySQL数据库迁移
  - 数据库导出和导入
  - MySQL日志管理

第7章

视图和索引

本章重点介绍视图和索引的产生背景、作用、使用场景以及 MySQL 视图和索引的管理方法。视图和索引均可用于优化数据库系统,视图是在已有的基本表上定义满足不同业务需求的外模式,以提升查询语句的编写效率,隐藏基本表中的数据信息,提高数据的逻辑独立性;索引是在表和视图已有字段上建立的存储结构,该存储结构使 MySQL 查询在无须遍历全表的情况下,快速定位满足条件的目标记录,提升 SQL 语句查询速度。

通过本章的学习,应达到如下目标:

* 理解视图和索引的概念及使用场景;
* 掌握根据数据库查询、管理等需要建立相关视图的基本操作;
* 掌握选择合适的索引类型后建立并操作相关索引。

7.1 视　　图

7.1.1 视图概述

视图(view)是一个从数据库中的一个或多个基本表(或视图)中导出的虚表,其内容是由查询定义的。它虽然同基本表一样,包含一系列带有名称的列和行数据,但它并不以存储的数据值集形式在数据库中存在。视图中的数据依赖于原来的基本表中的数据,因此,如果基本表中的数据发生变化,那么从视图中查询出的数据也会随之改变。

在第 1 章中介绍的三级模式中,可以看到模式(对应于基本表)是数据库中全体数据的逻辑结构,这些数据也是物理存储的。当不同用户需要基本表中的不同数据时,可以为每类这样的用户建立一个外模式。外模式中的内容来自模式,这些内容可以是某个模式的部分数据或多个模式组合的数据。外模式对应到关系数据库中的概念就是视图。视图是数据库中的一个对象,它是数据库管理系统提供给用户的以多种角度观察数据库中数据的一种重要机制。

视图定义后,就可以和基本表一样被查询、被删除。也可以在视图之上再定义新的视图,但对视图的更新(增、删、改)操作有一定的限制。

对于视图,需要注意以下三点:

(1)当基础关系发生变化后,再去访问视图,看到的虚拟表关系也会发生相应的变化。

(2)用户对视图的查询,系统在执行时必须转换为对基础关系的查询。

(3)用户对视图的修改,系统在执行时必须转换为对基础关系的修改。

7.1.2　视图的作用

视图是存储在数据库中的查询语句,对视图的操作最终要转换为对基本表的操作。合理地使用视图可以带来很多好处。

1. 视图能简化用户的操作

视图机制使用户可以将注意力集中在所关心的数据上。如果这些数据不是直接来自基本表,则可以通过定义视图,使数据库看起来结构简单、清晰,并且可以简化用户的数据查询操作。例如,那些定义了若干张表连接的视图,就将表与表之间的连接操作对用户隐藏起来了。换句话说,用户所做的只是对一个虚表的简单查询,而这个虚表是怎样得来的,用户无须了解。

2. 视图使用户能以多种角度看待同一数据

视图机制能使不同的用户以不同的方式看待同一数据,当许多不同种类的用户共享同一个数据库时,这种灵活性是非常必要的。例如,Student 表涉及全校 10 个院系的学生数据,可以在其上定义 10 个视图,每个视图只包含一个院系的学生数据,并只允许每个院系的主任查询和修改本院系学生视图。

3. 视图为重构数据库提供了一定程度的逻辑独立性

利用视图可以在一定程度上将基本表结构与操作该表的程序进行逻辑分离。例如基本表字段名称改变后,用户只需利用视图将修改的字段重命名为原来程序使用的字段。程序调用视图就如同调用原来的基本表,从而实现了数据的逻辑独立性。

在关系数据库中,数据库的重构往往是不可避免的。重构数据库最常见的是将一个基本表"垂直"地分成多个基本表。

例如: 将学生关系 Student(Sno,Sname,Ssex,Sage,Sdept)分为 SX(Sno,Sname,Sage)和 SY(Sno,Ssex,Sdept)两个关系。这是原表 Student 为 SX 表和 SY 表自然连接的结果。建立一个视图 Student1,命令语句为

```
CREATE VIEW student1(Sno,Sname,Sage,Ssex,Sdept)
AS
SELECT SX.Sno,Sname,Sage,Ssex,Ssdept
FROM SX JOIN SY ON SX.Sno=SY.Sno;
```

这样尽管数据库的逻辑结构改变了(变为 SX 和 SY 两个表了),但应用程序不必修改,因为新建立的视图定义为用户原来的关系,使用户的外模式保持不变,用户的应用程序通过视图仍然能够查找数据。

4. 视图为数据提供了一定程度的安全保护

可以在表权限的基础上进一步对视图使用进行授权。通过视图可隐藏表中敏感数据,为数据库用户提供其权限范围可见的数据,实现数据安全。如,可以利用视图只显示学生信息表中的姓名、年龄、专业,而不显示联系电话和身份证号码等信息。

7.1.3　视图的工作机制

视图是虚表,当 SQL 语句引用视图时,视图才会根据定义动态地产生数据。因此,视图中的内容总是与基本表中数据保持一致,即当基本表中数据方式变化时,相关视图的数据也

随之发生变化。

在 MySQL 中,视图的处理机制主要有两种:替换式(standard view)和具化式(materialized view)。这两种机制在视图的存储、查询执行、性能等方面有着显著的不同。

1. 替换式视图

替换式视图(standard view)是 MySQL 默认的视图机制。它并不存储任何实际的数据,而是存储了一条 SQL 查询语句。每次访问视图时,MySQL 都会根据视图定义的 SQL 语句执行查询,并实时返回结果。这意味着视图的内容是动态生成的,而不是预先计算和存储的。

2. 具化式视图

具化式视图(materialized view)是一种在数据库中存储查询结果的机制。与替换式视图不同,具化式视图不仅存储查询定义,还会存储查询的结果集。查询具化式视图时,直接返回存储的结果,而不是每次执行查询。这可以显著提高查询性能。

MySQL 并不直接支持具化式视图,但可以通过一些手动操作或工作流来模拟具化视图的功能。一是使用临时表,可以定期将视图查询的结果插入一个物理表中,然后查询该表,而不是视图。可以通过定期调度任务(如事件调度器)来更新该表。二是使用触发器,触发器可以用来在数据发生变化时自动更新模拟的具化视图表。例如,当 employees 表中的数据发生变化时,触发器可以更新存储在物理表中的视图数据。

表 7.1 列出了两种视图处理机制的特点。

表 7.1　两种视图处理机制的对照表

比较项目	替换式视图	具化式视图
存储方式	仅存储 SQL 查询,结果每次动态生成	存储查询结果,避免每次都计算
查询执行	每次查询时都执行定义的 SQL 语句	查询时直接返回存储的结果
性能	由于每次查询都需要执行 SQL,性能较差	查询性能好,因为结果已预计算并存储
更新机制	数据是实时的,反映底层表的最新变化	需要定期刷新以保持数据最新
数据一致性	实时与基础表数据一致	数据可能过时,需手动刷新
存储开销	不需要额外的存储空间	需要额外存储空间来存储结果集

替换式视图适用于需要动态反映底层数据变化的情况,或者查询相对简单、频繁更新的数据。

具化式视图(通过手动实现)适用于需要高性能查询的情况,尤其是处理复杂查询,而数据不需要实时反映底层数据变化的情况。

7.2　MySQL 视图管理

7.2.1　创建视图

创建视图是指在已经存在的数据库表中建立视图。可以在一个基本表或多个基本表中创建视图。其基本语法格式为

视频讲解

```
CREATE [OR REPLACE] VIEW <视图名>[(<列名1>[,<列名2>]…)]
AS<子查询>
[WITH [CASCADED|LOCAL] CHECK OPTION];
```

说明：

（1）使用 CREATE VIEW 语句创建视图需要具有创建视图权限及查询语句中涉及列的 SELECT 权限。

（2）添加 OR REPLACE 选项，需要具有 DROP 权限，表明在创建视图时替换数据库已有的同名视图。

（3）AS＜子查询＞，表明视图的定义，其后由一个完整的 SELECT 语句构成。

（4）WITH CHECK OPTION 选项，表示对该视图进行 INSERT、UPDATE、DELETE 操作时，要保证插入、更新或删除的记录行满足视图定义中的谓词条件（即子查询中的条件表达式）。

MySQL 提供了两个选项：CASCADED 和 LOCAL，默认值为 CASCADED。当视图使用 CASCADED 时，MySQL 会循环检查视图的规则以及底层视图的规则；使用 LOCAL 时，则是递归查找当前视图所依赖的视图是否有检查选项，如果有，则检查；如果没有，则不做检查。

（5）组成视图的属性列名或者全部省略或者全部指定，没有第三种选择。如果省略了视图的各个属性列名，则表明该视图由子查询中 SELECT 子句目标列中的字段组成。但下列三种情况必须明确指定组成视图的所有列名：

① 某个目标列不是单纯的属性名，而是聚集函数或列表达式；

② 多表连接时选出了几个同名列作为视图的字段；

③ 需要在视图中为某个列启用新的更合适的名字。

【例 7.1】 建立计算机系学生的视图。

命令语句为

```
CREATE VIEW v_student
AS
SELECT *
FROM student
WHERE Sdept ='计算机系';
```

【例 7.2】 基于例 7.1 创建的视图，建立计算机系男学生的视图。

命令语句为

```
CREATE VIEW v_student_boy
AS
SELECT *
FROM v_student
WHERE Ssex ='男'
WITH cascaded CHECK OPTION ;
```

【例 7.3】 基于例 7.1 创建的视图，建立计算机系小于 20 岁的学生的视图。

命令语句为

```
CREATE VIEW v_student_age
AS
SELECT *
```

```
WHERE Sage <20
WITH Local CHECK OPTION ;
```

视图 v_student 的数据来自 Student 表。假设向该视图中插入一条记录('S0011','张明','男',19,'信息系'),由于创建视图时没有使用检查规则,因此该记录可以添加成功。

视图 v_student_boy 是基于视图 v_student 创建的。假设向该视图中插入一条记录('S0012','李浩','男',19,'信息系'),由于创建视图时使用了 WITH cascaded CHECK OPTION,这条记录虽然满足性别为"男",但不满足级联 v_student 创建时的条件: 系别是"计算机系",因此无法添加。

视图 v_student_age 也是基于视图 v_student 创建的。假设向该视图中插入一条记录('S0013','江红','女',19,'信息系'),由于创建视图时使用了 WITH Local CHECK OPTION,这条记录虽然不满足系别是"计算机系",但满足了当前视图创建规则——年龄小于 20,所以可以添加成功。

定义视图的查询语句可以涉及多张表。这样定义的视图一般只能用于查询数据,不能用于修改数据。

【例 7.4】 建立视图 V_CS_S1,反映计算机系选修了 C001 号课程的学生信息(含学号、姓名、课程号、成绩)。

命令语句为

```
CREATE VIEW V_CS_S1(学号,姓名,课程号,成绩)
AS
SELECT student.Sno,Sname,Cno,Grade
FROM student JOIN sc ON student.Sno =sc.Sno
WHERE Sdept ='计算机系' AND Cno ='C001';
```

本例中在视图 V_CS_S1 后面给出视图的列名。给视图的列指定名称时,其个数必须与子查询的列的个数相等。如果创建视图时不指定视图列的名称,则视图列将获得与 SELECT 语句中的列相同的名称。

定义基本表时,为了减少数据库中的冗余数据,表中只存放基本数据,由基本数据经过各种计算派生出的数据一般是不存储的。但由于视图中的数据并不实际存储,因此定义视图时可以根据应用的需要,设置一些派生属性列。这些派生属性由于在基本表中并不实际存在,也称为虚拟列。带虚拟列的视图也称为带表达式的视图。如果视图中某一列是函数、数学表达式、常量,或者有来自多个表的列名相同,则必须为这样的列定义名称。

【例 7.5】 建立视图 v_sdept_count,反映各个系学生人数的视图。

命令语句为

```
CREATE VIEW v_sdept_count
AS
SELECT Sdept 系名,COUNT( * ) AS 学生人数
FROM student
GROUP BY Sdept;
```

或

```
CREATE VIEW v_sdept_count(系名,学生人数)
AS
SELECT Sdept,COUNT( * )
FROM student
```

```
GROUP BY Sdept;
```

创建视图时需要注意以下几点。

(1) 在使用 SELECT 语句时,不能包含 FROM 子句中的子查询,不能引用系统或用户变量,不能引用预处理语句参数。

(2) 在存储子程序内,定义不能引用子程序参数或局部变量。

(3) 在定义中引用的表或视图必须存在。但是,创建视图后,能够舍弃定义引用的表或视图。可使用 CHECK TABLE 语句检查视图定义是否存在这类问题。

(4) 在定义中不能引用 temporary 数据表,不能创建 temporary 视图。

(5) 在视图定义中允许使用 ORDER BY 子句,但是,如果从特定视图中进行了选择,而该视图使用了具有自己 ORDER BY 子句的语句,它将被忽略。

7.2.2 查看视图的定义

查看视图是指查看已存在的视图,必须具有 SHOW VIEW 权限才可查看视图。查看视图的方法主要包括使用 SHOW CREATE VIEW 语句、DESCRIBE 语句、SHOW TABLE STATUS 语句等。

1. 使用 SHOW CREATE VIEW 语句查看视图

在 MySQL 中,可以通过 SHOW CREATE VIEW 语句查看视图的详细定义,语法格式为

```
SHOW CREATE VIEW <视图名>;
```

【例 7.6】 查看例 7.1 创建的 v_student 视图的详细定义。

登录 MySQL 终端,在 students 数据库中执行以下 SQL 语句:

```
SHOW CREATE VIEW v_student;
```

执行该语句,查看 v_student 视图的详细定义,如图 7.1 所示。

```
mysql> SHOW CREATE VIEW V_Student\G
*************************** 1. row ***************************
                View: v_student
         Create View: CREATE ALGORITHM=UNDEFINED DEFINER=`root`@`localhost` SQL SECURITY
 DEFINER VIEW `v_student` AS select `student`.`Sno` AS `Sno`,`student`.`Sname` AS `Sname`
,`student`.`Ssex` AS `Ssex`,`student`.`Sage` AS `Sage`,`student`.`Sdept` AS `Sdept` fro
m `student` where (`student`.`Sdept` = '计算机系')
character_set_client: utf8mb4
collation_connection: utf8mb4_general_ci
1 row in set (0.00 sec)
```

图 7.1 v_student 视图的详细定义

说明:在 MySQL 的命令行窗口中,语句结束符可以为分号(;)、\g 或\G。其中,分号和\g 的作用是一样的,都是按照表格的形式显示结果;而\G 则会把原来的列按照行显示。

2. 使用 DESCRIBE 语句查看视图

使用 DESCRIBE 语句查看视图时,可以将 DESCRIBE 简写为 DESC,语法格式为

```
DESC<视图名>;
```

【例 7.7】 使用 DESC 语句查看 v_student 视图的结构。

登录 MySQL 终端,在 students 数据库中执行以下 SQL 语句:

```
DESC v_student;
```

执行该语句,查看 v_student 视图的结构,如图 7.2 所示,能够了解视图中各个字段的简单信息。

```
mysql> DESC V_Student;
+--------+----------+------+-----+---------+-------+
| Field  | Type     | Null | Key | Default | Extra |
+--------+----------+------+-----+---------+-------+
| Sno    | char(10) | NO   |     | NULL    |       |
| Sname  | char(10) | YES  |     | NULL    |       |
| Ssex   | char(2)  | YES  |     | NULL    |       |
| Sage   | tinyint  | YES  |     | NULL    |       |
| Sdept  | char(20) | YES  |     | NULL    |       |
+--------+----------+------+-----+---------+-------+
5 rows in set (0.00 sec)
```

图 7.2 v_student 视图的结构

3. 使用 SHOW TABLE STATUS 语句查看视图

在 MySQL 中,如果需要查看视图信息,可以使用 SHOW TABLE STATUS 语句,语法格式为

```
SHOW TABLE STATUS LIKE '视图名';
```

【例 7.8】 查看 v_student 视图的信息。

登录 MySQL 终端,在 students 数据库中执行以下 SQL 语句:

```
SHOW TABLE STATUS LIKE 'v_student';
```

执行该语句,查看 v_student 视图的信息,如图 7.3 所示。

```
mysql> SHOW TABLE STATUS LIKE 'V_Student'\G
*************************** 1. row ***************************
           Name: v_student
         Engine: NULL
        Version: NULL
     Row_format: NULL
           Rows: NULL
 Avg_row_length: NULL
    Data_length: NULL
Max_data_length: NULL
   Index_length: NULL
      Data_free: NULL
 Auto_increment: NULL
    Create_time: 2024-12-16 11:35:50
    Update_time: NULL
     Check_time: NULL
      Collation: NULL
       Checksum: NULL
 Create_options: NULL
        Comment: VIEW
1 row in set (0.00 sec)
```

图 7.3 v_student 视图的信息

以同样的方法查询学生表(student),得到学生表的信息,如图 7.4 所示。对比查询结果,视图中存储引擎、数据长度等信息都显示为 NULL,而学生表中是有参数的,说明视图是虚拟表,与基本数据表是有所区别的。

7.2.3 修改视图的定义

修改视图是指修改数据库中已存在的数据表的定义。当基本表的某些字段发生改变时,可以通过修改视图保持视图和基本表之间的一致。在 MySQL 中可以通过 CREATE

```
mysql>  SHOW TABLE STATUS LIKE 'Student'\G
*************************** 1. row ***************************
           Name: student
         Engine: InnoDB
        Version: 10
     Row_format: Dynamic
           Rows: 10
 Avg_row_length: 1638
    Data_length: 16384
Max_data_length: 0
   Index_length: 0
      Data_free: 0
 Auto_increment: NULL
    Create_time: 2024-12-11 10:55:42
    Update_time: 2024-12-11 10:55:42
     Check_time: NULL
      Collation: utf8mb4_0900_ai_ci
       Checksum: NULL
 Create_options:
        Comment:
1 row in set (0.00 sec)
```

图 7.4　学生表的信息

OR REPLACE VIEW 语句和 ALTER VIEW 语句修改视图。

1. 使用 CREATE OR REPLACE VIEW 语句修改视图

CREATE OR REPLACE VIEW 语句在 MySQL 中的使用非常灵活,在已有视图的情况下,将对视图进行修改;若视图不存在,则可以创建视图。其语法格式为

```
CREATE [OR REPLACE] VIEW <视图名>[(<列名1>[,<列名2>]…)]
AS<子查询>;
```

【例 7.9】　将例 7.1 创建的视图的字段修改为学号、姓名、性别。

命令语句为

```
CREATE OR REPLACE VIEW v_student(学号,姓名,性别)
AS
SELECT Sno,Sname,Ssex
FROM student
WHERE Sdept ='计算机系';
```

执行上述语句后,视图 v_student 的字段由原来的 5 个(Sno,Sname,Ssex,Sage,Sdept)改为 3 个(学号,姓名,性别)。

2. 使用 ALTER VIEW 语句修改视图

ALTER VIEW 语句改变了视图的定义,包括索引视图,但不影响所依赖的存储过程或触发器。该语句与 CREATE VIEW 语句有着同样的限制,如果删除并重建了一个视图,就必须重新为它分配权限。

ALTER VIEW 语句的语法格式为

```
ALTER VIEW <视图名>
AS <子查询>
[WITH [CASCADED|LOCAL] CHECK OPTION];
```

说明:

(1) 视图名为指定修改的视图名称。

(2) SELECT 语句重新定义视图内容。

【例 7.10】　将例 7.4 创建的视图修改为包含计算机系选修了 C001 号课程且成绩大于

90 分的学生信息(含学号、姓名、课程号、成绩)。

命令语句为

```
AlTER VIEW V_CS_S1(学号,姓名,课程号,成绩)
AS
SELECT student.Sno,Sname,Cno,Grade
FROM student JOIN sc ON student.Sno =sc.Sno
WHERE Sdept ='计算机系' AND Cno ='C001' AND Grade >90;
```

7.2.4 删除视图

删除视图是指删除数据库中已经存在的视图。删除视图只能删除视图的定义,不能删除数据。对于不需要的视图,可通过 DROP 命令来删除,语法格式为

```
DROP VIEW <视图名>;
```

【例 7.11】 删除例 7.4 创建的视图 V_CS_S1。

命令语句为

```
DROP VIEW V_CS_S1;
```

删除视图时需要注意,如果被删除的视图是其他视图的数据源,如 v_student_boy 视图就是定义在 v_student 视图之上的,那么删除视图 v_student,其派生的视图 v_student_boy 将无法再使用。同样,如果派生视图的基本表被删除了,视图也将无法使用。因此,在删除基本表和视图时要注意是否存在引用被删除对象的视图,如果有就应同时删除。

7.2.5 更新视图的数据

更新视图是指通过视图插入(INSERT)、删除(DELETE)和修改(UPDATE)数据。由于视图是不实际存储数据的虚拟表,因此更新视图时,实际上都会转换为在基本表中执行更新操作。

为防止用户通过视图对数据进行增加、删除和修改时,有意或无意地对不属于视图范围的基本表数据进行操作,可在定义视图时加上 WITH CHECK OPTION 子句。这样,在视图上增加、删除和修改数据时,DBMS 会检查视图定义中的条件;若不满足条件,则拒绝执行该操作。

1. 更新视图的方法

插入、更新和删除等视图更新操作的语法格式与对表格数据的增加、删除和修改相似。以更新视图为例,语法格式为

```
UPDATE <视图名>
SET 属性 1 =表达式 1[,属性 2 =表达式 2] …
[WHERE 条件];
```

【例 7.12】 将例 7.1 建立的视图 v_student 中学号为 S0007 的学生姓名修改为"王小芳"。

命令语句为

```
UPDATE v_student
SET Sname='王小芳'
WHERE Sno='S0007';
```

执行这条视图修改语句后,转换为对 student 基本表的修改,其修改语句如下:

```
UPDATE student
SET Sname='王小芳'
WHERE Sno='S0007' AND Sdept='计算机系';
```

【例 7.13】 向例 7.2 建立的视图 v_student_boy 中插入一条新记录,学号为"S0012",姓名为"李浩",性别为"男",年龄为 19 岁。

命令语句为

```
INSERT INTO v_student_boy
VALUES
('S0012','李浩','男',19,'计算机系');
```

转换为对基本表的插入:

```
INSERT INTO student
VALUES
('S0012','李浩','男',19,'计算机系');
```

【例 7.14】 删除视图 v_student 中学号为"S0012"的记录。

命令语句为

```
DELETE
FROM v_student
WHERE Sno ='S0012';
```

转换为对基本表的删除:

```
DELETE
FROM student
WHERE Sno ='S0012';
```

2. 更新视图的限制

虽然可以在视图中更新数据,但是一般情况下,最好将视图作为查询数据的虚拟表,而不是通过视图更新数据,因为在对视图进行更新操作时很容易由于考虑不全面而导致操作失败。

【例 7.15】 将例 7.5 创建的视图 v_sdept_count 中信息系的人数加 1。

命令语句为

```
UPDATE v_sdept_count
SET 学生人数=学生人数+1
WHERE 系名='信息系';
```

例 7.15 中对视图的更新无法转换成对基本表 student 的更新,因为只有插入(或删除)信息系的学生记录,才能改变信息系的学生人数。

由上面的例子可知,在关系数据库中,不是所有的视图都可以进行插入、修改和删除操作的,因为有些视图的更新不能唯一有意义地转换成对应基本表的更新。

3. 更新视图数据的其他注意事项

如果视图只依赖于一张基本表,则可通过视图更新该基本表;如果视图依赖于多张基本表建立,则一次只能修改一张基本表中的数据。创建视图时,如果视图定义语句中包含以下结构,则不能更新视图。

(1) 若视图的字段来自聚集函数,则此视图不允许更新。

（2）若视图的字段来自表达式或常数，则不允许对此视图的该字段执行 INSERT 和 UPDATE 操作，并且不能以该字段作为 WHERE 条件执行 DELETE 操作。

（3）若视图定义中含有 DISTINCT 短语，则此视图不允许更新。

（4）若视图定义中含有 GROUP BY 子句，则此视图不允许更新。

（5）若视图的定义中有嵌套查询，并且内层查询的 FROM 子句中涉及的表也是导出该视图的基本表，则此视图不允许更新。

例如，将 student 表中年龄在平均年龄之上的元组定义成一个视图 student_avg：

```
CREATE VIEW student_avg
AS
SELECT *
FROM student
WHERE sage>(SELECT AVG(sage) FROM student);
```

导出视图 student_avg 的基本表是 student，内层查询中涉及的表也是 student，所以视图 student_avg 是不允许更新的。

（6）基于不可更新的视图创建的视图不允许更新。

（7）创建视图时，若 ALGORITHM 为 TEMPTABLE 类型，则此视图不允许更新。

（8）视图对应的数据表中存在没有默认值的属性，而且该列没有包含在视图内，则不允许对该视图执行 INSERT 操作，但可以执行 UPDATE 和 DELETE 操作。例如，Student 表中包含的 Sno 字段没有默认值，但是视图中不包括该字段，那么不允许对该视图插入一行新的记录，因为在转换为更新基本表时，这个没有默认值的属性将没有值被插入，也没有 NULL 值被插入。

总之，当对视图的更新操作无法转换为对基本表的更新操作时，无法更新视图的数据。

7.3 索　引

7.3.1 索引的作用

在数据库系统中，大多数情况是数据库读取的次数多于数据库写的次数，因此，提高数据库读取数据的效率是数据库优化的主要工作之一。正确选取索引的键值，可加快检索速度。索引的键由表或视图中一列或多列生成，值存储了键对应数据的存储位置。实际上，索引是一种以空间为代价提高时间效率的方法，它采用预先建立的键值结构，根据查询条件，快速定位目标数据。索引一旦创建，就将由 MySQL 自动管理和维护。索引的维护需要消耗计算资源和存储资源，故要避免在一个表中创建大量的索引。在系统开发中，设计高效的索引是提高数据库使用效率的关键。

在 MySQL 数据库中，不同存储引擎使用不同的索引和数据库存储方式。MyISAM 存储引擎将索引和数据分成两个文件存储，而 InnoDB 存储引擎将索引和数据放在同一个文件中。不同存储引擎的存储策略反映了不同存储引擎查找效率和存储代价存在差异的原因。

与其他数据库管理系统类似，MySQL 也是用 B+树和哈希技术存储索引，其中 B+树为默认的索引存储技术。不同存储引擎使用的索引存储技术不同，InnoDB 和 MyISAM 存储引擎均支持 B+树索引,Memory 存储引擎支持哈希类型索引。

索引在 MySQL 中是非常重要的,主要作用有如下五点。

1) 提高查询效率

索引使得数据库能够快速定位数据,从而避免了全表扫描,尤其是在数据量非常大的时候,查询速度会显著提高。

2) 加速排序操作

通过使用索引,数据库可以更快地进行排序操作(如在执行 ORDER BY 时使用索引)。

3) 加速连接操作

在多表连接时,索引可以显著提高连接效率,尤其是连接条件(JOIN)涉及的字段上有索引时。

4) 保证数据的唯一性

通过使用唯一索引(UNIQUE),数据库能够确保数据列的唯一性,避免重复记录。

5) 帮助实现完整性约束

PRIMARY KEY 和 FOREIGN KEY 约束依赖于索引来高效地保证数据的一致性和完整性。

7.3.2　索引类型

在 MySQL 数据库中,按照不同的分类原则,索引可以分成不同的类型。

1. 按数据结构分类

按数据结构分类,可分为 B+树索引、哈希索引、全文索引和空间索引。

1) B+树索引(B+tree index)

B+树索引是最常见的索引类型,大部分引擎都支持该类索引。其所有叶子节点之间都采用单链表连接,适合 MySQL 中常见的基于范围的顺序检索场景。

2) 哈希索引(Hash index)

哈希索引通过计算哈希值来定位数据,适用于精确匹配查询(例如=或 IN)。哈希索引查询速度非常快,但不支持范围查询(如 BETWEEN、>、<)。

3) 全文索引(full-text index)

全文索引是一种通过建立倒排索引,快速匹配文档的方式,主要用于对文本数据(如 CHAR、VARCHAR、TEXT 等)进行全文搜索(例如,MATCH…AGAINST)。MySQL 中的全文索引适用于大量文本内容的快速检索。

4) 空间索引(Spatial index)

空间索引基于 R 树结构,它使用空间数据类型(如 GEOMETRY、POINT、LINESTRING、POLYGON)来组织和检索空间数据。该索引是 MyISAM 引擎的一个特殊索引类型,主要用于地理空间数据类型,通常使用较少。

2. 按物理存储分类

按物理存储分类,可分为聚簇索引和二级索引(辅助索引)。

MySQL 索引按叶子节点存储的是否为完整表数据,可分为聚簇索引和二级索引(辅助索引)。

1）聚簇索引

聚簇索引将数据存储与索引放到了一起，索引结构的叶子节点保存了行数据。

InnoDB 表要求必须有聚簇索引，默认在主键字段上建立聚簇索引。在没有主键字段的情况下，表的第一个非空的唯一索引将被建立为聚簇索引；在前两者都没有的情况下，InnoDB 将自动生成一个隐式的自增 id 列，并在此列上建立聚簇索引。以 MyISAM 为存储引擎的表不存在聚簇索引。

2）二级索引（辅助索引）

二级索引将数据与索引分开存储，索引结构的叶子节点并不存储一行完整的表数据，而是存储了聚簇索引所在列的值。基于这一特点，通过二级索引查询时，一般要进行回表查询，即先查询到聚簇索引列值，然后回到聚簇索引也就是表数据本身进一步获取数据。需要注意的是，回表不是必需的过程，当 SELECT 的所有字段在单个二级索引中都能够找到时，就不需要回表。MySQL 称此时的二级索引为覆盖索引或触发了索引覆盖。

3. 按字段特性分类

按字段特性分类，可分为主键索引、唯一索引、普通索引和前缀索引。

1）主键索引

建立在主键上的索引被称为主键索引，一张数据表只能有一个主键索引，索引列值不允许有空值，通常在创建表时一起创建。

2）唯一索引

建立在 UNIQUE 字段上的索引被称为唯一索引。创建该索引时，索引的值必须唯一，但可以为空。一张数据表可以有多个唯一索引，通过唯一索引，用户可以快速定位某条记录。主键就是一种特殊的唯一索引。

3）普通索引

普通索引即无任何限制条件的索引，可以在任何数据类型中创建。通过字段本身的约束条件可以判断其值是否为空或唯一。

4）前缀索引

前缀索引是指对字符类型字段的前几个字符或对二进制类型字段的前几字节建立的索引，而不是在整个字段上建索引。前缀索引可以建立在类型为 CHAR、VARCHAR、BINARY、VARBINARY 的列上，可以大幅减少索引占用的存储空间，也能提升索引的查询效率。

4. 按字段个数分类

按字段个数分类，可分为单列索引、联合索引。

1）单列索引

单列索引是对应一个字段的索引，包括普通索引、唯一索引、全文索引。应用该索引的条件是保证该索引值对应一个字段。

2）联合索引

联合索引也叫复合索引、组合索引、多列索引。该索引在数据表的多个字段上创建一个索引。联合索引指向创建时对应的多个字段，用户可以通过这几个字段进行查询。要想应用该索引，用户必须使用这些字段中的第一个字段。

7.3.3　索引设置原则

在 MySQL 数据库中,合理设置索引是优化查询性能的关键。索引设置的好坏直接影响查询效率和整体性能。但是,创建和维护索引是耗费时间的,并且所耗费的时间与数据量成正比。另外,索引需要占用物理空间,会给数据库的维护造成很多麻烦。以下是常见的索引设置原则,可以作为优化索引的参考。

1. 选择合适的字段创建索引

以下三种字段适合创建索引。

(1) 经常出现在 WHERE 子句中的字段。对查询频繁使用的字段创建索引是最常见的优化方法。

(2) 经常用于 JOIN、GROUP BY、ORDER BY 的字段。索引可以加速表之间的连接(JOIN)、分组(GROUP BY)和排序(ORDER BY)。

(3) 选择区分度高的字段。字段的区分度越高,索引效果越好。例如,对性别(gender)这种区分度低的字段建立索引意义不大,因为其可能性只有两个值(如 male 和 female)。

2. 优先选择较小的数据类型

索引占用的存储空间越小,查询效率越高。对于长度较大的字段(如 TEXT 或 BLOB),应尽量避免直接创建索引。如果必须索引长字段,可以使用前缀索引,只索引字段的前几位。

3. 避免对所有列都创建索引

索引会提高查询速度,但会降低写操作(INSERT、UPDATE、DELETE)的性能。过多的索引会增加表的存储开销,并导致维护成本的增加。要根据业务需求选择关键列进行索引,而不是对每个字段都建立索引。

4. 使用复合索引代替多个单列索引

如果查询中经常涉及多个条件,可以使用复合索引。复合索引要遵循最左前缀原则,即复合索引(a,b,c)可以用于 a 或(a,b)的查询,但不能直接用于 b 或 c。

5. 避免对频繁更新的列建立索引

对于频繁更新的字段,建立索引会增加维护成本。

6. 避免过度依赖索引

对小表而言,不需要创建太多索引。例如,对于记录较少的表(如小于 1000 条),全表扫描的效率可能高于索引查找。此外,还要定期监控和清理无用索引。可以使用 MySQL 提供的工具(如 EXPLAIN 和 SHOW INDEX)检查哪些索引未被使用。

7. 谨慎使用唯一索引

唯一索引会强制约束字段值的唯一性,适用于需要保证唯一性的场景(如用户 ID、邮箱地址等)。对非主键字段,不建议随意创建唯一索引,避免影响业务灵活性。

8. 根据查询场景选择索引类型

不同的查询场景可选择不同的索引类型。如精确匹配查询可以使用 B+树或哈希索引;范围查询可以使用 B+树索引;全文搜索可以使用全文索引(Full-Text Index);地理位置查询可以使用空间索引。

7.4 MySQL 索引管理

7.4.1 创建索引

创建索引是指在某个数据表的至少一列上建立索引,以提高数据表的访问速度和数据库性能。

1. 在创建数据表时创建索引

在创建数据表的同时创建索引,这种方式直接且方便,可以简化数据库的初始化过程。基本语法格式为

```
CREATE TABLE <表名>(
字段 1 数据类型[约束条件],…,
[UNIQUE|FULLTEXT|SPATIAL] INDEX [索引名](<列名>[(长度)],… [ASC|DESC]) );
```

其中,UNIQUE 为可选项,表示索引为唯一索引;FULL TEXT 为可选项,表示索引为全文索引;SPATIAL 为可选项,表示索引为空间索引;长度为可选项,表示索引长度,必须是字符串类型才可以使用;ASC/DESC 为可选项,表示升序/降序排序。

【例 7.16】 创建数据表 Teacher,包括 Tno(教师号)、Tname 姓名)、Tdept(所在系)、Ttelephone(手机号)四个字段,同时为列名"Tdept"创建普通索引。

命令语句为

```
CREATE TABLE Teacher(
Tno CHAR(10) COMMENT '教师号',
Tname CHAR(10) COMMENT '姓名',
Tdept CHAR(20) COMMENT '所在系',
Ttelephone CHAR(11) COMMENT '手机号',
INDEX(Tdept) );
```

2. 在已创建的数据表中创建索引

在 MySQL 中,除了可以在创建数据表时创建索引,还可以在已经创建的数据表中创建索引。主要有以下两种方法。

1) 直接创建索引

直接创建索引的基本语法格式为

```
CREATE [ UNIQUE | FULLTEXT ] INDEX  <索引名>
<表名>(<列名>[(长度)],… [ASC|DESC] );
```

【例 7.17】 为 Student、Course、SC 三个表建立索引。其中 Student 表按学号升序建唯一索引,Course 表按照课程号升序建唯一索引,SC 表按学号升序和课程号降序建唯一索引。

命令语句为

```
CREATE UNIQUE INDEX stusno ON Student(Sno ASC);
CREATE UNIQUE INDEX coucno ON Course(Cno ASC);
CREATE UNIQUE INDEX SCno ON SC(Sno ASC,Cno DESC);
```

2) 修改数据表结构添加索引

可以通过 ALTER TABLE 为已经存在的数据表添加索引,基本语法格式为

```
ALTER TABLE <表名>
ADD [ UNIQUE | FULLTEXT ] INDEX <索引名>(<列名>);
```

【例 7.18】　为例 7.16 所创建的数据表中名为 Ttelephone 的列添加唯一索引。命令语句为

```
ALTER TABLE teacher
ADD UNIQUE INDEX tea_telephon(Ttelephone);
```

7.4.2　查看索引

在 MySQL 数据库中,可以通过几种不同的方法查看索引信息。

1. 使用 SHOW INDEX 命令

这是查看索引信息最直接的方法,可以使用下列命令查看特定表的索引信息:

```
SHOW INDEXES FROM <表名>;
```

【例 7.19】　查看 Student 表中的索引信息。

登录 MySQL 终端,在 students 数据库中执行以下 SQL 语句:

```
SHOW INDEXES FROM Student;
```

执行该语句,查看 Student 表中的索引信息,如图 7.5 所示。Student 表中含有两个索引,一个是创建主键时生成的主键索引,一个是在例 7.17 中创建的唯一索引 stusno。这两个索引从结构上看,都是 B+树索引。

图 7.5　查看 Student 中索引信息

2. 使用 INFORMATION_SCHEMA.STATISTICS 视图

这个视图提供了数据库中所有表的索引信息:

```
SELECT * FROM information_schema.statistics WHERE table_schema = '数据库名' AND
table_name = '表名';
```

登录 MySQL 终端,在 students 数据库中执行下列 SQL 语句:

```
SELECT * FROM information_schema.statistics WHERE table_schema = 'students' AND
table_name = 'Student'\G;
```

执行该语句,查看 Student 表中的索引信息,如图 7.6 所示。

3. 使用 SHOW CREATE TABLE 命令

登录 MySQL 终端,在 students 数据库中执行下列 SQL 语句。

```
SHOW CREATE TABLE Student;
```

执行该语句,查看 Student 表中的索引信息,如图 7.7 所示。

7.4.3　删除索引

在 MySQL 中创建索引后,如果用户不再需要该索引,就可以删除指定数据表的索引。

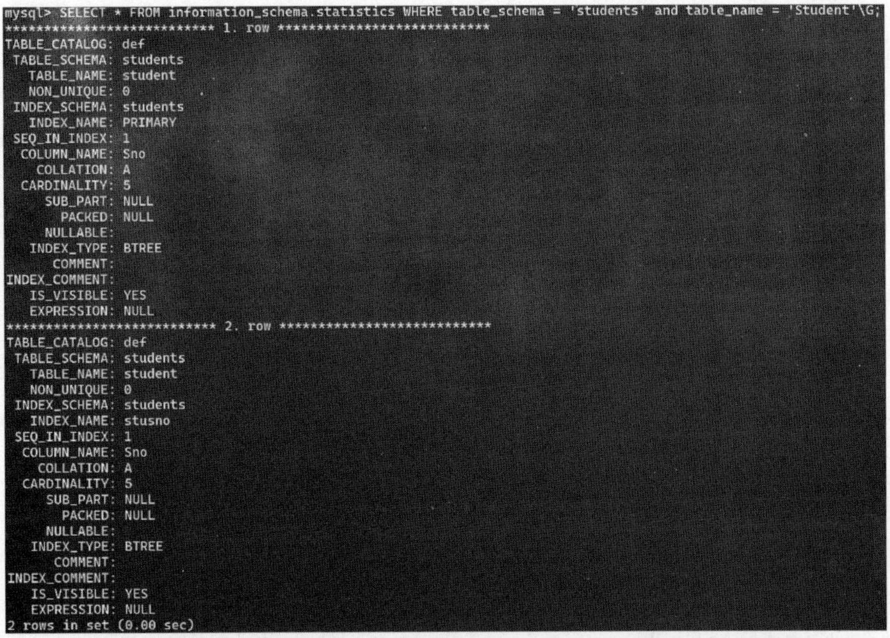

```
mysql> SELECT * FROM information_schema.statistics WHERE table_schema = 'students' and table_name = 'Student'\G;
*************************** 1. row ***************************
TABLE_CATALOG: def
 TABLE_SCHEMA: students
   TABLE_NAME: student
   NON_UNIQUE: 0
 INDEX_SCHEMA: students
   INDEX_NAME: PRIMARY
 SEQ_IN_INDEX: 1
  COLUMN_NAME: Sno
    COLLATION: A
  CARDINALITY: 5
     SUB_PART: NULL
       PACKED: NULL
     NULLABLE:
   INDEX_TYPE: BTREE
      COMMENT:
INDEX_COMMENT:
   IS_VISIBLE: YES
   EXPRESSION: NULL
*************************** 2. row ***************************
TABLE_CATALOG: def
 TABLE_SCHEMA: students
   TABLE_NAME: student
   NON_UNIQUE: 0
 INDEX_SCHEMA: students
   INDEX_NAME: stusno
 SEQ_IN_INDEX: 1
  COLUMN_NAME: Sno
    COLLATION: A
  CARDINALITY: 5
     SUB_PART: NULL
       PACKED: NULL
     NULLABLE:
   INDEX_TYPE: BTREE
      COMMENT:
INDEX_COMMENT:
   IS_VISIBLE: YES
   EXPRESSION: NULL
2 rows in set (0.00 sec)
```

图 7.6 使用 INFORMATION_SCHEMA.STATISTICS 视图查看索引信息

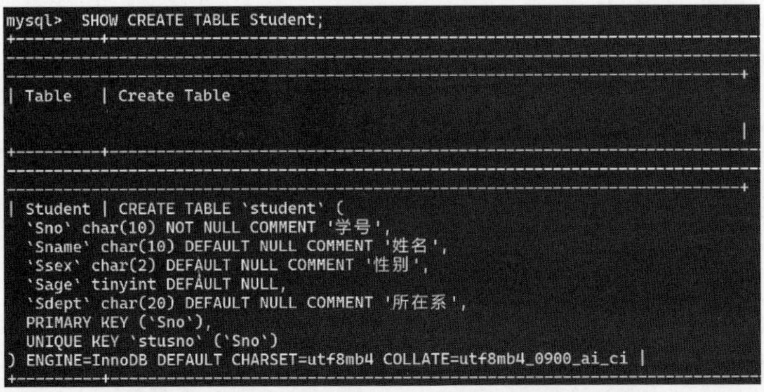

```
mysql>  SHOW CREATE TABLE Student;
+---------+------------------+
|         |                  |
| Table   | Create Table     |
|         |                  |
+---------+------------------+
| Student | CREATE TABLE `student` (
  `Sno` char(10) NOT NULL COMMENT '学号',
  `Sname` char(10) DEFAULT NULL COMMENT '姓名',
  `Ssex` char(2) DEFAULT NULL COMMENT '性别',
  `Sage` tinyint DEFAULT NULL,
  `Sdept` char(20) DEFAULT NULL COMMENT '所在系',
  PRIMARY KEY (`Sno`),
  UNIQUE KEY `stusno` (`Sno`)
) ENGINE=InnoDB DEFAULT CHARSET=utf8mb4 COLLATE=utf8mb4_0900_ai_ci |
```

图 7.7 使用 SHOW CREATE TABLE 查看索引信息

因为这些已经建立但不常使用的索引一方面会占用系统资源,另一方面可能导致更新速降,这会极大地影响数据库的性能。

可以通过 DROP 语句删除索引,基本语法格式为

DROP INDEX 索引名 ON <表名>;

【例 7-20】 删除例 7-16 中创建的索引。

命令语句为

DROP INDEX Tdept ON teacher;

本 章 小 结

本章介绍了视图和索引的概念、作用和设置规则,具体介绍了在 MySQL 中使用 SQL

语句创建、修改与删除视图和索引的方法。

　　视图和索引都属于数据库优化技术。视图是基于数据库基本表的虚表,它所包含的数据并不被物理存储,可以提高数据库操作的便捷性、数据的逻辑独立性和数据的安全性。视图封装了复杂的查询,简化了客户端访问数据库数据的编程,为用户提供了从不同的角度看待同一数据的方法。

　　索引采用键值对的存储结构,建立索引的目的是提高数据的查询效率,但存储索引需要空间的开销,维护索引需要时间的开销。因此,当对数据库的应用主要是查询操作时,可以适当多建立索引。如果对数据库的操作主要是增加、删除和修改,则应尽量少建立索引,以免影响数据的更改效率。

习 题 七

一、选择题

1. 在 MySQL 中,以下( )命令用于创建视图。
    A. CREATE TABLE　　　　　　　　B. CREATE VIEW
    C. CREATE INDEX　　　　　　　　D. CREATE DATABASE

2. 创建视图需要的两个最基本的权限是( )。
    A. 查看和删除　　　　　　　　　　B. 创建和删除
    C. 创建和查看　　　　　　　　　　D. 以上都不是

3. 以下( )选项不是视图的优点。
    A. 简化复杂的 SQL 操作　　　　　 B. 提高数据库性能
    C. 提供安全性　　　　　　　　　　D. 减少数据冗余

4. 以下关于视图的描述,( )是正确的。
    A. 视图存储了实际的数据
    B. 视图可以嵌套
    C. 视图不能进行更新操作
    D. 删除视图会删除其基础表

5. 在 MySQL 中,( )类型的索引是基于 B+树实现的。
    A. 普通索引　　　　B. 唯一索引　　　　C. 全文索引　　　　D. 空间索引

6. 如果想要查询某个字段的唯一值,应该使用( )类型的索引。
    A. 普通索引　　　　B. 唯一索引　　　　C. 复合索引　　　　D. 空间索引

7. 在 MySQL 中,以下( )命令用于查看表的索引信息。
    A. SHOW INDEXES　　　　　　　　B. SHOW TABLES
    C. SHOW DATABASES　　　　　　　D. SHOW VARIABLES

8. 在创建索引时,以下哪个因素会影响索引的性能?( )。
    A. 索引列的数据类型　　　　　　　　B. 索引列的顺序
    C. 表中数据的量　　　　　　　　　　D. 所有以上选项

9. 在 MySQL 中,对于经常需要进行范围查询的列,( )类型的索引最有效。
    A. 普通索引　　　　B. 唯一索引　　　　C. 复合索引　　　　D. 空间索引

10. 以下关于索引的描述,哪一项是错误的?（　　）。

　　A. 索引会加快查询速度

　　B. 主键自动创建唯一索引

　　C. 索引会占用额外的磁盘空间

　　D. 索引不会影响数据插入速度

二、填空题

1. 删除视图时应该使用（　　）关键字。

2. 视图的（　　）可以限制视图的用户能够执行的操作。

3. 在 MySQL 数据库中,视图的处理机制主要有两种：替换式和（　　）。

4. 索引可以提高数据检索的速度,但每次对表进行（　　）操作时,索引也需要同步更新。

5. 索引可以加速（　　）子句中的查询操作。

三、判断题

1. 视图可以被用来提供对基表的物理级别的安全保护。　　　　　　　　　（　　）

2. 包含 GROUP BY 子句的视图不能更新。　　　　　　　　　　　　　　（　　）

3. 视图总是反映最新的数据。　　　　　　　　　　　　　　　　　　　　（　　）

4. 视图可以被索引以提高查询性能。　　　　　　　　　　　　　　　　　（　　）

5. 视图可以包含任何 SQL 语句,包括 INSERT、UPDATE 和 DELETE。　　（　　）

6. 索引可以提高查询速度,但会降低插入和更新的速度。　　　　　　　　（　　）

7. 复合索引中,索引列的顺序不影响查询性能。　　　　　　　　　　　　（　　）

8. 索引可以应用于任何类型的数据列,包括文本和二进制数据。　　　　　（　　）

9. 在 MySQL 中,全文索引只能用于 VARCHAR 或 TEXT 类型的列。　　　（　　）

10. 索引可以减少查询中需要扫描的数据量,从而提高查询效率。　　　　（　　）

四、简答题

1. 视图在哪些情况下,更新操作会受到限制?

2. 索引在数据库中的作用是什么?

第 8 章

数据库安全性管理

本章介绍数据库安全性的定义和 MySQL 的安全机制，MySQL 用户管理、权限管理和角色管理的操作方法。数据库安全管理指 DBMS 在数据库系统运行和管理过程中需要防止数据意外丢失、恶意篡改或者泄露等数据安全性问题，确保数据在用户规定的权限范围内被合理使用。

通过本章的学习，应达到如下目标：

- 理解数据库安全性的含义；
- 掌握数据库安全性控制方法；
- 掌握使用 SQL 语句实现用户、权限和角色的创建和管理操作。

8.1 数据库安全性概述

8.1.1 数据库安全性的含义

数据库中集中存放着大量的企业、事业、金融等数据，大部分数据是非常关键的，并与许多用户直接共享，数据库的安全性相对于其他系统显得尤其重要，因此实现数据库的安全性是数据库管理系统的重要指标之一。

人们经常将数据库安全问题与数据完整性问题混淆，但实际上这是两个不同的概念。安全性是指保护数据以防不合法的使用造成数据被泄露、更改和破坏；完整性是指数据库的准确性和有效性。

安全性（security）。保护数据以防止不合法用户故意造成的破坏。

完整性（integrity）。保护数据以防止合法用户无意中造成的破坏。

简单地说，安全性确保用户被允许做其想做的事情；完整性确保用户所做的事情是正确的。例如，用户在登录时，如果用户名或密码输入错误就无法进入系统，这属于安全性范畴。而用户删除某条记录时，系统报错，提示说在另一个关系中有相同的外码值，这属于完整性范畴。

数据库安全问题主要涉及以下七个方面：

(1) 法律、社会和伦理方面，如合法使用用户身份证号、手机号等敏感问题。

(2) 物理控制方面，如计算机房是否应该加锁或使用其他方法加以保护等。

(3) 政策方面，如安全管理的组织架构及权责关系。

(4) 运行方面，如日志和备份文件管理方法等。

(5) 硬件控制方面，如 CPU 是否提供安全性保护等。

（6）操作系统安全性方面，如普通用户和管理员用户的操作权限等。

（7）数据库系统本身的安全性方面，如数据库优化、权限管理等。

8.1.2 数据库安全性控制的一般方法

数据库安全性控制是保护数据库安全的手段，其目标是尽可能地杜绝非法使用数据库。用户非法使用数据库的情况包括编写合法的程序绕过 DBMS 授权机制，进而通过操作系统直接存取、修改和备份有关数据。为解决数据库设计使用的安全性问题，DBMS 将复杂的安全性控制过程划分为多层安全模型。

1. 安全性控制概述

安全性问题并非数据库应用系统所独有，实际上在许多系统中都存在同样的问题。在一般计算机系统中，完整的 DBMS 安全模型包括连接层次、权限层次、操作系统层次、数据层次和日志层次，如图 8.1 所示。

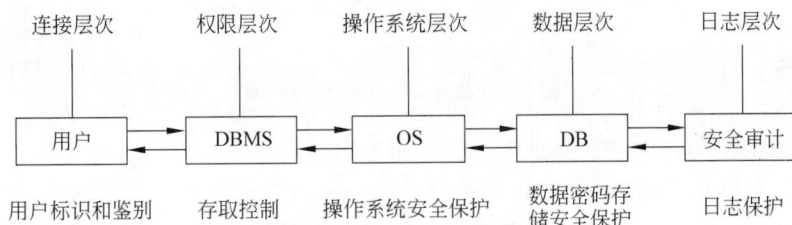

图 8.1 数据安全性控制模型

数据库管理系统的安全性控制是系统提供的最外层安全保护措施。用户登录时，从连接层次验证连接用户身份是否合法。数据库管理系统对提出 SQL 访问请求的数据库用户根据输入的用户标识进行用户身份鉴定，只有合法的用户才准许进入计算机系统。权限管理从权限层次验证合法用户是否具有执行具体操作的权限，对已进入系统的用户，在 SQL 处理层进行自主存取控制和强制存取控制，进一步还可以进行推理控制。DBMS 只允许合法的数据库用户执行合法的数据库操作，如创建表、删除数据等。文件权限从操作系统层次验证合法且具有权限的用户，是否在操作系统权限范围内合理使用文件系统。数据加密重点验证用户是否绕过 DBMS 授权机制直接读取数据库中数据。安全审计对用户访问行为和系统关键操作进行审计，对异常用户行为进行简单入侵检测，重点通过数据库日志信息及早发现系统漏洞，或当系统出现数据安全性问题时，快速定位问题所在。数据库安全性控制流程如图 8.2 所示。

2. 数据库安全性控制的常用方法

数据库安全控制是保护数据库安全的手段，其目标是尽可能地杜绝所有可能的数据库非法使用行为。本节将重点讨论与数据库有关的用户标识和鉴别、用户存取控制权限、定义视图、数据加密、安全审计等安全措施。

1）用户标识和鉴别

用户标识和鉴别（identification & authentication）是数据库系统提供的最外层安全保护措施。数据库系统是不允许不明身份的用户对数据库进行操作的。用户在每次访问数据库之前，必须先标识自己的名字和身份，由 DBMS 系统鉴别后才提供系统使用权。用户标识的鉴别方法有多种，可以委托操作系统进行鉴别，也可以委托专门的全局验证服务器进行

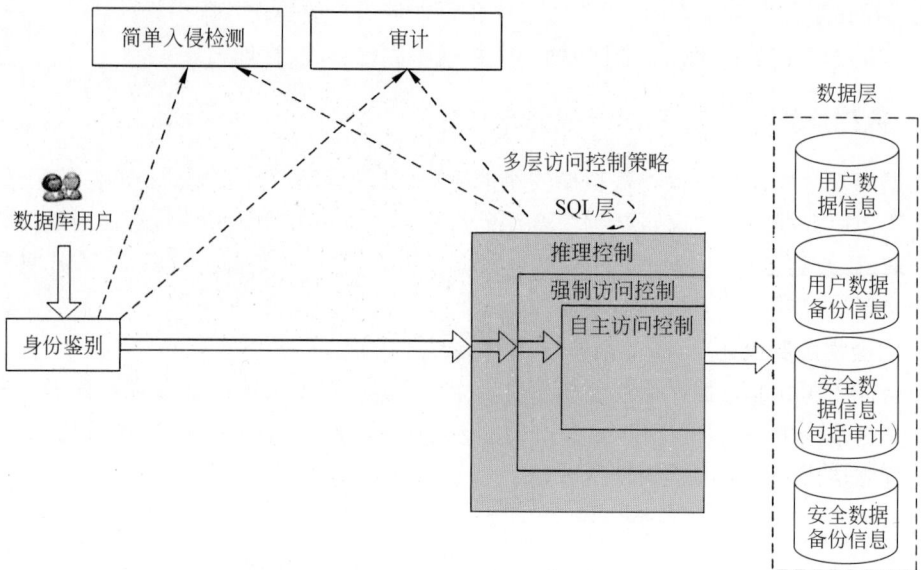

图 8.2　数据库安全性控制流程

鉴别。一般的数据库管理系统提供用户标识和鉴别机制。

用户标识包括用户名(user name)和口令(password)两部分。DBMS 有一张用户口令表,每个用户有一条记录,其中记录着用户名和口令两项数据。用户在访问数据库前,必须先在 DBMS 中进行登记备案,即标识自己(输入用户名和口令)。为保密起见,用户在终端上输入的口令不会直接显示在屏幕上,系统核对口令以鉴别用户身份。

通过用户名和口令鉴定用户的方法简单易行,但用户名与口令容易被人窃取,因此还可以用更复杂的方法。在数据库使用过程中,DBMS 根据用户输入的信息来识别用户的身份是否合法,这种标识鉴别可以重复多次,采用的方法也可以多种多样。鉴别用户身份常用的方法有三种。

(1) 使用只有用户掌握的特定信息鉴别用户。

最广泛使用的就是口令。用户在终端输入口令,若口令正确则允许用户进入数据库系统,否则不能使用该系统。

口令是在用户注册时系统和用户约定好的,可以是一个不易猜出的字符串,也可以是对被鉴别的用户提出的问题,问题答对了也就证实了用户的身份。

在实际应用中,系统还可以采用更复杂的方法来核实用户身份,如设计比较复杂的变换表达式,甚至可以加进与环境有关的参数,如年龄、日期和时间等。例如,系统给出一个随机数 X,然后按 $T(X)$ 对 X 完成某种变换,把结果 Y(等于 $T(X)$)输入系统,此时系统也根据相同的转换来验证其结果与 Y 值是否相等。假设用户注册了一个变换表达式 $T(X)=2X+8$,当系统给出随机数为 5 时,如果用户回答为 18,就证明该用户身份是合法的。这种方式与口令相比,其优点就是不怕别人偷看。系统每次都提供不同的随机数,即使用户的回答被他人看到了也没关系,要猜出用户的变换表达式是困难的。用户可以约定比较简单的计算过程或函数,以使计算方便;也可以约定比较复杂的计算过程或函数,以使安全性更好。

(2) 使用只有用户具有的物品鉴别用户。

磁卡属于鉴别物之一,其使用较为广泛。磁卡上记录有用户的标识符,使用时,数据库系统通过磁卡阅读装置读入信息并与数据库内的存档信息进行比较来鉴别用户的身份。但应该注意,磁卡有丢失或被盗的危险。

(3) 使用用户的个人特征鉴别用户。

这种方式是利用用户的个人特征,如指纹、签名、声音等进行鉴别。相对于其他两种方法,该方法需要昂贵、特殊的鉴别装置,因此其推广和使用受到了影响。

2) 用户存取控制权限

用户存取权限是用户对于不同的实践对象(库、表和视图等)所被允许的操作权限。在数据库系统中,每个用户只能访问其有权限访问的数据对象。因此,在用户建立用户账号后,系统需要为用户授予合适的权限,确保通过身份验证的合法用户按照其权限约束操作数据库。存取控制权限主要由定义用户权限和合法权限检查两部分组成。

(1) 定义用户权限。

用户对某一数据对象的操作权力称为权限。数据库管理系统(DBMS)提供适当的语言来定义用户权限,并将这些权限存放在数据字典中,称作安全规则或授权规则。用户的权限由两部分构成,一部分是数据对象,另一部分是操作类型,如表8.1所示。

表 8.1 关系数据库中的存取控制对象

对 象 类 型	对 象	操 作 类 型
数据库模式	模式	CREATE SCHEMA
	基本表	CREATE TABLE|ALTER TABLE
	视图	CREATE VIEW
	索引	CREATE INDEX
数据	基本表	SELECT|INSERT|UPDATE|DELETE|INDEX|ALTER|REFERENCES|ALL PRIVILEGES
	视图	SELECT|INSERT|UPDATE|DELETE|ALL PRIVILEGES
	属性列	SELECT|INSERT|UPDATE|REFERENCES|ALL PRIVILEGES ＋(列名,[列名],…)

(2) 合法权限检查。

每当用户发出存取数据库的操作请求(请求一般应包括操作类型、操作对象和操作用户等信息),数据库管理系统就查找数据字典,根据安全规则进行合法权限检查。若用户的操作请求超出了定义的权限,系统将拒绝执行此操作。

这两部分机制共同组成了数据库管理系统的存取控制子系统。在C2级的数据库管理系统中支持自主存取控制(discretionary access control,DAC),而在B1级的数据库管理系统中支持强制存取控制(mandatory access control,MAC)。

自主存取控制方法和强制存取控制方法的简单定义如下:

① 自主存取控制方法。用户对于不同的数据对象有不同的存取权限,不同的用户对同一对象也有不同的权限,而且用户还可将其拥有的存取权限转授给其他用户,因此自主存取控制非常灵活。在 MySQL 中,GRANT 和 REVOK 语句用于实现自主访问控制。

② 强制存取控制方法。每一个数据对象被标以一定的密级,每一个用户也被授予某一

个级别的许可证。对于任意一个对象,只有具有合法许可证的用户才可以存取。因此,强制存取控制相对比较严格。

3）定义视图

数据库管理系统一般都支持视图数据对象,允许使用视图机制实现属性列的授权和与数据值有关的授权。将属性列的存取限制和数据值的存取限制定义在合适的视图中,然后针对视图进行授权。可以为不同的用户定义不同的视图,把数据对象限制在一定的范围内,也就是说,通过视图机制把要保密的数据对无权存取的用户隐藏起来,从而自动地对数据提供一定程度的安全保护。

视图机制间接实现支持谓词的用户权限定义。例如,在某大学中假定王平老师只能检索计算机系学生的信息,系主任张明具有检索和增删改计算机系学生信息的所有权限。这就要求系统能支持“存取谓词”的用户权限定义。在不直接支持存取谓词的系统中,可以先建立计算机系学生的视图 CS_Student,然后在视图上进一步定义存取权限。

【例 8.1】　创建两个用户'U1'@'localhost'和'U2'@'%'。将例 7.1 中建立的视图 v_student 的 SELECT 权限授予'U1'@'localhost',并把该视图的所有操作权限授予'U2'@'%'。

命令语句为

```
CREATE USER IF NOT EXISTS 'U1'@'localhost' IDENTIFIED BY '123';
CREATE USER IF NOT EXISTS 'U2'@'%' IDENTIFIED BY '123';
GRANT SELECT ON students.v_student TO U1@localhost;
GRANT ALL PRIVILEGES ON students.v_student TO U2;
```

4）数据加密

对于高度敏感性数据,例如财务数据、军事数据、国家机密,除以上安全性措施,还可以采用数据加密技术。

数据加密是防止数据库中数据在存储和传输中失密的有效手段。加密的基本思想是根据一定的算法将原始数据(明文,plain text)变换为不可直接识别的格式(密文,cipher text),从而使得不知道解密算法的人无法获知数据的内容。

加密方法主要有两种。一种是替换方法,使用密钥(encryption key)将明文中的每一个字符转换为密文中的一个对应字符;另一种是置换方法,仅将明文的字符按不同的顺序重新排列。单独使用这两种方法中的任意一种都是不够安全的,但是将它们结合起来就能提供相当高的安全程度。采用这种结合算法的例子是美国 1977 年制定的官方加密标准——数据加密标准(Data Encryption Standard,DES)。

有关 DES 密钥加密技术及密钥管理问题这里不讨论,读者可参考有关书籍。

目前有些数据库产品提供了数据加密例行程序,可根据用户的要求自动对存储和传输的数据进行加密处理。另一些数据库产品虽然本身未提供加密程序,但提供了接口,允许用户用其他厂商的加密程序对数据加密。

由于数据加密与解密也是比较费时的操作,而且数据加密与解密程序会占用大量系统资源,因此数据加密功能通常也作为可选特征,允许用户自由选择,以便只对高度机密的数据加密。

5）安全审计

上面所介绍的数据库安全性保护措施都是正面的预防性措施,它们防止非法用户进入

DBMS 并从数据库系统中窃取或破坏保密的数据。审计跟踪则是一种事后监视的安全性保护措施,它跟踪数据库的访问活动,以发现数据库的非法访问,达到安全防范的目的。按照 TDI/TCSEC 标准中安全策略的要求,"审计"功能就是 DBMS 达到 C2 以上安全级别必不可少的一项指标。DBMS 的跟踪程序可对某些保密数据进行跟踪监测,并记录有关数据的访问活动。当发现潜在的窃密活动(如重复的、相似的查询等)时,一些有自动报警功能的 DBMS 就会发出警报信息;对于没有自动报警功能的 DBMS,也可根据这些跟踪记录信息进行事后分析和调查。审计跟踪的结果记录在一个特殊的文件上,这个文件叫"跟踪审查记录文件"。

审计跟踪记录一般包括下列内容:

(1) 操作类型(如修改、查询等);

(2) 操作终端标识与操作者标识;

(3) 操作日期和时间;

(4) 所涉及的数据;

(5) 数据的前像和后像。

除了对数据访问活动进行跟踪审查,跟踪程序对每次成功或失败的注册以及成功或失败的授权或取消授权的行为也进行记录。跟踪审查一般由 DBA 控制,或由数据的所有者控制。DBMS 提供相应的语句供施加和撤销跟踪审查之用。

审计通常是很费时间和空间的,所以 DBMS 往往都将其作为可选特征,允许 DBA 根据应用对安全性的要求,灵活地打开或关闭审计功能。审计功能一般主要用于安全性要求较高的部门。

MySQL 提供了官方的审计插件(如 MariaDB 的 server_audit 插件或 Oracle MySQL 的 audit_log 插件),可以用于记录用户活动和数据库事件。如果使用 MariaDB,可以通过 server_audit 插件实现审计。

8.2 MySQL 权限系统

8.2.1 MySQL 权限管理

MySQL 权限管理是数据库安全性的重要组成部分,它决定了哪些用户(或用户组)可以对数据库执行哪些操作。所有用户的权限都存储在权限表中,不合理的权限规划会给 MySQL 服务器带来安全隐患。通过精细的权限控制,数据库管理员可以有效地保护数据库资源不被未授权访问或篡改。

MySQL 权限包含了用户登录验证和用户权限检查两部分。

1. 用户登录验证

MySQL 根据用户提供的用户名、密码(口令)、访问数据库的主机信息(如访问主机的 IP 地址)等信息,对照 mysql.user 表中的记录验证用户身份。如果用户提供的信息和 mysql.user 表中完全一致,则通过身份验证;否则,返回 Access Denial 错误信息。

用户使用客户端程序访问 MySQL 数据库,客户端程序负责将用户提供的信息发送到 MySQL 服务器进行验证。

2. 用户权限检查

用户通过登录验证后,MySQL 将对用户提交的每项数据库操作进行权限检查,判断用户是否具有足够的权限执行相应操作。

影响 MySQL 数据库安全的重要因素是用户的权限,因此如何管理用户的权限对数据库安全影响较大。在 MySQL 数据库中,可以使用 GRANT(授权)和 REVOKE(收回权限)实现自主访问控制,这些语句涉及的具体权限名称见 8.4.1 节。

权限控制主要是出于数据库安全考虑而实施的,因此需要遵循以下几个原则:

(1) 只授予能满足需要的最小权限,防止用户误操作。例如,用户只需要查询,那么只授予 SELECT 权限就可以了,不需要授予 UPDATE、INSERT 和 DELETE 权限。

(2) 创建用户时限制用户的登录主机,一般是限制为指定 IP 或内网 IP 段。

(3) 为每个用户设置满足密码复杂度的密码。

(4) 定期清理不需要的用户,并回收权限或删除用户。

8.2.2 MySQL 权限管理相关表

MySQL 数据库把用户信息和权限作为记录存储在授权表(grant tables)中。这些表都存储在 MySQL 数据库中。用户登录后,MySQL 会根据这些权限表的内容为每个用户赋予相应的权限。

从 MySQL 8.0 开始,数据库中包括的授权表主要有全局权限表(mysql.user)、数据库级权限表(mysql.db)、表级权限表(mysql.tables_priv)、字段级权限表(mysql.columns_priv)和存储过程或存储函数级权限表(mysql.procs_priv)等。

利用 DESC 语句可以查看权限表中的信息,语法格式如下:

```
DESC mysql.<权限表名>;
```

1. 全局权限表 mysql.user

mysql.user 数据表是 MySQL 中最重要的一个权限表,用来记录允许连接到服务器的账号信息。要注意的是,在 mysql.user 数据表中启用的所有权限都是全局级的,适用于所有数据库。user 数据表中的字段大致可以分为 4 类,分别是用户信息列、全局权限列、安全性相关列和资源控制权限列。

1) 用户信息列

用户信息列存储的是用户连接 MySQL 数据库时需要输入的信息,如表 8.2 所示。创建新用户时,需要设置这三个字段的值;修改用户密码时,实际修改的是 Authentication_string 字段的值。

表 8.2　mysql.user 数据表的用户信息列

字 段 名 称	描 述
Host	用户所连接的主机的 IP 地址或主机名,可以是具体的主机地址,也可以是通配符(%,表示任何主机)
User	用户的用户名,表示在 Host 字段指定的主机上可用的账户名
Authentication_string	用户的加密密码。存储时通常是经过哈希处理的密码,而不是明文密码

2）全局权限列

全局权限列的字段决定了用户的权限，用来描述在全局范围内允许对数据和数据库进行的操作。权限可分为两大类，分别是高级管理权限和普通权限。

高级管理权限主要为服务器管理权限，如关闭服务的权限或超级权限等，包括 Select_priv，Insert_priv 等以 priv 结尾的字段，这些字段的数据类型为 BNUM，可取的值只有 Y 和 N：Y 表示该用户有对应的权限，N 表示该用户没有对应的权限。从安全角度考虑，这些字段的默认值都为 N，如表 8.3 所示。

表 8.3　mysql.user 数据表的全局权限列

字 段 名 称	描　　述
Select_priv	SELECT 权限，允许从任何数据库和表中查询数据
Insert_priv	INSERT 权限，允许向任何表中插入数据
Update_priv	UPDATE 权限，允许更新任何表中的数据
Delete_priv	DELETE 权限，允许删除任何表中的数据
Create_priv	CREATE 权限，允许创建数据库或表
Drop_priv	DROP 权限，允许删除数据库或表
Grant_priv	GRANT 权限，允许授予其他用户权限
References_priv	REFERENCES 权限，允许创建外键约束
Index_priv	INDEX 权限，允许创建或删除索引
Alter_priv	ALTER 权限，允许修改表结构（如增加字段、修改字段类型）
Create_tmp_table_priv	CREATE TEMPORARY TABLES 权限，允许创建临时表
Lock_tables_priv	LOCK TABLES 权限，允许锁定表以独占访问
Execute_priv	EXECUTE 权限，允许执行存储过程或存储函数
Repl_slave_priv	REPLICATION SLAVE 权限，允许用作复制中的从服务器
Repl_client_priv	REPLICATION CLIENT 权限，允许查看复制状态
Create_user_priv	CREATE USER 权限，允许创建新的用户
Event_priv	是否具有 EVENT 权限，允许创建、修改或删除事件
Trigger_priv	是否具有 TRIGGER 权限，允许创建、删除触发器

普通权限主要为对数据库的操作权限，如查询（SELECT）、修改数据（INSERT、UPDATE、DELETE）、操作表结构（CREATE、ALTER、DROP）。

3）安全性相关列

安全性相关列主要用来判断用户是否能够登录成功，如表 8.4 所示。

表 8.4　mysql.user 数据表安全性相关列

字 段 名 称	描　　述
ssl_type	定义用于 SSL 连接的类型

续表

字 段 名 称	描　　　述
ssl_cipher	SSL 加密套件(cipher),如果 SSL 被启用,表示使用的加密套件
x509_issuer	存储 SSL 证书的颁发者(issuer),如果 SSL 被启用并且用户身份验证使用了 X.509 证书
x509_subject	存储 SSL 证书的主题(subject),如果用户通过 X.509 证书进行身份验证
password_expired	密码是否过期
password_last_changed	记录上次密码修改的时间戳
password_lifetime	设置密码的有效期,单位为天
account_locked	是否锁定账户(Y 表示账户已被锁定,N 表示账户未锁定)

4)资源控制权限列

资源控制权限列用来限制用户使用的资源,如表 8.5 所示。

表 8.5　mysql.user 数据表的资源控制权限列

字 段 名 称	描　　　述
max_questions	限制一个用户每小时(3600 秒)能够执行的最大查询数量
max_updates	限制一个用户每小时(3600 秒)能够执行的最大更新次数
max_connections	限制一个用户最多同时连接 MySQL 的连接数
max_user_connections	限制一个用户的最大并发连接数

以上字段的默认值为 0,表示没有限制。若一小时用户查询或连接数量超过资源控制限制,则直到下一小时才可以执行对应的操作。

2. 数据库级权限表 mysql.db

mysql.db 数据表比较常用,是 MySQL 数据库中非常重要的权限表,表中存储了用户对某个数库的操作权限。mysql.db 数据表中的字段大致可以分为两类,分别是用户列和权限列。

mysql.db 数据表的用户列有 3 个字段,分别是 Host、Db、User,表示从某个主机连接某个用户对某个数据库的操作权限,这 3 个字段的组合构成了 mysql.db 数据表的主键。权限信息列和 mysql.user 数据表中的权限信息列大致相同,区别是 mysql.user 数据表中的权限是针对所有数据库的,而 mysql.db 数据表中的权限只针对指定的数据库。

3. 表级权限表 mysql.tables_priv

mysql.tables_priv 表可以对单个表及表中所有字段的使用权限进行设置,存储的是特定用户在特定表上的权限,包括用户信息、授权信息和表级别权限信息。

4. 字段级权限表 mysql.columns_priv

mysql.columns_priv 数据表存储了用户在特定数据库表的列上授予的权限,包括用户信息、授权信息和字段级别权限信息。

5. 存储过程或函数级权限表 mysql.procs_priv

mysql.procs_priv 数据表存储了用户对存储过程和存储函数的权限信息,规定了用户执行、修改和授权存储过程或函数的权限,包括用户信息、授权信息和存储过程或函数级别权限信息。

8.3 MySQL 用户管理

安装 MySQL 时,需要建立 root 用户,该用户为数据库服务器超级管理员,具有全部权限。使用 root 用户可以创建普通用户。普通用户为实际开发数据库系统时使用的账号。为确保数据库系统的安全性,应该避免直接使用 root 账号,而应根据业务需要,创建普通用户并授予相应权限。

8.3.1 添加用户

在 MySQL 中,添加用户的基本语法如下:

```
CREATE USER [IF NOT EXISTS] <用户名 1> [IDENTIFIED BY '<密码>'] [,用户名 2
[IDENTIFIED BY '<密码>']…];
```

相关说明如下:

(1) CREATE USER 语句可以同时创建多个用户。

(2) 用户名参数表示新建用户的账户,由用户(User)和主机名(Host)构成,未指定主机,假定为%通配符。

(3) [IDENTIFIED BY']密码和[,用户名[IDENTIFIED BY'密码]可选,可以指定用户登录时需要密码验证或直接登录。不指定密码的方式不安全,不推荐使用。如果指定密码,则用 IDENTIFIED BY 指定明文密码值。

【例 8.2】 在本地 MySQL 数据库中创建两个用户,账户名分别为"王平""张珊",登录密码为 123,命令语句如下:

```
CREATE USER IF NOT EXISTS '王平'@'localhost' IDENTIFIED BY '123','张珊'@'
localhost' IDENTIFIED BY '123';
```

执行上述语句,结果如图 8.3 所示。

```
mysql> CREATE USER IF NOT EXISTS '王平'@'localhost' IDENTIFIED BY '123',
    -> '张珊'@'localhost' IDENTIFIED BY '123';
Query OK, 0 rows affected, 2 warnings (0.01 sec)
```

图 8.3 添加用户

说明:用户名中,用户和主机的引号可以省略,也可以写成如下语句。

```
CREATE USER IF NOT EXISTS 王平@localhost IDENTIFIED BY '123',张珊@localhost
IDENTIFIED BY '123';
```

8.3.2 查看用户

在 MySQL 数据库中,查看用户列表通常是指查看 MySQL 数据库中的 user 表,这个表包含了所有用户账户的信息。以下是一些常用的 SQL 命令,用于查看用户信息。

1. 查看所有用户

命令语句为

```
SELECT User, Host FROM mysql.user;
```

```
+--------------------+-----------+
| User               | Host      |
+--------------------+-----------+
| U2                 | %         |
| U1                 | localhost |
| mysql.infoschema   | localhost |
| mysql.session      | localhost |
| mysql.sys          | localhost |
| root               | localhost |
| 张珊               | localhost |
| 王平               | localhost |
+--------------------+-----------+
8 rows in set (0.00 sec)
```

图 8.4　查看所有用户

执行上述语句,可以显示所有用户及其对应的主机,结果如图 8.4 所示。

2. 查看特定用户的权限

命令语句为

```
SHOW GRANTS FOR '用户'@'主机';
```

【例 8.3】　查看用户'U1'@'localhost'的权限。

语句如下:

```
SHOW GRANTS FOR 'U1'@'localhost';
```

执行上述语句,可以查看用户名为'U1'@'localhost'的用户的权限,如图 8.5 所示。

3. 查看当前用户

命令语句为

```
SELECT USER();
```

执行上述语句,可以返回当前连接到 MySQL 服务器的用户信息,如图 8.6 所示。

```
mysql> SHOW GRANTS FOR 'U1'@'localhost';
+----------------------------------------------------------------+
| Grants for U1@localhost                                        |
+----------------------------------------------------------------+
| GRANT USAGE ON *.* TO 'U1'@'localhost'                         |
| GRANT SELECT ON `students`.`v_student` TO 'U1'@'localhost'     |
+----------------------------------------------------------------+
2 rows in set (0.00 sec)
```

图 8.5　查看 U1 的权限

```
mysql> SELECT USER();
+----------------+
| USER()         |
+----------------+
| root@localhost |
+----------------+
1 row in set (0.00 sec)
```

图 8.6　查看当前用户

4. 查看当前会话的用户

命令语句为

```
SELECT CURRENT_USER();
```

这条命令会返回当前会话的用户信息。

注意:执行这些命令需要有足够的权限,通常是 SELECT 权限在 MySQL 数据库上。如果以 root 用户或具有相应权限的用户账号登录,通常可以查看所有用户的信息。如果是普通用户,可能只能查看自己的权限信息。此外,出于安全考虑,直接操作 MySQL 数据库时要谨慎,以免不小心更改了重要的系统表。

8.3.3　重命名用户

在 MySQL 中,可以使用 RENAME USER 语句或者 UPDATE 语句来重命名一个用户。这个操作会将用户的登录名从旧的名字更改为新的名字,但用户的权限和属性保持不变。

1. 使用 RENAME USER 语句重命名用户

使用 RENAME USER 语句重命名已有用户的语法格式为

```
RENAME USER '原用户信息'[@'主机信息'] TO '新用户信息'@'主机信息'[,'原用户信息'[@'主机'] TO '新用户信息'@'主机'];
```

相关说明如下：

（1）使用 RENAME USER 语句一次性为多个已有用户进行重命名，不同用户使用逗号分隔。

（2）使用 RENAME USER 语句实际上是对 mysql.user 表操作，因此用户需要具有 MySQL 数据库的 UPDATE 权限或服务器级别的 CREATE USER 权限。

（3）使用'用户名'@'主机信息'的方式重命名用户，不仅可以重命名用户名称，还可以修改用户允许访问的服务器的主机信息。

2. 使用 UPDATE USER 语句重命名用户

使用 UPDATE USER 语句重命名已有用户的语法格式为

```
UPDATE mysql.user SET USER = '旧用户'            user = '新用户';
```

【例 8.4】 用 RENA   如的用户"王平"修改成"Wang"，用 UPDATE 语句   不变。

命令语句为

```
RENAME USER                                   host';
UPDATE mysql.                                '张珊';
```

执行上述语句   M mysql.user;"可以看到，用户的名字发生了改变，如

图 8.7   命名后）

8.3.4 修改用户密码

使用 mysqladmin 命令、S   ql.user 可以修改用户密码。

1. 设置当前用户密码

在 MySQL 中设置当前用户

```
ALTER USER USER() IDENTIFI
```

或

```
SET PASSWORD= '新密码';
```

其中，USER()函数的作用是返回当   式只能设置当前登录用户的密码。

2. 修改其他用户密码

在 MySQL 中修改普通用户密码的基本语法格式为

ALTER USER <用户名>[IDENTIFIED BY'新密码' |[,<用户名>[IDENTIFIED BY '新密码']]

或

SET PASSWORD FOR 用户名='新密码';

修改其他普通用户密码的前提是当前用户具有 CREATE USER(创建用户)权限。

修改密码后,该用户下次进行身份验证时,需要使用更新后的密码。

【例 8.5】 将当前用户的密码修改为 abc。

命令语句为

ALTER USER user() IDENTIFIED BY 'abc';

【例 8.6】 将用户 U1 和 U2 的密码修改为 newpass123。

命令语句为

ALTER USER 'U1'@'localhost' IDENTIFIED BY 'newpass123', 'U2' IDENTIFIED BY 'newpass123';

3.使用户密码过期

如果不为用户更改密码,而是想强制用户自己更改密码,在 MySQL 中,可以使用 ALTER USER 命令的 PASSWORD EXPIRE 选项。执行该命令后,用户仍然可以使用以前的密码连接服务器。然而,一旦运行查询(即开始检查权限),用户就会看到错误,强制更改密码。现有连接不受影响。

例如,执行语句 ALTER USER 'U1'@'localhost' PASSWORD EXPIRE;,然后观察对用户的影响。重启命令行窗口,执行 mysql-uU1-p-hlocalhost,输入 U1 的密码后,身份验证成功。但是一旦执行查询语句,就会报错,并提示用户密码过期,应修改密码,如图 8.8 所示。

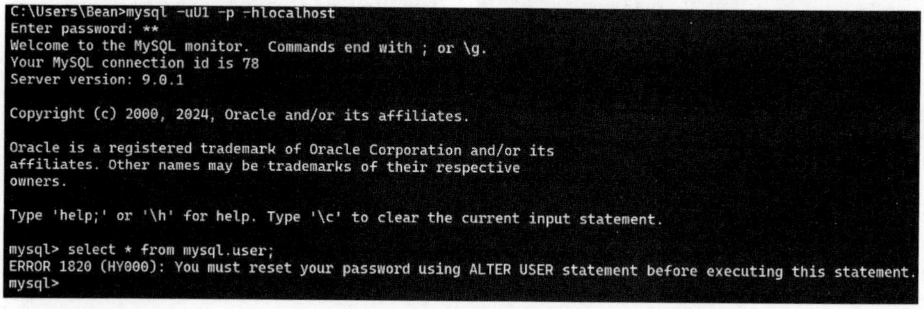

图 8.8 提示用户密码过期

8.3.5 删除用户

不需要某一用户时,可以删除用户信息,以提高系统安全性。在 MySQL 数据库中,可以使用 DROP 语句、DELETE 语句删除用户。

1. 使用 DROP 语句删除

在 MySQL 中使用 DROP 语句删除用户的基本语法格式为

DROP USER [IF EXISTS] <用户名>@'主机信息'[,<用户名>@'主机信息']…

说明:

(1) 使用 DROP USER 语句可一次删除一个或多个用户信息，不同用户信息用逗号分隔。

(2) 必须拥有 MySQL 数据库的 DELETE 权限或全局 CREATE USER 权限。

(3) 在使用该语句时，若没有明确地给出账户的主机名，则该主机名默认为%。

【例 8.7】 删除例 8.1 创建的两个用户 U1、U2。

命令语句为

```
DROP USER U1@localhost,U2;
```

执行上述语句后，再次执行查看用户语句“SELECT User,Host FROM mysql.user;”可以看到 U1 和 U2 的信息已经被删除了，如图 8.9 所示。

```
mysql> DROP USER U1@localhost,U2;
Query OK, 0 rows affected (0.00 sec)

mysql>  SELECT User, Host FROM mysql.user;
+------------------+-----------+
| User             | Host      |
+------------------+-----------+
| Wang             | localhost |
| Zhang            | localhost |
| mysql.infoschema | localhost |
| mysql.session    | localhost |
| mysql.sys        | localhost |
| root             | localhost |
+------------------+-----------+
6 rows in set (0.00 sec)
```

图 8.9　利用 DROP 语句删除用户

2. 使用 DELETE 语句删除

在 MySQL 数据库中，使用 DELETE 语句直接删除 mysql.user 数据表中相应的用户信息的基本语法格式为

```
DELETE FROM mysql.user WHERE Host='主机名' AND User='用户';
```

【例 8.8】 使用 DELETE 语句删除用户 Wang。

命令语句为

```
DELETE FROM mysql.user WHERE Host='localhost' AND user='Wang';
```

说明：

(1) 必须拥有 mysql.user 数据表的 DELETE 权限。

(2) Host 和 User 这两个字段都是 mysql.user 数据表的主属性。因此，需要两个字段的值才能确定一条记录。

(3) 删除之后需要执行“FLUSH PRIVILEGES;”语句刷新权限，使用户生效。

(4) 使用 DELETE 语句删除用户，系统会有残留信息。

8.4　MySQL 权限授予和回收

8.4.1　MySQL 常见权限

MySQL 中的权限系统允许数据库管理员控制用户对数据库、表、视图、存储过程等数据库对象的访问。

从 MySQL 8.0 版本开始，MySQL 中的权限分为两种：静态和动态。静态权限内置于服务器，安装后就可以使用。与之相反，动态权限是运行时在服务器中注册的权限。只有注册的权限才能授予，因此有可能某些权限永远不会被注册，也永远不会被授予。可以通过插件和组件扩展权限，但是，当前可用的大多数动态权限在常规的社区版服务器中默认均已注册。

MySQL 8.0 提供的动态权限旨在减少使用 SUPER 权限的必要性（SUPER 权限从 MySQL 8.0 版开始已经被弃用）。动态权限通常用于控制用户可以执行的一系列活动，例如，与直接在表上授予的 SELECT 权限不同，CONNECTION ADMIN 权限允许执行一系列操作，包括终止其他账户的连接、更新只读服务器中的数据、在达到限制时通过额外连接进行连接等。

在 MySQL 数据库中执行 SHOW PRIVILEGES\G 语句，结果如图 8.10 所示，可以查看当前数据库中的所有权限。

```
mysql> SHOW PRIVILEGES\G
*************************** 1. row ***************************
Privilege: Alter
  Context: Tables
  Comment: To alter the table
*************************** 2. row ***************************
Privilege: Alter routine
  Context: Functions,Procedures
  Comment: To alter or drop stored functions/procedures
*************************** 3. row ***************************
Privilege: Create
  Context: Databases,Tables,Indexes
  Comment: To create new databases and tables
*************************** 4. row ***************************
```

图 8.10　查看当前数据库的所有权限(部分)

在 MySQL 数据库中，使用 GRANT(授权)和 REVOKE(收回权限)语句进行权限的授予和回收。常见的权限如下所示。

(1) CREATE 和 DROP 权限。创建新的数据库和数据表，或者删除已有的数据库和数据表。若 MySQL 数据库中的 DROP 权限授予某用户，该用户就可以删除 MySQL 访问权限保存的数据库。

(2) INSERT、UPDATE 和 DELETE 权限。允许在一个数据库现有的数据表上进行相关操作。

(3) SELECT 权限。只有在真正从一个数据表中检索行时才被用到。

(4) INDEX 权限。允许创建和删除索引，INDEX 权限适用于已有的数据表。如果具有某个数据表的 CREATE 权限，就可以在 CREATE TABLE 语句中包括索引定义。

(5) ALTER 权限。允许使用 ALTER TABLE 语句更改数据表的结构并重新命名数据表。

(6) CREATE ROUTINE 权限。用于创建保存的程序或函数和程序。

(7) ALTER ROUTINE 权限。用于更改和删除保存的程序。

(8) EXECUTE 权限。用于执行保存的程序。

(9) GRANT 权限。允许授权给其他用户，可用于数据库、表和保存的程序。

(10) FILE 权限。允许用户使用 LOAD DATA INFILE 和 SELECT … INTO OUTFILE 语句读或写服务器上的文件，任何被授予 FILE 权限的用户都能读或写 MySQL

服务器上的任何文件。

8.4.2　权限授予

权限授予是指授予用户(或角色)执行一般活动或操作特定对象的权限。合理的权限授予能确保数据库的安全。给用户授权的方式有两种,一是通过把角色赋予用户给用户授权,二是直接给用户授权。用户是数据库的使用者,可以通过授予用户访问数据库中资源的权限,控制使用者对数据库的访问,消除安全隐患。

MySQL 中可以授予的权限有下列四组。

(1) 列权限。和数据表中的一个具体列相关。

(2) 对象权限。和一个具体数据表、视图中的所有数据,或是某存储过程相关。

(3) 数据库权限。和一个具体的数据库中的所有数据表相关。

(4) 全局权限。和 MySQL 所有数据库中的每个对象相关。

在 MySQL 中,GRANT 语句中可用于指定权限级别的参数有以下六类格式。

(1) *。表示当前数据库中的所有数据表。

(2) *.*。表示所有数据库中的所有数据表。

(3) db_name.*。表示某个数据库中的所有数据表,db_name 指定数据库名。

(4) db_name.tbl_name。表示某个数据库中的某个数据表或视图,db_name 指定数据库名;tbl_name 指定数据表名或视图名。

(5) db_name.routine_name。表示某个数据库中的某个存储过程或函数,routine_name 指定存储过程名或函数名。

(6) TO 子句。将权限授予某个用户名。

在 MySQL 中为用户授权的基本语法格式为

```
GRANT<权限 1>[,<权限 2>,…] ON <数据库名称>.<表名称>TO <用户名 1>[IDENTIFIED BY '密码'][,<用户名 2>[IDENTIFIED BY'密码'] …] [WITH with_option [with_option]….];
```

说明:

(1) 用户名参数表示新建用户账户,由用户(User)和主机名(Host)构成。

(2) 可以设置多个权限。

(3) WITH 关键字后面可带有一个或多个 with_option 参数。参数取值如下:

· GRANT OPTION。被授权的用户可以将这些权限赋予别的用户。

· MAX_QUERIES_PER_HOUR count。设置每小时可允许执行查询次数。

· MAX_UPDATES_PER_HOUR count。设置每小时可允许执行更新次数。

· MAX_CONNECTIONS_PER_HOUR count。设置每小时可建立连接个数。

· MAX_USER_CONNECTIONS count。设置单个用户可同时具有连接个数。

【例 8.9】　DBA 给用户 Zhang 授予以下权限:

(1) 创建新用户的权限。

(2) 对 students 数据库中 Student 表的 Sno(学号)和 Sname(姓名)的查询权限和对 Sname(姓名)的更新权限,该用户可以转授此权限给其他用户。

命令语句为

```
GRANT CREATE USER ON * . * TO 'Zhang'@'localhost';
```

```
GRANT SELECT (Sno, Sname), UPDATE (Sname)
ON students.Student TO 'Zhang'@'localhost'
WITH GRANT OPTION;
```

执行上述语句后，再次打开命令行窗口，用 Zhang 用户连接本地服务器，执行下列语句：

```
CREATE user 'LiMing'@'localhost' IDENTIFIED BY '123';
GRANT SELECT (Sno, Sname), UPDATE (Sname)
ON students.Student TO 'LiMing'@'localhost';
GRANT CREATE USER ON * . * TO 'LiMing'@'localhost' ;
```

结果如图 8.11 所示，用户 Zhang 可以创建用户 LiMing，但无法将创建用户权限转授给 LiMing，不过可以将查询 Student 表中的 Sno、Sname 列的权限转授给 LiMing。

```
C:\Users\Bean>mysql -u Zhang -p
Enter password: ***
Welcome to the MySQL monitor.  Commands end with ; or \g.
Your MySQL connection id is 90
Server version: 9.0.1 MySQL Community Server - GPL

Copyright (c) 2000, 2024, Oracle and/or its affiliates.

Oracle is a registered trademark of Oracle Corporation and/or its
affiliates. Other names may be trademarks of their respective
owners.

Type 'help;' or '\h' for help. Type '\c' to clear the current input statement.

mysql> CREATE user 'LiMing'@'localhost' IDENTIFIED BY '123';
Query OK, 0 rows affected (0.01 sec)

mysql> GRANT CREATE USER ON *.* TO 'LiMing'@'localhost' ;
ERROR 1045 (28000): Access denied for user 'Zhang'@'localhost' (using password: YES)
mysql> GRANT SELECT (Sno, Sname), UPDATE (Sname)
    -> ON students.Student TO 'LiMing'@'localhost';
Query OK, 0 rows affected (0.00 sec)
```

图 8.11　验证用户 Zhang 获得权限的效果

8.4.3　权限查看

在 MySQL 中，可以通过查询授权表来查看用户具有哪些权限，但这种方式并不总是很方便。因此，查看一个用户的权限，更多选择使用内置的 SHOW GRANTS 语句，基本语法如下：

```
SHOW GRANTS FOR '用户名'@'主机信息';
```

【例 8.10】　查看用户 Zhang 的权限。

命令语句为

```
SHOW GRANTS FOR 'Zhang'@'localhost';
```

执行上述语句，结果如图 8.12 所示。

```
+----------------------------------------------------------------------------------------------------+
| Grants for Zhang@localhost                                                                         |
+----------------------------------------------------------------------------------------------------+
| GRANT CREATE USER ON *.* TO `Zhang`@`localhost`                                                    |
| GRANT SELECT (`Sname`, `Sno`), UPDATE (`Sname`) ON `students`.`student` TO `Zhang`@`localhost` WITH GRANT OPTION |
+----------------------------------------------------------------------------------------------------+
2 rows in set (0.00 sec)
```

图 8.12　查询用户 Zhang 的权限

如果想查看通过身份验证和授权的当前用户的权限，可以使用以下语句，作用完全相同：

```
SHOW GRANTS;
```

或

```
SHOW GRANTS FOR CURRENT_USER;
```

或

```
SHOW GRANTS FOR CURRENT_USER();
```

8.4.4　权限回收

权限回收就是取消已经赋予用户的某些权限。通过收回用户不必要的权限,可以在一定程度上保证系统的安全。

在 MySQL 中,权限回收主要通过 REVOKE 语句实现,用于撤销用户对数据库、表或列的权限。

1. 回收用户某些特定的权限

语法格式为

```
REVOKE <权限 1>,[<权限 2>…] <数据库名>.<表名>FROM <用户名 1>[,<户名 2>…];
```

2. 回收用户的所有权限

以下是几种常见的回收用户所有权限的示例。

(1) 回收全局权限。

语法格式为

```
REVOKE ALL PRIVILEGES ON *.* FROM <用户名 1>[,<用户名 2>]…;
```

(2) 回收数据库权限。

语法格式为

```
REVOKE ALL PRIVILEGES ON <数据库名>.* FROM <用户名 1>[,<用户名 2>]…;
```

(3) 回收表权限。

语法格式为

```
REVOKE SELECT, INSERT, UPDATE, DELETE ON <数据库名>.<表名>FROM<用户名 1>[,<用户名 2>]…;
```

(4) 回收列权限。

语法格式为

```
REVOKE SELECT (<列名>) ON 数据库名.表名 FROM <用户名 1>[,<用户名 2>]…;
```

8.4.5　权限转移

在 MySQL 中,权限转移通常涉及两方面:一是将用户的权限从一个数据库转移到另一个数据库;二是在迁移数据库时,将用户及其权限从一个 MySQL 实例迁移到另一个实例。以下是权限转移的步骤和方法。

1. 备份权限表

在开始迁移之前,需要备份源数据库中的权限表,可以通过 mysqldump 工具完成。语法格式为

```
mysqldump - u [<用户名>] - p mysql>user_backup.sql
```

该语句中,mysql 指要备份的数据库名称,这里备份的是 MySQL 系统数据库,它包含了用户权限信息。user_backup.sql 指备份文件的名称。

备份权限表生成的 SQL 文件的保存位置取决于在执行 mysqldump 命令时指定的路径。如果没有指定一个特定的路径,那么 SQL 文件通常会保存在执行命令的当前工作目录中。

2. 导出特定权限表

如果只想备份 mysql 数据库中的特定权限表(如 user、db、tables_priv 等),可以使用以下命令:

```
mysqldump - u [<用户名>] - p - - databases mysql - - tables user, db, tables_priv >
privileges_backup.sql
```

3. 迁移数据库

在备份了权限表之后,需要将数据库迁移到新服务器。可以通过多种方式完成,例如使用 mysqldump 导出整个数据库,然后导入新服务器。语法格式为

```
mysqldump - u [<用户名>] - p [<数据库名>] | mysql - u [<新服务器用户名>] - p [<新服务器
数据库名>]
```

4. 恢复权限表

在新服务器上,需要恢复权限表以确保用户权限得到保留。语法格式为

```
mysql - u [<新服务器用户名>] - p [<新服务器数据库名>] <user_backup.sql
```

5. 刷新权限

在新服务器上恢复权限表后,执行以下命令以确保权限更改立即生效:

```
FLUSH PRIVILEGES;
```

在进行转移的过程中,需要注意以下四点:

(1) 安全性。在迁移过程中,确保备份文件的安全,避免未经授权的访问。

(2) 版本兼容性。确保源服务器和目标服务器的 MySQL 版本兼容,以避免迁移过程中的兼容性问题。

(3) 测试。在生产环境迁移之前,在测试环境中进行迁移测试,确保迁移过程不会导致数据丢失或权限问题。

(4) 清理。在迁移完成后,检查是否有任何不必要的权限或用户,并进行清理。

8.5　MySQL 角色管理

8.5.1　MySQL 角色管理概述

数据库角色是指被命名的一组与数据库操作相关的权限。从概念上讲,它与操作系统用户是完全无关的。数据库角色属于用户权限对某个数据库操作的集合。通过角色,可以方便快捷地把用户集中到某些数据库类型的操作中,然后对这些操作授予具体的权限。对角色授予、回收权限时,将对其中的所有成员生效。

在 MySQL 8.0 之前,权限管理主要依赖于直接对用户进行授权,这种方式在复杂的应

用场景下显得较为烦琐且不易维护。MySQL 8.0 引入了更为灵活和高效的角色管理机制，主要特性包括以下三点：

（1）原生数据字典。MySQL 8.0 采用原生数据字典存储元数据，取代了旧的文件系统方式，使得元数据管理更加高效和直接。

（2）角色管理增强。管理员可以创建和管理角色，为角色分配权限，简化了权限的分配和回收过程。

（3）权限粒度优化。角色授权可以更细致，例如，可以控制角色对特定表、列或行的权限。

8.5.2　MySQL 角色创建及授权

在 MySQL 中，创建角色的基本语法格式如下：

```
CREATE ROLE [IF NOT EXISTS] <角色名 1>[,<角色名 2>,…];
```

说明：与用户名一样，角色名称包括两部分，即角色名称本身和主机；若未指定主机，则默认为%通配符。

创建角色后，默认这个角色是没有任何权限的，可以根据需要给角色授权。与用户授权操作类似，可使用 GRANT 语句给角色赋予权限，基本语法格式如下：

```
GRANT <权限 1>[,<权限 2>…] ON <数据名称>.<表名称>TO <角色名>;
```

【例 8.11】　创建一个 Registrar 的角色，并授予其 Students 数据库中的所有数据表的只读和修改权限。

命令语句为

```
CREATE ROLE 'Registrar';
GRANT SELECT,INSERT,DELETE,UPDATE ON students.* TO 'Registrar';
```

执行上述语句，结果如图 8.13 所示。

```
mysql> CREATE ROLE 'Registrar';
Query OK, 0 rows affected (0.00 sec)

mysql> GRANT SELECT,INSERT,DELETE,UPDATE ON students.* TO 'Registrar';
Query OK, 0 rows affected (0.00 sec)
```

图 8.13　创建角色并给角色授权的结果

8.5.3　MySQL 角色分配及激活

1. 分配角色

与权限不同，角色并非始终处于活动状态。角色创建并被授权后，要分配给用户并处于激活状态才能发挥作用。

将角色分配给用户的基本语法格式为

```
GRANT <角色名 1>[,<角色名 2>…] TO <用户名 1>[,<用户名 2>…];
```

【例 8.12】　创建一个新用户 Jhon，将 Registrar 角色分配给用户 Jhon。

命令语句为

```
CREATE USER Jhon;
GRANT Registrar TO Jhon;
```

执行上述语句,结果如图 8.14 所示。

```
mysql> CREATE USER Jhon;
Query OK, 0 rows affected (0.00 sec)

mysql> GRANT Registrar TO Jhon;
Query OK, 0 rows affected (0.00 sec)
```

图 8.14 将角色分配给用户的结果

使用用户名 Jhon 登录,执行"SELECT CURRENT_ROLE();"语句,查看当前角色,结果如图 8.15 所示。可以看到当前角色还未激活,也无法执行对数据库 students 中的表的操作。

```
mysql> select current_role();
+----------------+
| current_role() |
+----------------+
| NONE           |
+----------------+
1 row in set (0.00 sec)

mysql> use students;
ERROR 1044 (42000): Access denied for user 'Jhon'@'%' to database 'students'
mysql> select * from SC;
ERROR 1046 (3D000): No database selected
```

图 8.15 角色处于未激活状态

2. 激活角色

可以采用以下两个方法激活角色。

(1) 使用 SET DEFAULT ROLE 语句激活角色。

语法格式为

```
SET DEFAULT ROLE ALL TO <用户名>;
```

这种方式只能激活指定用户的角色。

(2) 将 activate_all roles_on login 值设置为 ON。

在 MySQL 数据库中,activate_all_roles_on_login 值默认为 OFF,执行"SHOW VARIABLES LIKE 'activate_all_roles_on_login';"语句查看默认值,结果如图 8.16 所示。

```
mysql> SHOW VARIABLES LIKE 'activate_all_roles_on_login';
+-----------------------------+-------+
| Variable_name               | Value |
+-----------------------------+-------+
| activate_all_roles_on_login | OFF   |
+-----------------------------+-------+
1 row in set, 1 warning (0.01 sec)
```

图 8.16 查看默认值

通过执行"SET GLOBAL activate_all_roles_on_login＝ON;"语句将其值修改为 ON,如图 8.17 所示。这样,就能将所有角色永久激活。

角色被激活后,用户才能真正拥有赋予角色的所有权限。

重新使用用户名 Jhon 登录 MySQL 数据库,再次执行"SELECT CURRENT_ROLE();"语句查看当前角色,结果如图 8.18 所示。可见,角色已经激活。

3. 层叠角色权限

在 MySQL 8.0 及更高版本中,层叠角色权限(hierarchical roles)是一个重要的特性,它

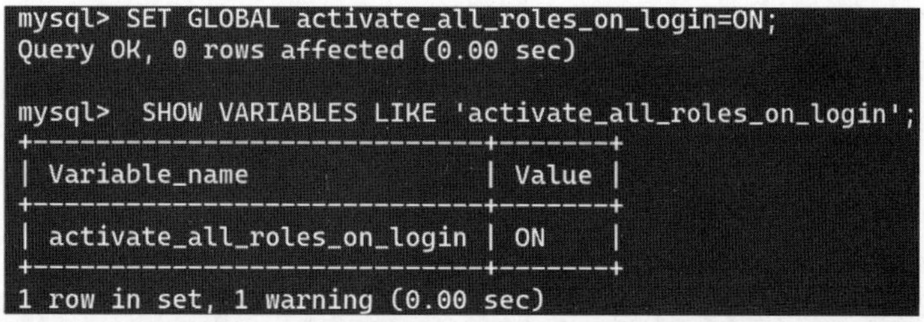

```
mysql> SET GLOBAL activate_all_roles_on_login=ON;
Query OK, 0 rows affected (0.00 sec)

mysql>  SHOW VARIABLES LIKE 'activate_all_roles_on_login';
+-----------------------------+-------+
| Variable_name               | Value |
+-----------------------------+-------+
| activate_all_roles_on_login | ON    |
+-----------------------------+-------+
1 row in set, 1 warning (0.00 sec)
```

图 8.17 修改 activate_all_roles_on_login 的值

允许创建具有层级结构的角色,使得角色可以继承其他角色的权限。这种机制使得权限管理更加灵活和高效。

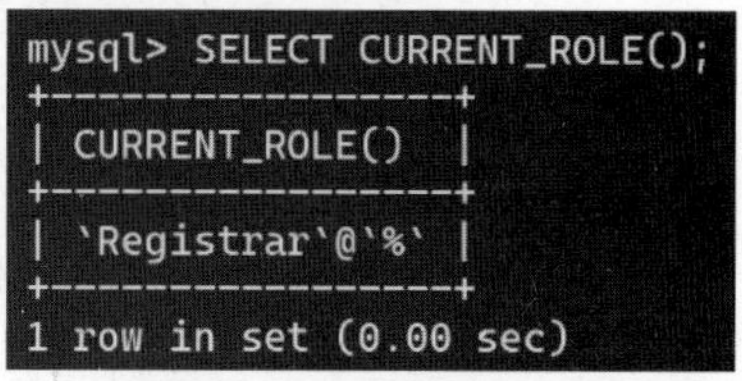

```
mysql> SELECT CURRENT_ROLE();
+------------------+
| CURRENT_ROLE()   |
+------------------+
| `Registrar`@`%`  |
+------------------+
1 row in set (0.00 sec)
```

图 8.18 角色激活成功

【例 8.13】 创建一个 role_student 角色,并添加查看选课信息的权限,语句如下:

```
CREATE ROLE 'role_student';
GRANT SELECT ON students.SC TO 'role_student';
```

再创建一个 role_teacher 角色,并添加更新选课信息的权限,语句如下:

```
CREATE ROLE 'role_teacher';
GRANT UPDATE ON students.SC TO 'role_teacher';
```

【例 8.14】 创建一个 role_admin 角色,授予 role_student 角色和 role_teacher 角色,并添加插入和删除选课信息的权限,语句如下:

```
CREATE ROLE 'role_admin';
GRANT 'role_student','role_teacher' TO 'role_admin';
GRANT INSERT,DELETE ON students.SC TO 'role_admin';
```

【例 8.15】 创建用户 S1、T1、A1,分别授予角色 role_student、role_teacher、role_admin,语句如下:

```
CREATE user S1;
CREATE user T1;
CREATE user A1;
GRANT role_student TO S1;
GRANT role_teacher TO T1;
GRANT role_admin TO A1;
```

激活所有角色后,分别以用户名 S1、T1、A1 登录 MySQL 服务器,可以发现:

(1) S1 只能查询(SELECT)SC 表。

(2) T1 只能更新(UPDATE)SC 表。

(3) A1 可以对 SC 表执行 SELECT、UPDATE、INSERT、DELETE 操作。因为 A1 用户被赋予 role_admin 角色,而 role_admin 角色又被授予 role_student、role_teacher 角色(即 role_admin 继承了 role_student、role_teacher 角色的权限),所以 A1 用户拥有 3 个角色的所有权限。

8.5.4 MySQL 角色查看

要查看 MySQL 数据库中的角色,可以使用以下几种方法。

1. 查看所有角色

要查看数据库中定义的所有角色,可以使用下列语句:

```
SELECT * FROM mysql.role_edges;
```

执行上述语句,结果如图 8.19 所示。可以看到有哪些角色,各角色授予了哪些用户等信息。

```
mysql> SELECT * FROM mysql.role_edges;
| FROM_HOST | FROM_USER    | TO_HOST | TO_USER    | WITH_ADMIN_OPTION |
| %         | Registrar    | %       | Jhon       | N                 |
| %         | role_admin   | %       | A1         | N                 |
| %         | role_student | %       | S1         | N                 |
| %         | role_student | %       | role_admin | N                 |
| %         | role_teacher | %       | T1         | N                 |
| %         | role_teacher | %       | role_admin | N                 |
```

图 8.19　查看所有角色

2. 查看某个角色的具体权限

如果想查看某个角色的具体权限,可以使用 SHOW GRANTS,基本语法格式为

```
SHOW GRANTS FOR <用户名>;
```

【例 8.16】　查看角色 Registrar 有哪些权限。

```
SHOW GRANTS FOR Registrar;
```

执行上述语句,结果如图 8.20 所示。

```
mysql> SHOW GRANTS FOR Registrar;
| Grants for Registrar@%
| GRANT USAGE ON *.* TO `Registrar`@`%`
| GRANT SELECT, INSERT, UPDATE, DELETE ON `students`.* TO `Registrar`@`%`
2 rows in set (0.00 sec)
```

图 8.20　查看角色 Registrar 的权限

8.5.5　MySQL 角色撤销

1. 撤销特定用户的特定角色

在 MySQL 数据库中,可以使用 REVOKE 命令撤销用户的角色,基本语法格式为

```
REVOKE <角色> FROM <用户名>;
```

【例 8.17】　撤销用户 Jhon 的 Registrar 角色。

命令语句为

```
REVOKE Registrar FROM Jhon;
```

执行上述语句后,执行"SHOW GRANTS FOR Jhon;"语句,查看用户 Jhon 的角色信息,结果如图 8.21 所示,可以看到 Registrar 角色已被撤销。

```
mysql> SHOW GRANTS FOR Jhon;
| Grants for Jhon@%
| GRANT USAGE ON *.* TO `Jhon`@`%`
1 row in set (0.00 sec)
```

图 8.21　查看撤销用户角色的结果

2. 撤销当前用户的所有角色

用户还可以通过 SET ROLE 语句不带任何参数来撤销当前用户所有已激活的角色。基本语法格式为

```
SET ROLE NONE;
```

重新将 Registrar 角色授予用户 Jhon，并激活角色。再重新用用户名 Jhon 登录 MySQL 服务器，执行"SELECT CURRENT_ROLE();"，可以看到 Jhon 拥有了 Registrar 角色。执行"SET ROLE NONE;"后，再执行"SELECT CURRENT_ROLE();"语句，可以看到用户 Jhon 不再拥有任何角色，如图 8.22 所示。

图 8.22　撤销用户的所有角色

3. 删除角色

如果一个角色是为了特定项目或任务创建的，而在项目完成后不再需要，可以考虑删除该角色以清理数据库权限结构。删除角色的基本语法格式为

```
DROP ROLE 角色名 1 [,角色名 2…];
```

若删除了角色，那么被授予该角色的用户也就失去了通过这个角色获得的所有权限。

本 章 小 结

本章探讨了数据库安全性的相关概念、控制方法及 MySQL 权限管理系统的原理，并具体讲述了在 MySQL 数据库中使用 SQL 语句进行用户、权限、角色管理的操作方法。

用户管理、权限管理和角色管理这三个关键领域共同构成了维护数据库安全性的基础。用户管理确保了只有授权用户才能访问系统，权限管理限定了用户可以执行的操作，角色管理则提供了一种高效的方式来组织和分配这些权限。这些机制的实施对于保护数据库免受未授权访问和潜在威胁至关重要，它们帮助维护数据的完整性、保密性和可用性，是

MySQL 数据库系统安全策略的基石。通过理解和应用存取控制机制,数据库管理员可以显著提高数据库的安全性,确保业务连续性和数据安全。

习 题 八

一、选择题

1. 数据库系统中,( )安全控制方法用于确保数据的完整性。

A. 访问控制　　　　　B. 加密　　　　　　　C. 审计　　　　　　　D. 数据备份

2. MySQL 中权限控制的基本单位是( )。

A. 数据库　　　　　　B. 表　　　　　　　　C. 列　　　　　　　　D. 用户

3. MySQL 中,( )命令用于创建新用户。

A. CREATE USER　　　　　　　　　　B. CREATE ACCOUNT

C. ADD USER　　　　　　　　　　　　D. NEW USER

4. MySQL 中,( )用于撤销用户对特定数据库的 SELECT 权限。

A. REVOKE SELECT ON database_name. * FROM 'user'@'host'

B. TAKE SELECT ON database_name. * FROM 'user'@'host'

C. REMOVE SELECT ON database_name. * FROM 'user'@'host'

D. DROP SELECT ON database_name. * FROM 'user'@'host'

5. MySQL 中,角色(role)是在( )版本引入的。

A. MySQL 5.7　　　B. MySQL 8.0　　　C. MySQL 6.0　　　D. MySQL 7.0

6. MySQL 中,( )命令用于查看当前用户。

A. WHOAMI()　　　　　　　　　　　　B. CURRENT_USER()

C. SELECT USER()　　　　　　　　　　D. SHOW CURRENT

7. MySQL 中,( )不是权限类型。

A. SELECT　　　　　B. INSERT　　　　　C. DROP　　　　　D. CONNECT

8. MySQL 中,( )命令用于删除用户。

A. REMOVE USER　　　　　　　　　　B. DELETE USER

C. DROP USER　　　　　　　　　　　　D. DESTROY USER

9. MySQL 中,( )命令用于更改用户密码。

A. CHANGE PASSWORD　　　　　　　B. ALTER PASSWORD

C. MODIFY PASSWORD　　　　　　　　D. UPDATE PASSWORD

10. 下列选项中不属于 MySQL 的权限表的是( )。

A. user 数据表　　　　　　　　　　　B. db 数据表

C. tb_class 数据表　　　　　　　　　　D. procs_priv 数据表

二、填空题

1. 数据库的( )是指保护数据库以防止非法用户访问数据库,造成数据泄露、更改或破坏。

2. MySQL 中,创建用户的基本语法是"CREATE USER '用户'@'主机'( )'密码';"。

3. MySQL 中,查看当前用户权限的命令是"SHOW（　　）;"。

4. 要激活角色,可以使用命令"（　　）角色名;"。

5. MySQL 中,查看所有用户账户的命令是"SELECT ＊ FROM（　　）;"。

三、判断题

1. 数据库的安全性就是数据库的完整性。　　　　　　　　　　　　　　　（　　）

2. 数据库中的所有数据都应该使用同一级别的加密。　　　　　　　　　　（　　）

3. MySQL 中,用户和角色是同一个概念。　　　　　　　　　　　　　　　（　　）

4. 可以在 MySQL 中给角色授权,然后给用户分配角色。　　　　　　　　　（　　）

5. FLUSH PRIVILEGES 命令用于立即应用权限更改。　　　　　　　　　　（　　）

6. MySQL 中,用户权限的更改不需要重启数据库服务即可生效。　　　　　（　　）

7. MySQL 中的权限可以精确到列级别。　　　　　　　　　　　　　　　　（　　）

8. MySQL 支持将权限分配给没有登录名的用户。　　　　　　　　　　　　（　　）

9. MySQL 中,使用 GRANT 命令时,如果不指定权限类型,默认授予所有权限。

　　　　　　　　　　　　　　　　　　　　　　　　　　　　　　　　（　　）

10. 在数据库中,角色不可以继承其他角色的权限。　　　　　　　　　　　（　　）

四、简答题

1. 简述 MySQL 中用户和角色的区别。

2. 如何优化 MySQL 的权限管理?

第 9 章

数据库并发控制与封锁

本章介绍数据库中并发控制的基本概念、常见问题及解决方案,重点探讨数据库管理系统中保障数据一致性与并发性的主要技术。

通过本章的学习,应达到以下目标:

- 掌握并发控制的基本概念;
- 掌握事务的概念、事务的 ACID 四个基本特性和事务的隔离级别;
- 理解并能区别并发控制中常见的数据不一致性现象;
- 掌握封锁机制与封锁协议;
- 理解两段锁协议(2PL)及其确保可串行化调度的原理。

9.1　数据库并发性的含义

在实际应用中,数据库需要同时处理许多用户的操作,这些操作可以以串行或并行的方式执行。数据库的并发性是指在同一时间内,能够同时处理多个用户事务或请求的能力。这一特性是现代数据库系统的重要性能指标,也是支持多用户环境和高效资源利用的关键。通过并发性,数据库可以让多个用户共享系统资源(如 CPU、内存和磁盘),并同时访问和操作数据,从而显著提高系统的吞吐量和响应速度。

并发性带来了显著的优势。例如,在电商平台中,成千上万的用户能够同时浏览商品、提交订单和支付费用,而这些操作的背后依赖于数据库对高并发请求的处理能力。然而,并发性也带来了一些管理挑战,因为多个事务同时运行可能引发数据冲突或不一致的问题,例如脏读、不可重复读和幻影读。

为了解决这些问题,大多数数据库系统会尽可能利用并行执行来提高性能,同时通过并发控制机制(如锁、事务隔离级别、并发控制等)对并发行为进行管理。这些机制的作用是将并行事务的执行结果模拟为"近似串行"的效果(如可串行化隔离级别),从而保证事务的正确性。

综上所述,数据库系统需要在实际应用中权衡并发性能与数据一致性,通过合理的调度策略和控制机制,既满足高并发操作的需求,又避免因并行执行引发的数据冲突和错误。

9.2　事务及其性质

随着数据库应用的日益增多,尤其是在多用户环境下,事务并发执行成为常态。在这种环境中,不同事务可能会同时访问数据库中的数据对象,如果没有有效的并发控制机制,事

务之间的相互干扰将可能导致数据的不一致性,甚至系统崩溃。因此,如何在多个事务并行执行的同时,确保数据库的完整性和一致性,成为数据库系统设计中的核心问题之一。事务是数据库管理系统中的基本操作单元,其主要作用是确保一组操作在数据库中的一致性和完整性。

9.2.1　事务的概念

事务(Transaction)是实现数据库中数据一致性的重要技术,是数据库管理系统中不可分割的一个逻辑工作单元,由一系列数据访问、更新操作组成。这些操作要么全部执行,要么全部撤销(回滚)。数据库事务是构成一个逻辑工作单元的操作集合,对其概念的理解需要注意以下四点:

(1) 事务中包含的操作可以是单条 SQL 语句,也可以是多条 SQL 语句,但这些操作必须构成一个逻辑上的整体。

(2) 构成事务的所有操作,要么全做,要么全不做,必须保证数据库数据一致。

(3) 事务执行的结果是使数据库从一个一致状态转换到另一个一致性状态。

(4) 以上所述在数据库出现故障或并发事务存在的情况下仍然成立。

MySQL 支持自动提交事务、显式事务、隐式事务和分布式事务四种事务模式。显式事务和隐式事务属于用户定义的事务;自动提交事务属于隐式事务的默认开启状态,即 autocommit=1;分布式事务是事务的扩展功能。在 MySQL 中,事务的操作包括启动、提交和回滚。

事务在数据库中通常以 START (or BEGIN) TRANSACTION 开始,并以 COMMIT 或 ROLLBACK 结束。

COMMIT 表示提交事务,将事务中所有的操作结果保存到数据库中,事务正常结束。

ROLLBACK 表示回滚事务,在事务执行过程中,如果发生错误或故障,会将事务中已完成的所有操作撤销,数据库状态恢复到事务开始时的状态。这里的操作特指对数据库的更新操作。

例如,A、B 两个账户的银行转账事务通常包含两个关键操作:

(1) 对账户 A 扣除一定金额;

(2) 对账户 B 增加相同金额。

为了保证转账操作的原子性和一致性,这两个操作必须包含在同一个事务中执行。也就是说,要么两步都成功完成并提交,要么在任何错误情况下撤销已完成的操作,确保资金不会处于不一致的状态。

下面举例说明从账户 A 转账 50 元到账户 B 的事务。

① 事务开始。启动一个数据库事务,准备执行转账操作。

```
BEGIN TRANSACTION;
```

② 扣除金额。从账户 A 中读取余额,扣除 50 元,然后写回到数据库。

```
READ(A);           从数据库读取账户 A 余额到事务缓冲区
A:=A-50;           在缓冲区中扣除 50 元
WRITE(A)           将更新后的余额写回数据库
```

③ 增加金额。从账户 B 中读取余额,增加 50 元,然后写回到数据库。

```
READ(B);              从数据库读取账户 B 余额到事务缓冲区
B := B +50;           在缓冲区中增加 50 元
WRITE(B);             将更新后的余额写回数据库
```

④ 事务提交。如果上述两个步骤都成功执行,则提交事务,使转账操作永久生效。如果其中任何一个步骤失败,则回滚事务,撤销已经执行的操作,确保资金不会在不一致的状态下被记录。

```
COMMIT;               提交事务
```

注意:READ(X):把数据项 X 从数据库读取到事务的私有缓冲中;

WRITE(X):把数据项 X 从事务的私有缓冲中写回到数据库。

思考:如何判断事务的类型?

SQL 语句是否属于某个事务,取决于事务的类型。事务可以分为显式事务和隐式事务。

(1)显式事务(explicit transaction)。显式事务通过 BEGIN TRANSACTION 明确标记开始。如果某条 SQL 语句处于 BEGIN TRANSACTION 和 COMMIT/ ROLLBACK 之间,那么它属于显式事务。

```
BEGIN TRANSACTION;
    UPDATE Accounts SET Balance =Balance -100 WHERE AccountID =1;
    UPDATE Accounts SET Balance =Balance +100 WHERE AccountID =2;
COMMIT;
```

对于这个事务,思考一下,如果在执行完第一个 UPDATE 语句之后系统断电,那么当计算机重新启动以后,两个账户的金额会发生什么样的变化?

(2)隐式事务(implicit transaction)。隐式事务指每条独立的 SQL 数据操作语句(如 INSERT、UPDATE、DELETE 等)会自动作为一个事务执行。这种情况下,单条 SQL 语句本身构成一个事务,并在执行完成后自动提交。

```
UPDATE Accounts SET Balance =Balance -100 WHERE AccountID =1;
此语句自动作为一个隐式事务自动提交
UPDATE Accounts SET Balance =Balance +100 WHERE AccountID =2;
此语句自动作为一个隐式事务自动提交
```

针对上面这样的语句,如果在执行完第一个 UPDATE 语句之后系统断电,那么两个账户的金额会发生什么样的变化?

9.2.2　事务的性质

构成一个逻辑规则单元的一系列数据库操作成为事务,但并非任意的数据库操作序列都是数据库事务,只有满足特定条件的操作序列才能构成有效的事务。为确保数据的完整性,事务通常需要具备原子性、一致性、隔离性和持久性,简称 ACID。

1. 原子性

原子性(atomicity)是指事务中的所有操作是一个不可分割的工作单元,其中的所有操作要么全部完成,要么全部不完成。

例如,在银行转账中,账户 A 减少金额和账户 B 增加金额必须作为一个整体完成。如果任意一步失败,整个事务都将被撤销。

原子性通过数据库管理系统（DBMS）的恢复机制实现。如果某些操作失败，系统将撤销已执行的操作，将数据库恢复到事务开始时的状态。这通常通过撤销日志或其他记录机制来实现。

2. 一致性

一致性（consistency）是指数据库始终保持一致，事务的执行结果必须使数据库从一个一致性状态转移到另一个一致性状态。也就是说，事务执行前后，数据库必须符合其完整性约束。

例如，在银行系统中，转账事务的一致性要求两个账户的金额总和在事务前后保持不变。如果一个事务为账户 A 减少 100 元，但仅为账户 B 增加 50 元，则违反了一致性。

一致性主要由应用程序开发者负责实现，并借助数据库的完整性约束机制（如外键约束、唯一性约束）和业务逻辑校验来保证。

3. 隔离性

隔离性（isolation）是指并发执行的事务之间不会相互影响，一个事务的执行不能被其他事务干扰，即事务内部的操作和数据对并发事务是隔离的。并发事务之间只有不相互干扰，才能确保结果正确。

例如，两个并发事务 T_1 和 T_2 同时操作账户 A 和账户 B。如果 T_1 读取的是 T_2 修改前的账户 A，但读取的账户 B 却是 T_2 修改后的数据，就违反了隔离性，可能导致数据错误。

隔离性由 DBMS 的并发控制机制（如锁机制或多版本并发控制）实现。

4. 持久性

持久性（durability）是指一个事务一旦被提交了，那么对数据库中数据的改变就是永久性的，无论系统发生何种故障，事务的影响都应保持有效，不会丢失或被撤销。

例如，一个事务将 50 元从账户 A 转到账户 B，一旦事务提交，这笔交易就不可撤销，即使系统崩溃，50 元也不会"回到"账户 A，而是永久保存在账户 B。

持久性通过恢复机制实现。通过日志文件（如 write-ahead logging，WAL）或数据库检查点技术实现持久性。

9.3 并发控制与数据不一致性

视频讲解

在多用户环境中，数据库需要同时处理多个事务，这些事务可能会并发访问或修改相同的数据。如果缺乏有效的并发控制，事务间的相互干扰可能导致数据不一致性，进而影响系统的正确性和可靠性。为了解决这些问题，数据库管理系统采用并发控制机制（如锁机制和多版本并发控制）来协调事务的执行。下面举例说明。

【例 9.1】 假设账户 A 初始存款为 1000 元，现有两个事务 T_1 和 T_2：事务 T_1 从账户 A 中取走 100 元，事务 T_2 从账户 A 中取走 200 元。

串行调度：

(1) 执行事务 T_1 并提交，账户 A 余额变为 900 元。

(2) 执行事务 T_2 并提交，账户 A 余额变为 700 元。

此时，最终余额是 700 元，符合预期。

并行调度（错误的并发结果）：

（1）事务 T_1 读取账户 A 的余额，A：＝1000 元。

（2）事务 T_2 也读取账户 A 的余额，A：＝1000 元。

（3）事务 T_1 从账户 A 取走 100 元，余额更新为 A：＝900 元，并写回存款。

（4）事务 T_2 从账户 A 取走 200 元，余额更新为 A：＝800 元，并写回存款。

最后提交事务，发现账户 A 的余额是 800 元，而实际余额应为 700 元。最终的余额错误是因为两个事务并发操作同一数据时，发生了读取脏数据和丢失更新的问题。两个事务读取了相同的初始余额（1000 元），并分别进行了修改，但未能正确协调，导致事务间的修改冲突。

9.3.1 丢失修改

丢失修改（lost update）是指在多个事务同时对同一数据项进行更新时，由于缺乏正确的并发控制，后一个事务的修改覆盖了前一个事务的结果，导致前一个事务的修改丢失。丢失修改的示例如图 9.1 所示。

步骤	T_1 的操作	T_2 的操作	账户 A 的余额
初始状态			100 元
T_1 读取账户 A 余额	读取 A 余额:100		100 元
T_2 读取账户 A 余额		读取 A 余额:100	100 元
T_1 计算并更新余额	A:=100-50= 50		50 元（尚未写回）
T_2 计算并更新余额		A :=100-30=70	70 元（尚未写回）
T_1 写回余额	写回余额:50		50 元
T_2 写回余额		写回余额:70	70 元

图 9.1　丢失修改示例

结果：账户 A 的最终余额为 70 元，而 T_1 的修改结果（扣除 50 元）被 T_2 的结果覆盖，导致 T_1 的修改丢失。

丢失修改的主要原因是事务 T_1 和 T_2 在并发执行时缺乏同步机制，导致多个事务基于相同的初始数据进行操作，最终后一个事务的写操作覆盖了前一个事务的结果。

9.3.2 读"脏"数据

读取"脏"数据（dirty read）是指一个事务读取了另一个未提交事务修改的数据。如果该修改事务最终回滚，则读取的数据无效，可能导致错误操作。读"脏"数据的示例如图 9.2 所示。

结果：事务 T_2 读取了事务 T_1 未提交的数据（200 元），并基于该错误数据进行了后续操作。最终由于 T_1 回滚，导致 T_2 的操作结果无效或错误。

读"脏"数据的核心问题在于事务之间缺乏隔离性，一个事务的未提交的修改被另一个事务读取，造成了数据不一致性风险。

步　　骤	T_1的操作	T_2的操作	账户A的余额
初始状态			100元
T_1更新账户A余额（事务未提交）	修改A余额为200元并写回数据库		200元（未提交）
T_2读取账户A余额		读取A余额:200	200元
T_1回滚事务	发生错误，回滚修改，恢复A余额为100元		100元
T_2基于"脏"数据操作		读取A的200进行操作（错误）	错误操作

图9.2　读"脏"数据示例

9.3.3　不可重复读

不可重复读（unrepeatable read）是指一个事务在其执行过程中多次读取同一数据项，由于其他事务的修改，导致两次读取的结果不一致。这会破坏事务的一致性，可能导致错误决策。不可重复读示例如图9.3所示。

步　　骤	T_1的操作	T_2的操作	账户A的余额
初始状态			100元
T_1第一次读取账户A余额	读取A余额:100		100元
T_2修改账户A余额		将A余额更新为200，提交事务	200元
T_1第二次读取账户A余额	读取A余额:200		200元

图9.3　不可重复读示例

结果：事务T_1在同一事务中两次读取账户A的余额，第一次读取的结果为100元，第二次读取的结果因事务T_2的修改变为200元。读取结果的不一致导致事务T_1无法信赖自己的读取结果。

不可重复读的主要原因是其他事务在当前事务执行过程中修改了当前事务所依赖的数据，导致当前事务的读取结果前后不一致，破坏了事务的一致性。

9.3.4　幻影读

幻影读（phantom read）是指一个事务在多次执行相同的范围查询时，由于其他事务插入或删除了满足查询条件的记录，导致结果集的行数或内容发生变化。这种现象通常发生在范围查询操作中，表现为"幻影般"的新数据或消失的数据。幻影读示例如图9.4所示。

结果：事务T_1在两次查询中得到了不同的结果（第一次为5人，第二次为6人），这是因为事务T_2在T_1运行过程中插入了符合条件的记录，导致出现幻影读现象。

幻影读的本质是由于并发事务对范围查询的数据集进行了插入或删除操作，导致当前事务在查询过程中无法获得一致的结果集。它的影响范围比单条记录的修改更广，通常涉

步 骤	T₁ 的操作	T₂ 的操作	查询结果
初始状态	查询工资>5000 的员工数：5人		5人
T₂插入新记录		插入一条工资为 6000 的员工记录并提交	插入成功
T₁再次查询	查询工资>5000 的员工数：6人		6人

图 9.4 幻影读示例

及整个结果集的变化。

9.4 事务的隔离级别

事务的隔离级别是数据库管理系统用来控制并发事务对共享数据访问的机制。它通过设置不同的隔离级别，在数据一致性和系统并发性能之间找到平衡。SQL 标准定义了四种隔离级别，从低到高分别是读取未提交的数据、读取提交的数据、可重复读和串行化。不同的隔离级别对应不同的并发问题和性能影响。

9.4.1 读取未提交的数据

读取未提交的数据(read uncommitted)是事务隔离级别中最低的级别。它允许一个事务读取另一个未提交事务的修改内容，从而可能导致脏数据读取问题。"脏读"指的是一个事务读取了尚未提交的数据，而这些数据可能因源事务的撤销而变得无效。这种隔离级别性能较高，但无法保证数据一致性，通常用于对一致性要求较低、追求高并发的场景，如临时统计或分析，但不建议在关键业务中使用。

9.4.2 读取提交的数据

读取提交的数据(read committed)是一种事务隔离级别，它确保一个事务只能读取其他事务已经提交的数据，从而避免了"脏读"问题。这意味着当一个事务正在修改某条数据时，其他事务无法读取这条未提交的数据。然而，这种隔离级别无法避免不可重复读问题，即同一事务中多次读取的结果可能因其他事务的提交而不同。该隔离级别是许多数据库系统的默认设置，适用于需要一定数据一致性但允许一定程度并发的场景。

9.4.3 可重复读

可重复读(repeatable read)是一种事务隔离级别，保证在一个事务中多次读取同一数据时，其结果始终一致，即防止了"脏读"和不可重复读问题。然而，它无法避免"幻影读"问题，即同一事务中，其他事务插入或删除数据导致查询结果行数的变化。这种隔离级别适用于需要确保读取一致性的场景，如银行账户的余额查询或交易记录的核对等。

9.4.4 串行化

串行化(serializable)是事务隔离级别中最高的级别,它确保所有事务按严格的顺序串行执行,完全避免"脏读"、不可重复读和"幻影读"的问题。通过对数据进行锁定或运用其他技术手段,串行化将并发事务的执行效果等同于依次逐个执行事务的结果。这种隔离级别提供了最强的数据一致性保障,但会显著降低系统的并发性能,适用于对数据一致性要求极高的场景,例如银行转账或金融清算等关键业务操作。

不同的隔离级别根据数据一致性需求和系统性能需求提供不同的解决方案。根据实际场景选择合适的隔离级别,可以在保证数据一致性的同时提高系统的并发性能。表 9.1 列出了不同隔离级别的不一致性。

表 9.1 四种隔离级别的不一致性

隔 离 级 别	脏 读	不可重复读	幻 影 读	并 发 性 能
读取未提交的数据	是	是	是	非常高
读取提交的数据	否	是	是	较高
可重复读	否	否	是	中等
串行化	否	否	否	低

9.5 封锁及封锁协议

封锁是数据库管理系统用于控制并发操作的一种机制,通过对数据对象(如行、表或数据库)的加锁来确保数据的一致性和隔离性。封锁协议是对如何加锁和解锁的一系列规则和约定。

9.5.1 封锁粒度

封锁粒度(lock granularity)是数据库并发控制中,锁定数据对象的大小或范围。它决定了数据库操作时如何划分锁的作用范围,影响了数据库的并发性能与一致性保证。在关系数据库中,封锁对象可以是逻辑单元(如元组、属性值、关系、索引等),也可以是物理单元(如数据页、索引页、块等)。

封锁粒度的选择直接影响数据库的并发性能和一致性保证。粒度越小,锁定的数据范围越精细,通常可以提供更高的并发性,但是锁管理的开销也会增大;粒度越大,锁定的数据范围越广,锁管理的开销越低,但并发性能可能会受到较大影响。

封锁的数据库对象的大小称为封锁粒度。对数据库对象的封锁需要消耗资源,锁的各种操作(包括获取锁、释放锁及检查锁状态)都会增加系统开销。因此,封锁时应尽量只锁定修改的那部分数据,而不是所有的资源。锁定的数据量越少,发生锁征用的可能性就越小,系统的并发程度就越高。实际使用时,需要综合锁开销和并发程度,对系统的锁开销与并发程度进行权衡,选择合适的封锁粒度。

MySQL 提供了表级锁和行级锁两种封锁粒度。不同的引擎支持不同的封锁粒度,例如,MyISAM 和 MEMORY 存储引擎采用的是表级锁;BDB 存储引擎采用的是页面锁,也支持表级锁;InnoDB 存储引擎既支持行级锁,也支持表级锁,但在默认情况下采用行级锁。

(1)表级锁。整个表被锁定。其他事务不能向表中插入记录,甚至读取数据也受到限制。优点是开销小、加锁快、不会出现死锁;缺点是封锁粒度大,发生冲突的概率高,并发程度低。

(2)行级锁。只有正在使用的行是锁定的,表中的其他行对于其他事务都是可用的。在多用户的环境中,行级锁降低了线程间的冲突,可以使多个用户同时从一个相同表读取数据,甚至写数据。优点是封锁粒度最小,发生冲突的概率低,并发程度高;缺点是开销大、加锁慢、会出现死锁。

表级锁和行级锁在使用时要根据具体应用进行选择,不能笼统地说哪种更好。

为了更好地平衡封锁精细度与系统性能,理想的做法是采用多粒度封锁。选择封锁粒度时,应综合考虑封锁开销和并发性两个因素,适当选择封锁粒度以获得最佳效果。一般来说,处理大量元组的事务适合使用关系级封锁粒度;处理多个关系的大量元组的事务适合使用数据库级封锁粒度;而对于处理少量元组的用户事务,则应选用元组级封锁粒度。

9.5.2 封锁类型

封锁可确保事务对数据的访问不会与其他事务冲突,保证数据一致性。封锁的基本过程是在事务 T 操作某个数据对象 A(如表、记录等)之前,事务向数据库系统发出请求,对该数据对象加锁。锁定后,事务便可以控制该对象,在事务释放锁之前,其他事务无法对该数据对象进行某些操作。

封锁主要分排他锁(exclusive lock,简称 X 锁)和共享锁(shared lock,简称 S 锁)两种基本类型。对于 X 锁和 S 锁有以下两个规定:

(1) X 锁,又称写锁。当一个事务对数据对象 A 进行修改(写)操作时,会先给其加上 X 锁。加上 X 锁后,其他任何事务都不能对 A 加锁,直到持有 X 锁的事务释放锁。

(2) S 锁,又称读锁。当一个事务对数据对象 A 进行读取操作时,会先给其加上 S 锁。加上 S 锁后,其他事务可以对 A 加锁,但只能加 S 锁,而不能加 X 锁,直到持有 S 锁的事务释放锁。

排他锁与共享锁的控制方式可以用图 9.5 所示的相容矩阵(compatibility matrix)来表示。在这个矩阵中,最左边的列表示事务 T_1 已持有的数据对象的锁类型,而最上面的一行表示事务 T_2 对同一数据对象的封锁请求。矩阵中的 Y 和 N 分别表示 T_2 的封锁请求是否能与 T_1 已持有的锁相容。

- Y 表示 T_2 的封锁请求与 T_1 已持有的锁相容,可以满足 T_2 的请求。
- N 表示 T_2 的封锁请求与 T_1 已持有的锁冲突,T_2 的请求将被拒绝。
- —表示 T_2 没有加锁。

通过这种方式,相容矩阵能够帮助判断不同事务间锁请求的兼容性。

9.5.3 封锁协议

封锁可以保证合理地进行并发控制,保证数据的一致性。在封锁时,还需要遵守一些规则,这些规则包括是否加锁(对于读或写操作),何时加锁,何时释放等。我们将这些规则统

T_1	T_2		
	X	S	—
X	N	N	Y
S	N	Y	Y
—	Y	Y	Y

注：Y=Yes，相容的请求；N=No，不相容的请求。

图 9.5　封锁类型的相容矩阵

称为封锁协议(locking protocol)。根据封锁规则的不同,形成了不同级别的封锁协议,而不同级别的封锁协议能够确保不同程度的系统一致性。常见的封锁协议有以下几种。

1. 一级封锁协议

一级封锁协议是指事务 T 在修改数据 R 时必须对其加 X 锁,直到事务结束才能释放。即当事务 T 对数据对象 A 执行修改操作时,必须在第一次读取或写入之前对 A 加排它锁(X 锁),且直到事务结束(提交或回滚)之前都不能释放该锁。

如图 9.6 所示,利用一级封锁协议可以解决丢失修改的问题。因为在该协议下,两个事务不能同时对同一数据进行修改操作,所以避免了丢失修改的问题。由于一级封锁协议仅在修改数据时加锁,而在读取数据时不强制加锁,因此无法防止"脏读"和"不可重复读"等并发问题。

T_1 的操作	T_2 的操作	账户 A 的余额
XLOCK A		
READ(A);	要对 A 加 X 锁	1000
A:=A+200;	WAIT	
WRITE(A);	WAIT	1200
COMMIT;	WAIT	
释放 A 的 X 锁:ULOCK A	WAIT	
	获得 A 的 X 锁：XLOCK A	
	READ(A);	
	A:=A+200;	
	WRITE(A);	1400
	COMMIT;	
	释放 A 的 X 锁:ULOCK A	

图 9.6　使用一级封锁协议解决丢失修改问题

2. 二级封锁协议

二级封锁协议是指在一级封锁协议的基础上,若事务对数据对象 A 执行读取操作,则要求在读取前对其加共享锁(S 锁),并且读取操作完成后,可以在任意时刻释放 S 锁。这样，多个事务可以并行地读取数据，但在同一时间只有一个事务可以对数据进行修改操作。

如图 9.7 所示，二级封锁协议除了能够解决丢失修改的问题外，还能有效解决读取"脏数据"的问题。因为在二级封锁协议下，没有事务可以读取其他事务正在修改但尚未提交的数据，从而避免了"脏读"的情况。由于在二级封锁协议中，事务在读取数据后立即释放共享锁（S 锁），因此它仍然无法防止不可重复读的问题。

T_1 的操作	T_2 的操作	账户 A 的余额
对 A 加 X 锁：XLOCK A		
READ(A);	要对 A 加 S 锁	1000
A:=A+200;	WAIT	
WRITE(A);	WAIT	1200
ROLLBACK;	WAIT	1000
释放 A 的 X 锁:ULOCK A	WAIT	
	获得 A 的 S 锁：SLOCK A	
	READ(A);	1000
	释放 A 的 X 锁:ULOCK A	
	PRINT(A);	
	COMMIT;	

图 9.7　使用二级封锁协议解决读取"脏数据"的问题

3. 三级封锁协议

三级封锁协议是指在一级封锁协议的基础上，若事务对数据对象 A 执行读取操作，则必须在第一次读取之前对其加共享锁（S 锁），并且直到事务结束（COMMIT 或 ROLLBACK）之前，不能释放 S 锁。

如图 9.8 所示，三级封锁协议不仅能够解决丢失修改和读"脏数据"的问题，还能有效避免不可重复读的问题。因为在三级封锁协议中，事务在读取数据时需要加锁，并且不能修改其他事务正在读取的数据，从而确保了数据一致性，避免了不可重复读的情况。

三级封锁协议的主要区别在于哪些操作需要申请封锁，以及何时释放锁。三级封锁协议的总结为表 9.2。

表 9.2　不同级别的封锁协议和一致性保证

封锁协议	X 锁		S 锁		一致性保证		
	操作结束释放	事务结束释放	操作结束释放	事务结束释放	不丢失修改	不脏读	可重复读
一级		✓			✓		
二级		✓	✓		✓	✓	
三级		✓		✓	✓	✓	✓

T₁ 的操作	T₂ 的操作	账户 A 的余额
对 A 加 X 锁：XLOCK A		
READ(A);	第一次要对 A 加 S 锁	1000
A:=A+200;	WAIT	
WRITE(A);	WAIT	1200
ROLLBACK;	WAIT	1000
释放 A 的 X 锁:ULOCK A	WAIT	
	获得 A 的 S 锁：SLOCK A	
	READ(A);	1000
	PRINT(A);	
	COMMIT;	
	释放 A 的 X 锁:ULOCK A	

图 9.8　使用三级封锁协议解决不可重复读的问题

4. 两段锁协议

为了保证数据库中事务的并发执行能够维持一致性和正确性,数据库管理系统(DBMS)采用两段锁协议(2PL)来确保事务执行的调度是可串行化的,从而避免并发执行带来的问题。两段锁协议主要通过两个阶段的锁控制来确保事务之间的独立性。

两段锁协议要求所有事务在执行过程中按照生长和收缩阶段对数据项进行锁定和解锁。

(1) 生长阶段(growing phase)。在这个阶段,事务可以申请锁,但不允许释放任何锁。事务在此阶段获取所有需要的锁。

(2) 收缩阶段(shrinking phase)。一旦事务开始释放锁,它就进入收缩阶段。在这个阶段,事务不能再申请任何新的锁,只能释放已获得的锁。

如图 9.9 所示,若所有事务均遵从两段锁协议,则对这些事务的并发调度一定是可串行化的。反过来,在一个可串行化调度中,不一定所有事务都遵从两段锁协议。因此,所有事务都遵从两段锁协议,是可串行化调度的充分而不是必要条件。

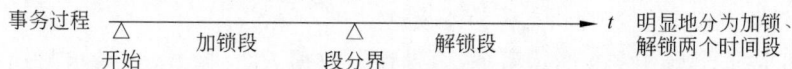

事务过程 △_____△_____→ t　明显地分为加锁、
开始　　加锁段　　段分界　　解锁段　　　　　　解锁两个时间段

图 9.9　两段锁协议

遵守两段锁协议:事务 T₁ 和 T₂ 分别在生长阶段和收缩阶段之间操作,确保了可串行化性,如图 9.10 所示。

不遵守两段锁协议:这个调度虽然没有遵守两段锁协议(例如事务 T₂ 在收缩阶段仍然申请了锁),但它依然是可串行化的,这表明,尽管不遵循两段锁协议,事务间的执行顺序仍能保证结果一致性,如图 9.11 所示。

两段锁协议是实现可串行化调度的充分条件,而不是必要条件。这意味着,所有遵守两段锁协议的事务调度必定是可串行化的,但并非所有可串行化调度都必须遵守两段锁协议。

事务 T_1	事务 T_2
对 B 加 S 锁，获得	
对 A 加 X 锁，获得	
Read(B);	要对 A 加 S 锁
Y=B=4;	等待
A=Y+1=5;	等待
Write(A);	等待
释放 B 的 S 锁	等待
释放 A 的 X 锁	等待
	获得 A 的 S 锁
	Read(A);
	X=A=5;
	获得 B 的 X 锁
	B=X+1=6;
	Write(B);
	释放 A 的 S 锁
	释放 B 的 X 锁

图 9.10　遵守两段锁协议示例

事务 T_1	事务 T_2
对 B 加 S 锁，获得	
对 A 加 X 锁，获得	
Read(B);	要对 A 加 S 锁
Y=B=4;	等待
A=Y+1=5;	等待
Write(A);	等待
释放 B 的 S 锁	等待
释放 A 的 X 锁	等待
	获得 A 的 S 锁
	Read(A);
	X=A=5;
	获得 B 的 X 锁
	B=X+1=6;
	Write(B);
	释放 A 的 S 锁
	释放 B 的 X 锁

图 9.11　不遵守两段锁协议示例

9.5.4　死锁与活锁

封锁机制是有效解决并发操作中一致性问题的手段，但类似于操作系统中的资源管理，数据库中的并发控制也可能引发新的问题——死锁和活锁。

1. 死锁

死锁(dead lock)是指两个或更多的事务同时处于等待状态，多个事务相互持有对方所需的资源，并因资源竞争而进入等待状态，每个事务都在等待其他事务释放资源，从而导致所有事务无法继续执行。这种状态称为死锁。

例如，事务 T_1 封锁了数据 R_1，事务 T_2 封锁了数据 R_2。接着，T_1 请求封锁 R_2，但由于 T_2 已封锁了 R_2，T_1 只能等待 T_2 释放 R_2 上的锁。同时，T_2 请求封锁 R_1，但由于 T_1 已封锁了 R_1，T_2 也只能等待 T_1 释放 R_1 上的锁。此时，T_1 等待 T_2 释放 R_2 上的锁，而 T_2 等待 T_1 释放 R_1 上的锁，形成了相互等待的局面，最终导致死锁，如图 9.12 所示。

1) 产生死锁的四个必要条件

(1) 互斥条件。每个资源只能由一个事务占用，其他事务无法同时访问。

(2) 请求与保持条件。一个事务在持有资源的同时，继续请求其他资源，并且不释放已持有的资源。

(3) 不剥夺条件。已分配给事务的资源只能由事务自行释放，不能强制剥夺。

(4) 循环等待条件。事务之间形成循环等待，每个事务都在等待下一个事务持有的

事　　务	封锁操作	锁定数据	请求锁定数据
T_1	封锁 R_1	R_1	R_2
T_2	封锁 R_2	R_2	R_1
T_1 等待	等待 T_2 释放 R_2	R_2	
T_2 等待	等待 T_1 释放 R_1	R_1	

图 9.12　事务死锁示例

资源。

2）死锁的预防

在数据库中,死锁产生的原因通常是两个或多个事务已经封锁了一些数据对象,并且又都请求对其他事务已经封锁的数据对象加锁。预防死锁的关键是破坏产生死锁的条件。通常,预防死锁有一次封锁法和顺序封锁法两种方法。

（1）一次封锁法（one-time locking）。每个事务在执行时一次性将所有需要的资源全部加锁。如果事务无法获取所有资源,就不继续执行。例如,在图 9.12 所示的死锁例子中,若事务 T_1 一次性将数据对象 R_1 和 R_2 都加锁,那么 T_2 在尝试加锁时将只能等待,避免了 T_1 等待 T_2 释放锁,从而防止死锁。

由于一次封锁法需要在事务开始时加锁所有资源,会导致封锁范围过大,从而显著降低系统的并发性。此外,随着数据库数据的变化,原本不需要加锁的对象可能会变成需要封锁的对象,进一步扩大了封锁范围,导致并发性能进一步下降,影响了系统的运行效率。

（2）顺序封锁法（ordered locking）。预先为所有数据对象规定一个封锁顺序,所有事务必须按照这一顺序请求锁定资源。这样可以避免事务因请求锁而产生循环等待,从而预防死锁。这种方法的缺点是,当封锁对象较多时,随着插入、删除等操作的发生,封锁顺序会不断变化,使得维护封锁顺序变得困难。此外,事务的封锁请求在执行过程中可能会动态变化,因此很难提前确定每个事务的封锁数据及顺序。

尽管一次封锁法和顺序封锁法能有效预防死锁,但它们并不能从根本上消除死锁。因此,数据库管理系统（DBMS）通常需要结合死锁诊断与解除机制,以应对死锁的发生。

3）死锁的诊断与解除

在数据库管理系统中,死锁的诊断方法与操作系统类似,常用的有超时法和事务等待图法。

（1）超时法（timeout method）。如果一个事务的等待时间超过了预定的时限,则认为发生了死锁。超时法的优点是实现简单,但也存在明显缺点。

① 误判风险。某些事务可能因网络延迟或其他原因导致长时间等待,超过了设定的时限,系统可能错误地判断为死锁。

② 延迟处理。如果时限设置得较长,可能会导致死锁未能及时发现和处理。

（2）等待图法（wait-for graph method）。事务等待图是一个有向图,表示事务之间的等待关系。图中的每个节点代表一个事务,每条有向边表示一个事务等待另一个事务持有的锁。具体包括以下两点:

① 若事务 T_1 等待事务 T_2,则从 T_1 到 T_2 画一条有向边;

② 系统周期性地检查等待图,如果发现图中存在回路,则说明出现了死锁。

等待图法的优点在于它能够准确识别死锁状态,但需要定期检查图的变化。图9.13展示了这种方法的应用。

图9.13(a)表示事务 T_1 等待 T_2, T_2 等待 T_1,因此产生了死锁。图9.13(b)表示事务 T_1 等待 T_2, T_2 等待 T_3, T_3 等待 T_2, T_3 等待 T_4, T_4 又等待 T_1,因此也产生了死锁。

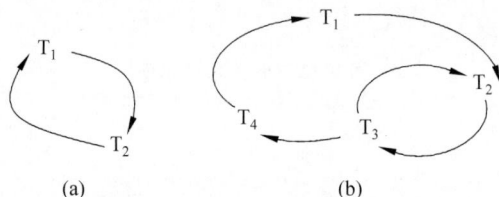

图9.13 事务等待图示例

2. 活锁

活锁(live lock)是指由于其他事务的封锁操作使某个事务永远处于等待状态,得不到继续操作的机会。它与死锁不同,死锁导致所有相关事务永远无法继续执行,而活锁则表现为事务不断地被系统处理,但永远无法完成预期的操作,导致它们一直在等待状态中。

例如,事务 T_1 封锁了数据 R,事务 T_2 请求封锁 R 时,由于 T_1 已持有该锁, T_2 进入等待状态。此时,事务 T_3 也请求封锁 R,进入等待队列。当 T_1 释放 R 锁后,系统可能首先批准 T_3 的请求,导致 T_2 仍然处于等待状态。随后,事务 T_4 请求封锁 R,当 T_3 释放 R 锁后,系统可能批准 T_4 的请求。这样,事务 T_2 将始终处于等待状态,无法获得锁,形成了活锁,如图9.14所示。

事务 T_1	事务 T_2	事务 T_3	事务 T_4
Lock R			
	Lock R		
	等待	Lock R	
Unlock	等待	等待	Lock R
等待	Lock R	等待	
等待	等待		
等待	Unlock	等待	
等待		Lock R	
等待			

图9.14 事务活锁示例

避免活锁的简单方法是采用先来先服务(first-come-first-served,FCFS)策略。当多个事务请求封锁同一数据对象时,数据库管理系统按照事务请求的顺序排队。每当数据对象上的锁被释放后,系统会依次允许排队中的事务获取锁,确保最先请求锁的事务优先获得锁,从而避免事务长时间处于等待状态,防止活锁的发生。

本 章 小 结

本章讲述了事务、并发控制、封锁与封锁协议的基本概念,介绍了事务并发操作会导致的 4 种数据不一致性问题,说明了避免数据不一致可以采取的封锁类型及封锁协议。

事务是指一系列操作的集合,具有原子性、一致性、隔离性和持久性的特点。

事务并发操作如果不加控制,则会导致丢失修改、读取脏数据、不可重复读和幻影读等问题出现。这些问题的出现从根本上说是违背了事务的隔离性。事务的隔离级别由低到高分别为读取未提交的数据、读取提交的数据、可重复读和串行化。

为了确保数据的一致性,需要对数据进行封锁,封锁的粒度可以是行,也可以是表。封锁类型可分为共享锁和排他锁。根据何时封锁、何时解锁等规则的不同,形成了三级封锁协议。

习 题 九

一、选择题

1. 在关系数据库中,并发控制的主要目的是(　　　)。

　　A. 提高数据库查询速度

　　B. 确保事务的隔离性和数据一致性

　　C. 增加系统的吞吐量

　　D. 减少硬件资源的消耗

2. 以下哪种并发控制方法能够有效避免脏读问题?(　　　)。

　　A. 共享锁　　　　　　　　　　　　　　B. 排他锁

　　C. 两段锁协议(2PL)　　　　　　　　　D. 乐观锁

3. 在两段锁协议中,事务的两个主要阶段是(　　　)。

　　A. 加锁阶段和解锁阶段　　　　　　　　B. 扩展阶段和提交阶段

　　C. 增长阶段和收缩阶段　　　　　　　　D. 请求阶段和释放阶段

4. 下列哪个事务特性保证了一个事务的操作要么全部成功,要么全部失败?(　　　)。

　　A. 隔离性　　　　B. 原子性　　　　C. 持久性　　　　D. 一致性

5. 以下哪种锁类型允许多个事务同时读取数据,但不允许修改数据?(　　　)。

　　A. 排他锁(X 锁)　　　　　　　　　　B. 共享锁(S 锁)

　　C. 意向锁　　　　　　　　　　　　　　D. 乐观锁

6. 如果两个事务 T_1 和 T_2 都请求对相同数据项加排他锁(X 锁),系统会(　　　)。

　　A. 允许它们并行执行

　　B. 允许其中一个事务获得锁,另一个被阻塞

　　C. 立即发生死锁

　　D. 自动将事务回滚

7. 事务 T 在修改数据 R 之前必须先对其加 X 锁,直到事务结束才释放,这是(　　　)。

　　A. 一级封锁协议　　　　　　　　　　　B. 二级封锁协议

C. 三级封锁协议　　　　　　　　　　D. 零级封锁协议

8. 事务隔离性较低的隔离级别是（　　　　）。

A. 读取未提交的数据　　　　　　　　B. 读取提交的数据

C. 可重复读　　　　　　　　　　　　D. 串行化

9. 以下（　　　　）封锁违反两段锁协议。

A. Slock A…Slock B…Xlock C………Unlock A…Unlock B…Unlock C

B. Slock A…Slock B…Xlock C………Unlock C…Unlock B…Unlock A

C. Slock A…Slock B…Xlock C………Unlock B…Unlock C…Unlock A

D. Slock A…Unlock A………Slock B…Xlock C………Unlock B…Unlock C

10. 死锁检测的方法通常使用哪种数据结构来检查事务之间的等待关系？（　　　　）。

A. 堆栈　　　　　　　　　　　　　　B. 队列

C. 等待图（Wait-for Graph）　　　　　D. 哈希表

二、填空题

1. 数据库的（　　　）是指当多个事务并发执行时，为了保证一个事务的执行不受其他事务的干扰而采取的一系列措施。

2. 事务的四个基本性质是（　　　）、（　　　）、（　　　）和（　　　），通常简称为（　　　）特性。

三、判断题

1. 符合二级封锁协议的事务必定符合两阶段封锁协议。

2. 在并发控制中，事务遵守两段锁协议是可串行化调度的充要条件。

3. 如果事务 T 获得了数据项 Q 上的排他锁，则 T 对 Q 只能写不能读。

4. 在数据库中，脏读问题是指一个事务读取了另一个事务修改的数据，而这些数据可能会被回滚。

5. 遵守三级封锁协议能解决读取脏数据的问题，也能解决不可重复读的问题。

四、简答题

简述可串行化（serializable）隔离级别的特点，并说明它如何确保事务之间的隔离性和数据一致性。

第 10 章

数据库备份还原和日志管理

在关系数据库系统中,数据的安全性和完整性是至关重要的。随着信息技术的迅速发展,数据库承担着越来越多的关键任务,因此确保数据库在遭遇意外故障、系统崩溃或其他灾难性事件时能够及时恢复,成为企业信息系统的重要任务。

数据库备份和恢复是确保数据安全的基础手段,它能够防止数据丢失,提高业务连续性,减少因系统故障导致的损失。而日志管理作为数据库的核心组成部分,不仅能够记录数据库的操作历史,还能在发生故障时提供数据恢复的依据。

通过本章的学习,应达到如下目标:

- 理解备份与还原的基本概念及其重要性;
- 掌握多种备份、还原方法和工具使用;
- 熟悉如何使用 mysqldump 命令和工具进行数据库备份与恢复;
- 掌握数据库迁移及使用 SQL 语句进行数据导入导出的方法;
- 了解、配置及分析 MySQL 日志,进行故障排除与性能优化。

10.1 备份和还原

尽管数据库系统已经实施了多种保护措施,以确保数据库的安全性与完整性,保障并发事务的正确执行,但计算机系统中的硬件故障、系统故障以及恶意破坏仍然是无法完全避免的风险。这些故障可能轻则导致事务执行异常中断,从而影响数据库数据的正确性;重则可能导致数据库损坏,造成部分或全部数据的丢失。

数据丢失的常见原因有如下几类。

(1)硬件故障,也叫硬故障。即硬盘、服务器、网络设备等硬件设备的故障,是导致数据丢失的常见原因。例如,硬盘损坏或电源故障可能导致数据无法读取或写入,进而引发数据丢失。

(2)系统故障,也叫软故障。数据库管理系统(DBMS)或应用程序中的软件漏洞、bug、崩溃或错误配置可能会导致数据损坏或丢失。例如,数据库引擎崩溃时可能导致正在写入的数据丢失。

(3)事务故障。在事务处理中,如果数据库未正确完成提交操作,或者在事务期间发生故障,可能会导致数据未被写入数据库,或者部分数据丢失。

(4)用户的错误操作。用户错误是数据丢失的重要原因之一,例如误删除数据、错误修改数据、未备份数据或在操作时未进行充分的验证。未经过审查的 SQL 操作或管理员操作也可能引发数据丢失。

（5）恶意攻击或病毒。恶意软件（如病毒、勒索软件、木马等）和黑客攻击可能导致数据丢失或损坏。例如，勒索软件会加密数据库中的数据，直到受害者支付赎金。黑客可能通过未经授权的访问删除或篡改数据。

（6）网络问题或断电。突然的网络中断或电力故障可能导致数据库在未完成写入操作时中止操作，从而导致部分数据丢失或损坏。

（7）自然灾害。自然灾害（如地震、洪水、火灾等）可能损坏存储设施或硬件，导致数据丢失。如果灾难备份系统没有妥善处理，也可能造成无法恢复的数据丢失。

10.1.1　备份和还原概述

在 MySQL 数据库管理中，备份和还原是确保数据安全、系统稳定性和业务连续性的关键技术。良好的备份策略和高效的恢复机制能够帮助企业在面对硬件故障、自然灾害、恶意攻击或其他突发事件时，快速恢复业务并减少损失。

备份是将数据库中的数据、表结构、索引等信息复制到外部存储介质（如文件系统、云存储等）中，以便在数据丢失或损坏时进行恢复。还原则是在数据库发生故障或数据丢失时，从备份文件中恢复数据，以使数据库系统恢复正常工作。

备份和还原的核心目标是防止数据丢失，通过定期备份，确保即使发生故障，数据也可以恢复。

10.1.2　备份和还原的方法

在数据库管理中，备份和还原是确保数据安全与完整性、支持业务连续性以及灾难后恢复的核心措施。数据库备份和数据库还原是两个互为一体的操作。数据库备份是为了完整、正确地进行数据库还原，数据库还原的基础是数据库备份。在进行数据库备份和还原时需要综合考虑用户需求、数据库特点，从而制定符合应用场景的数据库备份和还原策略。MySQL 提供了多种备份与还原方法，以适应不同的需求和场景。

1. 数据库备份的分类

1）从备份的内容角度分类

从备份的内容角度，数据库备份可分为物理备份和逻辑备份。物理备份和还原操作都比较简单，还原速度快。逻辑备份与还原操作都需要 MySQL 服务器进行参与，能够跨越 MySQL 版本。

（1）物理备份。物理备份是指直接复制数据库文件、日志文件等数据库存储的数据文件。这种方法无须导出 SQL 文件，备份过程通常更快速，但不支持跨平台备份，还原时需要数据库处于一致性状态。

（2）逻辑备份。逻辑备份是指将数据库中的表结构和数据导出为 SQL 语句，以便在需要时重建数据库。逻辑备份的优点是能够跨平台，还原时只需要执行 SQL 语句即可。

2）从备份时服务器是否在线的角度分类

从备份时服务器是否在线的角度，数据库备份可分为冷备份、温备份和热备份。

（1）冷备份。冷备份（cold backup）是在数据库系统停止运行时进行的备份。由于数据库在备份期间不运行，因此备份的一致性和完整性能够得到保证。冷备份适用于不要求高可用性的场景，但其缺点是会导致系统停机。

（2）温备份。温备份（warm backup）是在数据库运行状态中进行操作的备份，仅支持读请求，不允许写请求。

（3）热备份。热备份（hot backup）是在数据库运行的过程中进行的备份。使用热备份时，数据库仍然可用，不会影响用户操作。常见的热备份工具有 Percona Xtra Backup 和 MySQL 的二进制日志。热备份适用于需要高可用性的环境，但要求保证备份数据的一致性。

3）从备份范围角度分类

从数据库的备份范围角度，数据库备份可分为完整备份、差异备份和增量备份。

（1）完整备份。完整备份（full backup）备份事件库中的全部数据文件和日志文件信息，也称为完全备份、海量备份或全库备份。完整备份需要花费大量的时间和空间，需要在数据库服务器停止运行后进行。完整备份是任何备份策略中都要完成的第一种备份类型，如果没有执行完整备份，就无法执行差异备份和增量备份。

（2）差异备份。差异备份（differential backup）仅备份自上次备份以来被修改过的文件，它比完整备份小，存储和还原速度快，备份的频率取决于数据的更新频率。差异备份不能单独使用，要借助完整备份。

（3）增量备份。增量备份（incremental backup）仅备份自上次备份以来发生变化的数据，比完全备份节省存储空间和时间。MySQL 中的增量备份通常依赖二进制日志（binlog）来记录数据库中所有的变化。

2. 备份内容和备份时间

（1）备份内容。一个正常运行的数据库系统中，除了用户数据库，还有维护系统正常运行的系统数据库。因此，需要同时备份用户数据库和系统数据库，以保证系统还原后能够正常操作。通常需要备份的数据包括数据、日志、代码、服务器配置文件等。

（2）备份时间。不同类型的数据库对备份的要求是不同的，对于系统数据库，一般在修改之后立即做备份，用户数据库发生变化的频率比系统数据库高，所以不能采用立即备份的方式，一般采用周期性备份的方法，备份的频率与数据更改频率和用户能够允许的数据丢失量有关。

3. 点时间恢复

点时间恢复（point-in-time recovery，PITR）允许将数据库恢复到某个特定的时间点或事务后。此方法通常结合完全备份和增量备份（通过二进制日志）执行。

4. 数据库还原及其注意事项

数据库还原（也称为数据库恢复）是与数据库备份相对应的系统维护和管理操作，当数据库出现故障时，将备份的数据库加载到系统，从而使数据库恢复到备份时的正确状态。系统进行数据库还原操作时，需要注意以下三点：

（1）要还原的数据库是否存在；

（2）数据库文件是否兼容；

（3）数据库采用了哪种备份类型。

5. 备份和还原策略

在进行数据库备份时，可以考虑以下策略。

（1）定期备份，周期应当根据应用数据库系统可以承受的恢复时间来确定。定期备份的时间应当在系统负载最低的时候进行。定期备份之后，需要定期做恢复测试，了解备份的可靠性，确保备份是有意义的、可恢复的。

（2）根据系统需要确定是否采用增量备份。增量备份所花的时间少，对系统负载的压力也小，但在恢复时需要加载之前所有的备份数据，恢复时间较长。

（3）在 MySQL 中打开 log-bin 选项，在做完整还原或者基于时间点的还原的时候都需要 binlog。

（4）异地备份，数据库还原通常采用以下两种策略：完全＋增量＋二进制日志；完全＋差异＋二进制日志。

10.2　MySQL 数据库备份

在 MySQL 数据库的管理中，备份是确保数据安全性和恢复能力的关键措施。备份不仅能够帮助防止数据丢失，还能够在数据库发生故障时进行快速恢复。MySQL 提供了多种备份方法，其中 mysqldump 命令和其他备份工具是最常用的两种方式。

10.2.1　使用 mysqldump 命令备份

mysqldump 是 MySQL 提供的一个命令行工具，广泛用于逻辑备份。它能够将数据库的结构（表、视图、索引等）和数据导出为一个可执行的 SQL 脚本文件。该命令存储在 C:\Program Files\MySQL\MySQL Server9.0\bin 文件夹中，后面所有的备份文件都保存在D:\BAK 里面，这个文件可以用于在后续的恢复操作中重建数据库。

1. 基本语法

mysqldump 通过连接 MySQL 数据库服务器并将指定的数据库内容导出为一个 SQL文件实现备份。该文件包含重建数据库所需的所有 SQL 语句，如 CREATE、INSERT 等。

mysqldump 命令的基本语法格式为

```
mysqldump [options]dbname>backup_file.sql
```

说明：

① ［options］：可以包含多个选项，用以定制备份的方式；

② dbname：要备份的数据库名称；

③ backup_file.sql：备份的目标文件，可以指定文件路径。

注意：mysqldump 是一个命令行工具，通常需要在命令提示符窗口（Command Prompt）中运行。

打开文件资源管理器的 C:\Program Files\MySQL\MySQL Server9.0\bin 文件夹，如图 10.1 所示。在地址栏中输入 cmd，然后按 Enter 键，命令提示符窗口会直接在该文件夹中打开，如图 10.2 所示。

1）备份数据库或表

使用 mysqldump 命令备份数据库或表的语法格式如下：

```
Mysqldump -u username -p[password] dbname[tbname [ tbname…]]>backup_file.sql
```

说明：

① username：指定 MySQL 用户名。

② password：提示登录密码。注意，要使用参数，-p 和 password 之间不能有空格。该

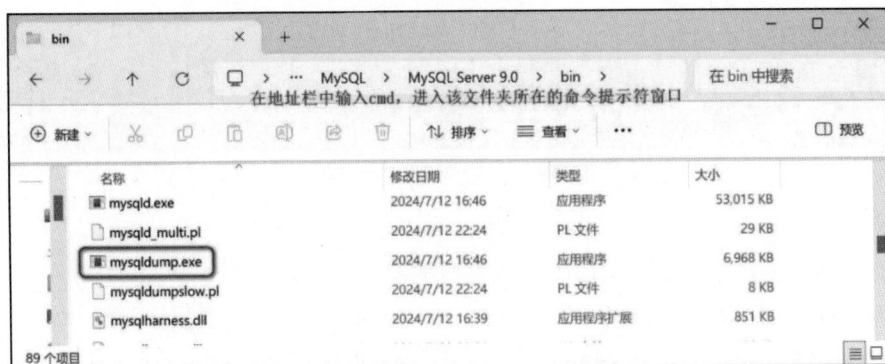

图 10.1　打开"命令提示符窗口"的方法

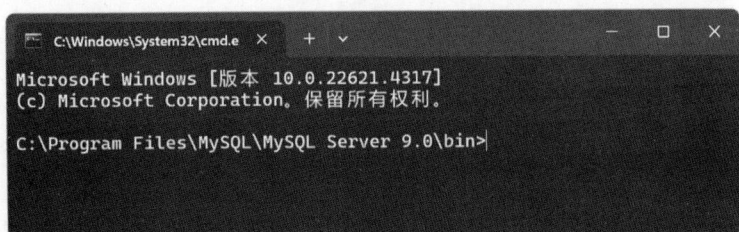

图 10.2　mysqldump 命令所在的"命令提示符"窗口

参数可以省略,若省略,则在执行语句后,根据提示再输入密码。

③ database_name:需要备份的数据库名称。

④ tbname:指定 database_name 数据中需要备份的表,可以指定多个,表名之间用空格隔开。若省略该参数,则表示备份整个数据库。

⑤ >[backup_file].sql:输出备份文件的路径和文件名。

【例 10.1】　使用 mysqldump 命令备份数据库 StudentDB 中的所有表。命令语句为

```
mysqldump-u root -p StudentDB >d:\bak\StudentDB_backup.sql
```

执行结果如图 10.3 所示。

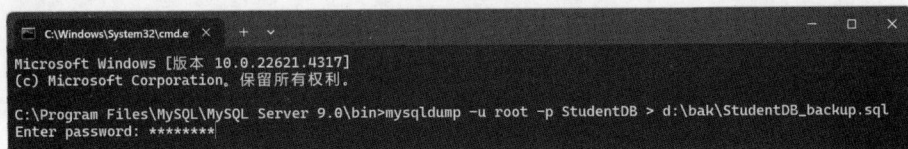

图 10.3　"命令窗口"执行图

【例 10.2】　使用 mysqldump 命令备份数据库 StudentDB 中的 Student、Course 和 SC 表。命令语句为

```
mysqldump -u root -p StudentDB Student Cours SC >d:\bak\table_backup.sql
```

执行结果如图 10.4 所示。

2) 备份多个数据库

使用 mysqldump 命令备份多个数据库,使用--databases 参数,多个数据库名之间用空格隔开,基本语法格式为

```
Mysqldump -u username -p --databases dbname[ dbname…]>backup_file.sql
```

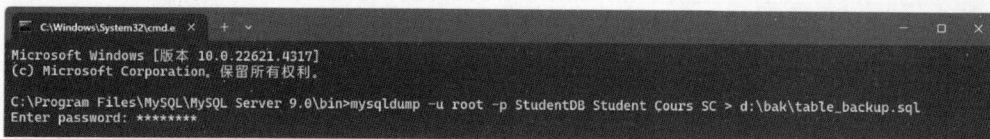

图 10.4 "命令窗口"执行图

说明：

--all-databases：备份 MySQL 中的所有数据库。

【**例 10.3**】 使用 mysqldump 命令备份 StudentDB 和 World 数据库。命令语句为

```
Mysqldump -u root -p --databases StudentDB World >d:\bak\Student_World_db.sql
```

执行结果如图 10.5 所示。

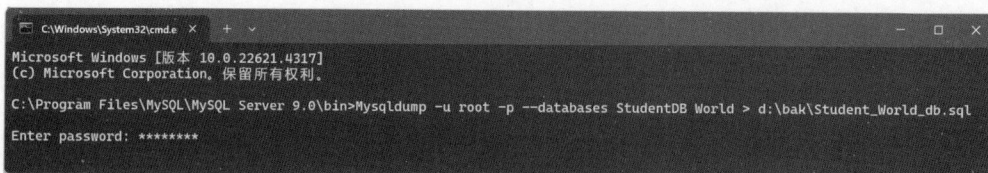

图 10.5 "命令窗口"执行图

【**例 10.4**】 使用 mysqldump 命令备份所有的数据库。命令语句为

```
Mysqldump -u root -p --all--databases >d:\bak\allbackup.sql
```

3）仅备份数据库结构（不包含数据）

使用 mysqldump 命令仅备份数据库结构，使用-d 或--no-data 参数，基本语法格式为

```
Mysqldump -u username -p -d database>backup_file.sql
```

【**例 10.5**】 使用 mysqldump 命令仅备份 StudentDB 数据库的结构。命令语句为

```
Mysqldump -u root -p -d StudentDB >d:\bak\StudentDB_structure.sql
```

执行结果如图 10.6 所示。

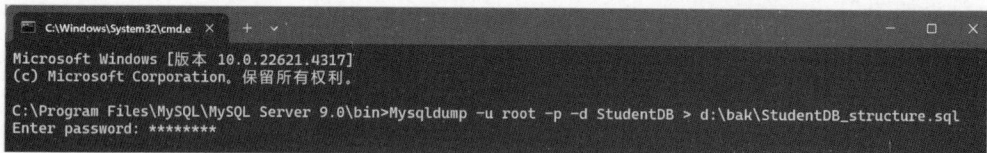

图 10.6 "命令窗口"执行图

10.2.2 使用工具备份

HeidiSQL 是一个轻量级的开源数据库管理工具，用户可以通过它方便地进行数据库备份。打开 HeidiSQL，并连接到 MySQL 服务器，具体步骤如下：

（1）单库备份。

在左侧的数据库列表中右击目标数据库，在弹出的菜单中选择"导出数据库为 SQL"。

（2）批量备份。

在顶部菜单栏中，依次单击"工具"→"导出数据库为 SQL 脚本"（可同时勾选多个数据库）。

（3）关键配置选项。

① 文件名。将备份保存位置的文件路径作为文件名。

② 数据。设置数据类型为"替换已存在数据"。

③ 输出。设置导出文件类型为单个.sql 或数据库等。

（4）导出"导出"按钮。

【例 10.6】 使用 HeidiSQL 工具备份 firstdatabase 数据库，操作步骤如图 10.7 所示。

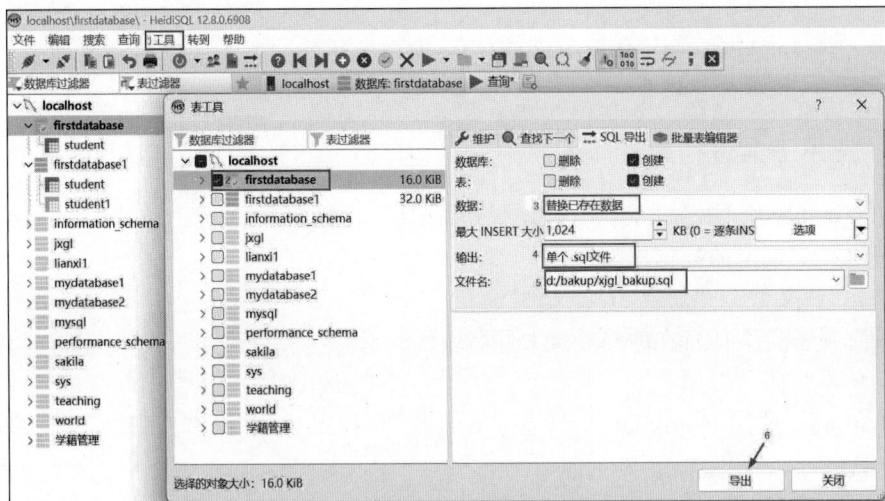

图 10.7 Workbench 工具的备份步骤

10.3 MySQL 数据库还原

在 MySQL 数据库的备份之后，恢复（还原）是一个同样重要的操作。无论是通过命令行工具还是图形化工具，都可以轻松实现数据库的还原。下面详细介绍两种常见的还原方法。

10.3.1 使用命令进行数据库还原

使用命令行还原数据库通常是最常见的方式，它适用于所有 MySQL 版本并且非常灵活。最常用的还原工具是 mysql 命令。

使用 mysql 命令可以直接执行该 SQL 文件中的语句，基本命令格式为

```
mysql -u username -p target_dbname </path/ backup.sql
```

说明：

① -u username：指定 MySQL 用户名；

② -p：提示输入密码（如果有密码）；

③ target_dbname：要还原的目标数据库名称；

④ backup_file.sql：从指定的.sql 备份文件中读取数据。

【例 10.7】 使用 mysql 命令将备份文件 StudentDB_backup.sql 还原到数据库。命令语句为

```
mysql -u root -p StudentDBbak <d:\bak\StudentDB_backup.sql
```

执行结果如图 10.8 所示。

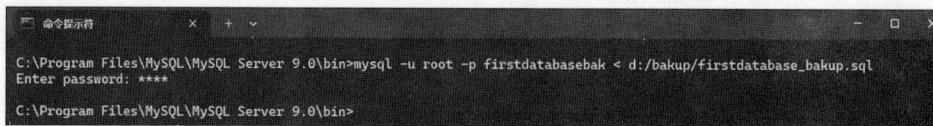

图 10.8　"命令窗口"执行图

注意：执行语句前，目标数据库必须存在，否则会报错。如果目标数据库不存在，可以先创建数据库，然后执行还原命令。

10.3.2　使用工具进行数据库还原

打开 HeidiSQL，并连接到 MySQL 服务器，具体步骤如下：

（1）选择要还原的数据库。

（2）执行"文件"→"加载 SQL 文件"命令。

（3）选择备份文件所在的路径及文件名。

（4）单击"打开"按钮。

【例 10.8】　使用 HeidiSQL 工具还原 firstdatabase 数据库，操作步骤如图 10.9 所示。

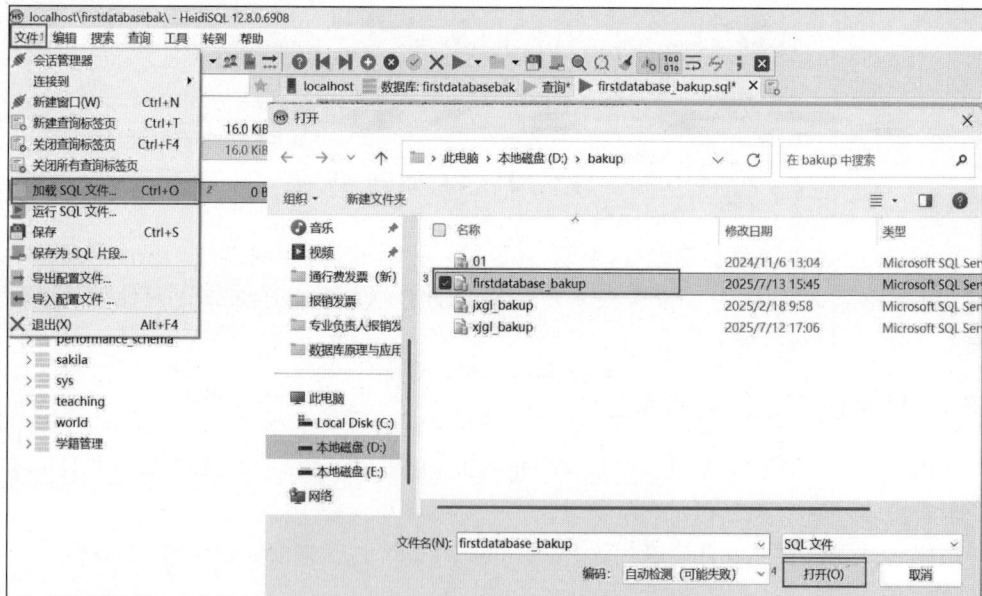

图 10.9　Workbench 工具的还原步骤

10.4　MySQL 数据库迁移

数据库迁移是指将数据库从一个系统移动到另一个系统上。MySQL 数据库的迁移可以根据不同的场景分为两种类型：同类型数据库迁移和与其他数据库管理系统间的迁移。

10.4.1 MySQL 同类型数据库迁移

MySQL 同类型的迁移是从一个 MySQL 数据库版本迁移到另一个相同版本或不同版本的 MySQL 数据库。这通常发生在数据库升级、硬件迁移或系统优化时。

1. 相同版本的 MySQL 数据库之间的迁移

相同版本的 MySQL 数据库之间的迁移通常涉及将一个 MySQL 实例的数据和结构迁移到另一个相同版本的 MySQL 实例。迁移的关键任务通常包括以下几个步骤。

1）数据库备份

在进行任何迁移之前，需要备份数据库，使用 mysqldump 工具导出数据库中的所有数据和结构。命令语句为

```
mysqldump -u username -p database_name >d:\bak\backup.sql
```

2）数据迁移

数据迁移通过备份文件恢复数据到目标数据库，使用 mysql 命令在目标数据库中恢复：

```
mysql -u username -p new_database_name <d:\bak\backup.sql
```

3）迁移验证

在迁移完成后，需要验证数据的完整性，确保数据没有丢失，并且应用程序能够正常连接到新的数据库；同时检查表结构、索引等是否正确迁移。

2. 不同版本的 MySQL 数据库之间的迁移

不同版本的 MySQL 数据库之间的迁移涉及将数据从一个版本的 MySQL 迁移到另一个版本，可能是从旧版本迁移到新版本。这个过程通常包括备份源数据库（使用 mysqldump 或其他工具），然后在目标版本的 MySQL 中恢复数据。在迁移前，需要注意不同版本之间可能存在的兼容性问题，如数据类型、语法差异、系统表的变化等。因此，迁移时需要对 SQL 语句和存储结构进行适当调整，并确保目标数据库的版本支持源数据库的所有特性。此外，迁移完成后，还需对数据库进行验证，确保数据完整性和应用程序兼容性。

10.4.2 MySQL 和其他数据库管理系统间的数据库迁移

MySQL 与其他数据库管理系统（如 PostgreSQL、Oracle、SQL Server 等）之间的数据库迁移涉及更多的复杂性，因为不同的数据库系统有不同的数据类型、存储方式和 SQL 语法。

1. 数据迁移准备

迁移前，需要评估源数据库（MySQL）和目标数据库的差异，主要包括以下三个方面。

（1）数据类型差异。不同数据库使用不同的数据类型。例如，MySQL 中的 TINYINT 在 PostgreSQL 中可能映射为 SMALLINT。

（2）索引和约束。不同数据库的索引和约束可能有所不同，迁移过程中需要考虑这些差异。

（3）SQL 语法差异。SQL 语法在不同数据库中可能有所差异，迁移时可能需要手动调整 SQL 查询语句。

2. 使用迁移工具

为了简化迁移过程,可以使用一些专门的迁移工具,这些工具可以帮助进行跨平台的数据迁移,如下所示。

(1) MySQL Workbench。MySQL 官方提供的 GUI 工具,支持数据导出和导入其他数据库系统。

(2) AWS Database Migration Service(DMS)。如果数据库迁移涉及云服务,AWS DMS 可以用于在 MySQL 和其他数据库之间迁移数据。

(3) pgLoader。支持将 MySQL 数据库迁移到 PostgreSQL 数据库。

(4) SQLines。用于数据库之间的结构和数据迁移,支持 MySQL 与多种数据库之间的迁移。

3. 数据类型和表结构转换

由于数据库之间的数据类型可能不同,因此在迁移过程中需要对表结构进行相应的调整。例如,在迁移到 PostgreSQL 时,TEXT 类型在 MySQL 中可能需要映射到 PostgreSQL 中的 VARCHAR 或 TEXT 类型。

4. 数据迁移

迁移数据时,可以使用数据导出导入工具,先将 MySQL 的数据导出为 SQL 文件,然后将 SQL 文件导入目标数据库中。以下是 MySQL 数据迁移到其他数据库的基本步骤。

(1) 导出 MySQL 数据。使用 mysqldump 导出 MySQL 数据库。

(2) 转换 SQL 语法。根据目标数据库的要求修改 SQL 语法。

(3) 导入目标数据库。使用目标数据库的工具(如 psql 对于 PostgreSQL,sqlcmd 对于 SQL Server)将数据导入目标数据库。

5. 迁移后的验证

数据迁移后,验证数据完整性、应用程序兼容性以及性能问题非常重要。特别是涉及数据库之间的差异时,务必检查:

(1) 数据是否完整且一致。

(2) 应用程序是否可以正常工作。

(3) 性能是否符合预期。

通过仔细规划和使用合适的工具,可以有效地进行 MySQL 与其他数据库管理系统之间的迁移。

10.5　数据库导出和导入

数据库导出和导入是数据迁移和备份的重要手段。在 MySQL 中,可以使用 SQL 语句和命令行工具进行数据的导出和导入。下面分别介绍这两种方法。

10.5.1　使用 SQL 语句导出和导入文件

MySQL 可以通过 SQL 语句导出和导入数据库。尽管这种方法通常不如命令行工具直接,但它在某些场景下仍然有其用武之地。

1. 导出数据

MySQL 并没有提供一条直接的 SQL 语句用于导出整个数据库的数据，但可以使用 SELECT…INTO OUTFILE 语句将查询结果导出到文件中，要注意文件必须是新的。该语句适用于导出表数据，语法格式为

```
SELECT * FROM your_table
INTO OUTFILE '/path/ output_file.csv'
FIELDS TERMINATED BY ','
ENCLOSED BY '"'
LINES TERMINATED BY '\n';
```

此命令会将 your_table 中的数据导出到 CSV 格式的文件中。有以下几点需要注意。

① FIELDS TERMINATED BY 指定字段分隔符，默认情况下为制表符"\t"；

② ENCLOSED BY 指定字段的包围符，只能是单个字符；

③ LINES TERMINATED BY 指定行分隔符，设置每行数据结尾的字符，可以为单个或多个字符，默认值为"\n"。

【**例 10.9**】　使用 SELECT… INTO OUTFILE 语句将 StudentDB 数据库中 Student 表的数据导出到文本文件中。命令语句为

```
USE StudentDB;
SELECT * FROM Student
INTO OUTFILE 'd:/bak/student_file.csv'
FIELDS TERMINATED BY ','
ENCLOSED BY '"'
LINES TERMINATED BY '\n';
```

2. 导入数据

MySQL 使用 LOAD…DATA INFILE 语句将外部文件中的数据导入表中。假设已经有一个 CSV 格式的数据文件，可以通过下列 SQL 命令导入数据：

```
LOAD DATA INFILE '/path/ input_file.csv'
INTO TABLE your_table
FIELDS TERMINATED BY ','
ENCLOSED BY '"'
LINES TERMINATED BY '\n';
```

此命令会将 CSV 文件中的数据导入 your_table 表中，FIELDS TERMINATED BY 和 ENCLOSED BY 与导出时的设置要一致。

【**例 10.10**】　使用 LOAD DATA INFILE 语句将 student_file.csv 文件导入 StudentDB 数据库中的 Student 表中。命令语句为

```
USE StudentDB;
DELETE FROM Student;
LOAD DATA INFILE ' d:/bak/student_file.csv '
INTO TABLE Student
FIELDS TERMINATED BY ','
ENCLOSED BY '"'
LINES TERMINATED BY '\n';
SELECT * FROM Student;
```

10.5.2　使用命令导出和导入文件

相比 SQL 语句，命令行工具 mysqldump 和 mysql 更加常用且高效，适用于导出和导入

整个数据库或表的数据。

1. 导出数据

使用 mysqldump 命令可以导出数据库的所有数据、结构以及触发器、视图等对象。该命令除了可以将表中的数据导出为包含 CREATE、INSERT 语句的 SQL 文件，还可以导出为纯文本文件。mysqldump 命令导出文本文件的语法格式为

```
mysqldump - u username - p - T   path   dbname[tables] [options]
```

其中，-T 表示导出纯文本文件，path 表示导出文件的路径，tables 表示要导出的表名称，如果不指定，则导出数据库 dbname 中所有的表；[options]选项和 SELECT … INTO OUTFILE 选项的区别在于各个选项等号后面的 value 值不要用引号引起来。

注意：使用-T 选项时，mysqldump 会将指定数据库中的每个表导出为两个文件：一个是包含表数据的文本文件，数据以 LOAD DATA INFILE 语句格式存储；另一个是包含表结构的 SQL 文件，包含 CREATE TABLE 语句。所有这些文件将保存在指定的目录中，目录路径通过-T 选项指定，文件名则根据表名自动生成。

【例 10.11】 使用 mysqldump 命令将 StudentDB 数据库中的 Course 表的数据导出到文本文件中。命令语句为

```
mysqldump - u root - p - T   d:/bak   StudentDB Course
```

语句执行成功后，会在 d:\bak 路径下生成两个文件：Course.txt 和 Course.sql。

2. 导入数据

使用 mysqlimport 命令可以导入表，并且不需要登录 MySQL 客户端。mysqlimport 命令导入文本文件的语法格式为

```
mysqlimport - u username - p dbname filename.txt [options]
```

其中，dbname 为导入表所在的数据库名称，表名称由导入文件名确定，即文件名为表名，导入前该表必须存在。[options]参数选项与 mysqldump 命令大致相同。

【例 10.12】 使用 mysqlimport 命令将 d:\bak\Course.txt 文件中的数据导入 StudentDB 的 Course 表中，字段之间使用逗号隔开，所有字段类型字段值用双引号引起来，定义转义字符为问号。命令语句为

```
mysqlimport - u root - p StudentDB d:/bak/Course.txt
--fields-terminated-by=, --fields-enclosed-by=" --escape-character=?
```

10.6　MySQL 日志管理

MySQL 日志是 MySQL 数据库管理系统中用来记录数据库活动、错误、查询等信息的一种机制。通过日志，数据库管理员和开发人员可以追踪数据库的运行状态，优化性能，诊断故障，恢复数据，以及进行安全审计。

10.6.1　日志的类型

视频讲解

MySQL 日志系统可以分为以下四种常见的日志类型。

1. 错误日志

错误日志(error log)主要记录 MySQL 服务的启动、停止过程中的错误信息，以及数据

库运行期间遇到的故障或警告信息(如权限错误、文件系统错误等)。可以帮助诊断数据库启动失败、服务崩溃、配置错误等问题。

2. 二进制日志

二进制日志(binary log)主要记录所有对 MySQL 数据库的更改操作(包括 INSERT、UPDATE、DELETE 等操作),它为数据恢复、复制、审计等提供了基础。二进制日志对于数据库主从复制至关重要,也可用于数据恢复(恢复操作以回滚或回放数据)。

3. 慢查询日志

慢查询日志(slow query log)主要记录所有执行时间超过指定阈值(Long_Query_Time)的 SQL 查询,帮助数据库管理员识别执行效率差的查询,从而进行优化。

4. 通用日志

通用日志(general query log)主要记录 MySQL 接收到的所有查询语句、连接及断开连接的事件,用于审计和调试。虽然它记录了所有操作,但由于其性能开销较大,通常仅用于开发和调试过程中。在生产环境中使用时需要谨慎。

10.6.2　日志的作用

MySQL 日志在数据库的日常运行中扮演着非常重要的角色,它们帮助开发人员、数据库管理员和运维人员完成故障诊断、性能优化、数据恢复、安全审计等工作。

1. 故障诊断与调试

MySQL 日志提供了详细的运行信息,帮助开发人员和数据库管理员在系统出现故障时进行快速诊断。错误日志记录了数据库的启动、停止和运行过程中的错误信息,帮助识别导致服务崩溃或启动失败的原因。通用日志则记录了所有 SQL 查询操作,有助于开发人员跟踪和调试应用程序中的问题,发现潜在的 bug 或性能瓶颈。

2. 数据恢复与备份

MySQL 的事务日志(如二进制日志和重做日志)在数据恢复和备份过程中至关重要。二进制日志记录了所有数据库的修改操作,支持增量备份和主从复制,能够在数据库崩溃后恢复到某个时间点的状态。重做日志则确保事务的持久性,即使数据库崩溃,已提交的数据也可以通过重做日志恢复,避免数据丢失。

3. 性能优化

慢查询日志帮助管理员识别执行时间过长的查询,分析并优化查询语句,提高数据库性能。通过查看慢查询日志,开发人员可以发现性能瓶颈,进一步优化数据库的查询效率和响应速度。通用日志提供了详细的操作记录,帮助分析数据库的工作负载,监控查询频率,进一步进行性能优化。

4. 数据库复制

二进制日志在 MySQL 的主从复制中发挥关键作用。所有对数据库的修改操作都会记录在二进制日志中,主库将这些日志发送给从库,从库通过重放这些日志来保持与主库的数据同步,确保主从数据库的一致性。这一机制对于负载均衡、备份、灾难恢复等场景至关重要。

5. 安全与审计

MySQL 的日志系统是进行安全审计的重要工具。通用日志记录了每一个数据库连接和执行的查询操作,可以帮助数据库管理员监控用户行为,审查非法访问和防范潜在的安全威胁。通过分析这些日志,管理员可以及时发现不寻常的操作或恶意行为,从而采取必要的防护措施。

6. 审计与合规性

对于某些行业来说,数据库操作需要符合合规性要求。MySQL 日志通过记录所有的查询操作和用户行为,为合规性审计提供了可靠的证据。通用日志特别适合记录每个用户的活动,并可用于回溯和审查,确保数据操作符合企业和行业的法规要求,特别是在金融、医疗等对数据保护要求较高的领域。

7. 系统监控

日志也起到系统监控的作用,帮助运维人员发现潜在的问题或性能瓶颈。慢查询日志和错误日志可以实时反映数据库的运行状态,发现资源消耗较高的查询或频繁发生的错误。通过定期分析这些日志,运维人员可以及时优化数据库配置,避免问题积累,确保系统的稳定运行。

10.6.3 错误日志管理

错误日志文件记录服务器启动、运行、停止过程中的错误、警告等信息。它帮助数据库管理员诊断故障,解决启动失败、服务崩溃、配置问题等,对于数据库的维护和健康运行至关重要。

1. 错误日志文件的内容

错误日志文件主要包含以下五个方面的信息。

(1)启动信息。包括 MySQL 服务器的启动时间、版本信息、加载的配置文件、数据库引擎等。

(2)运行错误。如数据文件损坏、内存不足、资源限制等导致的运行错误。

(3)配置问题。如果 MySQL 配置文件中有错误,错误日志会记录下具体的配置问题(如不合法的参数、无法识别的配置项等)。

(4)权限与认证问题。如果存在用户权限问题或认证失败,错误日志会记录相关的错误信息。

(5)崩溃信息。记录 MySQL 崩溃时的堆栈信息和相关故障信息,以帮助诊断崩溃的原因。

2. 配置错误日志

在默认情况下,错误日志会被记录到数据库的数据目录下,可以通过配置 my.ini(或 my.cnf)文件或使用动态系统变量来管理和定制错误日志的输出。

说明:my.ini 文件是 MySQL 数据库的主要配置文件之一,该文件在 C:\ProgramData\MySQL\MySQL Server 9.0 目录下,如图 10.10 所示。

错误日志的配置项是 log-error,在[mysqld]组下配置如下:

```
[mysqld]
log-error =path/error.log
```

通过设置 log_error 变量,指定错误日志的文件路径。如果不设置,MySQL 会将错误日志输出到默认位置。

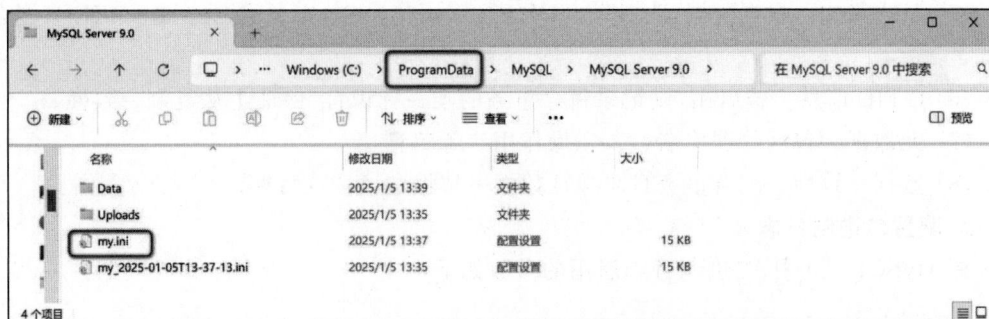

图 10.10 my.ini 配置文件的路径

说明：配置文件修改后，需要重新启动 MySQL 服务器，才能生效。

3. 查看错误日志的内容

错误日志通常以文本文件形式存储，可以使用文本编辑器直接查看错误日志。

4. 更改错误日志的日志级别

MySQL 提供了不同的日志级别来控制记录的详细程度，可以通过 log-error-verbosity
选项设置，分三种级别。

（1）0：只记录错误信息（默认设置）。

（2）1：记录错误和警告信息。

（3）2：记录错误、警告和注意信息。

在 my.ini 配置文件的[mysqld]组下配置如下：

```
[mysqld]
log_error_verbosity=2
```

5. 错误日志文件的清理

虽然错误日志对于故障诊断至关重要，但它们的大小也会随时间增长，可能会占用大量
磁盘空间。因此，定期清理和轮换错误日志文件是必要的。主要有两种清理方法。

（1）自动清理。可以使用 logrotate 等工具定期清理过期的日志文件，确保磁盘空间不
会被日志文件占满。

（2）手动清理。定期检查并删除旧的、无用的错误日志。

10.6.4 二进制日志管理

二进制日志（binary log）是 MySQL 中用于记录数据库修改操作的重要日志类型。它
记录了所有对数据库进行更改的操作（如 INSERT、UPDATE、DELETE 等）。二进制日志
在主从复制、数据恢复、增量备份和审计等方面扮演着关键角色。

1. 二进制日志的内容

（1）事件类型。包括 Query（SQL 语句）、Table Map（表映射）、Write Row（插入行）、
Update Row（更新行）、Delete Row（删除行）等。

（2）数据更改操作。记录所有对数据库的修改操作，如 INSERT、UPDATE、
DELETE。

（3）事务边界。记录事务的开始（Begin）和提交（XID）事件。

（4）时间戳。每个事件都带有执行时间，确保日志顺序。

(5) 日志格式。根据配置,为 STATEMENT(语句)、ROW(行数据)或 MIXED(混合)格式。

(6) GTID 信息。若启用,则记录每个事务的唯一标识符,保证主从复制一致性。

(7) 元数据。包括数据库名、表名、操作用户等信息。

(8) 数据一致性。配合事务日志保证数据一致性和 ACID 特性。

2. 配置二进制日志

在 MySQL 9.0 中,二进制日志启用的参数如下:

```
log-bin[=path/[filename]]
```

其中,log-bin 用于启用二进制日志;path 用于指定日志文件存储路径,其默认值为"C:\ProgramData\MySQL\MySQL Server 9.0\Data";filename 用于指定日志文件名,默认情况下,MySQL 会生成多个二进制日志文件,文件名通常为 binlog 加上编号(如 binlog.000001,binlog.000002,…),其中还有一个名为 binlog.index 的文件,它的内容为所有日志的清单,可以使用记事本打开。

要启用二进制日志,需要在 MySQL 配置文件(my.cnf 或 my.ini)中[mysqld]组下添加以下配置:

```
[mysqld]
log-bin =path/ binlog
```

3. 二进制日志格式

MySQL 支持以下三种二进制日志格式。

(1) STATEMENT(语句日志)。记录执行的 SQL 语句。这种格式记录的是执行的 SQL 语句本身,可能会导致在某些情况下复制的不一致性(例如,使用随机函数或不确定性 SQL 的情况下)。

(2) ROW(行日志)。记录被更改的数据行内容。当数据行被修改时,会记录行的实际变动。这种格式最为精确,但会生成更多的日志数据。

(3) MIXED(混合日志)。结合了 STATEMENT 和 ROW 两种格式,MySQL 会根据具体情况自动选择使用语句或行级日志。

可以在配置文件中通过 binlog_format 来设置二进制日志格式:

```
[mysqld]
binlog_format=ROW
```

4. 查看二进制日志

当服务器创建二进制日志文件时,它会先生成一个名为 binlog.index 的索引文件,然后创建第一个日志文件 binlog.000001。每次服务器重新启动时,日志文件的扩展名会递增,例如 binlog.000002、binlog.000003 等。如果二进制日志文件的大小超过了 max_binlog_size 设置的最大值(默认为 1GB),服务器将自动创建一个新的日志文件。

可以使用 SHOW BINARY LOGS 命令查看当前 MySQL 服务器上所有的二进制日志文件及其大小,但无法直接查看日志内容。如果需要查看特定二进制日志文件的内容,可以使用 mysqlbinlog 工具。命令语句为

```
mysqlbinlog /path/binlog.000001
```

说明：mysqlbinlog 工具可以帮助您解析和分析二进制日志的内容，通常用于数据库的恢复、复制配置和审计分析。

5. 二进制日志的清理

（1）日志清理。MySQL 不会自动删除旧的二进制日志文件，因此需要定期清理旧日志。可以通过 expire_logs_days 参数自动删除过期的日志文件。例如，设置过期时间为 7 天：

```
[mysqld]
expire_logs_days=7
```

（2）手动删除日志。管理员可以使用 PURGE BINARY LOGS 命令手动删除二进制日志文件，指定日志文件或日期：

例如，删除创建时间比 binlog.000010 早的所有二进制日志文件，执行命令如下：

```
PURGE BINARY LOGS TO 'binlog.000010';
```

例如，删除 2025-01-01 00:00:00 日期前的所有二进制日志文件，执行命令如下：

```
PURGE BINARY LOGS BEFORE '2025-01-01 00:00:00';
```

（3）日志轮换。为了避免日志文件过大并导致磁盘空间不足，可以通过 logrotate 等工具定期轮换二进制日志文件。

10.6.5 慢查询日志管理

慢查询日志（slow query log）是 MySQL 的一种日志记录方式，用于记录执行时间超过指定阈值的 SQL 查询。它帮助数据库管理员识别性能较差的查询，从而优化数据库性能。

1. 配置慢查询日志

在默认情况下，MySQL 中的慢查询日志是关闭的，需要在 MySQL 配置文件（my.cnf 或 my.ini）中设置以下参数：

```
[mysqld]
slow_query_log=1
slow_query_log_file=/path/slow-query.log
long_query_time=2
log_queries_not_using_indexes=1
```

说明：

① slow_query_log：启用慢查询日志。如果值为 1，则启用日志。

② slow_query_log_file：指定慢查询日志文件的路径。

③ long_query_time：定义慢查询的时间阈值（单位：秒），只有执行时间超过此值的查询会被记录，默认为 10 秒。

④ log_queries_not_using_indexes：记录那些没有使用索引的查询，即它们的执行时间没有达到 long_query_time 的阈值。启用此选项有助于找出未充分利用索引的查询。

2. 查看和分析慢查询日志

慢查询日志是以文本文件的形式存储的，可以使用文本编辑器直接查看。通过查看慢查询日志文件，可以直接读取记录的查询，检查查询的执行时间和 SQL 语句。

MySQL 提供了一个工具 mysqldumpslow，用于对慢查询日志进行统计分析。它可以

帮助识别频繁执行的慢查询和最耗时的查询。

3. 慢查询日志的清理

慢查询日志文件可能会随着时间的推移变得很大,因此需要定期清理,主要有两种清理方法。

(1)日志轮换。可以使用操作系统的日志轮换工具(如 logrotate)定期归档和清理慢查询日志。

(2)自动清理。MySQL 本身没有自动删除慢查询日志的功能,管理员可以通过定期脚本或手动操作清理不需要的日志文件。

10.6.6　通用日志管理

通用日志(general query log)是 MySQL 中的一种日志记录方式,用于记录数据库收到的所有 SQL 查询请求、连接及断开连接的事件。它是 MySQL 提供的基础日志类型之一,广泛用于调试、审计和监控数据库操作。

1. 通用日志的内容

(1)SQL 查询。记录所有执行的 SQL 语句,包括 SELECT、INSERT、UPDATE、DELETE 等。

(2)连接事件。记录每次连接到数据库的事件以及断开连接的事件,包括连接的用户信息、来源 IP 等。

(3)错误日志。记录某些 SQL 语句的执行失败信息(如果启用了错误日志)。

2. 配置通用日志

要启用 MySQL 的通用日志,可以在 MySQL 配置文件(my.cnf 或 my.ini)中设置以下参数:

```
[mysqld]
general_log=1
general_log_file=/path/general.log
```

- general_log:启用通用日志。设置为 1 时启用日志,0 时禁用日志。
- general_log_file:指定通用日志文件的路径和文件名。默认情况下,日志文件为 hostname.log。

3. 查看通用日志

通用日志是以文本文件的形式存储的,可以使用文本编辑器直接查看。

4. 通用日志的清理

通用日志文件的大小可能会迅速增长,特别是在查询频繁的系统中,因此需要定期清理和管理日志文件,主要有两种清理方法。

(1)日志轮换。可以使用操作系统的日志轮换工具(如 logrotate)来定期归档和清理通用日志。

(2)定期检查日志文件大小。定期监控通用日志文件的大小,确保日志不会占用过多磁盘空间。

本 章 小 结

　　数据库备份、还原、迁移和日志管理是 MySQL 运行维护的重要工作内容。MySQL 数据库的备份是为了防止数据丢失,或者在数据不满足一致性、完整性的时候能够根据之前某一状态的数据库副本(数据库备份)将数据库还原到这一状态之下的版本。在 MySQL 中,用户可以使用命令或工具对数据库进行备份和还原。

　　数据库迁移和导入导出是为了保证数据库服务器更新或者数据库管理系统发生变更时,能够最大化地将原来的数据库迁移到新的数据库服务器或新的数据库系统中。

　　日志是 MySQL 数据库的重要组成部分,数据库运行期间的所有操作均记录在日志文件中。使用日志可以查看用户对数据库进行的所有操作,也可以帮助进行数据库还原和数据库优化。MySQL 中的日志分为错误日志、二进制日志、通用日志和慢查询日志 4 种,其中二进制日志的查询方法与其他日志不同,读者要特别注意。开启日志需要消耗一定的存储空间,也会影响 MySQL 的性能,对于早期的日志文件要注意及时删除。

习 题 十

一、选择题

1. 下列关于数据库备份的说法中,正确的是(　　　)。

　　A. 数据库备份只需要定期进行,不需要考虑具体的备份策略

　　B. 数据库备份不影响数据库的正常运行

　　C. 数据库备份应该包括所有数据文件、日志文件和配置文件

　　D. 数据库备份可以在数据丢失后快速恢复,但并不保证数据一致性

2. MySQL 的 mysqldump 命令用于(　　　)。

　　A. 数据库恢复　　　　B. 数据库迁移　　　　C. 数据库备份　　　　D. 数据库日志管理

3. 以下关于数据库还原的描述,正确的是(　　　)。

　　A. 数据库还原后,数据一定是最新的,不会丢失

　　B. 只需要使用命令行进行数据库恢复

　　C. 数据库还原通常依赖于备份文件,可以通过命令或工具进行

　　D. 数据库还原只能恢复单个表的数据

4. 关于 MySQL 数据库迁移,以下说法正确的是(　　　)。

　　A. 迁移只适用于同一数据库管理系统中的数据库

　　B. MySQL 与其他数据库管理系统间的迁移需要特殊工具或技术

　　C. MySQL 迁移时,只需要导出数据表结构,不需要导出数据

　　D. 数据迁移不需要考虑数据格式转换问题

5. SQL 语句导出和导入数据的常见方法包括(　　　)。

　　A. 使用 mysqldump 命令

　　B. 直接在数据库管理界面复制数据

　　C. 使用 SELECT INTO 语句

D. 使用图形化工具拖拽数据

6. MySQL 日志管理中的"二进制日志"主要用于(   )。

   A. 记录 SQL 查询执行的日志

   B. 记录数据库错误信息

   C. 记录所有的数据变更操作,以便恢复

   D. 记录数据库的慢查询

7. 关于 MySQL 的错误日志,以下说法正确的是(   )。

   A. 错误日志只记录查询的错误信息

   B. 错误日志有助于数据库性能优化

   C. 错误日志只能由管理员查看

   D. 错误日志记录数据库启动、运行和关闭的状态信息

8. 在使用 MySQL 进行数据库备份时,以下哪个工具可以自动化备份操作(   )。

   A. mysqldump 命令   B. mysqlimport 工具

   C. MySQL Workbench   D. cron 任务调度器

9. 以下关于 MySQL 数据库导入导出的常见命令,正确的是(   )。

   A. mysqlimport 命令可以用来导入 SQL 语句

   B. mysqldump 命令可以用来导出数据库结构和数据

   C. mysql 命令可以用来导入数据文件,但不能导出

   D. mysqladmin 命令可用于数据导入和导出操作

10. 在数据库迁移过程中,以下哪项是最重要的步骤之一(   )。

    A. 增加数据存储空间

    B. 确保源数据库和目标数据库的版本兼容

    C. 完全删除源数据库中的数据

    D. 禁止所有外部访问

二、填空题

1. MySQL 数据库的 mysqldump 命令用于(   )。

2. 在 MySQL 数据库中,二进制日志(Binary Log)主要用于(   )。

3. 在数据库备份中,(   )备份是一种只备份数据库变化部分的备份方式。

4. MySQL 的日志包括错误日志、(   )日志、慢查询日志、通用日志。

5. 数据库迁移涉及从一个数据库系统将数据转移到另一个数据库系统,迁移的方法包括(   )迁移和跨数据库管理系统迁移。

三、判断题

1. mysqldump 命令只能用于备份整个数据库,不能用于单表备份。

2. MySQL 数据库的备份只需定期进行,不需要考虑备份策略。

3. 在 MySQL 中,二进制日志可以用于记录所有数据变更操作,便于数据恢复。

4. 在进行数据库迁移时,源数据库和目标数据库必须是相同版本才能迁移数据。

5. 使用图形化工具进行数据库恢复时,不需要使用命令行进行任何操作。

四、简答题

1. 简述 mysqldump 命令的作用,并列举其常见用法。

2. 什么是 MySQL 的二进制日志?它的主要作用是什么?

第 四 篇

数据库设计

思维导图

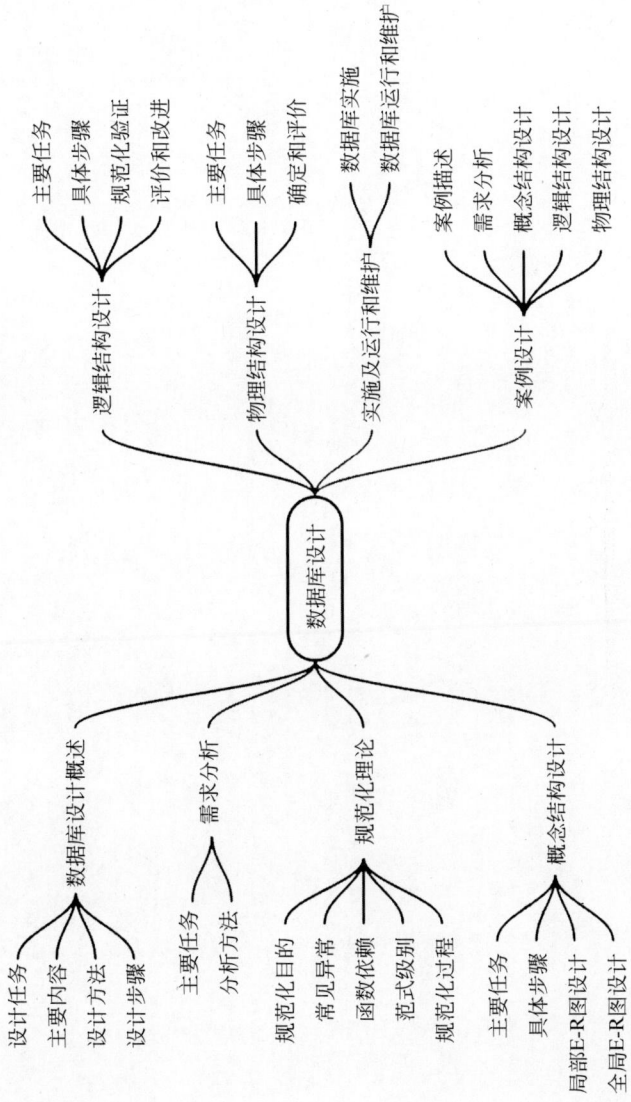

数据库设计

数据库设计概述
- 设计任务
- 主要内容
- 设计方法
- 设计步骤

需求分析
- 主要任务
- 分析方法

规范化理论
- 规范化目的
- 常见异常
- 函数依赖
- 范式级别
- 规范化过程

概念结构设计
- 主要任务
- 具体步骤
- 局部E-R图设计
- 全局E-R图设计

逻辑结构设计
- 主要任务
- 具体步骤
- 规范化验证
- 评价和改进

物理结构设计
- 主要任务
- 具体步骤
- 确定和评价

实施及运行和维护
- 数据库实施
- 数据库运行和维护

案例设计
- 案例描述
- 需求分析
- 概念结构设计
- 逻辑结构设计
- 物理结构设计

第 11 章

数据库设计概述及需求分析

本章介绍数据库设计的基本概念与任务、数据库设计的方法、数据库设计各阶段的主要工作，以及需求分析的任务和方法论。通过具体案例解析，展示关键业务描述、需求分析的过程及相关工具(如数据流图和数据字典)的应用。

通过本章的学习，应达到如下目标：
- 理解数据库设计的任务与主要内容；
- 掌握数据库设计的方法及各阶段的主要工作；
- 了解数据库设计的关键业务及案例分析的方法；
- 理解需求分析的任务与其重要性；
- 掌握需求分析的方法论及相关工具(如数据流图和数据字典)；
- 具备开展数据库设计的基础能力，为后续学习作好准备。

11.1 数据库设计概述

数据库设计是数据库技术应用的核心环节，也是信息系统开发中的关键部分。科学合理的数据库设计有助于优化系统性能，提升数据管理的效率，为企业和组织的数字化转型提供有力支撑。

11.1.1 数据库设计的任务和内容

数据库设计是信息系统开发中的重要环节，其目标是通过科学的设计方法将现实世界中的数据需求转换为数据库系统中的数据结构和管理方式，以实现对数据的高效存储、管理和利用。本节主要介绍数据库设计的任务和内容，以及常用的数据库设计方法，为后续章节奠定基础。

1. 数据库设计的任务

数据库设计的核心任务是指对于给定的业务描述和应用环境，通过合理的数据分析、设计和组织方法，将用户对数据的需求转换为数据库管理系统支持的数据结构和操作方式，从而构建高效、安全、可维护的数据库系统。数据库设计的任务如图 11.1 所示。

2. 数据库设计的内容

数据库设计的内容包括数据库的结构设计和数据库的行为设计。

1) 数据库的结构设计

数据库的结构设计是根据给定的应用环境进行数据库子模式或模式的设计。它包括数据库的概念设计、逻辑设计和物理设计。数据库模式包含了数据库系统的表结构，构建完成

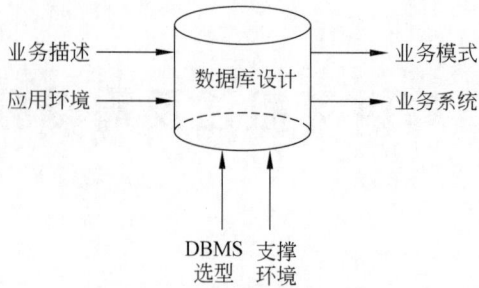

图 11.1 数据库设计任务

后,如果需求未发生重大变化,通常是不改变的,所以数据库的结构设计又称为静态模型设计。

(1)分析业务需求。数据库设计的第一步是深入分析业务需求,明确需要管理的数据信息、数据量及其关系。这一阶段需要与用户紧密合作,全面了解核心业务流程和数据操作模式。通过收集和整理信息,设计人员能够编制详细的需求分析文档,记录用户的查询需求、性能要求以及其他关键需求。这些文档为后续数据建模提供了重要支持,是数据库设计的基础环节。

(2)设计数据模型。根据业务需求,设计人员需要逐步将用户需求转换为可实现的数据库结构。在这一过程中,首先使用概念模型(如实体关系图,E-R 图)对需求进行抽象;接着,构建逻辑模型以便与具体的 DBMS 兼容;最后,完成物理模型的设计,规划存储方案以满足性能需求。数据模型设计需要平衡存储效率、操作便捷性和可维护性,是实现数据库目标的关键环节。

(3)优化系统性能。数据库的性能优化贯穿设计的整个生命周期。通过合理的索引设计、查询优化以及数据分区策略,设计人员可以有效提升数据库的存储和操作效率。在性能优化中,表结构设计、索引管理和事务处理策略需综合考虑数据量、访问频率和并发需求,以确保数据库在高负载下依然能够稳定高效地运行。

(4)保障数据完整性与安全性。数据完整性和安全性是数据库设计中的重要任务之一。设计人员需通过定义主键、外键等约束条件,确保数据的准确性和一致性。此外,还需要规划用户权限,设计访问控制规则,防止数据丢失、损坏或未经授权的访问。数据安全和完整性策略的制定是保障数据库正常运行的重要保障。

(5)支持后续维护与扩展。为确保数据库系统能够适应未来的变化,设计人员需要为其运行维护和扩展提供支持。相关方法包括设计数据备份与恢复机制,编制维护文档,以及规划扩展方案以应对不断增长的业务需求和技术变化。通过合理设计,数据库可以实现高可用性和良好的扩展性,满足系统长期运行的需要。

综上所述,数据库设计的任务和内容紧密结合,涵盖了从需求分析到后续维护的全过程。通过科学合理的设计,数据库能够有效地支持用户需求,确保系统性能和数据安全,并具备良好的维护和扩展能力。

2)数据库的行为设计

数据库的行为设计主要是指数据库用户的行为和操作设计,这些行为和操作需要通过应用程序实现,所以数据库的行为设计即应用程序或业务逻辑的设计。用户的行为一般是

根据业务的变化对数据库中数据进行增加、删除和修改,所以数据库的行为设计是动态的,行为设计又称为动态模型设计。

11.1.2 数据库设计方法

数据库设计方法是完成数据库设计任务的具体实现路径,常见方法包括以下5种。

1. 需求驱动方法

需求驱动方法以用户需求为核心,逐步明确数据内容和管理方式,符合用户实际需求,便于用户验证和反馈;但需求收集不充分时可能导致设计反复修改。比较适合需求清晰、用户能够准确表达需求的项目。

2. 自顶向下设计方法

自顶向下设计方法从全局视角出发,先设计整体概念模型,再逐步细化为逻辑模型和物理模型,结构清晰,适合大型复杂项目的系统设计;但对设计人员的整体把握能力要求较高。适合业务复杂、数据关系复杂的场景。

3. 自底向上设计方法

自底向上设计方法从已有数据和系统入手,逐步抽象出整体数据模型,能够充分利用已有资源,减少设计工作量;但容易受现有系统的限制,导致设计不够灵活。适合有既定数据库或数据结构的场景。

4. 混合设计方法

混合设计方法结合自顶向下与自底向上方法,综合考虑全局与局部设计需求,兼顾全局与局部优化,适应性强;但需要较高的设计协调能力,设计过程较复杂。适合大型项目中需要兼顾整体与局部需求的场景。

5. 原型设计方法

原型设计方法快速构建一个数据库设计的初步模型,通过用户反馈逐步完善,迭代速度快,用户参与度高;但可能导致初始设计过于简单,需要多次迭代才能完善。适合需求不明确或变更频繁的场景。

通过本节的学习,读者应能够理解数据库设计的基本任务和内容,掌握常用的设计方法,并在实际开发中根据项目特点选择合适的方法。

11.2 数据库设计各阶段的主要工作

视频讲解

数据库设计是根据用户需求研制数据库结构的过程。具体地说,数据库设计是指对于一个给定的应用环境,构造最优的数据库模式,建立数据库及其应用系统,使之能有效地存储数据,满足用户的信息要求和处理要求;也就是把现实世界中的数据,根据各种应用处理的要求,加以合理组织,使之满足硬件和操作系统的特性,利用已有的DBMS来建立能够实现系统目标的数据库。

数据库结构设计分为需求分析、概念结构设计、逻辑结构设计、物理结构设计、数据库实施、数据库运行和维护共六个阶段,如图11.2所示。

1. 需求分析阶段

需求分析阶段的主要工作是收集信息并对信息进行分析和整理,从而为后续的各个阶

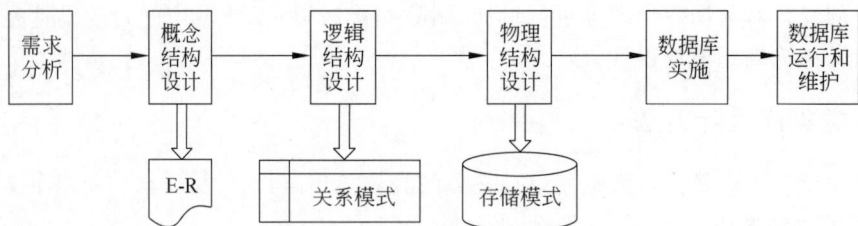

图 11.2　数据库结构设计过程

段提供充足的信息。这个阶段是整个设计过程的基础,也是最困难、最耗时间的一个阶段。需求分析做得不好的会导致整个数据库设计重新返工。需求分析的方法有调查组织结构的情况,调查各部门的业务活动情况,协助用户明确对新系统的各种要求,确定新系统的边界。具体做法有跟班作业、开调查会、请专人介绍、询问、设计调查表请用户填写、查阅记录。需求分析阶段的工作结束时,要根据调查、收集和分析的结果形成需求分析报告。

2. 概念结构设计阶段

概念结构设计阶段是整个数据库设计的关键,此过程对需求分析的结果进行综合、归纳,从而形成一个独立于具体 DBMS 的概念模型,一般用 E-R 图表示。E-R 图是概念模型设计阶段的主要工具,将在 13.1 节中详细介绍。

3. 逻辑结构设计阶段

逻辑结构设计阶段将概念结构设计的结果转换为某个具体的 DBMS 所支持的数据模型,并对其进行优化。由于现在的 DBMS 主流是关系数据模型,因此在此主要是将概念模型转换为关系模型。

4. 物理结构设计阶段

物理结构设计阶段为逻辑结构设计的结果选取一个最适合应用环境的数据库物理结构。

5. 数据库实施阶段

数据库实施阶段运用 DBMS 提供的数据语言以及数据库开发工具,根据逻辑设计和物理设计的结果建立数据库,编制应用程序,组织数据入库并进行试运行。

6. 数据库运行和维护阶段

数据库运行和维护阶段将经过试运行的数据库应用系统投入正式使用,在数据库应用系统的使用过程中不断对其进行调整、修改和完善。

11.3　数据库设计案例概述及关键业务描述

为便于读者更为清晰、系统地掌握数据库设计方法,本节将以"高校新生入学一站式服务"管理信息系统为例,对数据库设计的案例及关键业务进行描述。

11.3.1　案例概述

随着高等教育的快速发展,高校新生入学流程日益复杂,涉及多个部门和环节。为了提高管理效率,优化新生入学体验,本案例设计了一个集成的"高校新生入学一站式服务"管理信息系统。该系统旨在通过信息技术整合教务处、院系、财务处和公寓管理等多个模块,实现数据共享和业务协同,为新生提供便捷、高效的入学服务。

系统的目标是实现各部门间信息的无缝对接,减少信息孤岛;简化新生入学流程,提高工作效率;确保新生个人信息和学校数据的安全;为新生提供清晰、易懂的操作界面,提升用户体验。

系统采用模块化设计,主要包括以下四个功能模块。

(1)教务处管理。负责信息编辑、考生搜索、报到统计、用户管理和数据管理等。

(2)院系管理。负责新生验证、注册及班级分配等。

(3)财务处管理。负责新生缴费工作,包括学费、书费、住宿费等费用的收缴,并打印收款收据。

(4)公寓管理。负责部门人员登录、查询和统计新生入住公寓信息等。

11.3.2 案例关键业务描述

新生入学管理系统分为教务处管理、院系管理、财务处管理、公寓管理四个模块。下面对各模块的关键业务进行描述。

(1)教务处管理。管理员级别的用户可以实现信息编辑、报到统计、用户管理、数据管理4个功能。信息编辑功能查看新生的详细资料信息,修改新生的相关信息。报到统计功能可以查看最新的报到、注册统计信息,并可以打印相关的统计信息。用户管理功能实现对用户密码信息的管理,还可以管理其他使用该系统的用户信息,包括对这些用户的修改、添加与删除等。数据管理模块主要完成新生原始信息的导入,即把招生办的考生信息导入该系统中。

(2)院系管理。该模块主要完成新生的验证及注册工作。新生携带录取通知书、准考证、身份证到各院系部报到并确认学生本人的姓名、性别、专业等是否正确,将通知书留下备案;完成缴费后再到院系处进行注册,主要是进行班级的分配。

(3)财务处管理。该模块主要完成新生的缴费工作。通过查询学生的信息进行学费、书费、住宿费、公物押金、军训服装费、床上物品费等的收缴工作,并打印收款收据给学生本人保管。学生本人核对注册条上的财务人员收费章及收款收据上的姓名、专业、金额填写是否正确。

(4)公寓管理。主要完成部门人员登录、查询新生所入住的公寓信息、统计新生所入住的公寓信息、退出系统。

11.4 需求分析的任务和方法论

需求分析在软件工程中是指对要解决的问题进行详细的分析,弄清楚用户的要求以及输入数据类型,最后得到结果和输入内容。因此说,在软件工程当中的"需求分析"就是要确定计算机"要完成什么任务"。

在数据库设计中,需求分析就是指分析用户的需要与要求,是数据库设计的重要节点,其结果是否准确直接影响后面各个阶段的设计,并影响设计结果是否适用且满足用户需求。

需求分析是一项重要的工作,也是最困难的工作。该阶段工作有以下四个特点。

(1)交流有难度。用户与开发设计人员之间存在沟通障碍,因为双方不熟悉对方的工作领域和专业术语,导致难以准确确定系统功能和需求。

（2）需求变化性。用户需求不固定,难以一开始就精确提出,且随着技术和环境变化而变化,增加了软件开发的复杂性。

（3）需求变动性。系统需求会随时间和用户认识的提高而变化,设计人员须接受这一事实,并在设计时预留变更空间。

（4）时间控制困难。需求分析阶段时间难以控制,受需求变化、功能明确性和未知错误的影响,需进行可行性研究以决定项目是否可行。

11.4.1 需求分析的任务

需求分析阶段的任务是通过详细调查现实世界要处理的对象（组织、部门、企业等）,充分了解原系统的工作概况,明确用户的各种需求,然后确定新系统的功能。由于用户需求的不断改变和计算机技术的发展,新系统的需求分析必须充分考虑今后可能的扩充和改变,不能仅仅按当前应用需求来设计数据库。

需求分析的重点是调查、收集与分析用户在数据和业务处理方面的要求。业务处理过程中会有数据从源头流出,这些数据最终会流向汇聚点,因此业务处理过程中的数据流分析和处理是十分重要的。在确定数据和业务处理要求后,还要确定数据库应用系统的业务规则。

具体地说,需求分析阶段的任务包括以下内容。

1. 调查分析用户活动

该过程对相关用户的业务或旧系统进行分析,收集业务相关原始资料,明确未来系统的需求目标,确定这个目标的功能和数据。

2. 转换业务需求,确定系统边界

在熟悉业务活动的基础上,使用规范化分析方法,与用户共同明确对新系统的功能性需求、信息需求、非功能性需求等各类需求。

1）功能性需求

功能性需求是指为实现某一业务系统所需提供的功能。

2）信息需求

信息需求是指各类功能所包含的输入、输出数据。

3）非功能性需求

非功能性需求是指用户在使用系统功能时所需的响应时间、安全性、可靠性、相关界面易用性、数据可恢复性等方面的要求。

3. 编写需求分析规格说明书

编写需求分析规格说明书是一个不断反复、逐步深入和逐步完善的过程。

11.4.2 需求分析的方法论

在需求分析任务中明确了用户的实际需求,与用户最终达成共识之后,就要分析和表达用户的一些需求。

1. 常用调查方法

（1）跟班作业。通过亲身参加业务工作了解业务活动的情况。

（2）开调查会。通过与用户座谈了解业务活动情况及用户需求。

（3）请专人介绍。

（4）询问。对调查中的某些问题,可以找专人询问。

（5）设计调查表请用户填写。

（6）查阅记录。查阅与原系统有关的数据记录。

在调查过程中通常是综合使用各种方法的。无论使用何种方法,都要求用户积极参与和配合。

2. 需求分析的方法

在调查用户和表达用户的实际需求方面,结构化分析(Structured Analysis,SA)方法是一种常用的分析方法。SA 方法是面向数据流的需求分析方法,是由 Yourdon、Constantine 及 DeMarco 等提出并在此基础上发展起来的,目前已得到广泛的应用。它适合于分析大型的数据处理系统,特别是企事业管理系统。

SA 的特点是自顶向下的结构化分析。它从最上层系统组织机构入手,采用逐层分解的方式分析系统,并用数据流图和数据字典描述系统,给出满足功能要求的软件模型。

结构化分析方法的基本思想是"分解"和"抽象"。

（1）分解是指把一个十分复杂的系统,分割成相对独立的若干较简单、较小的问题,然后分别解决。分解可以逐层进行,即逐层添加细节,同时进行逐层分解,其示意图如图 11.3 所示。

说明：先将复杂系统的第一层 S 分解为较简单的子系统 S1、S2、S3,将第二层 S1、S2、S3 子系统再分解为 S1.1、S1.2、S1.3、S2.1、S2.2、S2.3、S3.1、S3.2 等,这种自上向下逐层分解的方法就是方法的核心。

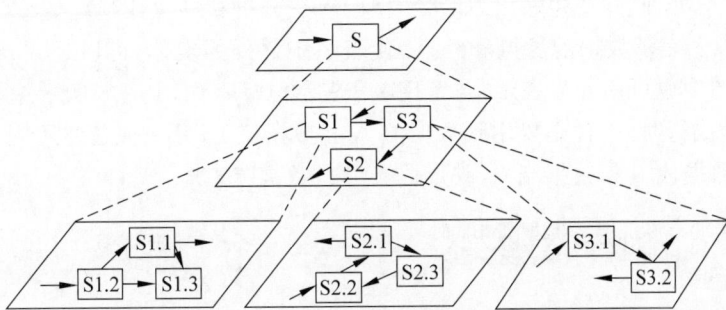

图 11.3 自顶向下逐层分解

（2）抽象分解可以分层进行,即先考虑问题最本质的属性,暂时把细节略去,以后再逐层添加细节,直至涉及最详细的内容。这种用最本质的属性表示一个系统的方法就是"抽象"。因为系统分析的描述方式必须简明易懂,让用户能一看就明白,所以结构化分析方法采用了介于形式语言和自然语言之间的描述方式,并且尽量采用图形方式来描述。

11.5 案例的需求分析

11.5.1 数据流图

数据流图(data flow diagram,DFD)是描述系统中数据流程的图形工具,它标识了一个系统的逻辑输入和逻辑输出,以及把逻辑输入转换为逻辑输出所需的加工处理过程。结构化需求分析方法 SA 采用的是"自顶向下,由外到内,逐层分解"的思想,开发人员要先画出系统顶层的数据流图,然后再逐层画出低层的数据流图。顶层的数据流图要定义系统范围,并描述系统与外界的数据联系,它是对系统架构的高度概括和抽象。底层的数据流图是对系统某个部分的精细描述。数据流图的作用是在用户和系统开发人员之间架起语义的桥梁。数据流图的基本符号如图 11.4 所示。

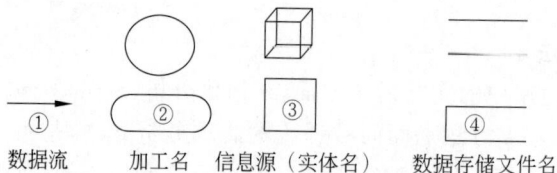

图 11.4　数据流图的基本符号

1. 数据流图的基本符号

(1) 数据流。表示数据流的流动方向。数据流可以从加工流向文件,或者从文件流向加工。数据流是数据在系统内传播的路径,因此由一组固定的数据组成。如学生缴费单由姓名、年龄、系单位、考号、日期等数据项组成。由于数据流是流动中的数据,因此必须有流向。除了与数据存储文件名之间的数据流不用命名外,数据流应该用名词或名词短语命名。在数据流图中用一个水平箭头或垂直箭头表示数据流,箭头指出数据的流动方向,箭线旁注明数据流名。

(2) 加工名。对数据的加工(处理)。加工是对数据进行处理的单元,它接收一定的数据输入,对其进行处理,并产生输出,如对数据的算法分析和科学计算。

(3) 信息源。表示数据的源点和终点,代表系统之外的实体,可以是人、物或其他软件系统。数据流图中也可用 ∗ 号表示"与",用 ⊕ 号表示"或"。如图 11.5 所示为数据流图的辅助符号(加工 P 执行时,一种是要用到数据流 A 和数据流 B,另一种是要用到 A 或 B。而 P 的输出可以是数据流 B 和数据流 C,或数据流 B 或数据流 C)。

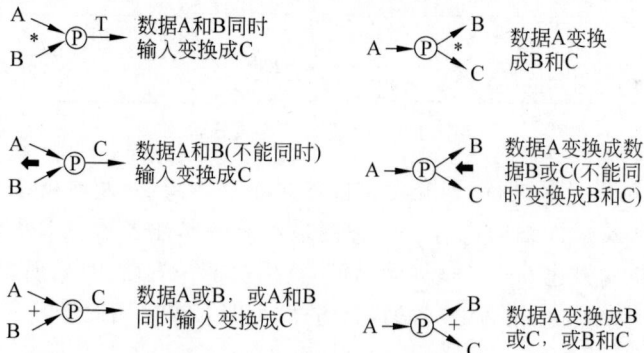

图 11.5　数据流图的辅助符号

(4) 数据存储文件名。可以表示信息的输入或输出文件、信息的静态存储以及数据库的元素等。流向数据存储文件的数据流可理解为写入文件或查询文件,从数据存储流出的数据可理解为从文件读数据或得到查询结果。

2. 数据流图的描述

数据流图是描述系统数据流程的工具,它将数据独立抽象出来,通过图形方式描述信息的来龙去脉和实际流程。为了描述复杂的软件系统的信息流向和加工,可采用分层的数据流图来描述,分层数据流图有顶层、中间层、底层之分,如图11.6所示。

(1) 顶层。决定系统的范围,决定输入、输出数据流。它说明系统的边界,把整个系统的功能抽象为一个加工。顶层数据流图只有一个。

(2) 中间层。顶层之下是若干中间层。某一中间层既是它上一层加工的分解结果,又是它下一层若干加工的抽象,即它又可以进一步分解。

(3) 底层。若某一数据流图的加工不能再进一步分解,这个数据流图就是底层的。底层数据流图的加工是由基本加工构成的,基本加工是指不能再进行分解的加工。

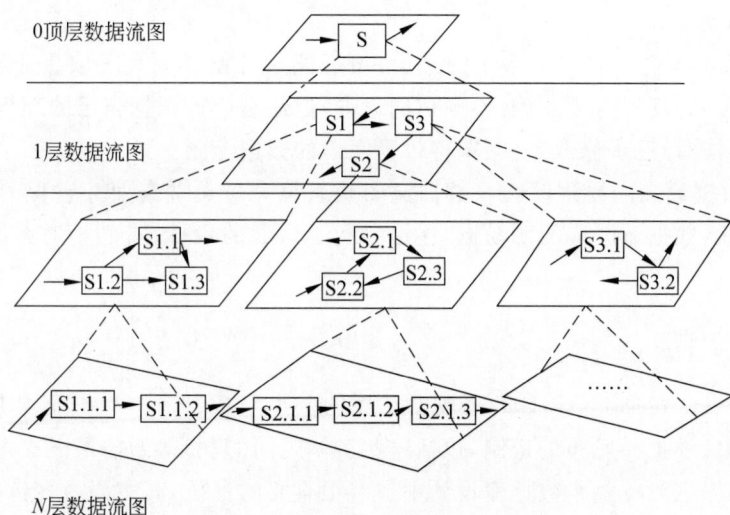

图 11.6 数据流图的数据流分层图

3. 绘制数据流图的基本原则

(1) 数据流图上的所有图形符号必须使用前面所述的4种基本图形符号。

(2) 数据流图的主图必须含有前面所述的4种基本元素,缺一不可。

(3) 数据流图上的数据流必须封闭在外部实体之间。外部实体可以是一个,也可以是多个。

(4) 处理过程至少含有一个输入数据流和一个输出数据流。

(5) 任何一个数据流子图必须与它的父图上的一个处理过程对应,两者的输入数据流和输出数据流必须一致,即所谓"平衡"。

(6) 数据流图上的每个元素都必须有名字。

4. 绘制数据流图的基本步骤

(1) 把一个系统看成一个功能的整体,明确信息的输入和输出。

(2) 找到系统的外部实体。一旦找到外部实体,则系统与外部世界的界面就可以确定下来,系统的数据流的源点和终点也就找到了。

(3) 找出外部实体的输入数据流和输出数据流。

(4) 在图的边界上画出系统的外部实体。

（5）从外部实体的输入流（源）出发，按照系统的逻辑需要，逐步画出一系列逻辑处理过程，直至找到外部实体处理所需的输出流，形成封闭的数据流。

（6）将系统内部数据处理又分别看成一个个功能的整体，其内部又有信息的处理、传递、存储过程。

（7）如此一级一级地剖析，直到所有处理步骤都很具体为止。

5. 绘制数据流图的注意事项

（1）关于层次的划分。逐层扩展数据流图，就是对上一层图中某些处理框加以分解。随着处理的分解，功能越来越具体，数据存储、数据流越来越多。究竟怎样划分层次，划分到什么程度，没有绝对标准，一般认为展开的层次与管理层次一致，也可以划分得更细。但应注意，处理块的分解要自然，要保持其功能的完整性；一个处理框经过展开，一般以分解为4～10个处理框为宜。

（2）检查数据流图。对一个系统的理解，不可能一开始就完美无缺。开始分析一个系统时，尽管对问题的理解有不正确、不确切的地方，但还是应该根据自己的理解，用数据流图表达出来，进行核对，逐步修改，直至获得较为完美的数据流图。

（3）提高数据流图的易理解性。数据流图是系统分析员调查业务过程，与用户交换思想的工具。因此，数据流图应简明易懂，这也有利于后面的设计，有利于对系统说明书进行维护。

11.5.2　数据字典

数据字典（data dictionary，DD）是数据管理的一个组成部分。数据字典是对系统中数据的信息的收集、维护和发布的机制，包括这些实体之间的联系，如输入格式、报表、屏幕、处理、过程等。数据字典在整个数据库设计中占有很重要的地位，其主要内容包括以下六项。

1. 数据项

数据项是不可再分的最小数据单位，是对数据结构中数据项的说明。对数据项的描述通常包括以下内容：

数据项描述＝{数据项名，数据项含义说明，别名，数据类型，长度，取值范围，取值含义，与其他数据项的逻辑关系}

其中，数据项名代表描述实体的属性列；数据类型是指实体的属性列的类型（逻辑型、数值型、字符型等）；数据长度是指字符型、数值型等的宽度。

2. 数据结构

数据结构反映了数据之间的组合关系。数据结构可以由若干数据项组成，也可以由若干数据结构组成，或由若干数据项和数据结构混合组成。对数据结构的描述通常包括以下内容：

数据结构描述＝{数据结构名，含义说明，组成：{数据项或数据结构}}

3. 数据流

数据流是数据结构在系统内传输的路径，表示某一处理过程的输入和输出。对数据流的描述通常包括以下内容：

数据流描述＝{数据流名，说明，数据流来源，数据流去向，组成：{数据结构}，平均流量，高峰期流量}

其中,"数据流来源"是指该数据流来自哪个过程;"数据流去向"是指该数据流流向哪个过程;"平均流量"是指在单位时间(每天、每周、每月等)里的传输次数;"高峰期流量"是指在高峰时期的数据流量。

4. 数据存储

数据存储是数据结构的停留或保存处,也是数据流的来源和去向之一。对数据存储的描述通常包括以下内容:

数据存储描述={数据存储名,说明,编号,流入的数据流,流出的数据流,组成:{数据结构},数据量,存取方式}

其中,"数据量"是指每次存取多少数据,每天(或每小时、每周等)存取几次等信息;"存取方式"是指批处理还是联机处理,是检索还是更新,是顺序检索还是随机检索等。

5. 处理过程

具体处理逻辑一般用判定表或判定树来描述。数据字典中只需要描述处理过程的说明性信息。通常包括以下内容:

处理过程描述={处理过程名,说明,输入:{数据流},输出:{数据流},处理:{简要说明}}

其中,"简要说明"说明处理过程的功能,主要强调处理过程用来做什么(不是怎么做);以及处理顺序的要求,如在单位时间里处理多少事务、多少数据量以及响应时间要求等,这些处理要求为后续物理设计的输入及性能评价提供了标准。

6. 外部实体

外部实体指外部实体系统和外部环境接口,主要是指使用该系统的用户。外部实体描述通常包括以下内容:

外部实体描述={外部实体,实体说明,流入数据流,流出数据流}

11.5.3　案例的需求分析

下面仍以"高校新生入学一站式服务"管理信息系统为例,经过可行性分析和需求分析,确定了系统的边界,并在学校现在的报到流程和各主要部门的工作实情分析的基础上,进一步完成系统的设计。新生入学管理系统按功能分为教务处管理、院系管理、财务处管理、公寓管理四个模块。

1. 数据流图

通过对系统的信息及业务流程进行初步分析,得出高校新生入学一站式服务系统的顶层数据流图,如图11.7所示。

从图11.7可以看出,新生入学时通过"高校新生入学一站式服务系统"缴纳各种入学费用,缴费之前必须向各分院提供入学通知书、档案、团关系等信息,分院才能给学生提供收费项目表。依据收费项目表,学生向财务部门缴纳费用,财务部门才能给学生提供缴费清单。最后,学生凭借缴费清单到后勤和公寓领取相应的备品和钥匙。

顶层数据流图反映了"高校新生入学一站式服务系统"的功能边界,但是未表明数据的加工要求,需要逐步细化。根据"高校新生入学一站式服务系统"的功能边界,现将其顶层数据流图中的处理过程分成多个子模块,分别是教务处管理、院系管理、财务处管理、学生公寓管理等子功能模块,这样就可以得到"高校新生入学一站式服务系统"的第1层数据流图,如

视频讲解

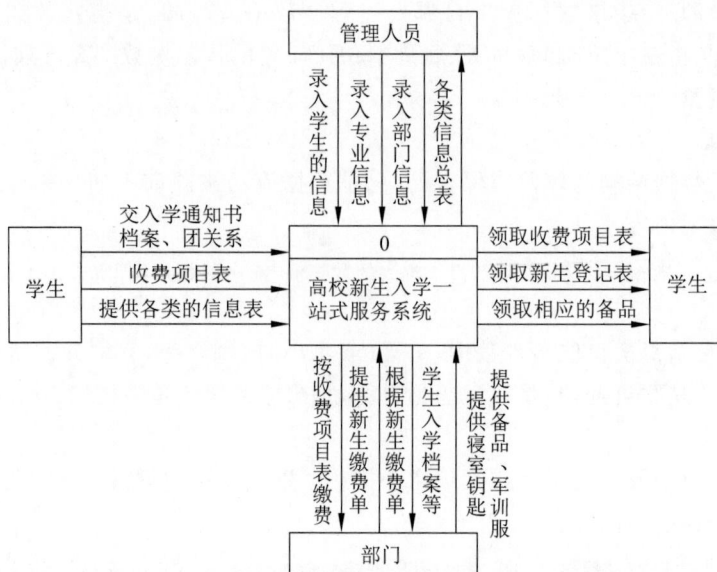

图 11.7 "高校新生入学一站式服务系统"顶层数据流图

图 11.8 所示。在第 1 层数据流图中能够清晰地看出数据的流向和各子功能之间的关系。

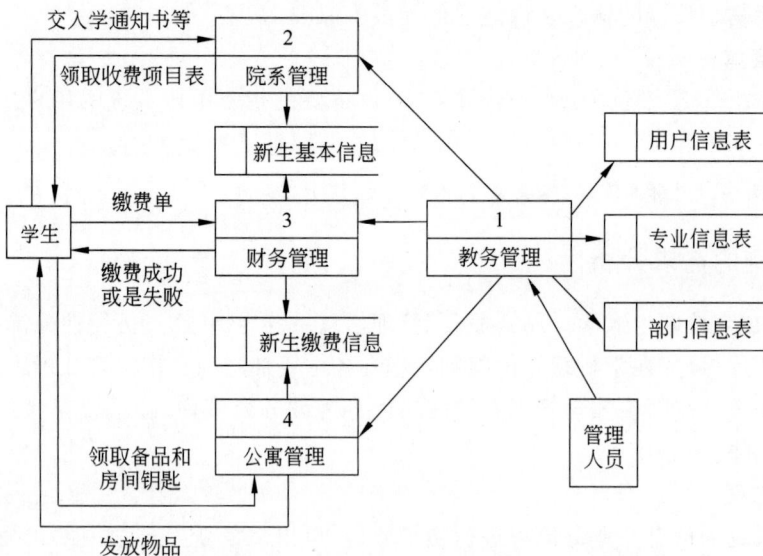

图 11.8 "高校新生入学一站式服务系统"的第 1 层数据流图

从"高校新生入学一站式服务系统"的第 1 层数据流图可以看出,在不同部门完成的学生信息的录入、查询等处理模块,使用的数据较多,因此必须对其进行更进一步的分解,把每个模块分解成更小的模块。财务管理和院系管理的第 2 层数据流图如图 11.9、图 11.10 所示。

进一步对图 11.10 所示的"2.1 新生信息录入"进行细化,把第 2 层数据流图继续分解。"2.1 新生信息录入"和"2.2 查询统计"都可以根据需要继续分解。

"2.1 新生信息录入"处理子模块可以继续细化为"添加学生信息""修改学生信息""删除学生信息""查询学生信息"。把图 11.10 中所示的"2.1 新生信息录入"子模块分解后得到

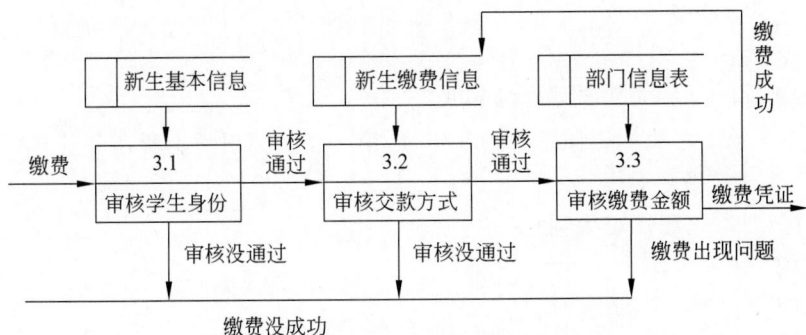

图 11.9 财务管理的第 2 层数据流图

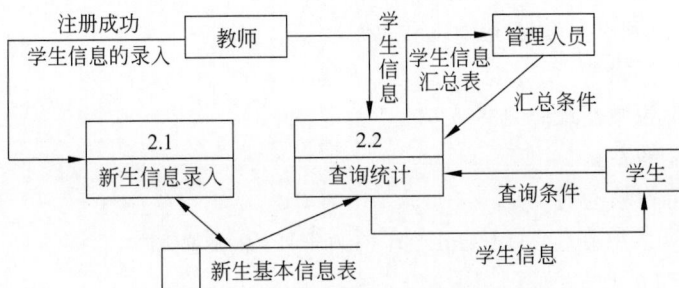

图 11.10 院系管理的第 2 层数据流图

第 3 层数据流图如图 11.11 所示。

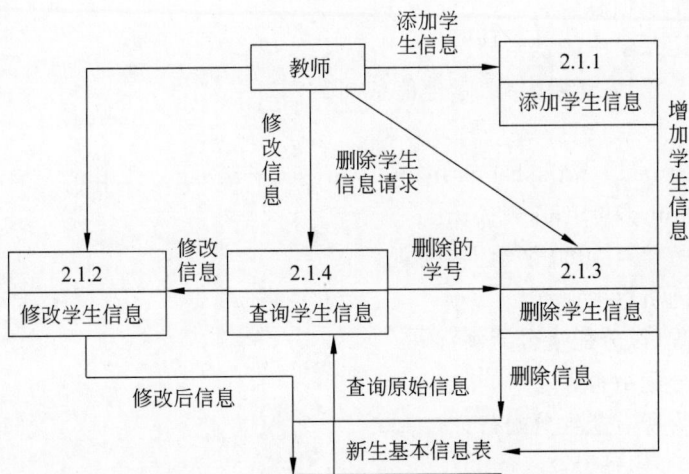

图 11.11 新生录入信息的第 3 层数据流图

2. 数据字典

由于"高校新生入学一站式服务系统"要描述的内容较多,因此这里只给出系统部分的数据字典的描述。

(1) 数据项(以学号"Stuaid.新生 id"为例)。

数 据 项:新生 id

含义说明:唯一标识每个学生

别　　名:学生编号

类　　型：字符型

长　　度：10

取值范围：0000000000 至 9999999999

取值含义：第 1、2 位标识该学生入学年份，第 3、4 位标识学生所在分院，第 5、6 位标识所在年级，后 4 位按顺序编号

（2）数据结构（以用户表为例）。

数据结构：用户表

含义说明：定义系统用户的信息

组　　成：用户 ID＋用户名＋用户密码＋用户类型＋用户部门

备　　注：这是所有用户的信息表

（3）数据流（以到财务缴费统计结果为例）。

数　据　流：学生缴费

说　　明：学生缴费最终是否成功

数据流来源：缴费

数据流去向：审核通过

组　　成：Stuaid（新生 id）＋Gid（部门 id）＋JF（缴费金额）

平均流量：1000 人×5 部门

高峰期流量：2000 人

（4）数据存储（以学生登记表为例）。

数据存储：学生信息表

说　　明：记录学生的基本情况

流入数据流：添加、删除、修改学生信息

流出数据流：学生信息

组　　成：Stuaid＋Stuksh＋Stuname＋Stusex＋Stuage＋Stumz＋Stushen＋Stuyz＋Stufzh＋Zgid＋Stujtdz＋Stuis＋Stutime

数　据　量：每年有 3000 名学生被录取

存取方式：随机存取

（5）处理过程（以分配宿舍为例）。

处理过程：分配宿舍

说　　明：为所有新生分配宿舍

输　　入：学号，宿舍

输　　出：宿舍安排

处　　理：新生报到后为所有新生分配宿舍

本 章 小 结

　　本章深入探讨了数据库设计的基础理论和实践方法，从数据库设计的基本概念出发，详细阐述了设计过程中的关键任务和内容。本章内容包括数据库设计的任务和内容，包括理解数据需求、确定数据结构和制定数据存储策略；数据库设计的多种方法；以及选择合适的

设计方法对于提高设计效率和质量的重要性。

"数据库设计各阶段的主要工作"部分分析了从需求分析到系统实施的全过程,强调了每个阶段的关键活动和目标;并且通过案例概述及关键业务描述,具体展示了如何将理论应用于实际的数据库设计项目,特别是在"高校新生入学一站式服务管理系统"的案例中,详细描述了业务流程和数据需求。

"需求分析的任务和方法论"部分强调了需求分析在数据库设计中的核心地位,探讨了如何通过系统化的方法收集、分析和验证用户需求。数据流图和数据字典可以将复杂的业务流程和数据元素以结构化的形式表达出来,是数据库设计的重要工具。

"案例的需求分析"部分综合应用前面章节的知识,对案例进行了深入的需求分析,包括数据流图的绘制和数据字典的编制,以及如何利用这些工具细化和明确需求。

习 题 十 一

一、选择题

1. 数据流图是用于描述结构化方法中( )阶段的工具。

    A. 可行性分析   B. 详细设计   C. 需求分析   D. 程序编码

2. 进行现场调查了解用户的需求是在数据库设计的( )阶段。

    A. 逻辑设计   B. 需求分析   C. 物理设计   D. 概念设计

3. 数据字典设计是在数据库( )阶段完成的。

    A. 逻辑设计   B. 需求分析   C. 物理设计   D. 概念设计

二、填空题

1. 数据库设计分为( )、( )、( )、( )、( )和( )六个阶段。

2. 数据流图是在数据库设计的( )阶段使用的。

三、简答题

1. 试简述数据库设计的基本步骤。

2. 需求分析阶段的设计目标是什么? 调查的内容是什么?

3. 数据字典的内容和作用是什么?

第 12 章

关系模式的规范化理论

关系模式的规范化理论是关系数据库的重点内容,对数据库设计起指导作用。本章主要介绍函数依赖的基本概念、范式的概念、从 1NF 到 4NF 的定义、规范化的含义和作用;讨论一个好的关系模式的标准,以及如何将不好的关系模式转换成好的关系模式,同时保证所得到的关系模式仍能表达原来的含义,并通过案例分析加深理解。

通过本章的学习,读者将能够:

- 掌握规范化的定义和目标;
- 识别不合理关系模式引发的异常问题;
- 理解函数依赖及其在数据库设计中的应用;
- 掌握如何通过范式来规范化关系模式;
- 将规范化理论应用于实际数据库设计,提升性能和可维护性。

12.1 规范化的内容和常见异常问题

规范化是数据库设计的关键,对于提高信息系统的效率和可靠性至关重要。本章旨在为读者提供必要的知识和技能,以便科学合理地设计数据库,满足数字化转型中的数据管理需求。

12.1.1 规范化的内容

规范化是数据库设计中一个重要的概念,其核心目标是减少数据冗余,避免数据异常,并提高数据的一致性和完整性。规范化(normalization)是将关系数据库模式转换为一系列规范化形式的过程。这些规范化形式是一系列规则,用于指导数据库设计,以确保每个表都符合特定的结构要求。

关系模式的规范化理论最早由关系数据库的创始人埃德加·考特,于 1970 年在《美国计算机学会会刊》上发表的《大型共享数据库的关系模型》文章中首次提出,后经许多专家学者的研究和发展,形成了一套关系数据库设计的理论。

关系数据库的规范化理论以属性间的函数依赖关系为基础,按照范式(normal form,NF)级别定义了第一范式(first normal form,1NF)、第二范式(second normal form,2NF)、第三范式(third normal form,3NF)、BC 范式(BC normal form,BCNF)和第四范式(fourth normal form,4NF)。数据库设计人员可根据范式级别,分析现有关系模式的规范化程度,并对不满足规范化级别的关系模式采用模式分解等方法提升关系模式的规范化程度。

但规范化可能导致查询变得更加复杂,因为需要从多个表中提取数据。在某些情况下,过度规范化可能会影响数据库的性能,尤其是在需要频繁进行大量表连接操作时。虽然规范化可能会增加查询时的表连接操作,但合理的规范化可以减少数据量,从而提高查询效率。数据库规范化理论的主要内容如图 12.1 所示。

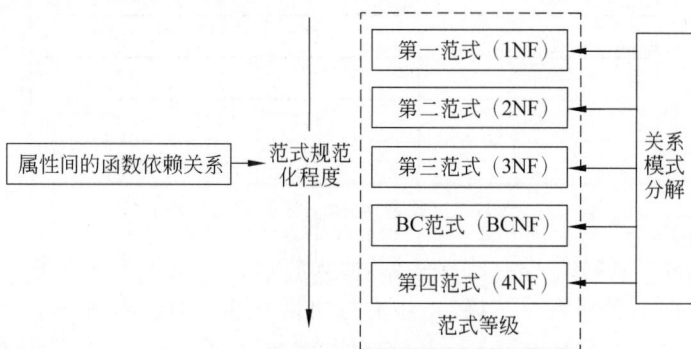

图 12.1　数据库范式理论的主要内容

12.1.2　不合理的关系模式存在的异常问题

关系模式是对数据间联系的一种抽象化描述,它利用关系来描述现实世界,一个关系就是一个实体。客观事物之间彼此联系,这种联系又包含两种联系:一是实体与实体之间的联系,二是实体内部特征即属性之间的联系。如果这两种联系在设计中考虑不周全,就会引发一系列问题,其中最突出的问题就是数据冗余。数据在系统中多次重复出现,造成的数据冗余是对系统性能影响最大的问题,并会引起操作异常(插入异常、删除异常、更新异常等)。

假设有以下的关系模式:

```
worker(name,branch,manager)
```

其中,各个属性分别代表姓名、部门、经理,name 为关系的主键(没有姓名相同的员工)。假设一个部门仅有一位经理。但反过来,一个经理可以是多个部门的经理。

观察图 12.2 所示数据,思考 worker 这个关系模式存在哪些问题。

name	branch	manager
李勇	A	王民生
张向东	B	张衡
王芳	C	王民生
李晨	B	张衡
周小民	B	张衡

图 12.2　关系 worker 的部分数据

由关系 worker,可以发现下列问题。

(1) 数据冗余。在这个 worker 关系中,关于部门经理的信息存在冗余。因为一个部门会有多个职工,这个部门对应的部门经理的信息就会重复多次。而对于同一个部门,没有必要多次重复谁是部门经理。

(2) 插入异常。观察图 12.3 所示数据,假设成立一个新部门 D,经理是何凯,D 部门没有员工。显然,根据实体完整性规则,主键值不能为空,不能增加关于部门 D 的信息。

name	branch	manager
李勇	A	王民生
张向东	B	张衡
王芳	C	王民生
李晨	B	张衡
周小民	B	张衡
null	D	何凯

图 12.3　关系 worker 数据插入异常

（3）删除异常。观察图 12.4 所示数据，假设将部门 B 的所有员工相应的记录都删除，那么在删除了部门 B 的所有员工以后，还能找出谁是部门 B 的经理吗？可以看到，如果一个部门里的所有员工都被删除了，部门经理的信息也会被删除。这是我们不希望看到的。

name	branch	manager
李勇	A	王民生
王芳	C	王民生

图 12.4　关系 worker 数据删除异常

（4）更新异常。如果部门 B 的经理变成李国庆，需要更新几个元组？如果一个部门的经理变动，就必须更新部门里的每个员工以反映谁是新经理，否则就会出现这样的错误：该部门有两个经理。图 12.5 中的数据显示了这种情况。这与最初的语义相矛盾。

name	branch	manager
李勇	A	王民生
张向东	B	李国庆
王芳	C	王民生
李晨	B	李国庆
周小民	B	张衡

图 12.5　关系 worker 数据更新异常

以上的问题可以称为操作异常。为什么会出现这些问题呢？因为这个关系模式不够好，它的属性之间存在"不良"的函数依赖。因此要改造这个关系模式，把存在不良函数依赖的"坏关系"进行分解，消除"不良"的函数依赖，使之成为好的关系模式。

12.2　函 数 依 赖

12.2.1　函数依赖的定义

关系规范化理论采用函数依赖描述数据项（属性）的依赖关系。函数依赖（functional dependency，FD）是一种从语义上描述属性间的依赖关系的手段。

函数是我们熟悉的一个概念，对公式 $Y = f(x)$，自然不会陌生，但是大家熟悉的是 X 和 Y 在数量上的对应关系，即给定一个 X 值，都会有一个 Y 值与其相对应。也可以说 X 函

数决定 Y，或者 Y 函数依赖于 X。在关系数据库中，讨论函数依赖注重的是语义上的关系，例如，国家 $=f$（首都），那么，只要给定一个具体的首都值，都会有唯一的一个国家值和它相对应。例如，"北京"对应中国。在这里"首都"是自变量 X，国家是因变量或函数值 Y。可以认为，X 函数决定 Y，或者 Y 函数依赖于 X，可以表示为：$X \rightarrow Y$。

根据以上的讨论，得出比较直观的函数依赖定义，即函数依赖是一种数据依赖，它具有以下形式：$X \rightarrow Y$（读作：X 决定 Y）。意义：当任意两个元组在属性集 X 上相等时，它们在属性集 Y 上也相等。即，同一个 X（的值）必然对应同一个 Y（的值）。

例如，可以在图 12.2 中发现某些函数依赖，如下所示：

`name→branch,branch→manager,name→manager`

观察图 12.6，可以从关系模式 S-C-G（Sno，Cno，Cname，Grade）部分数据示例中得到一些函数依赖，如下所示：

`(Sno,Cno)→Grade,Cno→Cname`

Sno	Cno	Cname	Grade
01	A	数据库原理	90
01	B	C 语言程序设计	85
02	A	数据库原理	70
02	C	算法分析	100
03	B	C 语言程序设计	80

图 12.6　关系 S-C-G 的部分数据

显然，函数依赖讨论的是属性之间的依赖关系，它是语义范畴的概念，也就是说关系模式的属性间是否存在函数依赖只与语义有关。下面对函数依赖给出严格的形式化定义。

定义 12.1　设 $R(U,F)$，U 是属性全集，F 是由 U 上的函数依赖所构成的集合，X 和 Y 是 U 的子集。若对 $R(U)$ 的任意一个关系 r，t_1、t_2 是 r 的任意两个可能的元组，如果两个元组在属性集 X 上相等，它们在属性集 Y 上必然相等（即同一个 X 对应同一个 Y，$t_1[X]=t_2$ $[X] \rightarrow t_1[Y]=t_2[Y]$），称 X 决定 Y，或者 Y 依赖 X。

当 Y 函数依赖于 X 时，则记为 $X \rightarrow Y$。如果 $X \rightarrow Y$，也称 X 为决定因素（determinant factor），Y 为依赖因素（dependent factor）。

如果 Y 不函数依赖于 X，则记作 $X \nrightarrow Y$。

根据图 12.6，U 和 F 的组成如下：

$U = \{\text{Sno，Cno，Cname，Grade}\}$

$F = \{(\text{Sno，Cno}) \rightarrow \text{Grade，Cno} \rightarrow \text{Cname}\}$

函数依赖（Sno，Cno）→Grade，表示一名学生拥有多门课程的成绩，即一个 Sno 与多个 Grade 的值对应，因此，通过 Sno 不能唯一地确定 Grade，即 Grade 不函数依赖于 Sno，从而有 Sno $\nrightarrow$ Grade；同理有 Cno $\nrightarrow$ Grade。但是 Grade 可以被（Sno，Cno）所组成的属性集唯一地确定，所以该函数依赖可表示为（Sno，Cno）→Grade。

12.2.2 函数依赖的类型

1. 函数依赖的类型

函数依赖可依据决定因素与被决定因素的关系进行分类,设有关系模式 $R(U)$,其中 X、Y 和 Z 是 U 的子集,则有以下结论。

1)平凡函数依赖

平凡函数依赖(trivial functional dependency)指当 $Y \subseteq X$ 时,函数依赖 $X \rightarrow Y$ 是平凡函数依赖。

例如,对于关系模式 worker(name,branch,manager),以下是平凡的函数依赖:

(name,branch)→name,name→name

平凡的函数依赖是没有意义的,一般所讨论的函数依赖都应该排除这种情况。

2)非平凡函数依赖

非平凡函数依赖(nontrivial functional dependency)指当 Y 不包含于 X 时,函数依赖 $X \rightarrow Y$ 是非平凡函数依赖。

例如,对于关系模式 worker(name,branch,manager),以下是非平凡的函数依赖:

(name,branch)→manager

如不作特殊说明,总是讨论非平凡函数依赖。

3)完全函数依赖

完全函数依赖(full functional dependency)定义如下:

定义 12.2 如果 $X \rightarrow Y$,并且对于 X 的一个任意真子集 X',都有 $X' \nrightarrow Y$,则称 Y 完全函数依赖于 X,记作:$X \xrightarrow{F} Y$。

4)部分函数依赖

部分函数依赖(partial functional dependency),定义如下:

定义 12.3 如果 $X \rightarrow Y$,并且对于 X 的一个任意真子集 X',都存在 $X' \rightarrow Y$ 成立,则称 Y 部分函数依赖于 X,记作:$X \xrightarrow{P} Y$。

例如,在关系模式 S-C-G(Sno,Cno,Cname,Grade)中,存在完全函数依赖:$\text{Cno} \xrightarrow{F} \text{Cname}$,$(\text{Sno,Cno}) \xrightarrow{F} \text{Grade}$。

例如,对于关系模式 worker(name,branch,manager)存在部分函数依赖:$(\text{name,branch}) \xrightarrow{P} \text{manager}$。

5)传递函数依赖

传递函数依赖(transitive functional dependency)定义如下:

定义 12.4 如果 $X \rightarrow Y$(非平凡函数依赖,并且 $Y \nrightarrow X$)、$Y \rightarrow Z$ 同时成立,则称 Z 传递函数依赖于 X,记作:$X \xrightarrow{传递} Z$。

例如,对于关系模式 worker(name,branch,manager)存在传递函数依赖。因为 name→branch,且 branch→manager,故 $\text{name} \xrightarrow{传递} \text{manager}$。

如果不存在 Y,使 $X \rightarrow Y$,$Y \rightarrow Z$ 同时成立,则 X 决定 Z 是非传递的,或者说是直接的。

记作：$X \xrightarrow{\text{直接}} Z$。

例如，在关系模式 worker(name，branch，manager)中，name $\xrightarrow{\text{直接}}$ branch。

2. 函数依赖的码与属性

1）超码

在关系模式 $R(U,F)$ 中，K 是一个超码，当且仅当 $K \rightarrow U$。

例如，在关系模式 worker(name，branch，manager)中，超码有 name、(name，branch)、(name，manager)等。在一个关系模式中超码可能有多个。

又例如，在关系模式 S-C-G(Sno，Cno，Cname，Grade)中，因为(Sno，Cno)$\rightarrow U$ 成立、(Sno，Cno，Grade)$\rightarrow U$ 成立，所以关系模式 S-C-G 的超码有(Sno，Cno)，(Sno，Cno，Grade)等。

2）候选码(candidate key)

定义 12.5 K 是一个候选码，当且仅当 $K \rightarrow U$，且 K 的任何真子集 K' 都不满足 $K' \rightarrow U$。也可以说候选码为决定 R 全部属性的最小属性组。在一个关系模式中，候选码可能有多个。

例如，在关系模式 S-C-G(Sno，Cno，Cname，Grade)中，超码有(Sno，Cno)，(Sno，Cno，Grade)等，其中(Sno，Cno)的真子集有 Sno、Cno。因为 Sno $\nrightarrow U$，Cno $\nrightarrow U$，所以(Sno，Cno)不仅是超码，而且是候选码。

那么(Sno，Cno，Grade)是候选码吗？显然不是，因为它的真子集(Sno，Cno)$\rightarrow U$ 成立。

3）主码(primary key)

在关系模式 $R(U,F)$ 中可能有多个候选码，则选择其中一个作为主码。

4）全码(all-key)

候选码为整个属性组。

例如，对于超市商品(商品名，产地，商场)，假设一个商品来源于不同产地，一个产地可以产出多种商品，一个商品可以在多个超市销售，一个超市也可销售多种商品。这个有关系模式的码为(商品名，产地，商场)，即全码。

再例如，设有关系模式 $R(P,W,A)$。其中各个属性含义分别为演奏者、作品和演出地点。其语义为：一个演奏者可演奏多个作品，某一作品可被多个演奏者演奏；同一演出地点可以演出不同演奏者的不同作品。其候选码为(P,W,A)，因为只有演奏者、作品和演出地点三者才能确定一场音乐会。称全部属性均为主码的表为全码表。

5）主属性和非主属性

在 $R(U,F)$ 中，包含在任一候选码中的属性称为主属性(primary attribute)或者非码属性，不包含在任一候选码中的属性称为非主属性(nonkey attribute)或非码属性。

例如，关系模式 SC(Sno，Cno，Grade)中，其候选码为(Sno，Cno)，也是主码，则主属性为 Sno、Cno；非主属性为 Grade。

6）外部码

用于在关系表之间建立关联的属性(组)称为外码。

若 $R(U,F)$ 的属性组 X(X 属于 U)是另一个关系 S 的主码，则称 X 为 R 的外码(X 必须先定义为 S 的主码)。

3. 函数依赖的推理规则

设有关系模式 $R(U,F)$，其中 U 表示 R 中的所有属性，用 F 表示关系模式 R 上的函数依赖集。例如，有关系模式 $R(A,B,C)$，如果有 $F=\{A \rightarrow B, B \rightarrow C\}$，可从 F 推出某些函数依赖，可以推导出 $A \rightarrow C$ 也成立。

定义 12.6 从 F 推导出的全部函数依赖（包括 F 自身）的集合，就是 F 的闭包（一般用 F^+ 表示）。

$X \rightarrow Y$ 在 F^+ 中等价于 $X \rightarrow Y$ 能从 F 中推导出。

例如，关系模式 $R(A,B,C)$ 对应 $F=\{A \rightarrow B, B \rightarrow C\}$，则 $F^+=\{A \rightarrow B, B \rightarrow C, A \rightarrow C, AC \rightarrow C \cdots\}$

Armstrong 公理系统

设关系模式 $R(U,F)$，其中 U 为属性集，F 是 U 上的一组函数依赖，有以下的推理规则：

（1）自反律。如果 $Y \rightarrow X$，那么 $X \rightarrow Y$。

（2）增广律。如果 $X \rightarrow Y$，那么 $ZX \rightarrow ZY$。

（3）传递律。如果 $X \rightarrow Y$，且 $Y \rightarrow Z$，那么 $X \rightarrow Z$。

（4）结合律。如果 $X \rightarrow Y$，且 $X \rightarrow Z$，那么 $X \rightarrow YZ$。

（5）分解律。如果 $X \rightarrow YZ$，那么 $X \rightarrow Y$ 且 $X \rightarrow Z$。

（6）伪传递律。如果 $X \rightarrow Y$ 且 $YZ \rightarrow T$，那么 $XZ \rightarrow T$。

【例 12.1】 有关系模式 $R(A,B,C,G,H,I)$，函数依赖集为 $F=\{A \rightarrow B, A \rightarrow C, CG \rightarrow H, CG \rightarrow I, B \rightarrow H\}$。根据 Armstrong 公理系统推理规则求函数依赖集 F 的闭包 F^+。

解：

用传递律从 $A \rightarrow B$ 和 $B \rightarrow H$ 推出 $A \rightarrow H$；

用增广律从 $A \rightarrow C$ 推出 $AG \rightarrow CG$；

用传递律从 $AG \rightarrow CG, CG \rightarrow I$ 推出 $AG \rightarrow I$；

用结合律从 $CG \rightarrow H$ 和 $CG \rightarrow I$ 推出 $CG \rightarrow HI$。

从例 12.1 中可以看出，找到 F^+ 中的所有函数依赖是非常复杂的工作，意义也不大。重要的是给出一些函数依赖 F，判断另外一个函数依赖 $X \rightarrow Y$ 是否成立（在 F^+ 中）。这要用到另外一个重要概念：属性集的闭包。

定义 12.7 设有 $R(U,F)$，F 为 R 所满足的函数依赖集合，其中 X、Y 是 R 中一个或多个属性的集合。定义属性集 X 的闭包（用 X^+ 表示）为 X 蕴涵的所有属性的集合（包括 X 自身）。

$X \rightarrow Y$ 等价于 Y 在 X^+ 中。

例如，有关系模式 (A,B,C)，其中 $F=\{A \rightarrow B, B \rightarrow C\}$，那么 $(A)^+=(ABC)$，$(B)^+=BC$。

算法 12.1 求属性集闭包的算法（输入 X，输出 X^+）。

```
BEGIN: X+ := X;
        WHILE(X+ IS CHANGED ) DO
            FOR F 中每个函数依赖 Y→Z
            BEGIN
            IF Y ⊆ X+ THEN X+ := X+ ∪ Z
            END
```

【例 12.2】 设有关系模式 $R(A,B,C,G,H,I)$，函数依赖集 $F=\{CG{\rightarrow}H,CG{\rightarrow}I,$ $A{\rightarrow}B,A{\rightarrow}C,B{\rightarrow}H\}$，写出求 $(AG)^+$ 的算法。

BEGIN：$(AG)^+=AG$
① $(AG)^+=ABCG$ 　　　　　$(A{\rightarrow}B,A{\rightarrow}C)$
② $(AG)^+=ABCGHI$ 　　　　$(CG{\rightarrow}H,CG{\rightarrow}I)$
③ $(AG)^+=ABCGHI$ 　　　　（无变化）

请思考，现在能推导出 $AG{\rightarrow}BCI$ 吗？

可以看到，因为 $(BCI){\rightarrow}(AG)^+$，所以 $AG{\rightarrow}BCI$ 成立。

接下来学习属性集闭包的应用。

【例 12.3】 设有关系模式 $R(A,B,C,G,H,I)$，函数依赖集 $F=\{CG{\rightarrow}H,CG{\rightarrow}I,$ $A{\rightarrow}B,A{\rightarrow}C,B{\rightarrow}H\}$。在例 12.2 中已求出 $(AG)^+=ABCGHI$，那么 (AG) 是不是关系模式 R 的候选码？

解：

① 要知道 (AG) 是不是候选码，首先要看 (AG) 是不是超码。

判定结果 (AG) 是超码，因为 $(AG)^+=ABCGHI$，即 $(AG){\rightarrow}U$ 或者 $U{\rightarrow}(AG)^+$。

② 要知道 (AG) 的某个真子集是不是超码，以此来判断 (AG) 是不是决定 R 全部属性的最小属性组。(AG) 的真子集为 A,G。

因为 $A{\rightarrow}U$ 是否成立等价于计算 $U{\rightarrow}(A)^+$ 是否成立，求得 $(A)^+=ABCH$，故 $U{\rightarrow}(A)^+$ 不成立。

因为 $G{\rightarrow}U$ 是否成立等价于 $U{\rightarrow}(G)^+$ 是否成立，求得 $(G)^+=G$，故 $U{\rightarrow}(G)^+$ 不成立。

从以上的分析可得出 (AG) 是关系模式 R 的候选码。

12.2.3　案例的函数依赖分析

接下来对以下案例进行函数依赖分析，以帮助读者理解函数依赖。

案例1：学生选课系统

关系模式：$R(\text{学号},\text{课程号},\text{成绩})$

函数依赖：$(\text{学号},\text{课程号}){\rightarrow}\text{成绩}$

分析：在这个案例中，学号和课程号共同决定了学生的成绩，这是一个完全函数依赖的例子，因为只知道学号或课程号无法确定成绩，只有两者共同作用才能确定。

案例2：产品管理

关系模式：$R(\text{产品},\text{产品经理},\text{产品价格})$

函数依赖：$(\text{产品},\text{产品经理}){\rightarrow}\text{产品价格}$，$\text{产品}{\rightarrow}\text{产品价格}$

分析：这里存在部分函数依赖，因为产品价格不仅依赖于产品和产品经理的组合，也单独依赖于产品。这意味着产品价格可以通过产品单独确定，违反了第二范式的要求（关于范式的内容将在 12.3 节详细介绍，下同）。

案例3：员工信息

关系模式：$R(\text{员工},\text{部门},\text{部门经理})$

函数依赖：$\text{员工}{\rightarrow}\text{部门}$，$\text{部门}{\rightarrow}\text{部门经理}$

分析：在这个案例中，员工与部门经理之间存在传递函数依赖，因为员工决定了部门，部门又决定了部门经理。这种传递依赖违反了第三范式的要求。

案例 4：学生信息

关系模式：R(学生 ID,姓名,性别,班级,年龄)

函数依赖：学生 ID→姓名,姓名→性别,姓名→年龄

分析：这里姓名依赖于学生 ID,而性别和年龄又依赖于姓名,形成了传递函数依赖。这表明学生 ID 通过姓名间接决定了性别和年龄,需要通过规范化来消除这种依赖。

案例 5：订单详情表

关系模式：OrderDetails(OrderID,ProductID,ProductName,Quantity,OrderDate)

函数依赖：

OrderID→ProductID,ProductName,Quantity

ProductID→ProductName

分析：在这个案例中,OrderID 完全决定了 ProductID、ProductName 和 Quantity,但是 ProductName 仅依赖于 ProductID。这表明 OrderDetails 表中存在部分函数依赖和传递函数依赖。为了达到第三范式,需要将 OrderDetails 表分解为 Orders 表和 Products 表,并用一个关联表 Order_Product 来维护订单和产品的关系。

案例 6：员工信息表

关系模式：

EmployeeInfo(EmployeeID,EmployeeName,DepartmentName,DepartmentLocation)

函数依赖：

EmployeeID→EmployeeName,

DepartmentName→DepartmentLocation,EmployeeID→DepartmentName

分析：这里 DepartmentLocation 依赖于 DepartmentName,而 DepartmentName 又依赖于 EmployeeID,形成了传递函数依赖。为了消除这种依赖,需要将 EmployeeInfo 表分解为 Employees 表和 Departments 表,并在 Employees 表中添加外键引用 Departments 表的 DepartmentName。

这些案例展示了函数依赖在数据库设计中的重要性,特别是在确定数据完整性和规范化数据库结构方面。通过分析函数依赖,可以识别和解决数据冗余和更新异常的问题,从而设计出更加高效和可靠的数据库系统。

12.3 范　　式

12.3.1 范式的提出

12.1 节讨论了不良的关系模式所带来的问题,本节将学习好的关系模式应该具备的性质,即关系模式的规范化问题。

关系数据库中的关系要满足一定的要求,满足不同程度的要求即为不同的范式。满足最低要求的关系称为第一范式,即 1NF。在满足第一范式的基础上进一步满足某些要求的关系称为第二范式,即 2NF,依此类推,还有第三范式(3NF)、Boyce-Codd 范式(简称 BC 范式,BCNF)、第四范式(4NF)和第五范式(5NF)。高级范式与低级范式相比,是"更好"的关

系,因为"不良"数据依赖更少。范式级别越高,代表的关系就越"好",应满足的要求也就越高。高级范式是低级范式的子集。满足高要求的关系肯定能够满足低要求,所以高级范式中的关系肯定也在低级范式中。因此有 $4NF \subset BCNF \subset 3NF \subset 2NF \subset 1NF$,如图 12.7 所示。

规范化理论首先由 E.F.Codd 于 1971 年提出,目的是设计"好的"关系数据库模式。关系规范化实际上就是对有问题(操作异常)的关系进行分解,从而消除这些异常。

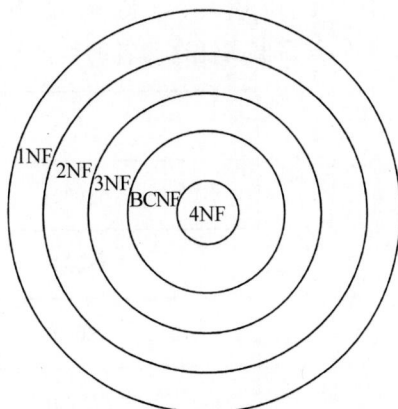

图 12.7 各级范式包含关系

12.3.2 第一范式

1. 第一范式的定义

第一范式(1NF)是关系模式的最基本规范形式,它要求关系模式中每个属性都是不可再分的原子项。第一范式的标准定义如下。

定义 12.8 如果关系模式 R 所有的属性均为原子属性,即每个属性都是不可再分的,则称 R 属于第一范式,记作 $R \in 1NF$。

例如,年龄、性别是原子属性;父母是非原子属性。图 12.8 和图 12.9 就是非第一范式的。

学号	姓名	课程号
S0001	赵菁菁	1,4,5,7
S0002	李勇	1,3,4

图 12.8 包含多值属性的非第一范式

学号	姓名	父母
S0001	赵菁菁	赵健,马晓梅
S0002	李勇	李云龙,刘娟

图 12.9 包含复合属性的非第一范式

2. 第一范式的规范化方法

在设计数据库时,第一范式的实施步骤是将关系模式中所有的属性原子化。关键的方法是将表中每个非原子的属性转换成原子属性。

包含多值属性的表规范成为第一范式的关系的处理步骤如下。

第一步:将多值属性从原先表中移出,如图 12.10 所示。

学号	姓名
S0001	赵菁菁
S0002	李勇

图 12.10 从原关系移出多值属性

第二步：生成一个新关系。这个新关系同时还包含原来的主码，新关系的主码是原关系的主码与多值属性这两者的组合，图12.11的主码为(学号,课程号)。

学号	课程号
S0001	1
S0001	4
S0001	5
S0001	7
S0002	1
S0002	3
S0002	4

图 12.11　多值属性和原关系主码构成的新关系

包含复合属性的表规范到第一范式的处理步骤比较简单，只要将复合属性转化成相应的多个原子属性即可。图12.12将图12.9非第一范式的关系转化成第一范式的关系，将父母属性划分为父亲和母亲两个属性。

学号	姓名	父亲	母亲
S0001	赵菁菁	赵健	马晓梅
S0002	李勇	李云龙	刘娟

图 12.12　复合属性分解为原子属性

3. 第一范式的缺点

一个关系模式仅仅属于第一范式是不够的，会存在数据冗余、插入异常、删除异常和更新异常等问题。

以关系模式 *S-L-C*(Sno,Sdept,Sloc,Cno,Grade)为例。Sloc为学生住处，假设每个系的学生住在同一个地方。

函数依赖包括：

$(\text{Sno},\text{Cno}) \xrightarrow{F} \text{Grade}$

$\text{Sno} \rightarrow \text{Sdept}$

$(\text{Sno},\text{Cno}) \xrightarrow{P} \text{Sdept}$

$\text{Sno} \rightarrow \text{Sloc}$

$(\text{Sno},\text{Cno}) \xrightarrow{P} \text{Sloc}$

Sdept→Sloc

为方便分析,使用函数依赖图整体表示 *S-L-C* 中的依赖关系。在函数依赖图中,使用矩形框表示属性,使用箭头表示函数依赖的决定关系,箭头上标注函数依赖的类型,如图 12.13 所示。

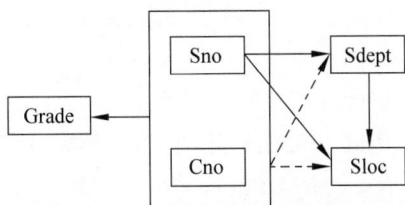

图 12.13　关系 *S-L-C* 中的函数依赖图

根据图 12.13,关系模式 *S-L-C* 中既存在完全函数依赖,又存在部分函数依赖和传递函数依赖。由于关系模式中存在各类函数依赖,导致数据操作中出现了种种问题。为解决这些问题,还需要进一步分解关系模式,减少过于复杂的函数依赖关系。

12.3.3　第二范式

1. 第二范式的定义

第二范式(2NF)是在第一范式基础上构建的范式,其标准定义如下:

定义 12.9　若关系模式 $R \in 1\text{NF}$,并且每一个非主属性都完全函数依赖于 R 的候选码,则称 R 属于第二范式,记作 $R \in 2\text{NF}$。如果数据库模式中的每个关系模式都是第二范式,则称这个数据库模式为第二范式的数据库模式。

例如图 12.13 所示的关系模式 *S-L-C*(Sno,Sdept,Sloc,Cno,Grade),就不是第二范式的关系。因为(Sno,Cno)是主键,在此关系中主属性有(Sno,Cno),非主属性有 Sdept、Sloc和 Grade。因为 Sno→Sdept,所以(Sno,Cno) $\xrightarrow{P}$ Sdept,非主属性部分依赖于候选码,所以 $S\text{-}L\text{-}C \notin 2\text{NF}$。将 *S-L-C* 分解为 2 个关系模式 *S-C* 和 *S-L*。*S-L* 的主码为 Sno,主码是单属性,不可能存在部分函数依赖,*S-C* 中,(Sno,Cno) $\xrightarrow{F}$ Grade。分解后的关系模型 *S-C* 和 *S-L* 消除了非主属性对主码的部分函数依赖,*S-C* 和 *S-L* 均属于 2NF,如图 12.14 所示。

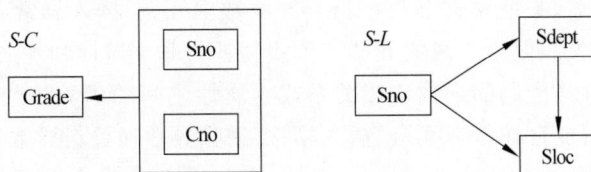

图 12.14　关系模式 *S-C*、*S-L* 中的函数依赖图

综上所述,从第一范式关系中消除非主属性对主码的部分函数依赖是获得第二范式的关键。

2. 第二范式的规范化方法

从满足第一范式的关系模式中,将部分依赖的决定属性和被决定属性提取出来,形成不存在部分函数依赖的子关系模式集合,分解后的每一个关系模式值描述一个实体或者实体间的联系。

3. 第二范式的缺点

第二范式解决了第一范式中存在的一些问题,但在进行数据操作时,仍存在数据冗余、插入异常、删除异常和更新异常等问题。为此,还需要对关系模式 S-L 进一步进行模式分解,消除传递函数依赖所产生的异常问题。

12.3.4 第三范式

1. 第三范式的定义

第三范式(3NF)是在第二范式基础上构建的范式,其标准定义如下。

定义 12.10 若关系模式 $R \in 2NF$,并且每一个非主属性都非传递依赖于 R 的主码,则称 R 属于第三范式,记作 $R \in 3NF$。

前面有关系模式 S-L-C 分解得到的 S-C 和 S-L,它们都属于第二范式。在 S-C 中,主码为(Sno,Cno),非主属性为 Grade,函数依赖为 $(\text{Sno},\text{Cno}) \xrightarrow{F} \text{Grade}$,非主属性 Grade 非传递依赖于主码(Sno,Cno),因此,$S\text{-}C \in 3NF$。但在 S-L 中,主码为 Sno,非主属性 Sdept 和 Sloc 与主码 Sno 之间存在 $\text{Sno} \rightarrow \text{Sdept}$ 和 $\text{Sdept} \rightarrow \text{Sloc}$,即 $\text{Sno} \xrightarrow{\text{传递}} \text{Sloc}$。由此可见,非主属性 Sloc 与主码 Sno 之间存在传递函数依赖,所以 $S\text{-}L \notin 3NF$。

2. 第三范式的规范化方法

将第二范式关系模式中存在的传递函数依赖提取出来,去打包每个关系模式不存在非主属性对码的传递函数依赖,让每一个关系只描述一个实体或者实体间的联系。

例如 12.1 节中,图 12.5 所示的关系模式 worker(name,branch,manager)就不是第三范式的关系。因为 name 是主键,在此关系中主属性有 name,非主属性有 branch 和 manager。而 $\text{name} \rightarrow \text{branch},\text{branch} \rightarrow \text{manager}$,所以 $\text{name} \xrightarrow{\text{传递}} \text{manager}$,这就是非主属性传递依赖于候选码。关系模式 worker(name,branch,manager)是第二范式的关系。因为该关系的候选码只有一个属性,其他非主属性对候选码都是完全函数依赖。

从这道例题可以看出,关系 $R \in 2NF$,但有可能 $R \notin 3NF$。达到 3NF 的要求比达到 2NF 高。

3. 第三范式的缺点

规范到第三范式后,关系模式 S-L-C 所存在的数据冗余、插入异常、删除异常和更新异常等问题已经全部消失。但第二范式和第三范式均针对非主属性和主属性之间的函数依赖关系,并未考虑主属性与主码的函数依赖关系或主属性之间的函数依赖关系。如果发生了这种函数依赖,仍有可能存在数据冗余、插入异常、删除异常和更新异常等问题。

例如,设有关系模式 SNC(Sno,Sname,Cno,Grade),Sno 代表学号,Sname 代表学生姓名并假设没有重名情况,Cno 代表课程号,Grade 代表成绩,可以判定 SNC 有两个候选码(Sno,Cno)和(Sname,Cno),其函数依赖如下:

```
Sno↔Sname
(Sno,Cno)→Grade
(Sname,Cno)→Grade
```

在 SNC 中,主属性为{Sno,Sname,Cno},非主属性为 Grade,如果选择(Sno,Cno)为主码,则唯一的非主属性 Grade 对主码不存在部分函数依赖,也不存在传递函数依赖,所以

SNC∈3NF。但是,因为 Sno ↔ Sname,存在主属性对主码的部分依赖(Sno,Cno)$\xrightarrow{P}$ Sname,造成 SNC 存在较大的冗余,即学生姓名的出现次数等于该学生所选的课程数;同时,当修改某个学生的姓名时,必须搜索出该姓名的每个学生记录,并对其姓名逐一修改,也容易造成数据不一致问题。

为解决第三范式中主属性与主码之间的部分函数依赖问题,需消除第三范式中存在的主属性对主码的函数依赖关系,将第三范式进一步规范化到 BCNF。

12.3.5　BC 范式

1. BC 范式的定义

BC 范式(BCNF)是由 Boyce 与 Codd 提出的,比 3NF 又进了一步,通常认为 BCNF 是修正的第三范式,其标准定义如下:

定义 12.11　若关系模式 $R \in 1NF$,X 和 Y 是 U 的子集,对每个非平凡的函数依赖 $X \rightarrow Y$,X 一定是超码(具有唯一性),那么 R 属于 BCNF,记作 $R \in BCNF$。

2. BC 范式的规范化方法

实际上,BCNF 值出现在主码为属性集的情况下。在关系模式中,当出现主属性与主码的函数依赖时,可以将该函数依赖设计的主属性从现有的关系模式中分解出来,构建新的关系模式,如,将 SNC 分解为关系模式 SS(Sno,Sname)和关系模式 SC(Sno,Cno,Grade),SS 描述学生实体,SC 描述学生与课程的联系,分解后的关系模式不存在主属性对主码的部分函数依赖。

判断是否属于 BCNF 的方法是:能否找到非平凡函数依赖 $X \rightarrow Y$,左边的 X 不是超码。

【例 12.4】　考虑关系模式 $R(S,T,C)$,其中 S 代表学生,T 代表教师,C 代表课程。语义为一个教师只教一门课程,但是一门课程有多个教师,于是可以得出 $T \rightarrow C$;给定一个学生和一门课程,只有一个老师给他上这门课程,可以得到 $SC \rightarrow T$。因此该关系模式函数依赖集为 $F = \{T \rightarrow C, SC \rightarrow T\}$。具体的部分数据示例如图 12.15 所示。

S	T	C
赵菁菁	Jones	JAVA
李 勇	Jones	JAVA
张向东	Frank	C++
张 力	Frank	C++
李 晨	David	C++

图 12.15　$R(S,T,C)$ 部分数据

这个关系的候选码是 ST、SC。

证明过程:因为 $(ST)^+ = (STC)$,$(SC)^+ = (STC)$,所以 ST、SC 是超码。而 $(S)^+ = (S)$,$(T)^+ = (TC)$,$(C)^+ = (C)$。所以 ST、SC 的真子集都不是超码。

$R(S,T,C)$ 在 3NF 中,因为 R 中没有非主属性;$R(S,T,C)$ 不在 BCNF 中,因为 $T \rightarrow C$ 是非平凡的,且左边 T 不是超码。尽管这个关系属于 3NF,但是因为组合 (T,C) 的值重复,它还是存在数据冗余和增删改异常的问题。

【例 12.5】　关系模式 $SJP(S,J,P)$ 中,S 是学生,J 表示课程,P 表示名次。每一个学

生选修每门课程的成绩有一定的名次,每门课程中每一名次只有一个学生(即没有并列名次)。由语义可得到下面的函数依赖:

$$(S,J) \to P, (J,P) \to S$$

所以 (S,J) 与 (J,P) 都可以作为候选码。这两个候选码各由两个属性组成,而且它们是相交的。这个关系模式中显然没有属性对码传递依赖或部分依赖,所以 $SJP \in 3NF$;而且除 (S,J)、(J,P) 以外没有其他的决定因素,所以 $SJP \in BCNF$。

12.3.6　关系模式的规范化过程

关系模式的规范化过程是将一个不符合规范化要求的关系模式,通过分解和重组,转变为符合规范化标准的过程。规范化的主要目的是消除数据冗余,避免更新异常、插入异常和删除异常,从而提高数据库的整体性能和一致性。一般地,关系模式的规范化过程要经过以下几个步骤。

1. 关系模式规范化的原则

规范化的基本原则就是指一个关系模式只描述一个实体或实体间的联系。若多余一个实体,就把它"分离"出来。

规范化的第一步是区分出关系模式中的函数依赖。函数依赖是指在关系模式中,某些属性的值依赖于其他属性的值。例如,如果属性 A 的值能够唯一确定属性 B 的值,则可以表示为 A→B。通过识别这些依赖关系,可以为后续的规范化提供基础。

2. 关系模式规范化的步骤

在满足属性原子化的基础上,规范化的步骤就是对关系进行模式分解,消除非主属性对主属性之间的部分函数依赖和传递函数依赖,消除主属性与主码之间的部分函数依赖。关系模式规范化的基本步骤如图 12.16 所示。

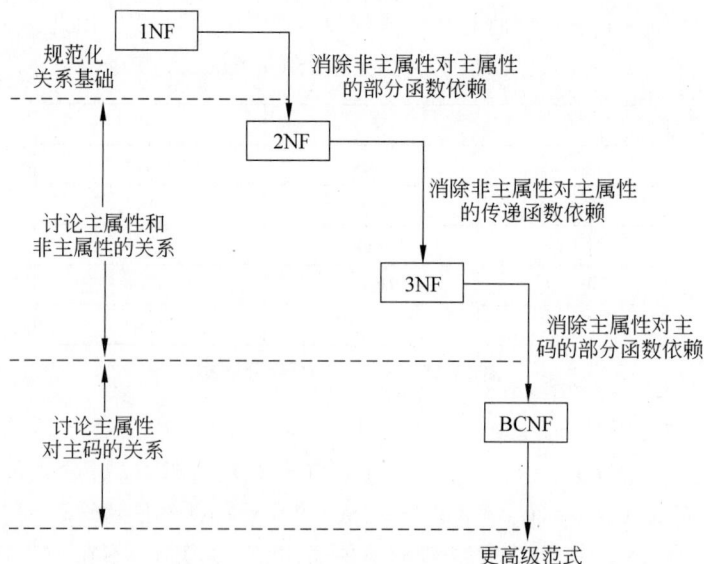

图 12.16　关系模式规范化的基本步骤

根据函数依赖,确定关系模式应达到的范式。

(1) 第一范式(1NF)。确保每个属性都是不可再分的基本数据项。

(2) 第二范式(2NF)。在 1NF 的基础上,消除对主键的部分依赖。判断是否属于 2NF 的方法是:是否存在某个非主属性,它部分依赖候选码,或者依赖候选码的一部分。若存在则不属于 2NF,若不存在则属于 2NF。

(3) 第三范式(3NF)。在 2NF 的基础上,消除对主键的传递依赖。判断关系是否属于 3NF 的方法是:是否存在某个非主属性,它传递函数依赖候选码,或者函数依赖某个非主属性。若存在则不属于 3NF,若不存在则属于 3NF。

(4) BCNF。在 3NF 的基础上,确保每个非主属性完全依赖于候选键。判断是否属于 BCNF 的方法是:能够找到非平凡函数依赖 $X{\rightarrow}Y$,如果 X 不是超码,则不属于 BCNF。

3. 关系模式的规范化要求

根据确定的范式,将关系模式分解为多个子模式。分解的原则如下。

(1) 无损分解。分解后的子模式能够通过自然连接恢复原始关系模式。

(2) 保持函数依赖。分解后,依赖关系应尽可能得到保留,避免信息丢失。

无损连接是指分解后的关系与原关系相比,既不多出信息,又不丢失信息。保持函数依赖的分解是指在模式分解的过程中,函数依赖不能丢失特性,即模式分解不能破坏原来的语义。为了得到更高范式的关系而进行的模式分解是否总能既保证无损连接,又保持函数依赖呢?答案是否定的。

无损连接分解就是不会丢失信息的分解。判定"一分为二"是否为无损连接分解的充分必要条件如下。

将关系 R 关系分解为 R_1 和 R_2,则当以下两个函数依赖之一能够成立时,这种分解是无损的。

$$R_1 \bigcap R_2 {\rightarrow} R_1 - R_2$$
$$R_1 \bigcap R_2 {\rightarrow} R_2 - R_1$$

【例 12.6】 有关系模式 $R(C,T,H,R,S)$,函数依赖集为 $F=\{C{\rightarrow}T,HR{\rightarrow}C,HT{\rightarrow}R,HS{\rightarrow}R\}$。现在将 R 分解为两个关系:$R_1(C,H,S)$ 和 $R_2(C,T,H,R)$。这一分解是无损的吗?

解:是无损连接分解。

先求得 $R_1 \cap R_2 = CH,R_1 - R_2 = S,R_2 - R_1 = TR$。因为 $CH^+ = (CTHR)$ 即 $CH{\rightarrow}TR$ 成立,可以发现 $R_1 \cap R_2 {\rightarrow} R_2 - R_1$,故 R 分解为 R_1、R_2 是无损的。

如果将 R 分解成 $R_1(C,H,S)$、$R_2(C,T)$、$R_3(C,H,R)$,请思考这一分解是无损的吗?

【例 12.7】 对于关系模式 worker(name,branch,manager),worker $\in$ 2NF,但是 worker $\notin$ 3NF。对其进行分解,给出两种分解方案。试对两种分解方案进行比较,以图 12.2 为例。

方案一:

将 worker(name,branch,manager)分解为 w_1(name,branch)、b_1(branch,manager)。

在分解后消除了不良函数依赖,所以避免了同一组合的重复,解决了数据冗余和操作异常问题。具体的部分数据示例如图 12.17 和图 12.18 所示。

可以看到,分解后没有信息的丢失。当然也可以用前面提到的判定"一分为二"是否无损连接分解的充分必要条件进行验证。

name	branch
李勇	A
张向东	B
王芳	C
李晨	B
周小民	B

图 12.17　w₁ 部分数据

branch	manager
A	王民生
B	张衡
C	王民生

图 12.18　b₁ 部分数据

因为有：$w_1 \cap b_1 = branch$；

$branch+ = branch, manager$；

$w_1 - b_1 = name$；

$b_1 - w_1 = manager$；

$w_1 \cap b_1 \rightarrow b_1 - w_1$ 成立，所以方案一的分解是无损的。

方案二：

将 worker(name, branch, manager)分解为 w_2(name, manager)、b_2(branch, manager)。在分解后消除了不良函数依赖，所以避免了同一组合的重复，解决了数据冗余和操作异常问题。但是分解带来了新的问题：我们无法找到李勇在哪个部门的工作。分解丢失了有关员工属于哪个部门的信息，这样的分解是不正确的。具体的部分数据示例如图 12.19 和图 12.20 所示。

name	manager
李勇	王民生
张向东	张衡
王芳	王民生
李晨	张衡
王小民	张衡

图 12.19　w₂ 部分数据

branch	manager
A	王民生
B	张衡
C	王民生

图 12.20　b₂ 部分数据

同样可以验证这次的分解是否无损。

因为有：$w_2 \cap b_2 = manager$；

$manager+ = manager$；

$w_2 - b_2 = name$；

$b_2 - w_2 = branch$；

$w_2 \cap b_2 \rightarrow b_2 - w_2, w_2 \cap b_2 \rightarrow w_2 - b_2$，所以方案二的分解是有损的。

4. 规范化的算法

规范化就是将一个属于低级范式的"坏"关系，分解为多个属于高级范式的"好"关系，且无信息丢失的过程。根据目标范式的级别，又有规范化到 1NF、规范化到 3NF、规范化到 BCNF。

在 12.3.2 节已经介绍了如何将非第一范式关系规范到第一范式关系，这里就不再赘述。

下面介绍如何将关系规范到 3NF 或者 BCNF。

算法 12.2 将 1NF 规范化到 3NF 算法,算法如下:

输入:R(属于 1NF),F(R 满足的函数依赖集合)

输出:R_1,R_2,$R_3 \cdots R_n$(都属于 3NF)

步骤 1:$n = 0$;(n 是输出关系个数)

   for F 中每一个 $X \rightarrow Y$ do

   if X 是某一个输出关系 $R_i (1 \leqslant i \leqslant n)$ 的主码 then

   $R_i := R_i + Y$;

   else

    $n := n + 1$;

    $R_n := XY$;(增加一个新关系,X 作为主码)

   end if

步骤 2:if R 的每个候选码都不出现在输出关系 $R_i (1 \leqslant i \leqslant n)$ 中 then

   $n := n + 1$;

   $R_n := R$ 的任何一个候选码

   end if

【例 12.8】 关系模式 $R(A,B,C,D,E)$,函数依赖集为 $F = (A \rightarrow B, C \rightarrow D, D \rightarrow E)$。此关系候选码是 AC。

此关系模式是 3NF 吗?如果不是,将其规范到 3NF。

该关系 R 不属于第二范式。主属性是 A、C;非主属性是 B、D、E。因为有 $A \rightarrow B$,所以 $AC \rightarrow B$ 是非主属性部分依赖于候选码,所以该关系 $R \notin$ 2NF。

将 R 作为输入关系,将其规范到 3NF 的过程如下:

(1) $R_1(AB)$

(2) $R_1(AB)$,$R_2(CD)$

(3) $R_1(AB)$,$R_2(CD)$,$R_3(DE)$

(4) $R_1(AB)$,$R_2(CD)$,$R_3(DE)$,$R_4(AC)$

输出:$R_1(AB)$,$R_2(CD)$,$R_3(DE)$,$R_4(AC)$

【例 12.9】 输入关系 $R(A,B,C,D,E,F)$,函数依赖集为 $F = (AB \rightarrow D, C \rightarrow E, AB \rightarrow C, C \rightarrow F)$。关系候选码是 AB。此关系模式是 3NF 吗?如果不是,将其规范到 3NF。

该关系 R 不属于第三范式。主属性是 A、B;非主属性是 C、D、E、F。函数依赖集中有 $AB \rightarrow C$,$C \rightarrow F$,那么 $AB \rightarrow F$ 是非主属性传递依赖于候选码,所以该关系不属于 3NF。

因为 $A+ = A$,$B+ = B$,非主属性是 C、D、E、F,都不在 $A+$ 和 $B+$ 中,由此可见没有非主属性部分依赖于候选码,$R \in$ 2NF。

将 R 作为输入关系,将其规范到 3NF 的过程如下:

(1) $R_1(ABD)$

(2) $R_1(ABD)$,$R_2(CE)$

(3) $R_1(ABCD)$,$R_2(CE)$

(4) $R_1(ABCD)$,$R_2(CEF)$

输出:$R_1(ABCD)$,$R_2(CEF)$

如果一个模型中的所有关系模式都属于 BCNF，那么在函数依赖范畴内，就实现了彻底的分解，消除了操作异常。也就是说，在函数依赖的范畴内，BCNF 达到了最高的规范化程度。

算法 12.3 1NF 关系分解为 BCNF 关系的算法：

输入：R（属于 1NF），F（R 满足的函数依赖集合）

输出：$R, R_1, R_2, R_3 \cdots\cdots R_n$（都属于 BCNF）

$n = 0$；

for F 中每个这样的 $X \rightarrow Y$：X 在 R 中但不是 R 的超码 do

$R = R - Y$

if X 是某个输出关系 $R_j (1 \leqslant j \leqslant n)$ 的主码 then

$R_j := R_j + Y$；

else

$n := n + 1$；

$R_n := XY$；（增加一个新关系，X 作为主码）

end if

【例 12.10】 有关系模式 $R(A, B, C, D, E, F)$，函数依赖集为 $F = (AB \rightarrow D, C \rightarrow E, AB \rightarrow C, C \rightarrow F)$，关系的候选码为 AB。试将其规范到 BCNF。

将 R 作为输入关系，将其规范到 BCNF 的过程如下：

(1) $R(ABCDF), R_1(CE)$

(2) $R(ABCD), R_1(CEF)$

输出：$R(ABCD), R_1(CEF)$

【例 12.11】 有关系模式 $R(A, B, C, D)$，其中函数依赖集为 $F = (AB \rightarrow C, C \rightarrow A, C \rightarrow D)$，此关系的候选码为 AB、BC。将其规范到 BCNF。

将 R 作为输入关系，将其规范到 BCNF 的过程如下：

(1) $R(BCD), R_1(CA)$

(2) $R(BC), R_1(CAD)$

输出：$R(BC), R_1(CAD)$

此时原来的函数依赖 $AB \rightarrow C, C \rightarrow A, C \rightarrow D$ 在规范化的结果关系上是否还成立？可以看到原有的函数依赖 $AB \rightarrow C$ 丢失。一个关系规范到 BCNF 有可能会丢失原来的函数依赖。

把上面的关系规范化到 3NF，结果如何？试与 BCNF 的结果作比较。

在例 12.11 中，关系模式 $R(A, B, C, D)$，其中函数依赖集为 $F = (AB \rightarrow C, C \rightarrow A, C \rightarrow D)$，此关系的候选码为 AB、BC。将其规范到 BCNF，其分解的结果为将 $R(A, B, C, D)$ "一分为二"，得到 $R(BC)$、$R_1(CAD)$。

因为是将 $R \cap R_1 = C, C+ = CAD, R_1 - R = AD$，也就是 $R \cap R_1 \rightarrow R_1 - R$，所以分解是无损的。但是这个分解没有保持函数依赖。

若将例 12.11 中的 $R(A, B, C, D)$ 规范到 3NF，模式分解的结果是 $R_1(ABC)$ 和 $R_2(CAD)$。这个分解既保持了函数依赖，又具有无损连接性。

关于模式分解有两个重要事实。

（1）若要求分解保持函数依赖，那么模式分解总是可以达到 3NF，但是不一定能达到 BCNF。

（2）若要求分解既保持函数依赖，又具有无损连接性，可以达到 3NF，但是不一定能达到 BCNF。

范式的每一次升级都是通过模式分解实现的，进行分解既要保持函数依赖，又要具有无损连接性。例 12.11 虽然将关系规范到 BCNF，但是不能保持函数依赖，这样的分解是不可取的。将规范化到 BCNF 与规范化到 3NF 进行对比，可以知道规范化到 BCNF 得到的关系问题更少，但是可能丢失某些函数依赖，即在原来的关系上成立，但在分解后的关系上不成立。规范化到 3NF 得到的关系可能不是最好的，但往往已经足够好了，而且不会丢失任何函数依赖。

5. 验证规范化结果

在完成分解后，需要验证每个子模式是否符合所需的范式。通过检查每个子模式的函数依赖，确保它们满足 1NF、2NF、3NF 或 BCNF 的要求。

通过以上步骤，关系模式的规范化过程能够有效消除数据冗余，优化数据库设计，提升数据的完整性和一致性。规范化不仅是数据库设计的理论基础，也是实际应用中不可或缺的重要环节。

12.3.7　关系模式的规范化的要求

在数据库设计中，关系模式的规范化是一个关键步骤，旨在优化数据结构，减少数据冗余，并确保数据的一致性和完整性。以下是关系模式规范化的基本要求。

1. 消除数据冗余

规范化要求关系模式设计中消除不必要的数据冗余，以减少数据存储空间，并降低数据维护的复杂性。数据冗余可能导致数据更新时的不一致性，因此，规范化的目标之一就是最小化冗余。

2. 解决数据异常

规范化旨在解决数据异常问题，包括插入异常、删除异常和更新异常。通过规范化，可以确保数据的完整性和一致性，避免因数据操作不当而导致的数据错误。

3. 遵循范式标准

关系模式应遵循一定的范式标准，以确保数据结构的合理性。

4. 概念单一化

规范化要求每个关系模式应该只表示一个实体或实体间的单一关系，以保持概念的单一化和清晰性。

5. 函数依赖分析

在规范化过程中，需要对函数依赖进行分析，以确定哪些属性是依赖于其他属性的。这有助于识别和消除不必要的数据冗余，并确保数据的一致性。

6. 模式分解

规范化要求将一个不符合范式的关系模式分解为多个符合范式的模式，同时保证分解后的模式能够无损连接，即分解前后的数据意义保持一致。

7. 无损连接性和保持函数依赖性

在进行模式分解时,必须保证分解后的模式能够无损连接,并且保持原有的函数依赖性,以确保数据的完整性和一致性。

8. 最小冗余性

在满足无损连接性和保持函数依赖性的前提下,规范化要求实现模式个数和模式中的属性总数的最小化,以达到最小冗余性。

9. 遵循 Armstrong 公理系统推理规则

规范化理论提供了一套完整的模式分解方法,包括 Armstrong 公理系统推理规则,用于指导模式分解和验证分解后模式的正确性。

10. 表达性、分离性和最小冗余性

一个好的关系模式设计应该满足表达性、分离性和最小冗余性三条原则,以确保关系中的数据满足完整性约束,同时保持数据结构的简洁和高效。

通过遵循上述规范化要求,数据库设计者可以创建出结构合理、数据一致、易于维护的关系数据库模式。

本 章 小 结

本章讲述了关系操作的常见异常和关系规范化的主要内容。本章通过案例分析,展示了规范化理论在实际数据库设计中的应用,使理论与实践相结合。

规范化的目的是减少数据冗余和避免异常,确保数据一致性。

函数依赖为关系模式分解提供分析工具,它从关系模式所表示的业务语义出发,以形式化的方式展示各属性之间的依赖关系,常见的函数依赖包括完全函数依赖、部分函数依赖和传递函数依赖。函数依赖在识别数据关系中起核心作用。

关系数据库中的关系要满足一定的要求,满足不同程度的要求即为不同的范式,包括第一范式、第二范式、第三范式和 BC 范式。不合理的关系模式主要存在数据冗余、插入异常、删除异常和更新异常。将一个不符合规范化要求的关系模式,通过分解和重组,转变为符合规范化标准的过程,就是关系模式的规范化过程。

习 题 十 二

一、理解并给出下列术语的定义

函数依赖、平凡函数依赖、部分函数依赖、完全函数依赖、传递依赖、超码、候选码、外码、全码。

二、求解题

1. 有关系模式 $R(C,T,H,R,S)$,函数依赖集为 $F=\{C \rightarrow T, HR \rightarrow C, HT \rightarrow R, HS \rightarrow R\}$。解答以下问题:

(1) HT 是否为 R 的候选码? HS 呢?

(2) R 最高属于第几范式? 试证明之。

（3）把 R 规范到 BCNF 级别。

（4）证明你在（3）中使用的分解是无损分解。

2. 设有关系模式：授课表(课程号,课程名,学分,授课教师号,教师名,授课时数)。其语义为：一门课程可以由多名教师讲授,一名教师可以讲授多门课程,每名教师对每门课程有唯一的授课时数。指出此关系模式的候选码,判断此关系模式属于第几范式。若不是第三范式的,请将其规范为第三范式关系模式,并指出分解后的每个关系模式的主码。

3. 假设有关系模式：管理(仓库号,设备号,职工号)。它所包含的语义是：一个仓库可以有多名职工；一名职工仅在一个仓库工作；在每个仓库一种设备仅由一名职工保管,但每名职工可以保管多种设备。请根据语义写出函数依赖,求出候选码。判断此关系模式是否属于 3NF,是否属于 BC 范式。

第 13 章

数据库概念结构设计和逻辑结构设计

本章主要介绍数据库概念结构设计与逻辑结构设计的核心概念与实践方法,通过从局部到全局 E-R 图进行概念结构构建;介绍初始关系模式转换的原则与做法,以及关系模式规范化的重要性;讨论关系模式的评价和改进方法,并以案例的形式展示概念结构和逻辑结构设计的实际应用。

通过本章的学习,读者应能够:

- 理解概念结构设计与逻辑结构设计的任务与主要内容;
- 掌握 E-R 图和关系模式规范化的方法及各阶段的主要工作;
- 了解如何通过案例分析方法来深化对概念与逻辑结构设计的理解;
- 掌握从局部到全局 E-R 图设计的关键步骤和技巧;
- 具备将理论应用于实践,开展数据库概念与逻辑结构设计的基础能力。

13.1 概念结构设计

数据库的概念与逻辑结构设计是数据库技术应用的基石,对于确保信息系统的高效性和可靠性至关重要。通过科学合理的设计,可以优化数据存储和检索效率,支持企业和组织在数字化转型中的数据管理需求。

13.1.1 概念结构设计的主要任务和必要性

1. 主要任务

概念模型设计的主要任务是完成对需求分析报告中描述的现实世界的建模,即用一种数据模型来实现对现实世界的抽象表达。这种建模与具体的机器世界、DBMS 无关,是现实世界到信息世界的第一层抽象,是现实世界到机器世界的一个中间层次,所用的数据模型是用户与数据库设计人员之间进行交流的最重要的某种语言或表示方法。因此,用于表达概念模式的数据模型一方面应该具有较强的语义表达能力,能方便、直接地表达实际应用中的各种语义知识;另一方面,它还应该简单、清晰、易于用户理解。能担当此重任的常用的数据模型就是实体-联系模型(entity-relationship model,E-R 模型)。

在概念设计阶段,人们把现实世界中的事物抽象为独立于某一个数据库管理系统(DBMS)的数据模型。概念结构设计的特点如下:

(1) 能充分真实地反映现实世界,包括事物和事物之间的联系,能满足用户对数据的处理要求,是现实世界的一个真实模型。

(2) 易于交流和理解,可以用它和不熟悉计算机的用户交换意见。

（3）易于更改。当应用环境和应用要求改变时，概念模型要易于修改和扩充以反映这种变化。

（4）易于向各种数据模型转换。

从上述特点可以看出，概念模型是各种模型的共同基础。在数据库的概念设计中，通常采用 E-R 数据模型来表示数据库的概念结构。E-R 数据模型将现实世界的信息结构统一用属性、实体以及它们之间的联系来描述。

2. 必要性

对于概念模型，从数据库设计人员角度只需根据抽象的数据结构和数据项，分析其语义关联性，无须关心 DBMS 选型或有关数据存储工作；从业务人员角度，概念模型不含具体的 DBMS 的技术细节，使设计结果更容易为用户所理解，便于数据库设计人员与用户交流并确认模型的正确性。

13.1.2　概念模型的 E-R 图表示方式

E-R 模型（entity relationship model）是广泛应用于数据库设计工作中的一种概念模型，它利用 E-R 图来描述数据结构（实体型）之间的联系和数据结构（实体型）与数据项（属性）之间的联系。

E-R 图提供了表示实体、属性和联系的方法，基本要素是实体、属性以及实体之间的联系，具体表示如下。

1. 实体

实体（entity）是客观存在的并且可以相互区别的事务或对象。实体可以是具体的人、事、物，也可以是抽象的概念或联系。例如，具体的一名学生、一本书、一个单位或者抽象的一门课程、一场音乐会等。

在 E-R 图中，实体用矩形表示，矩形框内写明实体名，如图 13.1（a）所示。

实体中的每个具体的记录值（一行数据），例如学生实体中的每个具体的学生，称为实体中的一个实例。同一类型实体的集合称为实体集。

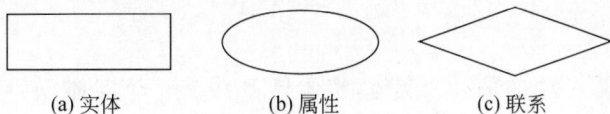

(a) 实体　　　　(b) 属性　　　　(c) 联系
图 13.1　E-R 图的基本组成

2. 属性

属性（attribute）就是描述实体或者联系的性质或特征的数据项，一个实体的所有实例都具有共同的性质，在 E-R 模型中，这些性质或特征就是属性。每个实体都具有一定的特征或性质，这样才能根据实体的特征来区分一个个实例。

在 E-R 图中，属性用椭圆形表示，并用无向边将其与相应的实体连接起来，如图 13.1（b）所示。

例如，学生的学号、姓名、性别等都是学生实体的特征，这些特征就构成了学生实体的属性；实体所具有的属性个数是根据用户对信息的需求决定的。例如，假设用户还需要学生的出生日期信息，则可以在学生实体中加一个"出生日期"属性。

3. 联系

联系(relationship)在信息世界中反映为实体内部的联系和实体之间的联系,是数据之间的关联集合,是客观存在的应用语义链。

在 E-R 图中,联系用菱形表示,菱形框内写明联系名,并用无向边分别与有关实体连接起来,如图 13.1(c)所示。

例如,在职工实体中,假设有职工号、职工姓名和部门经理号等属性,从某种意义上来说,部门经理也是职工中的一员,因此部门经理号描述的是部门经理的职工号。因此,部门经理号与职工号之间有一种关联约束关系,即部门经理号的取值受职工号取值的限制,这就是实体内部的联系。

又例如,学生选课实体和学生基本信息实体之间也有联系。这个联系是学生选课实体中的学号必须是学生基本信息实体中已经存在的学号,关联到不同实体的联系就是实体之间的联系。我们这里主要讨论的是实体之间的联系。

联系也可以有自己的属性,这种属性不是哪个实体的属性,而是只有在实体之间产生了联系之后才有的属性,因此该属性应该与联系相连。

两个实体之间的联系有如下几种情况。

1) 一对一联系(1∶1)

如果对于实体集 A 中的每一个实体,实体集 B 中至多有一个(也可以没有)实体与之联系,反之亦然,则称实体集 A 与实体集 B 具有一对一联系,记为 1∶1。

例如,一个班级只有一个正班长,一个班长只在一个班中任职,则班级与班长之间具有一对一的联系,如图 13.2(a)所示。

2) 一对多联系(1∶n)

如果对于实体集 A 中的每一个实体,实体集 B 中有 n 个实体($n \geqslant 0$)与之联系,反之,对于实体集 B 中的每一个实体,实体集 A 中至多只有一个实体与之联系,则称实体集 A 与实体集 B 有一对多联系,记为 1∶n。

例如,一个班级中有若干名学生,每个学生只在一个班级中学习,则班级与学生间具有一对多的联系,如图 13.2(b)所示。

3) 多对多联系(m∶n)

如果对于实体集 A 中的每一个实体,实体集 B 中有 n 个实体($n \geqslant 0$)与之联系,反之,对于实体集 B 中的每一个实体,实体集 A 中也有 m 个实体($m \geqslant 0$)与之联系,则称实体集 A 与实体 B 具有多对多联系,记为 m∶n。

例如,图书与读者之间的联系:一位读者可以借多本图书,一本图书可以由多个读者所借,如图 13.2(c)所示。

两个以上的实体的联系也有如下三种情况。

当一个联系涉及多个实体时,它们存在着一对一、一对多、多对多的联系。

1) 一对多(1∶n)

若实体集 $E_1, E_2, \cdots, E_n$ 存在联系,对于实体集 $E_j(j=1, 2, \cdots, i-1, i+1, \cdots, n)$ 中的给定实体,最多只和 E_i 中的一个实体相联系,则 E_i 与 $E_1, E_2, \cdots, E_{i-1}, E_{i+1}, \cdots, E_n$ 之间的联系是一对多的。

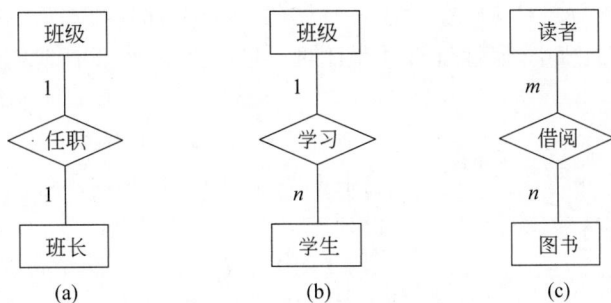

图 13.2　实体及其联系的示例

2) 一对一（1∶1）

若实体 $E_1, E_2, \cdots, E_n$ 之间存在着联系，对于实体型 $E_i (i=1,2\cdots n)$ 中给定的实体，只有一组 $E_j (j=1,2,\cdots i-1, i+1,\cdots,n)$ 跟它对应，而任一 E_j 也只有一个 E_i 与其对应，则 E_i 与 $E_1, E_2, \cdots, E_{i-1}, E_{i+1}, \cdots, E_n$ 之间的联系是一对一的。

3) 多对多（$m∶n$）

除了上述两种情况以外，其他的就是多对多的联系。

例如：有课程、教师与参考书三个实体型。一门课程可以有若干名教师讲授，使用若干本参考书，每一名教师只讲授一门课程，每一本参考书只供一门课程使用，则课程与教师、参考书之间的联系是一对多的，如图 13.3 所示。

以顾客购买商品为例，每个顾客可以从多个售货员那里购买商品，并且可以购买多种商品；每个售货员可以向多名顾客销售商品，并且可以销售多种商品；每种商品可由多个售货员销售，并且可以销售给多名顾客。则顾客、商品和售货员之间的联系是多对多的，E-R 图如图 13.4 所示。

注意，将顾客、商品和售货员之间的联系描述成如图 13.5 所示的形式是错误的，因为他们之间只做了一件事，使得他们三者之间产生了联系，而不是两两之间都产生的一种联系。

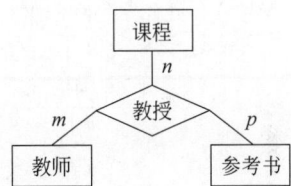

图 13.3　3 个实体之间的联系

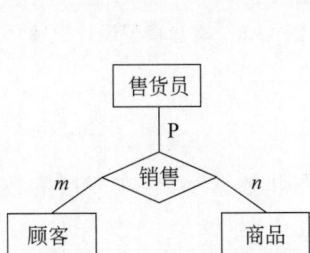

图 13.4　多个实体之间的联系

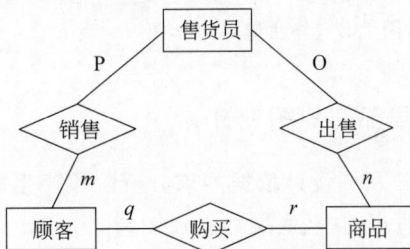

图 13.5　不符合的联系

4. 码

唯一标识实体的属性或属性组称为键或码（key）。通常称两个或两个以上属性构成的码为复合码。例如，学生实体的码为学号，课程实体的码为课程号，而航班实体的键码为航班号加日期，是一个复合码。

如果一个属性或属性组构成一个实体集的码，那么当给定一个码的值时，在该实体集中只能找到唯一的实体与之对应。在设计 E-R 图时,键(码)属性要求用下画线标识出来。

例如,在实体集航班中,属性航班号和日期一起作为主码,设计时需要用下画线标识出来,如图 13.6 所示。

图 13.6　航班的 E-R 图

综上所述,在 E-R 图中,用不同的图符表示不同的 E-R 模型对象,下面举例说明一个完整的 E-R 图设计。

【例 13.1】　学生选课中包含学生和课程实体,约定一位学生可以选多门课,一门课可以由多个学生来选,学生选课以后会有一个成绩。学生包含属性学号、姓名、性别、年龄、所在系,学号为键码;课程实体包含属性课程号、课程名、学分、先修课程号,课程号为键码。其完整的 E-R 图如图 13.7 所示。

13.1.3　概念结构设计的步骤

在数据库设计过程中,需求分析后,数据库设计就进入了概念模型设计阶段。这个阶段的主要任务就是根据需求分析报告中对实体和实体之间的联系的描述,设计出满足要求的 E-R 图。详细的设计过程如图 13.8 所示。

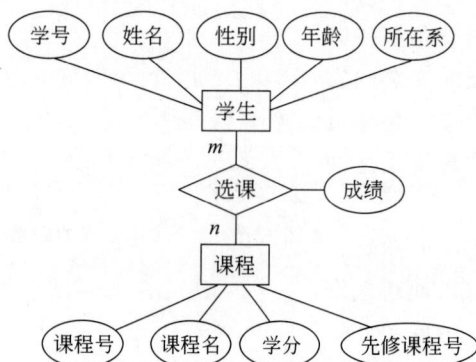

图 13.7　学生选课 E-R 图

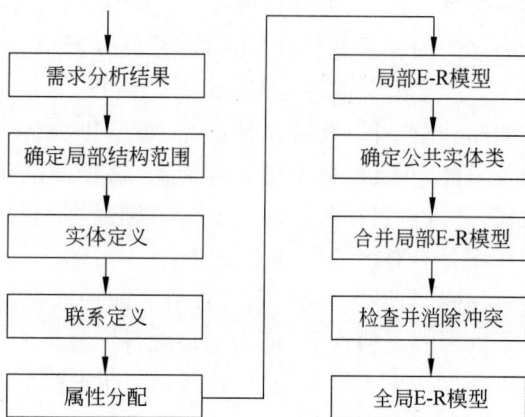

图 13.8　概念模型设计过程

13.1.4　局部 E-R 图设计

局部 E-R 图设计依据需求分析阶段产生的数据流图和数据字典,在多层的数据流图中选择一个适当的中、底层数据流图,作为设计分 E-R 图的出发点。

由于数据流图中的每一部分都对应一个局部应用,选择好局部应用后,接下来就可以设计每个局部应用的分 E-R 图。将各局部应用涉及的数据分别从数据字典中抽取出来,参照数据流图,标定各局部应用中的实体、实体的属性,标识实体的码、确定实体之间的联系及其类型($1 : 1, 1 : n, m : n$)。局部 E-R 图的设计步骤如下,如图 13.9 所示。

局部 E-R 图设计需要确定实体类型和属性。现实世界中一组具有某些共同特性和行为的对象就可以抽象为一个实体。实体确定后要命名,名称主要反映实体的语义性质。例如对招生系统中的每个成员,可以把每个成员对象抽象为学生实体。

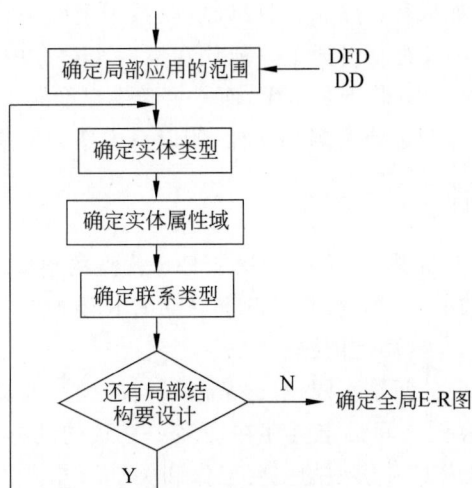

图 13.9　局部 E-R 图设计

对象类型的组成成分可以抽象为实体的属性,例如学号、姓名、年龄、所在系等可以抽象为学生实体的属性,其中学号为标识学生实体的码。

属性必须是不可再分的数据项。实际上实体与属性是相对而言的,很难有明确的划分界限。但是,同一事物在一种应用环境中作为"属性"则不能再包含其他属性。

属性不能与其他实体具有联系,在 E-R 图中联系只发生在实体之间。

13.1.5　案例的局部 E-R 图设计

在"高校新生入学一站式服务系统"的局部应用中主要涉及的是学生实体,而学号、姓名、宿舍、所在系、系主任是学生实体的属性,如图 13.10(a)所示。如果宿舍没有管理员的信息(姓名、职称、工资等),就没有必要进一步描述,宿舍可以作为学生实体的一个属性对待。考虑到学生的宿舍会根据不同的缴费标准来分配,宿舍号和宿舍名、宿舍费用等会不一样,而且宿舍号不同,宿舍费用也不同,所以宿舍作为一个实体来考虑比较恰当。图 13.10(b)就是将"宿舍"由属性变为实体的示意图。

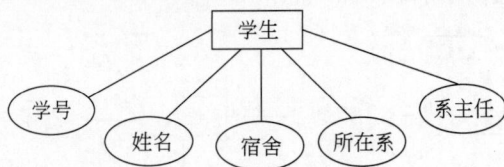

(a) 学生实体E-R示意图

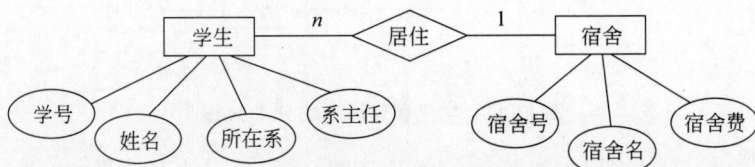

(b) "宿舍"由属性变为实体示意图

图 13.10　属性与实体

确定实体间的联系。如果存在联系,就要确定联系类型($1:1$、$1:n$、$m:n$)。例如,由于一个宿舍可以住多名学生,而一名学生只能住在某一个宿舍中,因此宿舍与学生之间是 $1:n$ 的联系;由于一个系可以有若干名学生,而一个学生只能属于一个系,因此系与学生之间也是 $1:n$ 的联系;一个系只能有一名系主任,所以系主任和系是 $1:1$ 关系。

13.1.6　全局 E-R 图设计

在局部 E-R 模型均设计完成后,下一步就是 E-R 模型的集成。E-R 模型集成通常采用逐步集成的方式,即用累加的方式一次集成两个局部 E-R 模型。在局部 E-R 模型的集成过程中,要注意解决冲突和冗余这两类问题。

由于各局部应用所面向的问题不同,且通常由不同的设计人员进行局部 E-R 模型的设计,这就导致各个局部 E-R 图之间必定会存在许多不一致的地方,称为冲突。因此消除各局部 E-R 图中的冲突是集成 E-R 模型的主要工作和关键所在。各局部 E-R 图之间的冲突主要有以下三类。

(1) 属性冲突。属性冲突分为属性域(如属性值的类型、取值范围)的冲突和属性值单位(如人的身高有的用米,有的用厘米作为单位)的冲突。

(2) 命名冲突。命名冲突分为同名异义和异名同义。同名异义是指不同的对象起了相同的名字,而异名同义是指相同的对象起了不同的名字,比如科研项目在财务部门称为项目,在科研部门称为课题,在生产管理部门称为工程等。

(3) 结构冲突。结构冲突包括同一对象在不同应用中具有不同的抽象(例如教师在有的应用中是属性,在有的应用中则是实体)、同一对象在不同的 E-R 图中所包含的属性个数及属性排列的顺序不同两种。

在集成后的 E-R 模型中还可能存在冗余的数据和联系(也就是通过其他数据和联系可以推导出来的数据和联系),需要去除。

13.1.7　案例的全局 E-R 图设计

下面给出生成学生参加社团管理系统的初步 E-R 过程。

(1) 生成局部 E-R 图,如图 13.11 和图 13.12 所示。

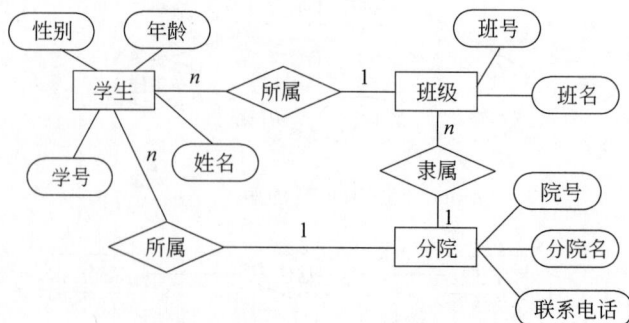

图 13.11　学生管理局部的分 E-R 图

(2) 合并图 13.11 和图 13.12 所示的分 E-R 图,生成初步的 E-R 图,如图 13.13 所示。

(3) 解决冲突,消除冗余,设计基本的 E-R 图。图 13.11 和图 13.12 中,创办人属性与其

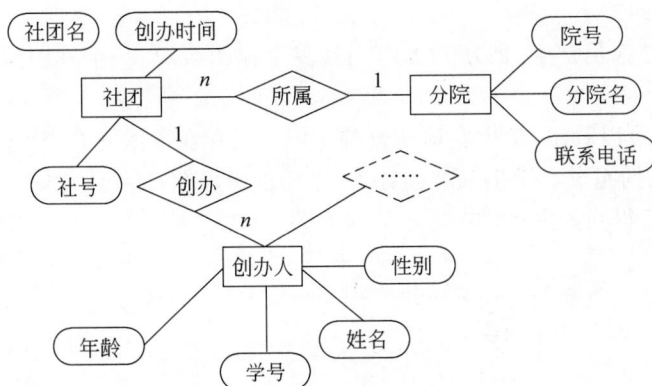

图 13.12 社团管理局部的分 E-R 图

他实体的联系都相同,是冗余实体。对图 13.11,根据社团管理系统中的学生、班级和分院三个实体之间的所属关系,来确定这三个实体的联系。

① 一个学生只属于一个班,一个班包括多名学生,因此学生与班的所属联系是 $1:n$ 联系。

② 一个班级只能隶属于一个分院,一个分院包括多个班,因此班级与分院的隶属联系是 $1:n$ 联系。

③ 一个学生只属于一个分院,一个分院包括多名学生,因此分院与学生的所属联系是 $1:n$ 联系。

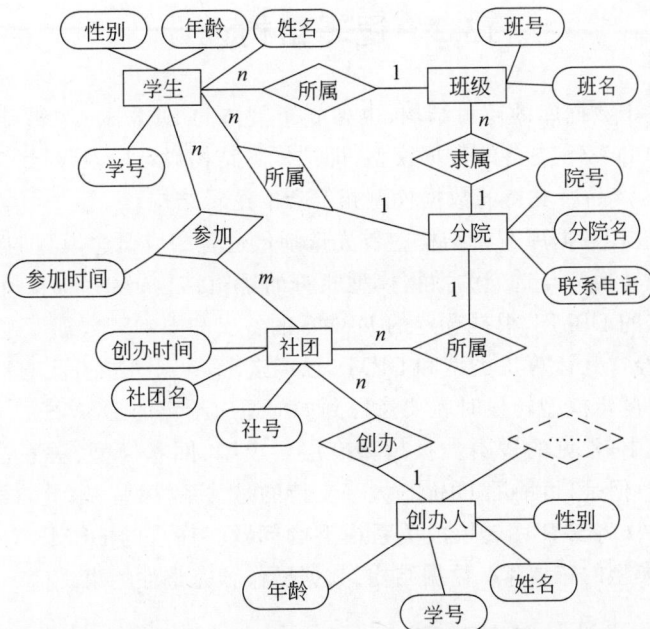

图 13.13 社团管理系统的初步总体 E-R 图

④一个学生可以参加多个社团组织,一个社团组织可以由多名学生组成,因此学生与社团组织的参加联系是 $m:n$。学生参加某个社团组织的参加联系具有参加社团时间属性。

⑤ 一个分院可以有多个社团组织,一个社团组织只能属于一个分院,因此社团组织和

分院的所属联系是 1∶n 联系。

⑥ 社团的创办人是学生,创办人可以创办多个社团组织,一个社团组织只能由一个创办人创办。

从图 13.13 中可以看出,学生实体和分院实体之间存在数据冗余,社团组织实体和分院实体之间也存在数据冗余,"学生"和"创办人"之间也明显存在数据冗余。

⑦ 消除冗余后得到如图 13.14 所示的 E-R 图。

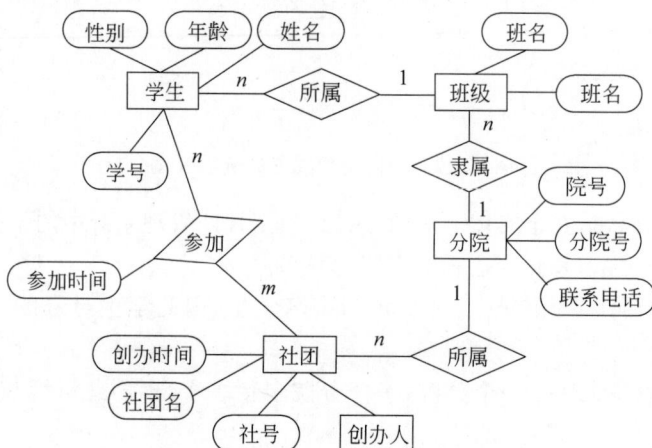

图 13.14 消除冗余后的 E-R 图

13.2　逻辑结构设计

概念模型独立于数据库的逻辑结构,也独立于具体的 DBMS。逻辑结构设计必须将概念模型转换为某种 DBMS 支持的数据模型,即把概念结构设计阶段设计好的 E-R 模型转换为与选用的 DBMS 产品所支持的数据模型相符合的逻辑结构。

从理论上讲,设计数据库逻辑结构应首先选择最适合相应概念模型的数据模型,并按转换规则将概念模型转换为与选定的数据模型相符的逻辑结构;然后从支持这种数据模型的 DBMS 中选出最佳的 DBMS,根据选定的 DBMS 的特点和限制对数据库逻辑结构进行适当修正。但实际上,经常是计算机类型和 DBMS 已经选定,设计人员并无选择 DBMS 的余地,所以在概念模型向逻辑模型转换时就要考虑到如何适应给定的 DBMS。

在数据库领域中,常见的逻辑数据模型有层次模型、网状模型、关系模型、面向对象模型、对象关系模型。但是,目前的 DBMS 大多支持的是关系模型。因此,设计数据库的逻辑模型主要应解决怎样将 E-R 图转换成关系模型的问题。任意的 DBMS 对它所支撑的逻辑模型,必须提供该模型的三要素:数据结构、数据操作和完整性约束。

13.2.1　逻辑结构设计的任务步骤

逻辑结构设计的任务就是把概念结构设计阶段设计好的 E-R 模型先转换为相应的逻辑模型,再转换为选用的数据库管理系统所支持的数据模型(层次、网状、关系)。这种转换要符合关系数据模型的原则,分为以下三个步骤。

（1）将概念模型向一般关系模型、网状模型及层次模型转换；

（2）将得到的一般关系模型、网状模型和层次模型向特定的数据库管理系统所支持的数据模型转换；

（3）依据应用的需求和具体的数据库管理系统的特征进行调整和完善，达到最佳优化状态。

13.2.2　初始关系模式转换原则和具体做法

E-R 图向关系模型的转换要解决如何将实体和实体间的联系转换为关系，并确定这些关系的属性和码的问题。下面介绍这种转换应遵循的一般原则。

1. 实体到关系模式的转换

将 E-R 图中的一个实体集转换为一个同名关系模式。实体集的属性就是关系模式的属性，实体集的键码就是关系模式的主键。

例如，将图 13.6 所示的实体航班转换为如下关系模式：

航班（航班号，日期，机型，所属公司）

2. 联系到关系模式的转换

首先以两个实体集间的联系为例介绍实体联系到关系模式的转换。两个实体集间的联系的类型有 $1:1,1:n,m:n$，现就每种类型予以说明。

1）$1:1$ 联系的转换方法

可以在两个实体集转换成的两个关系模式中的任意一个关系模式的属性集中加入另一关系模式的主键和联系自身的属性，由此完成 $1:1$ 联系到关系模式的转换。

例如，如图 13.14 所示的 E-R 图，有班级和分院两类实体以及它们之间的 $1:1$ 隶属联系。

将其转换为关系模式时，班级和分院各转换为一个关系模式，$1:1$ 联系"隶属"可以通过在班级关系模式加入院号来实现转换，也可以在分院关系模式中加入班号来转换。形成的关系模式如下：

班级（班号，班名，院号）
分院（院号，分院名，联系电话）

或者：

班级（班号，班名）
分院（院号，分院名，联系电话，班号）

2）$1:n$ 联系的转换方法

可以在多端（n 端）实体集转换成的关系模式的属性集中加入 1 端实体集的主键和联系自身的属性，由此来完成 $1:n$ 联系到关系模式的转换。

例如，如图 13.13 所示的 E-R 图，班级和学生两个实体是一对多的关系。将其转换为关系模式时，有班级和学生两类实体，分别转换为两个关系模式。它们之间的联系"隶属"可以合并到"学生"实体，这时班号将多次出现，但作用不同，可用不同的属性名加以区分。班号在学生实体中是外码，而在班级实体里是主码。形成的关系模式如下：

班级（班号，班名，院号）
学生（学号，姓名，性别，年龄，班号）

3) $m:n$ 联系的转换方法

将联系转换成独立的一个关系模式,其属性为两端实体集的主键加上联系自身的属性,关系模式的主码为组合主码,由两端实体集主码组合而成。

例如,如图 13.14 所示的 E-R 图,学生和社团之间是 $m:n$ 的联系。将其转换为关系模式时,先将两个实体集转换为两个关系模式,然后将两个实体集之间的 $m:n$ 联系也转换成一个关系模式。联系关系模式的属性由两端实体集的主码和联系自身的属性构成。

形成的关系模式如下:

学生(学号,姓名,性别,年龄,班号)
社团(社团号,社团名,创办时间,创办人)
参加(学号,社团号,参加时间)

13.2.3　数据模型优化

数据库逻辑设计的结果不是唯一的。为了进一步提高数据库应用系统的性能,改善数据库的性能,节省存储空间,还应该适当地修改、调整数据模型的结构,这就是数据模型的优化。下面介绍数据模型的三种优化方法。

1. 确定数据依赖

对各个关系模式之间的数据依赖进行极小化处理,消除冗余的联系并减少操作异常现象。根据规范理论对关系模式逐一进行分析,消除部分函数依赖、传递函数依赖、多值依赖等,最后优化为一个好的关系模式。

消除函数依赖的过程就是把一个关系分解成两个或两个以上的关系模式。但关系越多,在数据库查询操作中,连接运算的系统开销就越大,因此还要考虑尽量减少关系的连接。

2. 对关系模式进行分解

关系模式的数据量大小对查询速度的影响非常大。在查询操作中,为了提高检索的速度,需要把一个大关系分解成多个小的关系,通常使用水平分解法和垂直分解法(做投影和选择运算)。

水平分解法是把一个关系模式的元组分解成若干子集合。例如学生关系,如果把全校新生放在一个关系中,会导致数据冗余大,不利于查询;因此若考虑按分院建立学生关系,可提高按系查询的速度。当然,还可以尝试建立学生关系模式的其他方法。

垂直分解法是把一个关系模式分解成若干子集合。可以根据需要建立多个关系模式,提高查询的速度。

3. 确定属性的数据类型

每个关系模式中的属性都有一定的数据类型,为属性选择合适的数据类型不但可以提高数据的完整性,还可以提高数据库的性能,节省系统的存储空间。数据库中提供了可变长的数据类型以及整型、字符型和用户自定义的数据类型。若使用的 DBMS 支持用户自定义的数据类型,利用它可以更好地提高系统性能,更有效地提高存储效率,并能保证数据的安全。

13.2.4　关系模式的评价和改进

在数据库设计的过程中,对关系模式进行评价和改进是至关重要的一步。本节将探讨如何评估关系模式的有效性,并根据评估结果进行必要的改进。

1. 关系模式评价

评价关系模式主要依据两个核心指标:时间和空间效率。需要定量估算不同方案的存储空间、存储时间以及维护代价,并对估算结果进行权衡比较,以选出最优的物理结构。评价过程中,主要关注以下四个方面。

(1)数据依赖。确定每个关系模式内部各属性之间的数据依赖,以及不同关系模式属性之间的数据依赖。

(2)范式级别。检查关系模式是否满足特定的范式要求,如第一范式(1NF)、第二范式(2NF)或第三范式(3NF)。

(3)数据冗余。评估关系模式中是否存在数据冗余,并确定冗余的程度。

(4)操作异常。识别关系模式中可能存在的操作异常,如插入异常、删除异常和更新异常。

2. 关系模式改进

基于评价结果,可以采取以下措施来改进关系模式。

(1)规范化处理。应用规范化理论,通过分解关系模式来消除数据冗余和操作异常,提高数据一致性。

(2)调整关系模式结构。适当修改和调整关系模式的结构,以提高数据库应用系统的性能。

(3)优化存取路径。设计合适的索引结构,优化数据的存取路径,以提高查询效率。

(4)减少数据冗余。通过模式分解减少数据冗余,确保数据的一致性和完整性。

通过这些评价和改进措施,可以确保关系模式在逻辑上是健全的,物理上是高效的,从而为数据库的物理设计和实施打下坚实的基础。

13.2.5 案例的逻辑结构设计

对于图 13.14 所示的全局 E-R 图,首先忽略所有的联系,把 E-R 图中的单个实体进行一一转换,再把 E-R 图中的 $1:1$、$1:n$ 和 $m:n$ 三种联系分别进行转换,最终转化为如下的逻辑结构关系模式:

班级(班号,班名)
分院(院号,分院名,联系电话,班号)
学生(学号,姓名,性别,年龄,班号)
社团(社团号,社团名,创办时间,创办人)
参加(学号,社团号,参加时间)

本 章 小 结

本章深入探讨了数据库概念结构设计和逻辑结构设计的关键环节,从理论到实践,为读者提供了一套完整的设计流程和方法论。

概念结构设计部分的主要任务是通过概念模型来捕捉现实世界中的数据需求和关系。E-R 图作为概念模型的表示方式,以直观的图形化形式展现了实体、属性和关系。详细阐述了概念结构设计的步骤,包括如何设计局部 E-R 图和全局 E-R 图,并结合案例分析,展示了这些理论在实际数据库设计中的应用。

逻辑结构设计部分讨论了将概念模型转换为特定数据库管理系统支持的逻辑数据模型的过程。介绍了逻辑结构设计的任务步骤,包括初始关系模式的转换原则和具体做法。关系模式规范化是这一部分的重点,通过规范化理论能够消除数据冗余和操作异常,提高数据的一致性和完整性。本部分还讨论了关系模式的评价和改进,包括如何评估关系模式的效率和效果,并根据评估结果进行必要的调整。最后,通过案例的逻辑结构设计,展示了如何将理论应用于实际的数据库设计中。

习 题 十 三

一、选择题

1. E-R 图中的联系可以与( )实体有关。

    A. 0 个   B. 1 个   C. 1 个或者多个   D. 多个

2. 在数据库设计中,用 E-R 图来描述信息结构但不涉及信息在计算机中的表示,它属于数据库设计的( )阶段。

    A. 逻辑设计   B. 需求分析   C. 物理设计   D. 概念设计

3. 下列说法错误的是( )。

    A. 一个 1∶1 联系可以转换为一个独立的关系模式,也可以与任意一端实体对应的关系模式合并

    B. 一个 1∶1 联系若转换为一个独立的关系模式,则与该联系相连的各实体的码以及联系本身的属性均是关系的属性,每个实体的码均是关系的候选码

    C. 一个 1∶1 联系若与某一端实体对应的关系模式合并,则须在该关系模式中加入另一个关系模式的码和联系本身的属性

    D. 一个 1∶1 联系可以转换为一个独立的关系模式,不可以与任意一端对应的关系模式合并

4. 若两个实体之间的联系是 1∶m,则实现 1∶1 联系的方法是( )。

    A. 在 m 端实体转换的关系中加入"1"端实体转换关系的码

    B. 将 m 端实体转换关系的码加入"1"端的关系中

    C. 在两个实体转换的关系中,分别加入另一个关系的码

    D. 将两个实体转换成一个关系

5. 概念设计阶段设计概念模型通常采用( )。

    A. 逐步扩张的方法、混合策略、自底向上的方法、自顶向下的方法

    B. 逐步扩张的方法、混合策略、自底向上的方法、以点带面的方法

    C. 混合策略、自底向上的方法、自顶向下的方法、结构化的方法

    D. 以上都不是

6. 假设关系 R(学号,姓名,所在系号,年龄),关系 S(所在系号,系名),则关系 R 和关系 S 的联系是( )。

    A. 一对多   B. 多对一   C. 多对多   D. 以上都不是

7. 下列说法正确的是( )。

A. 合并 E-R 图主要存在命名冲突、异名同义冲突、属性冲突

B. 合并 E-R 图主要存在命名冲突、定义冲突、属性冲突

C. 合并 E-R 图主要存在操作冲突、定义冲突、属性冲突

D. 合并 E-R 图主要存在命名冲突、异名同义冲突、元组冲突

8. 一个学生可以同时选择多门课，一门课可被多名学生选择，学生和课程之间为(　　)联系。

    A. 一对一　　　　　B. 一对多　　　　　C. 多对多　　　　　D. 多对一

9. 公司中有多个部门和多名职员，每个职员只能属于一个部门，一个部门可以有多名职员，职员与部门的联系类型是(　　)。

    A. 一对一　　　　　B. 一对多　　　　　C. 多对多　　　　　D. 多对一

二、填空题

1. 唯一标识实体的属性集称为(　　)。

2. 实体之间有(　　)、(　　)、(　　)三种联系。

3. E-R 数据模型一般在数据库设计的(　　)阶段使用。

4. E-R 模型是对现实世界的一种抽象，它的主要成分是(　　)联系和(　　)。

三、简答题

1. 什么是 E-R 图？构成 E-R 图的基本要素是什么？

2. 解释下列术语：

E-R 模型、实体-联系模型、数据库的物理设计、数据库的概念设计、数据字典、数据流图、属性、外码。

第14章

数据库物理结构设计、实施和运行维护

本章主要讲述数据库物理结构设计的任务和内容、数据库实施步骤以及数据库运行维护阶段需要完成的任务,即对给定的逻辑数据模型配置一个最适合应用环境的物理结构。物理结构初步评价后,就进入数据库实施阶段,包括确定数据库结构、数据加载、编制应用程序与调试、数据库试运行等步骤。设计的编制可以和物理设计并行地展开。程序模块代码通常先在模拟的环境下通过初步调试,然后再进行联合调试。在 DBMS 上建立实际数据库结构,并输入数据,进行试运行和评估。

通过本章的学习,读者应能够:

- 掌握物理结构设计的任务和内容;
- 掌握物理结构的评价工作;
- 了解数据库实施及运行和维护的主要工作。

14.1　数据库物理结构设计

在逻辑设计阶段的任务是完成 E-R 图设计,是独立于数据库管理系统(DBMS)的。在逻辑设计阶段,主要任务是解决"要做什么"的问题,接下来具体的实施是在物理设计阶段。

数据库物理设计阶段的任务是根据具体数据库管理系统的特点,为给定的数据库确定在物理设备上的存储结构与存取方法(称为数据库的物理结构)。数据库的物理结构依赖于给定的计算机系统和 DBMS。

在设计数据库的物理结构时,数据库设计人员必须了解所使用的数据库管理系统平台;了解数据系统的实际应用环境如何处理 DBMS,以及存储结构、存取方法和存储记录布局。

数据库物理结构设计的目的是在数据检索中尽量减少 I/O 操作的次数以提高数据检索的效率,以及在多用户共享的系统中,减少多用户对磁盘的访问冲突,均衡 I/O 负荷,提高 I/O 的并行性,缩短等待时间,提高查询效率。因此在确定数据库的存储结构和存取方法之前,对数据库系统所支持的事务要进行仔细分析,获得优化数据库物理设计的参数。

数据库物理结构设计的结果是为逻辑数据模型选取一个最适合应用环境的物理结构。数据库物理结构设计主要包括存储记录结构设计、存储记录布局设计、存取方法设计三方面。

14.1.1　数据库物理结构设计的任务步骤

物理结构设计阶段的任务是把逻辑结构设计阶段得到的逻辑数据库在物理上加以实现,主要工作是根据 DBMS 提供的各种手段和技术,设计数据的存储形式和存储路径,如文件结构、索引设计等,最终获得一个高效的、可实现的数据库物理结构。

由于不同的 DBMS 提供的硬件环境和存储结构、存取方法以及提供给数据库设计者的系统参数以及变化范围有所不同,因此,物理结构设计还没有一个通用的准则。本书所提供的方法仅供参考。

数据库物理结构设计通常分为三步。

(1) 确定数据库的存储结构。

(2) 确定数据库的存取方法。

(3) 对物理结构进行评价,评价的重点为时间和空间效率。

14.1.2　数据库物理结构设计的内容和方法

1. 确定存储结构

确定数据库存储结构时要综合考虑存取时间、存储空间利用率和维护代价三方面的因素。这三方面常常是相互矛盾的,例如消除一切冗余数据虽然能够节约存储空间,但往往会导致检索代价的增加,因此必须进行权衡,选择一个折中方案。常用的存储方式有顺序存储、散列存储和聚簇存储。

关于数据的存储位置,程序设计人员是不关心数据到底存放在磁盘的什么位置上的,具体的存储位置应该由 DBMS 管理。但是,有时为了提高存取效率,数据库管理员(DBA)可以指定数据的存储位置。当服务器有多个 CPU、多块硬盘的时候,把数据分布到各个磁盘上存储,可以大幅提高存取效率。各种 DBMS 指定存储路径的方法不同,在这里就不赘述了。

2. 确定存取方法

为了提高数据的存取效率,应该建立合适的索引。建立索引的原则为:

(1) 如果某个属性经常作为查询条件,应该在它上面建立索引。

(2) 如果某个属性经常作为表的连接条件,应该在它上面建立索引。

(3) 为经常进行连接操作的表建立索引。

用户通常可以通过建立索引来改变数据的存储方式以及存取方法。但在其他情况下,数据是采用顺序存储、散列存储,还是其他的存储方式,是由系统根据数据的具体情况来决定的。一般系统都会为数据选择一种最合适的存储方式。

最后,针对特定的 DBMS,DBA 还可以通过修改特定的系统参数来提高数据的存取效率。

14.1.3　确定物理结构

数据库物理结构设计是将逻辑数据模型转换为具体的存储结构和存取方法的过程,这一阶段的目标是优化数据库性能,提高数据访问速度和存储效率,具体步骤如下:

(1) 确定数据存储需求。需要确定存储的数据类型、数据大小和数据量等信息,以便确定数据库的存储容量和存储方式。

(2) 设计数据模型。基于逻辑数据模型,设计物理数据模型,将逻辑模型转换为物理模型,并确定数据存储方式和存储结构。

(3) 选择存储介质。根据存储需求和性能要求,选择合适的存储介质,如磁盘、固态硬盘等。

（4）设计数据分区。将数据分成若干分区，以便更快地访问数据，并根据数据访问模式进行分区。

（5）设计数据文件。根据数据分区设计数据文件，确定每个数据文件的大小、位置和数量，并确定数据文件的组织方式，如表空间、数据文件组等。

（6）设计索引。根据数据访问模式和查询需求，设计合适的索引，以提高数据查询效率。

（7）设计备份和恢复策略。根据业务需求和安全要求，设计合理的备份和恢复策略，以保证数据的安全和可靠性。

（8）性能优化。根据性能需求和实际运行情况，对数据库进行性能优化，如优化 SQL 查询语句、调整缓存等，以提高数据库的性能。

14.1.4　评价物理结构

数据库物理设计过程中需要对时间效率、空间效率、维护代价和各种用户要求进行权衡，最终可以产生多种方案，数据库设计人员必须对这些方案进行细致的评价，从中选择一个较优的方案作为数据库的物理结构。

评价数据库物理结构的方法完全依赖于所选用的 DBMS，主要是从定量估算各种方案的存储空间、存取时间和维护代价入手，对估算结果进行权衡、比较，选择出一个较优的、合理的物理结构。如果该结构不符合用户需求，则需要修改设计。

最后，关于数据库的物理结构设计，读者要明确一点，即使不进行物理结构设计，数据库系统照样能够正常运行，物理结构设计的目的主要是进一步提高数据的存取效率。如果项目的规模不大，数据量不多，可以不进行物理结构设计。

14.1.5　案例的物理结构设计

将图 13.7 "学生选课 E-R 图" 转换为关系模式以后，对其进行物理结构设计。

将其转换为关系模式时，先将两个实体集转换为两个关系模式，然后将两个实体集之间的 $m:n$ 联系也转换成一个关系模式。联系关系模式的属性由两端实体集的主码和联系自身的属性构成。形成的关系模式如下：

学生 (Sno, Sname, Ssex, Sage, Sdept)
课程 (Cno, cname, Credit, Pcno)
选课 (Sno, Cno, grade)

进一步考虑各个字段数据类型和数据之间的关系，可以得到表 14.1～表 14.3。

表 14.1　Student 表结构

列　　名	说　　明	数　据　类　型	约　束　说　明
Sno	学号	字符串，长度为 10	主键
Sname	姓名	字符串，长度为 8	取值唯一
Ssex	性别	字符串，长度为 2	取"男"或"女"
Sage	年龄	整数	取值范围为 (15,45)
Sdept	所在系	字符串，长度为 15	默认值"计算机系"

表 14.2　Course 表结构

列　名	说　明	数据类型	约束说明
Cno	课程号	字符串,长度为 6	主码
Cname	课程名	字符串,长度为 20	非空值
Pcno	先行课程号	字符串,长度为 6	外码,参照本表中的 Cno
Credits	学分	整数	取值大于零

表 14.3　SC 表结构

列　名	说　明	数据类型	约束说明
Sno	学号	字符串,长度为 10	外码,参照 Student 的主码
Cno	课程号	字符串,长度为 6	外码,参照 Course 的主码
Grade	成绩	整数	取值范围为[0,100]

1. 确定存储结构

表 14.1～表 14.3 从严格意义上是在物理结构设计阶段形成的存储结构,在逻辑结构设计阶段仅仅形成关系模式,但在一般应用时常常在逻辑设计阶段就形成关系表。

2. 确定存储位置

选课管理数据库仅有 3 张表,而且表中的数据也不多,将数据库存放在计算机的数据盘上即可。

3. 确定索引

选课管理数据库数据表中的索引按照"为主键和外键创建索引;为经常作为查询条件的列创建索引"的原则设置,如下,为每张表中带有下画线的属性创建索引。

Student(Sno,Sname,Sex,Sage,Sdept)

Course(Cno,Cname,Credit,Pcno)

Grade(Sno,Cno,Grade)

14.2　数据库实施及运行维护

14.2.1　数据库实施

完成数据库的物理结构设计后,设计人员就可以建立数据库了。数据库实施阶段主要的任务是根据前几个阶段设计的关系模型,利用 DBMS 提供的数据定义语言在计算机上建立数据库,装入数据,再调试和运行数据库。

数据库实施过程的一般分为四步。

1. 定义数据库结构

用 DBMS 提供的数据定义语言严格描述数据库结构。

2. 组织数据入库(数据库)

数据库结构建立完成后,接下来把大量的数据载入到数据库中。一般情况下数据库应用系统都有数据输入子系统,数据库中数据的载入是通过应用程序辅助完成的。数据的载入方式有手工方式和计算机辅助数据入库方式。

1) 手工方式

手工方式载入数据时,各类数据分散在各个部门的数据文件中,在输入数据库的时候,还要处理大量的纸质文件,工作量相当大。因此首先必须把需要入库的数据筛选出来。由于应用系统所运行的硬件、软件环境不同,差异较大,没有专门的通用的转换器,因此需要相应的输入子系统把数据按照某种格式进行转换,最后将转换好的数据输入计算机中。但要注意的是,同时要对输入的数据进行检验,来检查数据的正确性,防止错误数据入库。手工方式适用于小型数据库系统。

2) 计算机辅助数据入库方式

计算机辅助数据入库方式针对具体的应用环境设计一个数据输入子系统,对于各个部门的数据文件,先对数据进行筛选,然后通过数据输入子系统应提供的输入界面进行输入。数据输入子系统将根据数据库系统的要求,从录入的数据中抽取有用的成分,对其进行分类,然后转换数据格式,再对转换好的数据根据系统的要求进一步综合成最终数据。

注意:如果输入的数据是以前在旧系统输入过的,则数据输入子系统会将其转换成新系统的数据模式。数据输入子系统会采用多种检验技术检查输入数据的正确性。

3. 编写和调试应用程序

数据库应用程序的设计应该与数据库设计同时进行。因此组织数据入库时还要编写和调试应用程序。调试应用程序时由于数据入库尚未完成,可先使用模拟数据。

4. 数据库的试运行

应用程序调试完成且已有小部分数据入库后,就可以进行数据库的试运行。

这一阶段要实际运行应用程序,执行对数据库的各种操作,测试应用程序的各种功能、性能是否满足设计要求。如果不满足,则要对应用程序部分进行修改、调试,直至达到最终的设计要求。在数据库试运行期间,还要实际测量系统的各种性能指标,如果结果不符合设计目标,则需要返回物理设计阶段,重新调整物理结构,修改系统参数。有时甚至需要返回逻辑设计阶段,调整逻辑结构。

14.2.2　数据库运行和维护

数据库试运行合格后,数据库的开发工作就告一段落,标志着程序可以安装运行了。但是这并不意味着数据库设计工作的全部结束。由于应用环境在不断变化,数据库在运行过程中的物理存储也会不断变化,因此在使用中还要对数据库不断进行维护,包括对数据库设计进行评价、调整、修改等,这是一个长期的任务,也是设计工作的继续和提高。

在数据库运行期间,DBA的主要任务是对数据库的日常维护。主要包括四部分工作内容。

1. 数据库的转储和恢复

数据库的转储和恢复是系统正式运行后最重要的维护工作之一。DBA要针对不同的应用要求制订不同的转储计划,以保证一旦发生故障能尽快将数据库恢复到某种一致性状态,并尽可能保证数据库不被破坏。

2. 数据库的安全性、完整性控制

在数据库运行过程中,由于应用环境的不断改变,对安全性的要求也会发生变化,DBA

要根据实际情况修改原有的安全性控制,比如对有些管理系统的权限是放宽还是收紧。而且根据应用环境的变化,DBA 对数据库的完整性约束条件也要改变,以满足用户要求。

3. 数据库性能的监督、分析和改进

在数据库运行过程中,DBA 必须监督系统的运行,对监测数据进行分析,找出改进系统性能的方法。可以利用监测工具获取系统运行过程中一系列性能参数的值,通过仔细分析这些数据,判断当前系统是否处于最佳运行状态;如果不是,则需要通过调整某些参数来进一步改进数据库性能。

4. 数据库的重组织和重构造

数据库重组织是指数据库运行一段时间后,记录的增、删、改会使数据库的物理存储变坏,降低数据的存取效率,使数据库性能下降,这时 DBA 就要对数据库进行重组织或部分重组织(只对频繁增、删的表进行重组织)。

DBMS 一般都提供了重组织数据库的实用程序,帮助 DBA 重新组织数据库。在重组织的过程中,可以按原设计要求重新安排存储位置,回收垃圾,减少指针链来提高系统性能,但数据库的重组织不会改变原设计的数据逻辑结构和物理结构。

数据库重构造是指由于数据库应用环境发生变化,使原有的数据库设计不能很好地满足新的需求,需要调整数据库的模式和内模式。例如,在表中增加或删除某些数据项,改变数据项的类型,改变数据库的容量,增加或删除索引等。重构造数据库的程度是有限的,当应用环境变化太大,重构造也无济于事时,说明此数据库应用系统的生命周期已经结束,应该重新设计新的数据库系统。

本 章 小 结

本章全面探讨了数据库物理结构设计的深层细节,实施过程以及数据库的运行维护。从物理结构设计的任务步骤开始,详细阐述了设计的内容和方法,包括如何确定和评价物理结构,以及如何将这些理论应用于实际案例中。

数据库物理结构设计部分讲解了如何根据逻辑模型选择最佳的存储结构和存取方法,以及如何评估这些结构的时间和空间效率。物理结构设计的关键因素包括数据存储需求、存储介质选择、数据分区、数据文件设计、索引设计以及备份和恢复策略,它们对于确保数据库性能和可靠性至关重要。

数据库实施及运行维护部分探讨了实施阶段的任务,包括建立数据库结构、数据加载和应用程序的调试。强调了数据库运行和维护的重要性,包括性能监测、数据备份、恢复操作以及安全性和完整性维护。这些任务确保了数据库系统在正式运行后能够持续提供高效、稳定的服务。

习 题 十 四

一、填空题

任何 DBMS 都提供多种存取方法。常用的存取方法有(　　　)、(　　　)、(　　　)等。

二、选择题

1. 在关系数据库设计中，设计关系模式是数据库设计中（　　）阶段的任务。

　　A. 逻辑设计　　　　B. 概念设计　　　　C. 物理设计　　　　D. 需求分析

2. 数据库设计可划分为 6 个阶段，每个阶段都有自己的设计内容，"为哪些关系、在哪些属性上，建立什么样的索引"这一设计内容应该属于（　　）设计阶段。

　　A. 概念设计　　　　B. 逻辑设计　　　　C. 物理设计　　　　D. 全局设计

3. 假设设计数据库性能用"开销"，即时间、空间及可能的费用来衡量，则在数据库应用系统生存期中存在很多开销。其中，对物理设计者来说，主要考虑的是（　　）。

　　A. 规划开销　　　　B. 设计开销　　　　C. 操作开销　　　　D. 维护开销

4. 数据库物理设计完成后，进入数据库实施阶段，下述工作中，（　　）一般不属于实施阶段的工作。

　　A. 建立库结构　　　B. 系统调试　　　　C. 加载数据　　　　D. 扩充功能

三、简答题

1. 简述物理结构设计的内容和步骤。

2. 数据库实施阶段主要有哪些工作？

3. 数据库正式投入运行后还需要进行哪些维护工作？

第 五 篇

数据库编程

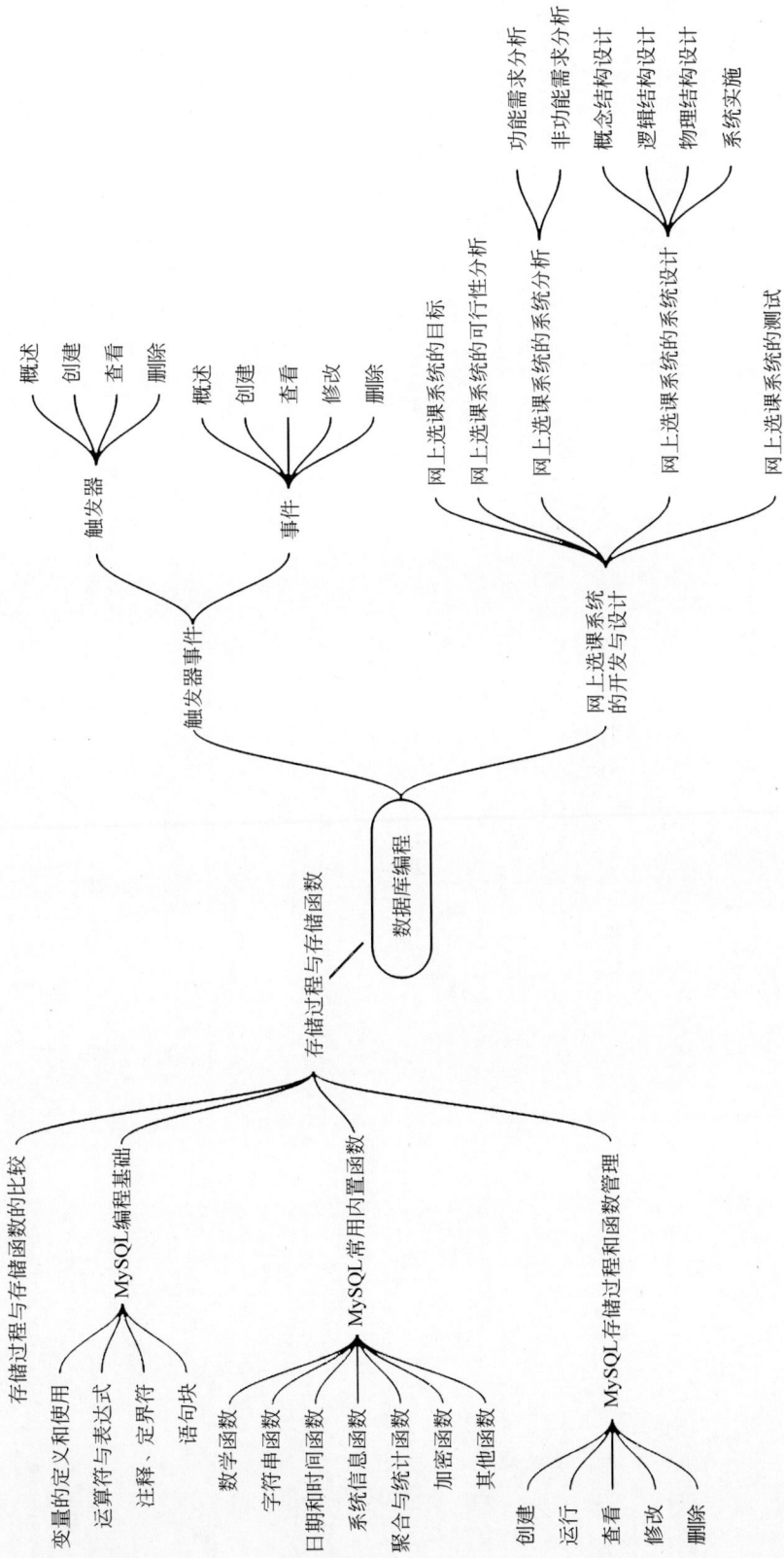

思维导图

- 存储过程与存储函数
  - 存储过程与存储函数的比较
  - MySQL编程基础
    - 变量的定义和使用
    - 运算符与表达式
    - 注释、定界符
    - 语句块
  - MySQL常用内置函数
    - 数学函数
    - 字符串函数
    - 日期和时间函数
    - 系统信息统计函数
    - 聚合与统计函数
    - 加密函数
    - 其他函数
  - MySQL存储过程和函数管理
    - 创建
    - 运行
    - 查看
    - 修改
    - 删除

- 数据库编程
  - 触发器事件
    - 触发器
      - 概述
      - 创建
      - 查看
      - 删除
    - 事件
      - 概述
      - 创建
      - 查看
      - 修改
      - 删除
  - 网上选课系统的开发与设计
    - 网上选课系统的目标
    - 网上选课系统的可行性分析
    - 网上选课系统分析
      - 功能需求分析
      - 非功能需求分析
    - 网上选课系统的系统设计
      - 概念结构设计
      - 逻辑结构设计
      - 物理结构设计
      - 系统实施
    - 网上选课系统的测试

第 15 章

存储过程与存储函数

本章介绍存储过程与存储函数的有关概念、特点以及创建、使用、查看、修改和删除存储过程与存储函数的方法；介绍 MySQL 编程基础知识，包括常用系统函数、变量、运算符、表达式和流程控制语句等；介绍游标的概念、特点以及如何利用游标访问记录集中的数据。

通过本章的学习，应达到如下目标：

- 掌握存储过程与存储函数的概念，理解它们的区别；
- 掌握存储过程与存储函数的创建、使用、查看、修改和删除；
- 掌握 MySQL 编程的基础知识和语法；
- 掌握存储过程与存储函数的参数类型与区别；
- 掌握游标的概念，理解游标规则的机理；
- 掌握游标的使用方法，包括定义、打开游标和关闭、提取数据等。

15.1 MySQL 存储过程与存储函数

15.1.1 存储过程与存储函数概述

在大型数据库系统中，存储过程（stored procedure）和存储函数（stored function）具有很重要的作用。无论是存储过程还是存储函数，都是由一些 SQL 语句和流程控制语句构成的集合，它们可以被应用程序、触发器或另一个存储过程所调用，执行后能完成预先设定的功能。

存储过程和存储函数能避免开发人员重复地编写相同的 SQL 代码。存储过程和存储函数编写完成后，系统进行预编译，并在 MySQL 服务器中存储和执行。它们具有执行速度快，系统性能和安全性高等优点。

1. 存储过程

存储过程是能完成特定功能的 SQL 代码段，过程体由 BEGIN…END 语句所指定，经编译后保存在数据库中，并由 MySQL 服务器通过过程名并给出参数（如果存储过程带有参数）来调用它们，当存储过程被调用执行时，过程体中的代码将被执行，从而完成相应的功能。

MySQL 中的存储过程与其他编译语言中的过程类似，例如，可以接受以输入参数的形式将多个值返回至调用过程；存储过程的执行能够完成某个预先设定的功能等。

2. 存储函数

存储函数也称为用户自定义函数，与存储过程一样，也是由一组 SQL 语句和一些特殊

的控制结构语句组成的代码段,但存储函数经过执行、运算,能通过 RETURN 语句返回一个函数值,因此,用户可以将经常需要使用的计算操作或功能编写成存储函数。

与存储过程的过程体类似,存储函数的功能由其函数体中的代码来决定,函数体也由 BEGIN…END 语句所指定,函数体中的代码写在该语句体的内部,当函数被调用执行时,函数体中的代码将被执行,从而完成相应的功能。

本质上,存储函数与 MySQL 内部函数性质相同;所不同的是,存储函数是用户自定义的,而 MySQL 内部函数是系统预先定义好的。

15.1.2　存储过程的优点

与 SQL 语句相比,使用存储过程有如下六个优点。

(1) 具有很强的灵活性,功能强大。存储过程中可用流程控制语句对 SQL 语句的执行进行控制,这时存储过程具有很强的灵活性,可以完成复杂的判断和较复杂的运算。

(2) 便于被多次重复调用。创建好的存储过程被存储在其隶属的数据库中,用户在应用程序中可以多次调用,而不必重新编写存储过程的 SQL 语句。

(3) 加快程序的运行速度。存储过程是预编译的,存储过程只有在创建时进行编译,以后每次执行存储过程都不需要再重新编译,这就大幅加快了执行速度。

(4) 可以减少网络流量。如果完成某一操作的 SQL 语句被存放到存储过程中,那么在客户端调用该存储过程时,只需要调用该存储过程的语句就可实现。网络中传送的只是调用语句,而不需要在网络中传送这些 SQL 语句。

(5) 可以提高数据库的安全性。存储过程可作为一种安全机制来利用,DBA 可设定只有某用户才具有对指定存储过程的使用权,从而实现对相应数据访问权限的限制,避免了非授权用户对数据的访问,保证了数据的安全性。

(6) 自动完成需要预先执行的任务。存储过程可以在系统启动时自动执行,而不必在系统启动后再手动操作。

15.1.3　存储过程与存储函数的比较

从语法上看,存储过程和存储函数是十分相似的。可以说,存储函数就是一种特定的存储过程。但是,它们之间还是有一些区别的,如表 15.1 所示。

表 15.1　存储过程和存储函数的区别

特　　性	存　储　过　程	存　储　函　数
参数类型	参数可以有 IN、OUT、INOUT 3 种类型	参数只有 IN 类型
调用方式	需要 CALL 语句调用存储过程,即将存储过程作为一个独立的部分来执行	不需要 CALL 语句,可以直接调用存储函数,存储函数可以作为查询语句的一个部分来调用
返回值	过程体中不允许包含 RETURN 语句,不能有返回值,但可以通过 OUT 参数带回多个值	过程体中必须包含一条有效的 RETURN 语句,有且只有一个返回值,如单个值或者表对象
执行权限	存储过程可以调用存储函数	存储函数不能调用存储过程
使用场景	主要用于执行并完成某个功能操作	主要用于计算并返回一个函数值

15.2 MySQL 编程基础

在前面章节中所用到的 SQL 语句是关系数据库系统的标准语句,标准的 SQL 语句几乎可以在所有的关系数据库系统中不加修改地使用。但是,标准的 SQL 语句不支持流程控制,仅仅是一些简单的语句,使用起来不是很方便,也很难实现满足要求的更复杂的功能。为此,大型的关系数据库系统都在标准的 SQL 语句的基础上,结合自身的特点推出了可以编程的、结构化的 SQL 编程语言。例如,SQL Server 的 Transact-SQL、Oracle 的 PL/SQL等。MySQL 也引入了程序设计思想、相关编程语句、扩展语句等,利用这些语句,用户可以按照逻辑写出由若干条语句组成的程序代码(即 MySQL 脚本),从而实现各岗位复杂的数据库操作。编写的脚本可以保存在 .sql 文件中。

MySQL 脚本编程中的要素主要包括注释、定界符、语句块、变量、运算符、表达式、流程控制语句等,下面分四个小节详述。

15.2.1 注释、定界符与语句块

1. 注释

注释用于解释 SQL 语句的部分内容或阻止 SQL 语句的执行。注释既可以对程序代码的功能及实现方式进行简要的解释和说明,以便于将来对程序代码进行维护;也可以把程序中暂时不用的语句改为注释,使它们暂时不被执行,等需要这些语句时,再将它们恢复。

MySQL 中有 3 类注释符供用户使用。

(1) --:即双连线字符,用于单行注释。从该符号到行尾的内容都为注释,该符号既可以用在行首,也可以用在行末,但注意,双连线字符后一定要加一个空格,例如,如下代码中第一行和第二行的末尾是注释。

```
--这是一行注释
USE Customers;  --打开数据库
```

(2) #:即井号字符,用于单行注释。从该符号到行尾的内容都为注释,该符号既可以用在行首,也可以用在行末。例如,如下代码中第一行和第二行的末尾是注释。

```
#这是一行注释
SELECT * FROM S;  #读出学生表 S 中的所有记录信息
```

(3) /* … */:"/*"用于注释文字的开头,"*/"用于注释文字的结尾,二者之间的所有内容都是注释,可在程序中表示多行文字为注释。比如,以下代码段中的前三行就是一段注释内容,最后一行是程序代码。

```
/* 以下程序代码的功能是:
打开学生管理 XSGL 数据库;
并从学生表 Student 中查询所有男同学的信息。 */
SELECT * FROM Student WHERE Ssex='男';
```

2. 定界符与 DELIMITER 命令

DELIMITER 命令是 MySQL 命令中的一种,它是用来设置 MySQL 用于解析语句的定界符。默认情况下,MySQL 使用分号作为定界符,将每个语句视为一个单独的语句。但有时需要在同一个语句中包含多个语句,这时就需要改变定界符。如果有一行命令以";"结

束,那么按 Enter 键后,MySQL 会自动执行该语句行,而在存储过程和存储函数中通常包含多条以";"结尾的语句,所以 MySQL 不可能等用户把所有语句全部输入完之后,再执行整段代码,因此,创建存储过程或存储函数时会报错。例如,在存储函数中输入语句行"RETURN;",MySQL 解释器马上执行了,这显然是不对的。为此,需要把定界符转换成其他的符号($ $ 等),这样遇到原来默认的";"时就暂不执行,直到新的定界符结束时,才整体运行其中的整段代码。

在 MySQL 中,DELIMITER 命令是使用 MySQL 命令时的一个重要工具。它可以在同一个语句中包含多个语句。利用 DELIMITER 命令可以重新定义代码执行的结束符,用 DELIMITER 定义新定界符就是告诉 MySQL 解释器,代码的结束和执行有了新的标识。该命令的语法格式如下:

```
DELIMITER new_delimiter
```

其中,new_delimiter 表示新定义的定界符,可以是//、$ $ 等,例如:

```
DELIMITER $ $
```

表示新的定界符为"$ $",自此开始,直到遇到下一个"$ $",MySQL 才会整体执行这段代码。

如执行"DELIMITER;",则表示定界符还原为默认的";"。

3. 语句块与 BEGIN…END 语句

语句块是由若干条语句构成的程序代码单元,在逻辑上被当作一个整体对待,因此,在程序执行中,语句块要么被执行,要么整体都不执行。在 MySQL 中可以用 BEGIN…END 语句定义语句块,在关键字 BEGIN 和 END 之间的所有语句构成一个语句块,格式如下:

```
BEGIN
Statement_list
END;
```

Statement_list 表示语句块,其中可包含若干条语句。

15.2.2　变量的定义和使用

在 MySQL 编程中可以使用变量,用于在程序执行期间存储数据或信息。它是一种使用适当名称标记数据的方式,有助于使读者更清楚地理解程序。为了区分不同的变量,每个变量都具有变量名、变量值和数据类型。变量的主要目的是将数据存储在内存中,并可以在整个程序中使用。

MySQL 可以以三种不同的方式使用变量:用户定义的变量、局部变量和系统变量。

1. 用户定义的变量

在 MySQL 编程中,我们希望从一条语句传递值到另一条语句。用户定义的变量能够在一条语句中存储一个值,并在另一条语句中引用它。MySQL 提供了 SET 和 SELECT 语句来声明和初始化变量。用户定义的变量名以@符号开头。

1) SET 语句

语法格式如下:

```
SET @variable_name1=expression1[,@variable_name2=expression2,…];
```

注意：可以在 SET 语句中使用"＝"或"：＝"赋值运算符。

例：

```
SET @num=1;
```

或

```
SET @num:=1;
```

2）SELECT 语句

语法格式如下：

```
SELECT @variable_name1:=expression1[,@variable_name2:=expression2,…];
```

或

```
SELECT expression1 INTO @variable_name1;
```

其中，SELECT、INTO 为关键字，其他符号含义同 SET 语句，但此语句的赋值符号只能使用"：＝"，而不能使用"＝"。

例：

```
SELECT @a=100,@b=300;
```

或

```
SELECT 0 INTO @i;
```

用户定义的变量是不区分大小写的，例如@name 和@NAME 是相同的。一个用户声明的用户定义变量对另一个用户是不可见的。可以将用户定义的变量分配给整数、浮点数、小数、字符串或 NULL 等有限的数据类型。用户定义的变量的最大长度为 64 个字符。

2. 局部变量

局部变量是在 MySQL 程序代码的语句块（BEGIN…END）内部定义的变量，可以在声明块内嵌套的块中引用变量，但声明同名变量的块除外。语句块可以是存储过程的过程体或存储函数的函数体。

1）局部变量的定义

使用 DECLARE 语句定义局部变量并指定初值。局部变量必须先声明才可以使用，其声明形式如下：

```
DECLARE variable_name[,variable_name]…datatype[DEFAULT value];
```

其中，DECLARE 是关键字，用来声明变量；variable_name 是变量的名称，由用户给出，这里可以同时定义多个变量，变量之间用逗号分开，但变量名前不能加"@"；datatype 用来指定变量的数据类型，可以是 MySQL 能够支持的所有数据类型，如 INT、VARCHAR、DATETIME 等；DEFAULT value 子句将变量设为默认值，没有该子句时，变量的默认初值为 NULL。

例：

```
DECLARE sum INT DEFAULT 0;              #定义局部变量 sum,INT 型,初值为 0
DECLARE x,y INT DEFAULT 0;              #定义局部变量 x 和 y,INT 型,初值为 0
DECLARE name VARCHAR(10),               #定义局部变量 name,VARCHAR 型,长度为 10
```

2）局部变量的赋值

局部变量定义完毕后,也可以使用 SET 语句或 SELECT 语句为其赋值,具体方法参考用户定义变量赋值的方法,局部变量名称不区分大小写。

3）注意事项

（1）定义。可以使用 DECLARE 语句定义一个局部变量。

（2）作用域。仅仅在定义它的 BEGIN…END 中有效。

（3）位置。只能放在 BEGIN…END 中,而且只能放在第一句。

【例 15.1】 声明局部变量并查看。

命令语句为

```
BEGIN
#声明局部变量
DECLARE 变量名 1 变量数据类型 [DEFAULT 变量默认值];
DECLARE 变量名 2,变量名 3,… 变量数据类型 [DEFAULT 变量默认值];
#为局部变量赋值
SET 变量名 1 =值;
SELECT 值 INTO 变量名 2 [FROM 子句];
#查看局部变量的值
SELECT 变量 1,变量 2,变量 3;
END
```

3. 系统变量

变量由系统定义,不由用户定义,属于服务器层面。启动 MySQL 服务,生成 MySQL 服务实例期间,MySQL 将为 MySQL 服务器内存中的系统变量赋值,这些系统变量定义了当前 MySQL 服务实例的属性、特征。这些系统变量的值要么是编译 MySQL 时参数的默认值,要么是配置文件(例如 my.ini 等)中的参数值。系统变量名前面有"@@"前缀,系统变量分为全局系统变量(global)以及会话系统变量(session),有时也把全局系统变量简称为全局变量,把会话系统变量称为 local 变量。如果不写,默认为会话级别。静态变量(在 MySQL 服务实例运行期间,它们的值不能使用 SET 动态修改)属于特殊的全局系统变量。

每一台 MySQL 客户机成功连接 MySQL 服务器后,都会产生与之对应的会话。会话期间,MySQL 服务实例会在 MySQL 服务器内存中生成与该会话对应的会话系统变量,这些会话系统变量的初始值是全局系统变量值的复制,如图 15.1 所示。

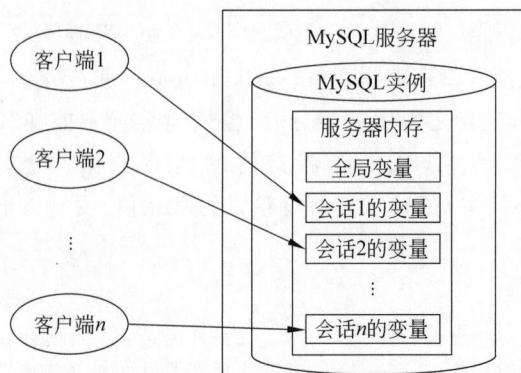

图 15.1 MySQL 系统变量

全局系统变量对于所有会话（连接）有效，但不能跨重启保留；

会话系统变量仅对于当前会话（连接）有效。会话期间，当前会话对某个会话系统变量值的修改，不会影响同一个会话系统其他会话变量的值。

会话 1 对某个全局系统变量值的修改会导致会话 2 中同一个全局系统变量值的修改。

在 MySQL 中有些系统变量只能是全局的，例如 max_connections 用于限制服务器的最大连接数；有些系统变量作用域既可以是全局又可以是会话，例如 character_set_client 用于设置客户端的字符集；有些系统变量的作用域只能是当前会话，例如 pseudo_thread_id 用于标记当前会话的 MySQL 连接 ID。

1）查看系统变量

（1）查看所有或部分系统变量，命令语句为

```
#查看所有全局变量
SHOW GLOBAL VARIABLES;
#查看所有会话变量
SHOW SESSION VARIABLES;
```

或

```
SHOW VARIABLES;
#查看满足条件的部分系统变量
SHOW GLOBAL VARIABLES LIKE '%标识符%';
#查看满足条件的部分会话变量
SHOW SESSION VARIABLES LIKE '%标识符%';
```

（2）查看指定系统变量。

作为 MySQL 编码规范，MySQL 中的系统变量以两个@开头，其中@@global 仅用于标记全局系统变量，@@session 仅用于标记会话系统变量。@@首先标记会话系统变量，如果会话系统变量不存在，则标记全局系统变量。

```
#查看指定的系统变量的值
SELECT @@global.变量名;
#查看指定的会话变量的值
SELECT @@session.变量名;
```

♯或者

```
SELECT @@变量名;
```

2）修改系统变量的值

有些时候，数据库管理员需要修改系统变量的默认值，以便修改当前会话或者 MySQL 服务实例的属性、特征。具体方法如下。

方式 1：修改 MySQL 配置文件，继而修改 MySQL 系统变量的值（该方法需要重启 MySQL 服务）。

方式 2：在 MySQL 服务运行期间，使用 set 命令重新设置系统变量的值。

例：

```
SELECT @@global.autocommit;
SET GLOBAL autocommit=0;
SELECT @@session.tx_isolation;
SET @@session.tx_isolation='read-uncommitted';
SET GLOBAL max_connections =1000;
```

```
SELECT @@global.max_connections;
```

15.2.3 运算符与表达式

运算符是一种符号,利用运算符、括号"()"将常量、变量、函数等运算对象连接起来,形成一个有意义的运算式子,称为表达式。MySQL 的运算符提供了算术运算符、比较运算符、逻辑运算符、位运算符等。

1. 算术运算符与算术表达式

MySQL 支持的算术运算符如表 15.2 所示。用算术运算符、括号将运算对象连接起来形成的运算式子称为算术表达式。

表 15.2　算术运算符

算术运算符	含　义	用　法	算术表达式示例及结果
＋	加法	a＋b	15＋6 的值为 21
－	减法	a－b	15－6 的值为 9
＊	乘法	a＊b	15＊6 的值为 90
/	除法,商为实数	a/b	15/6 的值为 2.5
DIV	除法,商为整数	aDIVb	15DIV6 的值为 2
％或 MOD	取余	a％b 或 aMODb	15％6 的值为 3

注:在除法运算和模运算中,如果除数为 0,将是非法除数,返回结果为 NULL。

例:

```
mysql>SELECT 1+2;
    结果 3
```

2. 比较运算符与关系表达式

MySQL 提供的比较运算符(也称关系运算符)如表 15.3 所示。用比较运算符、括号将运算对象连接起来形成的运算式子称为关系表达式。

SELECT 语句中的条件语句经常要使用比较运算符。通过这些比较运算符,可以判断表中的哪些记录是符合条件的。比较结果为真,则返回 1;为假则返回 0;比较结果不确定,则返回 NULL。

表 15.3　比较运算符

比较运算符	含　义	用　法	关系表达式示例及结果
＝	等于	a＝b	15＝6 的值为 0
＜＞, !＝	不等于	a－b	15＜＞6 的值为 1
＞	大于	a＞b	15＞6 的值为 1
＜	小于	a＜b	15＜6 的值为 0
＜＝	小于或等于	a＜＝b	15＜＝6 的值为 0
＞＝	大于或等于	a＞＝b	15＞＝6 的值为 1

续表

比较运算符	含　义	用　法	关系表达式示例及结果
BETWEEN AND	判断一个值是否在两个值之间	a BETWEEN b AND c	10 BETWEEN 1 AND 20 的值为 1
NOT BETWEEN	判断一个值是否不在两个值之间	a NOT BETWEEN b AND c	10 NOT BETWEEN 1 AND 20 的值为 0
IN	是否在一个集合中	a IN(集合)	5 IN(10,20,30)的值为 0
NOT IN	是否不在一个集合中	a NOT IN(集合)	5 NOT IN(10,20,30)的值为 1
<=>	安全地等于,不会返回 NULL	a <=> b	两个操作码均为 NULL 时,其所得值为 1;而当一个操作码为 NULL 时,其所得值为 0
LIKE	模糊匹配	a LIKE b	'12' LIKE '12％'的值为 1
REGEXP 或 RLIKE	正则式匹配	a REGEXP reg	's1' REGEXP '^s[1-9]'的值为 1
IS NULL	为空	a IS NULL	NULL IS NULL 的值为 1
IS NOT NULL	不为空	a IS NOT NULL	-2 IS NOT NULL 的值为 1

　　注:① 在模式字符串中可以使用通配符"％"和"－","％"用来代替任意多个字符,"－"用来代替任意一个字符。

　　② 在正则表达式中可以使用如下 6 种通配符:

　　"^"匹配以该字符后面的字符开头的字符串;

　　"＄"匹配以该字符前面的字符结尾的字符串;

　　"."匹配任意一个字符;

　　"…"匹配在方括号中的任何字符;

　　"＊"匹配 0 个或多个在它前面的字符;

　　"{n,m}"匹配前面的字符串至少 n 次,至多 m 次。

3. 逻辑运算符与逻辑表达式

　　MySQL 提供的逻辑运算符如表 15.4 所示。逻辑运算符用来判断表达式的真假。如果表达式是真,结果返回 1。如果表达式是假,结果返回 0。

表 15.4　逻辑运算符

逻辑运算符	含　义	用　法	逻辑表达式示例及结果
NOT 或 !	逻辑非	NOT a 或 !a	!5 的值为 0
AND 或 &&	逻辑与	a AND b	5 AND NULL 的值为 NULL
OR 或 ||	逻辑或	a OR b	0 OR 5 的值为 1
XOR	逻辑异或	a XOR b	XOR 1 的值为 0

4.位运算符及其表达式

　　MySQL 提供的位运算符如表 15.5 所示。位运算符是在二进制数上进行计算的运算符。位运算会先将操作数变成二进制数,进行位运算,然后再将计算结果从二进制数变回十进制数。

表 15.5　位运算符

位运算符	含　义	用　法	逻辑表达式示例及结果
&	按位与	a&b	4&2 的值为 0
|	按位或	a|b	4|2 的值为 6
^	按位异或	a^b	4^2 的值为 6
!或~	按位取反	~a	~(−4)的值为 3
<<	按位左移	a<<n	4<<2 的值为 16
>>	按位右移	a>>n	4>>2 的值为 1

例：位表达式 4&2 的值为 0。运算过程：4 对应二进制数 00000100，2 对应二进制数 00000010，二者进行 & 运算，对它们的对应二进制位进行按位与运算，如下所示。

$$00000100$$
$$\underline{\&\ 00000010}$$
$$00000000$$

可见运算结果为 0。同理，其他位运算结果如表 15.5 所示。

5. 运算符优先级

MySQL 的表达式中有多个运算符时，运算符的优先级决定了不同的运算符在表达式中计算的先后次序，一般情况下，优先级高的先进行计算；如果级别相同，MySQL 按表达式的顺序从左到右依次计算。可以使用圆括号"()"来改变优先级，MySQL 中各种运算符的优先级如表 15.6 所示。

表 15.6　运算符的优先级

优先级（从高到低）	运　算　符	说　明
1	!	逻辑非
2	+、−、~	正、负、按位取反
3	^	按位异或
4	*、/、DIV、%或 MOD	乘、除、整数除、求余除
5	+、−	加、减
6	<<、>>	按位左移、按位右移
7	&	按位与
8	|	按位或
9	=、<=>、<、<=、>、>=、<>、!=、IN、IS NULL、LIKE、REGEXP	各种比较运算符
10	BETWEEN…AND	比较运算符
11	NOT	逻辑非
12	AND 或 &&	逻辑与

续表

优先级 （从高到低）	运　算　符	说　　明
13	XOR	逻辑异或
14	OR 或‖	逻辑或
15	＝（赋值号）、:＝	赋值运算符

例：计算表达式"（2024 MOD 4）＝0 AND（2024 MOD 100!＝0）"。

按优先级顺序，先计算 AND 两边的表达式。

计算（2024 MOD 4）的值为 0，再计算（2024 MOD 4）＝0 的值为 1；

同理，（2024 MOD 100!＝0）中，MOD 优先级在前，故先计算 2024 MOD 100 的值为 24，再计算 24!＝0 的值为 1；

最后计算表达式 1 AND 1 的值为 1。

15.2.4　流程控制语句

MySQL 也有着和一般开发语言类似功能的流程控制语句，主要用于自定义函数，存储过程，通过流程控制确定语句的执行顺序、方式。目前常见的流程控制语句包括以下关键字：IF、CASE、WHILE、REPEAT、LOOP、LEAVE 和 ITERATE 等。

1. IF 语句

IF 语句用于进行条件判断，根据表达式是否为真而执行不同的语句。IF 使用的概率较高，需要熟练掌握。其中，ELSE 子句是可选的，最简单的 IF 语句没有 ELSE 子句部分。用 IF…ELSE 语句判断当某一条件成立时执行某段程序，条件不成立时执行另一段程序。MySQL 允许嵌套使用 IF…ELSE 语句，而且嵌套层数没有限制，语法格式为

```
IF 条件 THEN 执行语句 1
[ELSE IF 条件 THEN 执行语句 N]…
[ELSE 执行语句 N+1]
END IF
```

如果 IF 的"条件"为 TRUE，则执行相应的"语句 1"；如果为 FALSE，则执行 ELSE IF 的"语句 N"；如果都不满足，最后执行 ELSE 后的语句"N＋1"。

【例 15.2】　在 SC 表中查询是否有成绩大于 90 分的学生，有则输出"有学生的成绩高于 90 分"，否则输出"没有学生的成绩高于 90 分"。

代码如下：

```
IF EXISTS(SELECT * FROM SC WHERE Grade>90)
SELECT '有学生的成绩高于 90 分'
ELSE
SELECT '没有学生的成绩高于 90 分'
END
```

2. CASE 语句

CASE 语句也用于条件判断，比 IF 语句的表现形式更加丰富。某些复杂结构可能需要对一个变量进行多次判断，如果使用 IF 语句结构就会使程序显得烦琐，这时可使用 CASE

结构来简化代码。使用 CASE 表达式可以很方便地实现多重选择的情况，从而可以避免编写多重的 IF…ELSE 嵌套循环。CASE 语句按照使用形式的不同，可以分为简单 CASE 语句和搜索 CASE 语句。语法格式如下。

1）简单 CASE 语句

```
CASE 条件
    WHEN 值 THEN 执行语句
    [WHEN 值 THEN 执行语句]…
    [ELSE 执行语句]
END
```

其中"条件"作为判断，用"值"与"条件"进行判断，如果为 TRUE 则执行后面的语句。

【例 15.3】 从学生表 Student 中选取 Sno、Ssex，如果 Ssex 为"男"则输出 M，如果为"女"则输出 F。代码如下：

```
SELECT Sno,Ssex=
CASE Ssex
    WHEN '男' THEN 'M'
    WHEN '女' THEN 'F';
END
FROM Student;
```

2）搜索 CASE 语句

```
CASE
    WHEN 条件 1 THEN 执行语句 1
    [WHEN 条件 N THEN 执行语句 N] …
    [ELSE 执行语句 N+1]
END
```

若满足条件 1 则执行语句 1，满足条件 N 则执行语句 N，都不满足则执行语句 N+1。

【例 15.4】 从 SC 表中查询所有同学选课成绩，凡成绩为空者，输出"未考"；成绩小于 60 分，输出"不及格"；成绩为 60～70 分，输出"及格"；成绩为 70～90 分，输出"良好"；成绩大于或等于 90 分时输出"优秀"。代码如下：

```
SELECT Sno,Cno,Grade
Grade=
CASE WHEN Grade IS NULL THEN '未考'
    WHEN Grade<60 THEN '不及格'
    WHEN Grade>=60 AND Grade<70 THEN '及格'
    WHEN Grade>=70 AND Grade<90THEN '良好'
    WHEN Grade>=90 THEN '优秀'
    END
FROM SC
```

3. WHILE 语句

当程序中反复执行一段相同代码时，可以使用 MySQL 提供的循环结构来实现。WHILE 语句在条件为 TRUE 的时候，重复执行一条或多条 MySQL 语句，直到条件表达式为 FALSE 时退出循环体。WHILE 循环结构的语法格式为

```
WHILE 条件 DO
        执行语句
END WHILE
```

当符合 WHILE 语句的条件时,才执行循环内部的语句,否则退出循环。

【例 15.5】 编写程序,计算 $1+2+3+\cdots+100$ 的结果。代码如下:

```
BEGIN
SET @i=1;
SET @sum=0;
WHILE @i<=100 DO
SET @sum=@sum+@i;
SET @i=@i+1;
END WHILE;
END
SELECT @sum AS 合计,@i AS 循环数
```

4. REPEAT 语句

MySQL 中,REPEAT 用于先执行语句,再判断,需注意其与 WHILE 的区别。REPEAT
语句的语法格式为

```
REPEAT
执行语句
UNTIL 条件
END REPEAT
```

先执行循环内部的语句,当符合 UNTIL 语句的条件时,就退出循环。

【例 15.6】 编写程序,计算 $1^2+2^2+3^2+\cdots i^2<1000$ 的 i 的最大值。代码如下:

```
BEGIN
DECLARE i,n INT DEFAULT 0;        --声明变量 i 和 n 为 INT 型,初值为 0
REPEAT
SET i=i+1;
SET n=n+i*i;                      --将当前 i 值的平方累加到总和变量 n 中
UNTIL n>1000;                     --如果总和小于 1000,就进入下一次循环
END REPEAT;
SELECT i-1;                       --输出结果
```

5. LOOP 语句

MySQL 中,LOOP 用于进行无限循环。与其他控制语句不同,LOOP 并不会进行条件
判断。LOOP 语句的语法格式为

```
[标记:]LOOP
    执行语句
END LOOP [标记]
```

其中,[标记]是用于标记循环的,前后标记需要一样,可以省略。

例:

```
add_p:LOOP
    SET p=p+1;
END LOOP add_p;
```

从 add_p:LOOP 子句进入循环,给 p 加 1,执行到“END LOOP add_p;”子句时,自动再
回到开始标记处继续下一次循环,如此一直往复进行下去。如果要从 LOOP 循环中跳出,
应使用 LEAVE 语句。

6. LEAVE 语句

MySQL 中 LEAVE 主要用于跳出循环,当满足一定条件时就跳出循环,结合 IF、

WHILE、REPEAT、LOOP 使用，同时需要配置循环标记。语法格式为

LEAVE [标记]

例：以下代码中，循环之前，首先定义用户变量@a并赋初值为10；接着进入 LOOP 循环，对变量@执行减1操作；然后判断用户变量@a是否小于0，如果成立，则使用 LEAVE 语句跳出循环，否则，进入下一次循环，重复以上操作。

```
BEGIN
  SET @a=10;                --定义用户变量@a,并赋初值为10
  标记1:LOOP                 --进入标记1:LOOP 循环
  SET @a=@a-1;              --变量@执行减1操作
  IF @a<0 THEN              --判断用户变量@a是否小于0
    LEAVE 标记1;             --上述判断满足条件,跳出循环
  END IF;
  END LOOP 标记1;
  SELECT @a;
END;
```

7. ITERATE 语句

MySQL 中 ITERATE 用于中止当前循环，直接进入下一次循环，结合 IF、WHILE、REPEAT、LOOP 使用，同时需要配置循环标记。语法格式为

ITERATE [标记]

例：

```
l:LOOP
  IF MOD(p,7)=0 THEN
  ITERATE l;
  END IF;
  SET p=p+1;
  END LOOP l;
```

这段代码判断 p 是否为 7 的倍数，如果是，则中止当前循环，进入下一次循环继续 p+1 操作。

以上内容就是 MySQL 中主要的流程控制语句，在实际编程过程中根据需求选择合适的控制语句：简单的判断使用 IF；多个条件匹配使用 CASE；需要循环获取使用 WHILE、REPEAT；死循环一般较少使用，一般会结合 LEAVE、ITRATE 使用。

15.3 MySQL 常用内置函数

MySQL 提供了许多系统的内置函数，用户在编程过程中可以直接使用这些内置函数（系统函数），同时 MySQL 允许用户根据需要自己定义函数。它为用户方便快捷地执行某些操作提供帮助。主要有数学函数、字符串函数、日期和时间函数、系统信息函数、聚合函数、统计函数、加密函数，以及其他一些函数。

15.3.1 数学函数

数学函数主要是完成常见运算的函数，比如绝对值函数、平方根函数、指数函数、三角函数、反三角函数、角度弧度转换函数、随机数函数等，MySQL 常用的数学函数如表 15.7

所示。

表 15.7　常用的数学函数

函　数　类　别	函　　　数	功　　　能
符号函数	ABS(x)	返回 x 的绝对值
	SIGN(x)	测试 x 的正负,分别返回-1、0、1
平方根函数	SQRT(x)	返回 x 的平方根
指数函数	EXP(x)	返回 e 的 x 次方
	POWER (x,y)	返回 x 的 y 次方
三角函数	SIN(x)	求正弦值
	COS(x)	求余弦值
	TAN(x)	求正切值
	COT(x)	求余切值
反三角函数	ASIN(x)	求反正弦值
	ACOS(x)	求反余弦值
	ATAN(x),ATAN(x,y)	求反正切值
对数函数	LOG(x)	返回自然对数(以 e 为底的对数)
	LOG10(x)	返回以 10 为底的对数
角度弧度转换函数	DEGREES(x)	弧度转换为角度
	RADIANS(x)	角度转换为弧度
随机函数	RAND()	返回 0～1 的随机数
取近似值函数	CEIL(x),CEILING(x)	返回大于或等于 x 的最小整数
	FLOOR(x)	返回小于或等于 x 的最大整数
	ROUND(x)	返回离 x 最近的整数(四舍五入)
	ROUND(x,y)	保留 x 小数点后 y 位的值,四舍五入
	TRUNCATE(x,y)	返回数值 x 保留到小数点后 y 位的值
圆周率函数	PI()	返回圆周率

15.3.2　字符串函数

字符串函数主要用于处理字符串。其中包括字符串连接函数、字符串比较函数、字符串的字母大小写转换函数、获取子串的函数等,如表 15.8 所示。

表 15.8　常用的字符串函数

函　　　数	功　　　能
ASCII(s)	返回字符串 s 的第一个字符的 ASCII 值

函　数	功　能
CHAR_LENGTH(s)	返回字符串 s 的字符数
CONCAT($s_1,s_2,\cdots$)	将字符串 s_1,s_2 等多个字符串合并为一个字符串
CONCAT_WS($x,s_1,s_2,\cdots$)	同 CONCAT($s_1,s_2,\cdots$),但是每个字符串之间要加上 x
ELT($n,s_1,s_2\cdots$)	返回第 n 个字符串
FIELD($s,s_1,s_2\cdots$)	返回第一个与字符串 s 匹配的字符串的位置
FIND_IN_SET(s_1,s_2)	返回在字符串 s_2 中与 s_1 匹配的字符串的位置
LENGTH(s)	返回字符串 s 的长度
LOWER(s),LCASE(s)	字符串 s 的所有字符都变成小写字母
LEFT(s,n)	返回字符串 s 的前 n 个字符
LPAD(s_1,len,s_2)	用字符串 s_2 填充 s_1 的开始处,使字符串长度达到 len
LTRIM(s)	去掉字符串 s 开始处的空格
MID(s,start,len)	MID('BEIJING',1,3)从字符串'BEIJING'中从起始位 1 取长度为 3 的字符'BEI'
MAKE_SET($x,s_1,s_2\cdots$)	按 x 的二进制数从 $s_1,s_2,\cdots,s_n$ 中选取字符串
REPLAE(s,s1,s2)	用字符串 s_2 替换 s 中的字符串 s_1。REPLACE('abc','a','x')的值为'xbc'
INSTR(s,s_1)	从字符串 s 中获取 s_1 的开始位置
RIGHT(s,n)	返回字符串 s 的后 n 个字符
RPAD(s_1,len,s_2)	用字符串 s_2 填充 s_1 的结尾处,使字符串长度达到 len
RTRIM(s)	去掉字符串 s 结尾处的空格
REPEAT(s,n)	将字符串 s 重复 n 次
REPLACE(s,s_1,s_2)	用字符串 s_2 代替字符串 s 中的字符串 s_1
REVERSE(s)	将字符串 s 的顺序反过来
SPACE(n)	返回 n 个空格
STRCMP(s_1,s_2)	比较字符串 s_1 和 s_2
SUBSTRING(s,n,len)	获取从字符串 s 中的第 n 个位置开始的长度为 len 的字符串
TRIM(s)	去掉字符串 s 开始处和结尾处的空格
TRIM(s_1 FROM s)	去掉字符串 s 中开始处和结尾处的字符串 s_1
UPPER(s),UCASE(s)	字符串 s 的所有字符都变成大写字母

15.3.3　日期和时间函数

　　日期和时间函数主要用于处理日期和时间。其中包括获取当前时间的函数、获取当前日期的函数、返回年份的函数、返回日期的函数等,如表 15.9 所示。

表 15.9 常用的日期和时间函数

函 数	功 能
ADDDATE(d,n)	计算开始日期 d 加上 n 天的日期
ADDDATE(d, INTERVAL expr type)	计算起始日期 d 加上一个时间段后的日期
ADDTIME(t,n)	计算起始时间 t 加上 n 秒的时间
CURDATE(),CURRENT_DATE()	返回当前日期
CURTIME(),CURRENT_TIME()	返回当前时间
DAYNAME(d)	返回日期 d 是星期几,如 Monday
DAYOFWEEK(d)	返回日期 d 是星期几,1 表示星期日,2 表示星期一
DAYOFYEAR(d)	计算日期 d 是本年的第几天
DAYOFMONTH(d)	计算日期 d 是本月的第几天
DATEDIFF(d1,d2)	计算日期 d1 与 d2 之间相隔的天数
DATE_FORMAT(d,f)	按照表达式 f 的要求显示日期 d
EXTRACT(type FROM d)	从日期 d 中获取指定的值,type 指定返回的值,如 YEAR,HOUR 等
FROM_UNIXTIME(d)	把 UNIX 时间戳的时间转换为普通格式的时间
FROM_DAYS(n)	计算从 0000 年 1 月 1 日开始 n 天后的日期
GET_FORMAT(type,s)	根据字符串 s 获取 type 类型数据的显示格式
HOUR(t)	返回时间 t 中的小时值
MONTH(d)	返回日期 d 中的月份值,范围是 1~12
MONTHNAME(d)	返回日期 d 中的月份名称,如 january
MINUTE(t)	返回时间 t 中的分钟值
NOW()	返回当前日期和时间
QUARTER(d)	返回日期 d 是第几季度,范围 1~4
SECOND(t)	返回时间 t 中的秒钟值
SEC_TO_TIME(s)	将以秒为单位的时间 s 转换为时分秒的格式
SUBDATE(d,n)	计算起始日期 d 减去 n 天的日期
SUBDATE(d, INTERVAL expr type)	计算起始日期 d 减去一个时间段后的日期
SUBTIME(t,n)	计算起始时间 t 减去 n 秒的时间
SYSDATE()	返回当前系统日期
TIME_TO_SEC(t)	将时间 t 转换为秒
TO_DAYS(d)	计算日期 d 到 0000 年 1 月 1 日的天数
TIMESTAMPDIFF(type,d1,d2)	计算日期 d1 到 d2 之间的时间差,type 可指定 YEAR、MONTH、DAY、HOUR、MINUTE 或 SECOND

续表

函　　数	功　　能
TIME_FORMAT(t,f)	按照表达式 f 的要求显示时间 t
UNIX_TIMESTAMP()	以 UNIX 时间戳的形式返回当前时间
UNIX_TIMESTAMP(d)	将时间 d 以 UNIX 时间戳的形式返回
UTC_DATE()	返回 UTC(国际协调时间)日期
UTC_TIME()	返回 UTC 时间
WEEKDAY(d)	返回日期 d 是星期几,0 表示星期一,1 表示星期二
WEEK(d)	计算日期 d 是本年的第几个星期,范围是 0～53
WEEKOFYEAR(d)	计算日期 d 是本年的第几个星期,范围是 1～53
YEAR(d)	返回日期 d 中的年份值

15.3.4　系统信息函数

　　系统信息函数主要用于获取 MySQL 数据库的系统信息。其中包括获取数据库名的函数、获取当前用户的函数、获取数据库版本的函数等,如表 15.10 所示。

表 15.10　常用的系统信息函数

函　　数	功　　能
CHARSET(str)	返回字符串 str 的字符集
CONNECTION_ID()	返回当前用户的连接 ID
CURRENT_USER()	返回当前用户的名称
COLLATION(str)	返回字符串 str 的字符排列方式
DATABASE(),SCHEMA()	返回当前数据库名
FOUND_ROWS()	返回最后一个 SELECT 查询进行检索的总行数
LAST_INSERT_ID()	返回最后生成的 auto_increment 值
SESSION_USER()	返回当前用户的名称
USER()或 SYSTEM_USER()	返回当前用户的名称
VERSION()	返回数据库的版本号

15.3.5　聚合与统计函数

　　聚合函数也称分组统计函数,常用于对在组内的数据表进行相关计算,例如,计算平均值、总和、计数、最大值、最小值等。统计函数主要用于对数据进行统计分析,例如,求平方差、标准差等。MySQL 常用的聚合与统计函数如表 15.11 所示。

表 15.11 常用的聚合与统计函数

函　　数	功　　能
AVG(col)	对 col 求平均值,只接受非 NULL 值的平均值,即不包括 NULL 值,但包括 0 值
COUNT({[ALL|DISTINCT] col}|＊)	COUNT(＊)统计查询结果集中的总记录行数,无论是否包含 NULL 值;COUNT(col)或 COUNT(ALL col)以列 col 的值统计查询结果集中的个数(行数),不包括 NULL 值,但包括重复值;COUNT(DISTINCT col)以列 col 的值统计查询结果集中的个数(行数),不包括 NULL 值且去掉重复值
MAX(col)	对 col 求最大值,不包括 NULL 值
MIN(col)	对 col 求最小值,不包括 NULL 值
SUM(col)	对 col 求和,不包括 NULL 值。只适用于对数值类字段求和,如 INT、FLOAT、DOUBLE、DECIMAL 等类型
STD(col)或 STDDEV(col)	对 col 的值求标准差
VARIANCE(col)	对 col 的值求方差

15.3.6　加密函数

加密函数主要用于对字符串进行加密解密。为了提高安全性,在很多应用系统中,用户登录密码在数据库中以密文方式存储。MySQL 提供的加密函数实现上述功能,常用的加密函数包括字符串加密函数、字符串解密函数等,如表 15.12 所示。

表 15.12　常用的加密函数

函　　数	功　　能
ENCODE(str,pswd_str)	使用字符串 pswd_str 来加密字符串 str,结果是一个二进制数,必须使用 BLOB 类型来保持它
MD5(str)	对字符串 str 进行加密,加密后形成 32 位的密文
PASSWORD(str)	对字符串 str 进行加密
DECODE(crypt_str,pswd_str)	解密函数,使用字符串 pswd_str 为 crypt_str 解密

15.3.7　其他函数

其他函数包括控制流函数、数据类型转换函数、格式化函数、锁函数等。

1. 控制流函数

控制流函数也称为条件判断函数,用于根据条件的真假,取得不同的函数值。MySQL 中常用的控制函数如表 15.13 所示。

表 15.13　常用的控制流函数

函　　数	功　　能
IF(expr,v1,v2)	如果表达式 expr 的值为真,则返回 v1 的值;否则返回 v2 的值
IFNULL(v1,v2)	如果 v1 的值为 NULL,则返回 v2;如果 v1 的值不为 NULL,则返回 v1

2. 数据类型转换函数

MySQL 中常用的数据类型转换函数如表 15.14 所示。

表 15.14　常用的数据类型转换函数

函　　数	功　　能
CAST(value AS type)	将 value 的数据类型转换为 type 类型
CONVERT(value,type)	将 value 的数据类型转换为 type 类型
CONVERT(s USING cs)	将字符串 s 的字符集变成 cs
BIN(x)	返回 x 的二进制编码
HEX(x)	返回 x 的十六进制编码
OCT(x)	返回 x 的八进制编码
CONV(x,f1,f2)	将 x 从 f1 进制数变成 f2 进制数
INET_ATON(IP)	将 IP 地址转换为数字表示,IP 值需要加上引号
INET_NTOA(n)	可以将数字 n 转换成 IP 的形式

3. 格式化函数

MySQL 中常用的格式化函数如表 15.15 所示。

表 15.15　常用的格式化函数

函　　数	功　　能
FORMAT(x,n)	可以将数字 x 进行格式化,将 x 保留到小数点后 n 位,这个过程需要进行四舍五入

4. 锁函数

MySQL 中常用的锁函数如表 15.16 所示。

表 15.16　常用的锁函数

函　　数	功　　能
GET_LOCT(name,time)	加锁函数,定义一个名称为 name、持续时间长度为 time 秒的锁,如果锁定成功,返回 1;如果尝试超时,返回 0;如果遇到错误,返回 NULL
RELEASE_LOCK(name)	解除名称为 name 的锁,如果解锁成功,返回 1;如果尝试超时,返回 0;如果解锁失败,返回 NULL
IS_FREE_LOCK(name)	判断是否使用名为 name 的锁,如果使用,返回 0,否则返回 1

15.4　MySQL 存储过程的使用

存储过程(stored procedure)是在数据库中存储复杂程序,以便外部程序调用的一种数据库对象。

存储过程是为了完成特定功能的 SQL 语句集,经编译创建并保存在数据库中的,用户可通过指定存储过程的名字并给定参数(需要时)来调用执行。

存储过程本质上很简单，就是数据库 SQL 语言层面的代码封装与重用。

15.4.1 创建存储过程

在 MySQL 中创建存储过程，可以在命令行工具 MySQL Shell 环境或可视化管理工具 HeidiSQL 的代码窗口中，输入命令语句完成，也可以在可视化管理工具 HeidiSQL 中通过交互操作完成，创建的存储过程保存在数据库的数据字典中。

创建存储过程的用户必须拥有 CREATE PROCEDURE 的权限，其语法格式如下：

```
CREATE [DEFINER={user|current_user}]PROCEDURE
  procedure_name([proc_parameter[,…]]) [characteristic…]
BEGIN
  routine_body
END;
```

说明：

（1）"[ ]"中的部分表示是可选的，"{ }"中的部分是必选项，"|"表示多个选项中选择其一，"…"表示可以有多个。

（2）DEFINER 子句是可选的，用于指明存储过程的定义者，可以是某个用户，也可以是当前用户。如果省略该子句，则表示是当前用户。

（3）procedure_name 是要创建的存储过程的名字，需要由当前用户给出，存储过程的命名必须符合标识符的命名规则。在一个数据库中，对其所有者而言，存储过程的名字必须唯一。默认在当前数据库中创建存储过程。若要在特定数据库中创建存储过程，则要在名称前面加上数据库的名称。

（4）proc_parameter 表示存储过程的参数（即形式参数），是可选的，如果没有参数，则存储过程名称后面的一对"（ ）"不能省略；如果有两个及两个以上的参数，则参数间用逗号分隔。每个参数由 3 部分组成，这 3 部分分别表示参数传递类型、参数名称和参数数据类型，其格式如下：

```
[IN|OUT|INOUT] param_name type
```

各项内容的含义如下：

① 参数传递类型有 IN、OUT、INOUT 3 种，其中关键字 IN 表示输入类型；OUT 表示输出类型；INOUT 表示既可以是输入类型，也可以是输出类型。如果省略，默认为 IN。

② param_name 表示参数的名称，必须由用户给出，其命名要符合标识符的命名规则。

③ type 表示参数的数据类型，可以是 MySQL 数据库所支持的所有数据类型。

（5）characteristic 参数是可选的，用于设定所定义的存储过程的某些特征，它可以包含的内容及格式如下：

```
LANGUAGE SQL|[NOT]DETERMINISTIC|{CONTAINS SQL|NO SQL| READS SQL DATA|MODIFIES SQL
DATA}|SQL SECURITY {DEFINER|INVOKER}|COMMENT 'string' ]
```

各项内容的含义如下：

① LANGUAGE 指明编写这个存储过程的语言为 SQL，省略默认为 SQL。

② [NOT]DETERMINISTIC，表示存储过程对同样的输入参数产生相同的结果，表示"确定的"或"不确定"的结果（默认）。

③ CONTAINS SQL｜NO SQL｜READS SQL DATA｜MODIFIES SQL DATA 选项

中,只能从中选择其一,表示存储过程包含读或写数据的语句,省略时默认 CONTAINS SQL。

CONTAINS SQL 表示存储过程包含了 SQL 语句,但不包含读或写数据的语句(如 SET 语句等)。

NO SQL 表示存储过程不包含 SQL 语句。

READS SQL DATA 表示存储过程包含 SELECT 查询语句,但不含更新语句。

MODIFIES SQL DATA 表示存储过程包含更新语句。

④ SQL SECURITY{DEFINER|INVOKER}子句用于指定存储过程执行时的权限的验证方式,可以指定为 DEFINER 或 INVOKER,省略时默认为 DEFINER。

DEFINER 表示 MySQL 将验证调用存储过程的用户是否具有执行和引用权限。

INVOKER 表示 MySQL 将使用当前调用存储过程的用户执行此过程,并验证用户是否具有执行和引用权限。

⑤ COMMENT 'string'子句用于给存储过程指定注释信息,其中 string 为描述内容,子句省略时,注释信息为空。

(6) BEGIN 和 END 关键字之间的 routine_body 表示过程体,即在过程中需要书写的语句,表示了该存储过程需要完成的功能。

【例 15.7】 创建一个向学生表 Student 中增加学生记录的存储过程,如果存在学生信息,则显示该学生已存在;如果不存在,则增加学生信息。代码如下:

```
DELIMITER $$
  CREATE DEFINER='root@localhost'@'%' PROCEDURE 'sp_appstudent' ()
      MODIFIES SQL DATA
      SQL SECURITY INVOKER
      COMMENT '增加学生信息'
  BEGIN
  IF 'S9' IN(SELECT sno FROM Student) THEN
      SELECT '学号为 S2024109 的学生已存在' AS infor;
  ELSE
      INSERT INTO Student VALUES('S2024109', '王一', '男',20,'信息');
      SELECT * FROM Student;
  END IF;
END $$;
```

【例 15.8】 在教学管理 jxgl 数据库中,创建一个名称为 showstudentnums,显示学生人数不带参数的存储过程。

具体步骤如下:

(1) 打开 HeidiSQL,选择要操作的服务器连接,然后单击"打开"按钮,输入密码,此时进入数据库服务器管理界面,右击数据库 jxgl,执行"创建新的"→"存储过程"命令,在新的界面中输入过程名等信息,在下面新建的 SQL 代码窗口中输入相关的代码,如图 15.2 所示。

(2) 根据本例的要求,在 SQL 代码窗口中输入过程体代码,如图 15.3 所示。

```
CREATE DEFINER='root'@'localhost' PROCEDURE 'showstudentnums'()
LANGUAGE SQL
NOT DETERMINISTIC
CONTAINS SQL
```

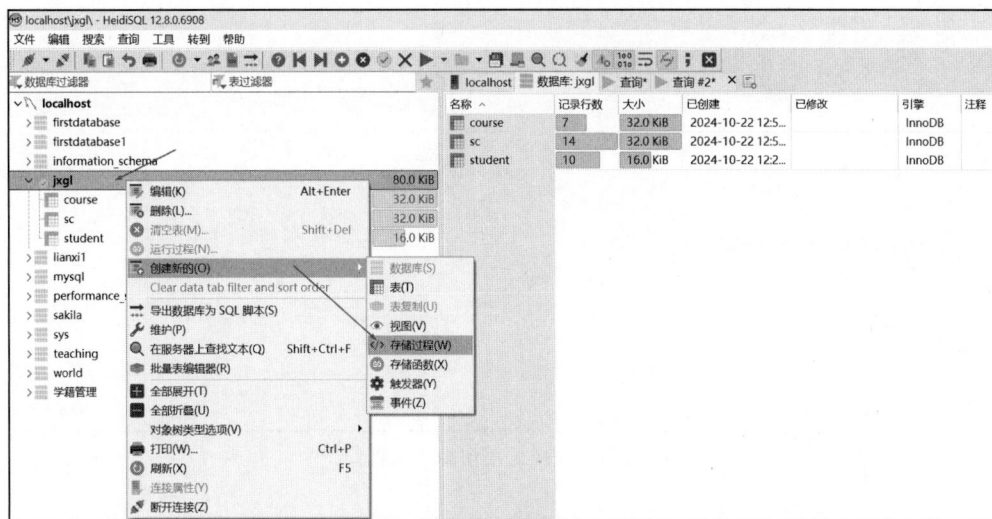

图 15.2　新建的存储过程窗口

```
SQL SECURITY DEFINER
COMMENT ''
BEGIN
SELECT COUNT(sno) AS 学生总数 FROM 'jxgl'.'student';
END
```

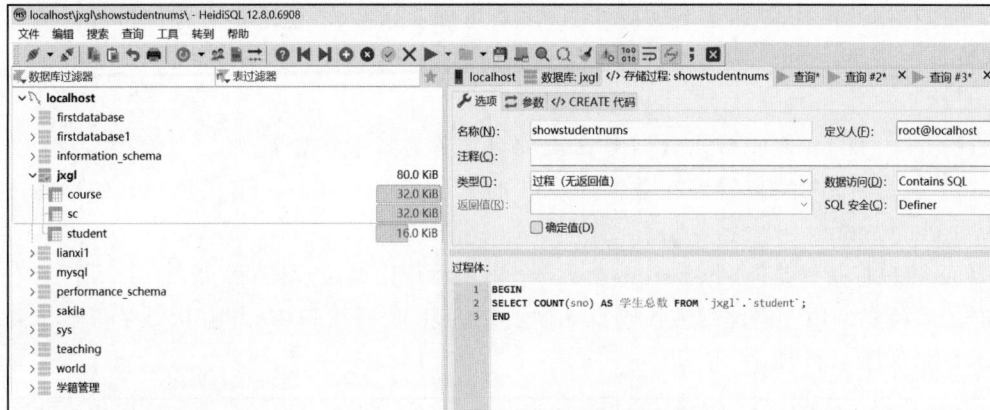

图 15.3　新建的 SQL 代码窗口

（3）代码输入完毕后，单击"完成"按钮，如图 15.3 所示，完成存储过程的创建。

（4）在左侧数据库导航窗格中，可以看到已创建完成的存储过程 showstudentnums，如图 15.4 所示。

15.4.2　调用存储过程

存储过程定义完成后，系统将对其进行预编译，并作为数据库中的一种对象存储到对应的数据库中。对于已创建好的存储过程，用户可以在 MySQL 中进行调用执行，也可以在应用程序中调用。本节主要讲述如何在 MySQL 中进行调用执行。

调用存储过程的语法格式为

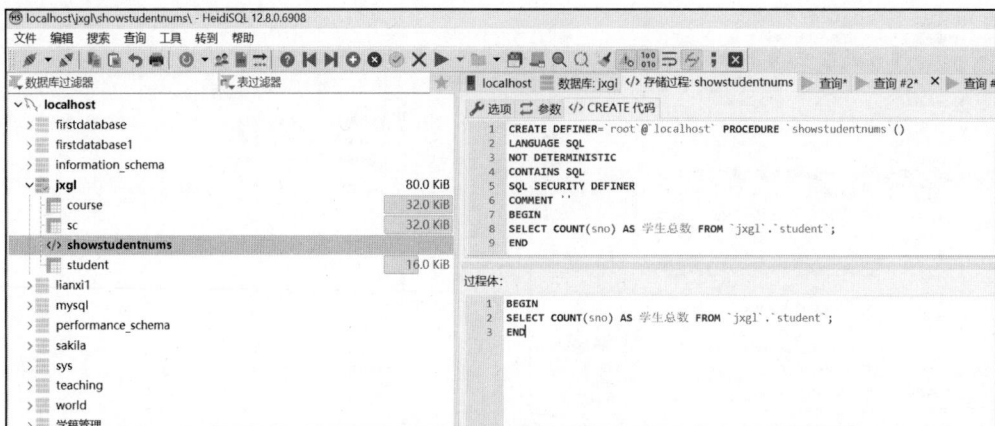

图 15.4　完成过程创建代码窗口

CALL procedure_name [(procedure_parameter)];

说明：

（1）procedure_name 表示已定义的存储过程的名称，也就是必须调用已存在的存储过程。

（2）procedure_parameter 表示实际参数，即调用时应传入存储过程的参数。如果不需要参数，则可简化为"CALL procedure_name;"或"CALL procedure_name();"。

调用存储过程时，是否需要实际参数、需要几个实际参数，是由定义存储过程时的参数表的内容决定的，有关参数类型及传递方式在后面章节中讲解。

具体步骤如下：

（1）进入 HeidiSQL，双击数据库 jxgl，将其设置为当前数据库。

（2）在左侧窗格可以看到在数据库 jxgl 的 Stored Procedures 下已创建好的存储过程 showstudentnums。

（3）将鼠标指针指向 showstudentnums，出现运行存储过程图标，如图 15.5 所示，右击此图标，系统将调用存储过程的代码自动显示到 SQL 代码窗口中，并将执行结果显示到结果窗口中，如图 15.6 所示。

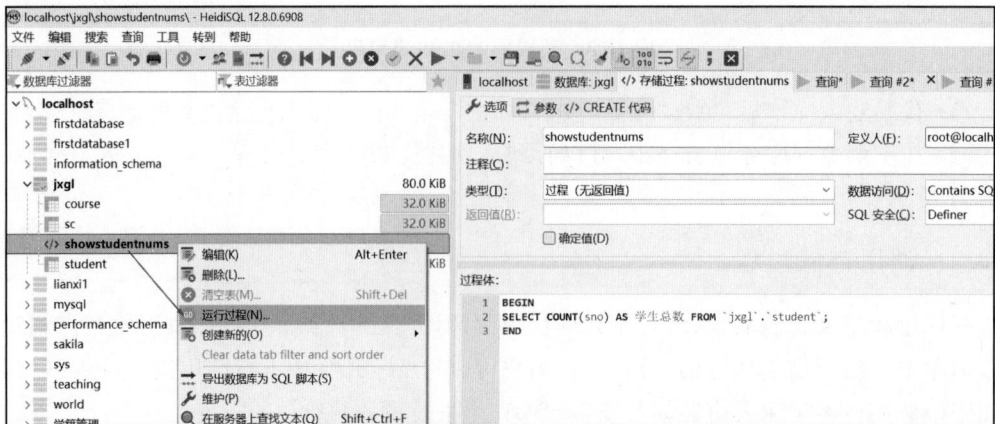

图 15.5　调用存储过程的操作

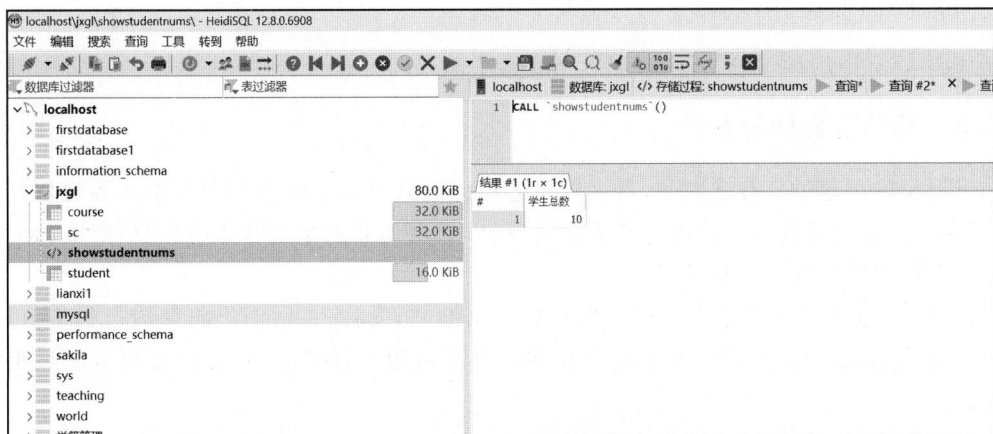

图 15.6　存储过程调用执行及结果

15.4.3　查看存储过程

存储过程创建以后,用户可以查看存储过程的定义内容和状态。

查看存储过程的语句的语法格式为

SHOW CREATE PROCEDURE procedure_name;

该语句的作用是查看存储过程的定义信息,包括存储过程的名称、代码、字符集等信息。

15.4.4　修改存储过程

修改存储过程就是修改已经定义好的、已存在的存储过程。对于已创建完成的存储过程,用户可以登录 HeidiSQL 界面找到相应的存储过程进行修改,如图 15.7 所示。

视频讲解

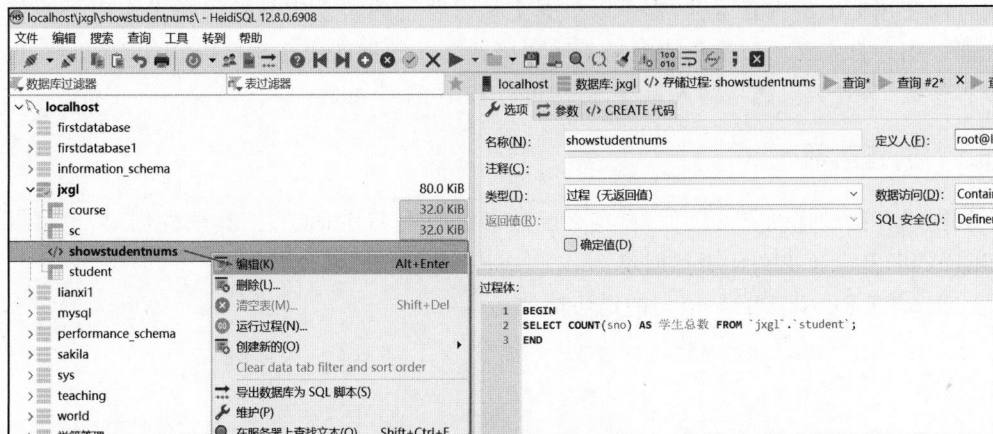

图 15.7　存储过程修改

15.4.5　删除存储过程

在 MySQL 中,如果要删除某个已创建的存储过程,可以利用 DROP PROCEDURE 语句删除,也可以使用 HeidiSQL 工具完成。

```
DROP PROCEDURE [IF EXISTS] procedure_name;
```

在图 15.7 中选择"删除"选项,即可删除选定的存储过程。

15.4.6 存储过程的参数

当定义的存储过程有参数时,表示存储过程在运算时需要的数据来自由外界提供的参数。例如,在存储过程可以获取所有学生的信息,如果要获取指定学生的信息,怎么做? 这里就需要创建带参数的存储过程。

存储过程的参数分为两种:输入参数和输出参数。输入参数用于向存储过程传入值,类似 C 语言的按值传递;输出参数用于在调用存储过程后返回结果,类似 C 语言的按引用传递。

带参数的存储过程的语法格式为

```
CREATE PROCEDURE 存储过程名(
    IN 参数 1 数据类型,
    OUT 参数 2 数据类型,
    INOUT 参数 3 数据类型,
    …
)
```

带参数存储过程的执行的语法格式为

```
EXEC 存储过程名 @参数
```

15.5 MySQL 用户自定义函数

15.3 节已详细讲解了 MySQL 中的常用内置函数,这些内置函数由 MySQL 提供,用户不仅可以使用标准的内置函数,也可以根据实际需要创建自己定义的函数来实现一些特殊的功能。用户自定义函数在创建时需要注意函数名在数据库中必须唯一,可以有参数,也可以没有参数,其参数只能是输入参数,最多可以有 1024 个参数。

15.5.1 创建函数

与创建存储过程的方法类似,自定义函数可以使用 HeidiSQL 工具软件创建,也可以使用 CREATE FUNCTION 语句创建。

CREATE FUNCTION 语句的语法格式为

```
CREATE FUNCTION <函数名称>([<参数 1><类型 1>[,<参数 2><类型 2>]]…)
RETURN <类型>
BEGIN
函数体
END
```

【例 15.9】 在 jxgl 数据库中创建一个用户自定义函数 Fun1,该函数通过输入指定学号返回学生的平均分,代码如下,运行结果如图 15.8 所示。

```
CREATE FUNCTION 'Fun1'('stu_no' CHAR(10))
RETURNS decimal(10,0)
LANGUAGE SQL
```

```
NOT DETERMINISTIC
READS SQL DATA
SQL SECURITY DEFINER
COMMENT '计算指定学号学生的平均分,返回平均分'
BEGIN
DECLARE n DECIMAL(5,2);
SELECT AVG(grade) INTO  n FROM sc WHERE sno=stu_no;
RETURN n;
END
```

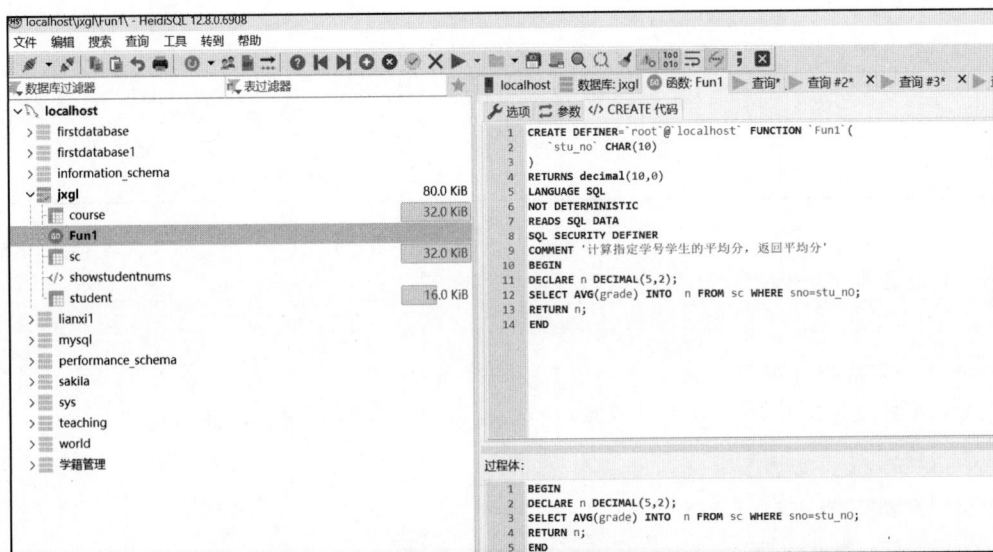

图 15.8 函数创建过程

15.5.2 调用自定义函数

在 MySQL 中,因为用户定义函数和数据库相关,所以调用自定义函数时,需要打开相应的数据库或指定数据库名。

自定义函数的调用方法与 MySQL 内置函数的调用方法是一样的。

调用方式:函数名(参数)

此处的参数为实际参数,要与被调用函数的形式参数的要求相匹配。可以直接输入语句调用,也可以在 HeidiSQL 中调用。例如,调用学号 s001 的学生的平均成绩,语句如下:

```
SELECT Fun1(s001) AS 平均成绩
```

运行结果如图 15.9 所示。

在代码窗口中输入调用函数语句,s001 是调用函数时传递的实数(即学生的学号),可以传入任意一个学生的学号,进行函数调用并返回平均成绩。

15.5.3 函数的维护管理

对于自定义函数的维护管理,主要包括查看函数、修改函数和删除函数等方面的内容。

1. 查看函数

与存储过程类似,用户也可以查看当前数据库中所创建的自定义函数的状态信息。

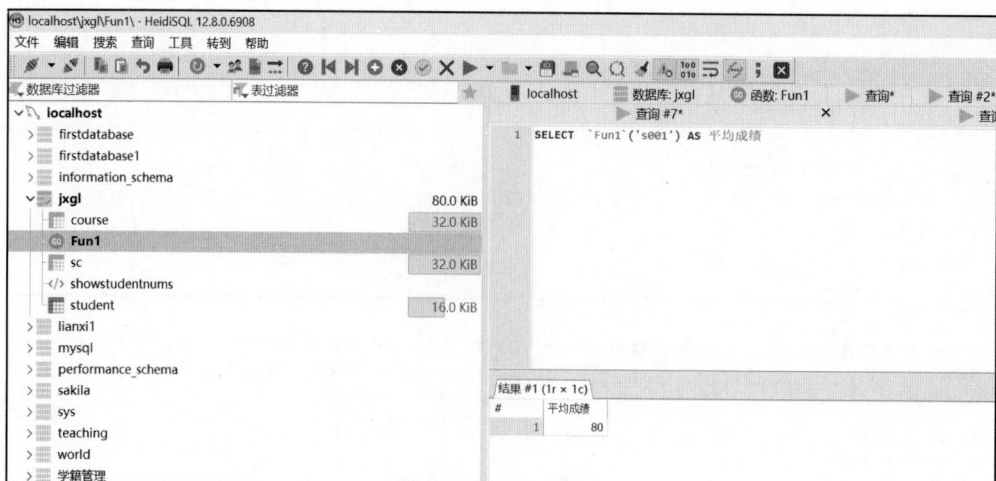

图 15.9　函数调用过程

（1）查看所有的自定义函数的状态特征信息。

语法格式为

```
SHOW FUNCTION STATUS
```

（2）查看函数名与某一模式字符匹配的所有自定义函数的状态特征信息。

语法格式为

```
SHOW FUNCTION STATUS LIKE 'pattern'
```

（3）查看函数的代码。

要查看函数的代码，应使用如下 SHOW CREATE FUNCTION 语句，语法格式为

```
SHOW CREATE FUNCTION 函数名
```

2. 修改函数

对于已创建的用户自定义函数，可对其状态特征进行修改，也可以对其功能代码进行修改。

（1）修改函数的状态特征信息。

修改函数的状态特征信息使用 ALTER FUNCTION 语句，语法格式为

```
ALTER FUNCTION 函数名
```

（2）修改函数的代码。

可以使用 HeidiSQL 工具软件进行修改。

3. 删除函数

删除函数使用 DROP FUNCTION 语句，语法格式为

```
DROP FUNCTION 函数名
```

用户也可以利用 HeidiSQL 工具软件进行删除。

15.6 游标的使用

用 SELECT 语句从数据库中检索数据后,结果被放在内存的一个区域中,查询结果往往是一个含有多个记录的集合(结果集),数据库编程人员常常需要对结果集中的记录逐条进行访问处理,游标机制就是可以解决此类问题的主要方法。

游标实际上是一种能从包括多条记录的结果集中逐条访问这些记录的机制。MySQL 服务器会专门为游标开辟一定的内存空间,用以存放游标操作的结果集,同时游标的使用会使系统根据具体情况对某些数据进行封锁。游标能够允许用户访问单独的数据行,而不是只对整个结果集进行操作。

MySQL 游标只能用于存储过程和存储函数。游标的使用过程和顺序:声明游标、打开游标、从结果集中提取数据和关闭游标。

1. 声明游标

同声明变量一样,声明游标同样使用 DECLARE 语句,但在声明的同时还要为其指定获取数据时所使用的 SELECT 语句。声明游标的语法格式为

```
DECLARE cursor_name CURSOR FOR select_statement;
```

说明:

(1) cursor_name 是游标的名字。

(2) select_statement 是定义游标结果集的标准。

例如,在学生表中创建一个游标,名称为 s_cursor,对应结果集为学生表 Student 中的学号和姓名,语句为

```
DECLARE s_cursor CURSOR FOR select Sno, Sn FROM Student;
```

使用 DECLARE 语句声明游标后,此时与该游标相对应的 SELECT 语句没有被执行,MySQL 服务器内存中还不存在与 SELECT 子句相对应的结果集。

2. 打开游标

使用游标之前必须先打开游标,打开游标需要使用 OPEN 语句。语法格式为

```
OPEN cursor_name
```

其中,cursor_name 是一个已声明的尚未打开的游标名。

注意:

① 当游标打开成功时,游标位置指向结果集的第一行之前。

② 只能打开已经声明但尚未打开的游标。

③ 从打开的游标中提取行。

使用 OPEN 语句之后,可以使用全局变量@@ERROR 来判断打开游标是否成功,当没有发生错误时返回 0;还可以使用全局变量@@CURSOR_ROWS 返回打开的上一个游标中的当前限定行的数目。

3. 从结果集中提取数据

游标被打开后,游标位置位于结果集的第一行前,此时可以从结果集中提取(FETCH)行。其功能是从游标结果集的一行或多行向下移动游标位置,不断提取结果集中的数据,并

修改和保存游标当前的位置,直到结果集中的行全部被提取。FETCH 的语法格式为

```
FETCH cursor_name INTO var_name1[,var_name2]…;
```

说明:

(1) cursor_name 为已声明并已打开的游标名字。

(2) var_name1,var_name2 是变量名,用于存放从结果集中取出的当前记录的各个字段值,变量的个数要与声明游标时 SELECT 子句中的字段个数保持一致。

异常处理是存储过程里对各类错误异常进行捕获和自定义操作的机制,有以下两种类型。

(1) EXIT。遇到错误就会退出执行后续代码。

(2) CONTINUE。遇到错误会忽略错误,继续执行后续代码。

由于 FETCH 语句采用 SELECT…INTO… 的方式将各字段值存放到相应变量,所以当到达结果集末尾,读不到记录时,系统会显示 NOT FOUND 错误。针对这一错误,用户可以声明处理的方式,语法格式为

```
DECLARE CONTINUE HANDLER FOR NOT FOUND statement;
```

遇到没有记录时,声明处理方式是 CONTINUE,即继续执行后续代码。

4. 关闭游标

关闭(CLOSE)游标是停止处理定义游标的查询。关闭游标并不改变它的定义,可以再次用 OPEN 语句打开它。

关闭游标的语法格式为

```
CLOSE cursor_name;
```

其中,cursor_name 是已被打开并将要被关闭的游标名字。

关闭游标的目的是释放游标打开时产生的结果集,以通知 MySQL 服务器释放游标所占用的资源,节省 MySQL 服务器的内存空间。

如果程序中没有使用 CLOSE 语句对游标进行明确关闭,则系统将在到达 END 语句时自动关闭游标。

【例 15.10】 在 jxgl 数据库中创建一个名称 cursor_proc 的存储过程,在该存储过程中,创建一个名称为 s_cursor 的游标,对应的结果集为 Student 表中的学生学号和姓名,然后利用游标从结果集中取出每条记录,并显示各字段值,如图 15.10、图 15.11 所示。

代码如下:

```
CREATE DEFINER=`root`@`localhost` PROCEDURE `cursor_proc`()
LANGUAGE SQL
NOT DETERMINISTIC
READS SQL DATA
SQL SECURITY DEFINER
COMMENT '游标的使用'
BEGIN
DECLARE v_sno,v_sname VARCHAR(50) DEFAULT '';
DECLARE s_cursor CURSOR FOR SELECT sno,sname FROM `jxgl`.`student`; #声明游标
DECLARE CONTINUE HANDLER FOR NOT FOUND SET @finished=1; #定义错误处理程序
SET @finished=0;
OPEN s_cursor;  #打开游标
```

```
myloop:LOOP
FETCH s_cursor INTO v_sno,v_sname; #从结果集中逐一取出每条记录,各字段值存入变量
IF @finished=1 THEN
    LEAVE myloop;
ELSE
    SELECT v_sno,v_sname; #显示各字段的值
END IF;
END LOOP myloop;
CLOSE s_cursor;    #关闭游标
END
```

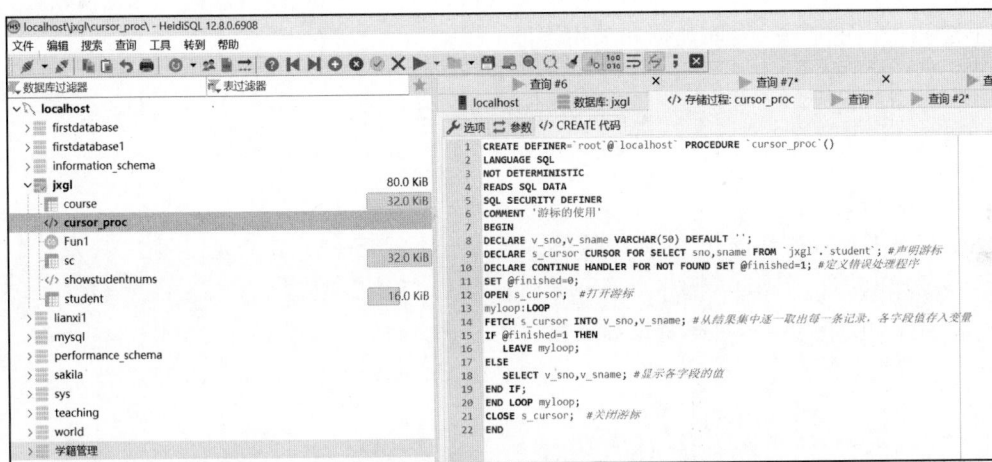

图 15.10 游标创建过程

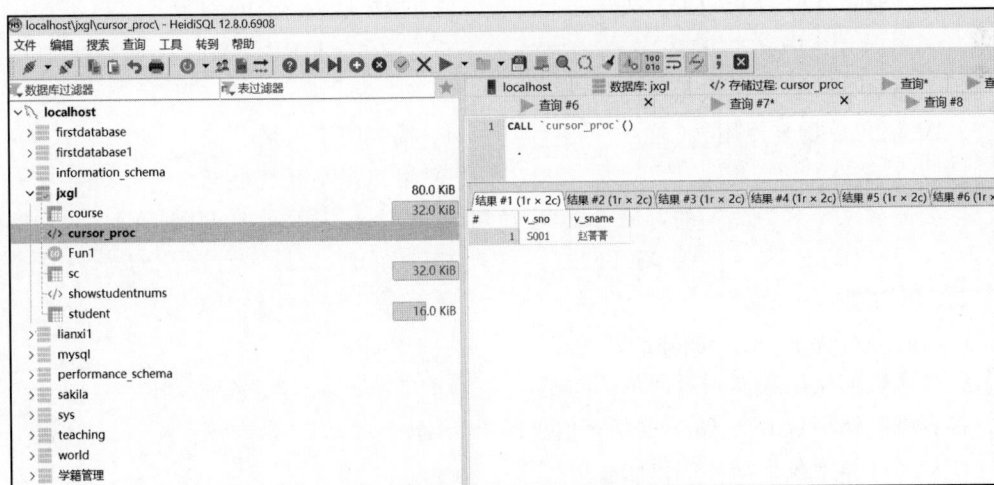

图 15.11 游标运行结果

本 章 小 结

本章是 MySQL 编程中的重要内容,从基础的语法入手,由浅入深地讲解 MySQL 编程过程中的变量、内置函数、运算符、表达式及流程控制语句等。应用这些要素,用户可以在存

储过程、函数和游标等对象中进行编程,实现较为复杂的功能。

存储过程在创建时即在数据库服务器上进行了编译并存储在数据库中,所以存储过程的运行要比单个的 SQL 语句块快。同时,由于在调用时只需要提供存储过程名和必要的参数信息,所以在一定程度上也可以减少网络流量,减轻网络负担。本章详细讲解了存储过程与存储函数的定义、调用、查看、修改和删除等具体的方法。

在数据库中,游标是一个十分重要的概念。游标提供了一种对从表中检索出的数据进行操作的灵活手段。就本质而言,游标实际上是一种能从包括多条数据记录的结果集中每次提取一条记录的机制。本章详细讲解了游标的概念、原理和特点,以及如何在编程过程中进行游标的声明、打开、提取数据和关闭游标。

习 题 十 五

一、选择题

1. 在 WHILE 循环语句中,如果循环体语句条数多于一条,就必须使用(　　)。
  A. BEGIN…END B. CASE…END C. IF…THEN D. GOTO

2. MySQL 语言的字符串常量都要包含在(　　)内。
  A. 单引号   B. 双引号   C. 书名号   D. 中括号

3. 以下(　　)不是逻辑运算符。
  A. NOT   B. AND   C. OR   D. IN

4. 以下(　　)用来创建一个存储过程。
  A. CREATE PROCEDURE   B. CREATE TRIGGER
  C. DROP PROCEDURE   D. DROP TRIGGER

5. 关于存储过程的说法错误的是(　　)。
  A. 不可以重复使用   B. 减少网络流量
  C. 安全性高   D. 可以提高系统性能

6. 要删除一个名为 AA 的存储过程,应使用命令(　　)PROCEDURE AA。
  A. DELETE   B. ALTER   C. DROP   D. EXECUTE

二、填空题

1. 将存储过程 myproc 删除的语句是(　　)。

2. 将函数值从函数体中返回的语句是(　　)。

3. 查看存储函数 test_func 的状态信息的语句是(　　)。

4. 从循环体中跳出循环的语句是(　　)。

三、简答题

1. 什么是游标?游标的特点是什么?

2. 简述存储过程和存储函数的区别。

3. 存储过程有哪些优点?

第 16 章

触发器和事件

本章介绍触发器的概念。触发器和事件都是与表操作相关的特殊类型的存储过程,都包含一系列的 SQL 语句。触发器是在满足一定条件下自动触发执行的数据库对象,例如向表中插入记录、更新记录或删除记录时,触发器被自动地触发并执行。事件有时也被称作临时触发器。与触发器不同的是,一个事件可调用一次,也可周期性调用,它由一个特定的线程来管理,也称作事件调度器。

通过本章的学习,应达到如下目标:

- 了解 MySQL 中触发器的应用场合和作用;
- 掌握使用 MySQL 语句创建、查看和删除触发器的方法;
- 掌握使用工具软件创建、查看和删除触发器的方法。

16.1 MySQL 触发器

16.1.1 触发器概述

触发器是一类特殊的存储过程,它是在执行某些特定的 SQL 语句时可以自动执行的一种存储过程。

触发器有以下五个特点。

(1)约束和触发器在特殊情况下各有优势。

触发器的主要优点在于它可以包含使用 SQL 代码的复杂处理逻辑。因此,触发器可以支持约束的所有功能,但它对于所给的功能并不一定是最好的方法。

(2)约束只能通过标准的系统错误信息传递错误信息。如果应用程序需要使用自定义信息和较为复杂的错误处理,则必须使用触发器。

(3)触发器可以实现比 CHECK 约束更为复杂的约束。

CHECK 约束只能根据逻辑表达式或同一表中的另一列来验证列值,而触发器可以引用其他表中的列。例如,在触发器中可以参照另一个表中某列的值,以确定是否插入或更新数据,或者是否执行其他操作。

(4)触发器可通过数据库中的相关表实现级联更改,不过,通过级联引用完整性约束可以更有效地执行这些更改。

(5)如果触发器表上存在约束,则在 INSTEAD OF 触发器执行后且在 AFTER 触发器执行前检查这些约束。如果约束被破坏,则回滚 INSTEAD OF 触发器操作,并且不执行 AFTER 触发器。

在 MySQL 实际应用中,触发器主要可应用于以下场合。

(1) 数据库的安全检查,禁止在给定的时间段外进行信息的输入。

(2) 数据库的审计,跟踪表上的操作记录。

(3) 数据库的审计校验,防止恶意的或错误的 INSERT、UPDATE 和 DELETE 操作。例如,每增加一个学生信息,触发器都检查已有约束的字段数据格式是否正确。

(4) 数据库的备份和同步,无论在任意时刻删除哪一名学生的信息,触发器都在某个备份表中保留一个副本。

(5) 实现复杂的数据库完整性规则。实现非标准的数据完整性检查和约束,可以引用列或数据库对象。例如,向学生成绩表 SC 中输入超过满分限制的分数时,触发器返回默认值。

(6) 自动计算数据值。当数据的值达到一定要求时进行特定的处理。例如学生数据库中,在学生毕业后,触发器就会从学生数量中减去已毕业的学生数量。

16.1.2 创建触发器

1. 创建触发器的语法

MySQL 使用 CREATE TRIGGER 语句创建触发器,基本语法格式为

```
CREATE TRIGGER trigger_name {BEFORE|AFTER} {INSERT|UPDATE
|DELETE} ON table|view FOR EACH ROW <触发器体>;
```

说明:

(1) trigger_name 是触发器的名称,用户可以选择是否指定触发器所有者。

(2) BEFORE|AFTER 指定触发器的时间。BEFORE 在事件触发前执行;AFTER 在事件触发后执行。

(3) table|view 指定触发器的表或视图,可以选择是否指定表或视图所有者的名称。

(4) INSERT|UPDATE|DELETE 定义触发器的事件。

(5) FOR EACH ROW 设置每一行都会执行相应的操作,其为默认值。

(6) 触发器体,定义触发器的主要操作内容。这部分一般是在 BEGIN -END 结构体内编写。

2. 触发器跟踪原理和临时表使用

由上面触发器的定义可以看出,触发器有如下四个要素:

(1) 监视地点(TABLE)。

(2) 监视事件(INSERT/UPDATE/DELETE)。

(3) 触发时间(BEFORE/AFTER)。

(4) 触发事件(INSERT/UPDATE/DELETE)。

触发器的工作原理就是当用户对监视地点的目标进行监视事件的操作时,则会在指定的触发时间去触发事件代码的执行。

MySQL 触发器触发运行时,根据操作类型的不同会生成临时表 NEW 和 OLD。

(1) 在 INSERT 型触发器中,NEW 用来表示将要(BEFORE)或已经(AFTER)插入的新数据。

(2) 在 UPDATE 型触发器中,OLD 用来表示将要或已经被修改的原数据,NEW 用来

表示将要或已经修改的新数据。

（3）DELETE 型触发器中，OLD 用来表示将要或已经被删除的原数据。

注意：OLD 是只读的，而 NEW 可以在触发器中使用 SET 赋值，这样不会因使用 UPDATE 再次触发触发器，造成循环调用。

【例 16.1】 创建一个触发器 insert_sc_trigger，实现向 SC 表中插入某个学生的课程成绩，成绩为空时设置为 0，如果不为空就按照设定值插入。

创建触发器 insert_sc_trigger 的代码如下：

```
CREATE DEFINER=`root`@`localhost` TRIGGER `insert_sc_trigger`
BEFORE INSERT ON `sc` FOR EACH ROW
BEGIN
  IF NEW.grade IS NULL THEN
    SET NEW.grade=0;
  END IF;
END
```

创建过程如图 16.1 所示。

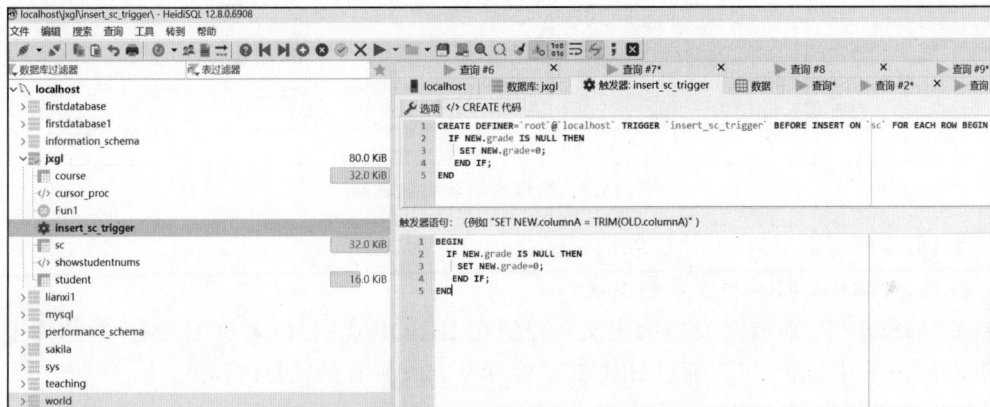

图 16.1 触发器创建过程

可以通过向 SC 表插入成绩为空的记录（'S001','C006',NULL）来验证触发器的功能。

在 HeidiSQL 环境下输入如下代码：

```
INSERT INTO sc VALUES('S001','C006',NULL);
SELECT * FROM sc WHERE sno='S001';
```

运行结果如图 16.2 所示。

16.1.3　查看触发器

查看触发器是对数据库中已存在的触发器的定义、状态和语法等信息进行查看。用户可以通过 SHOW TRIGGERS 语句和查询 INFORMATION_SCHEMA 数据库下的 TRIGGERS 表两种方法查看触发器的信息。

1. 通过 SHOW TRIGGERS 语句查看触发器

在 MySQL 中，用户可以通过 SHOW TRIGGERS 语句来查看所有触发器的详细信息，包括触发器名称、激活事件、存在对象表、执行的操作等，语法格式为

```
SHOW TRIGGERS
```

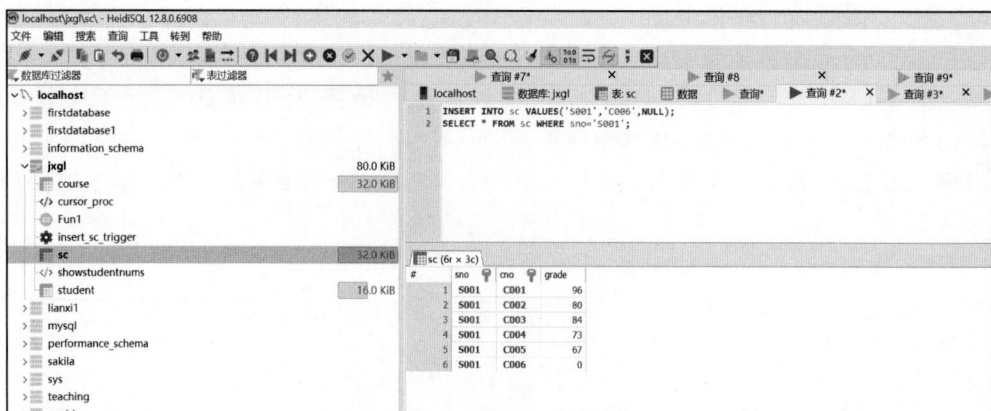

图 16.2　触发器运行结果

运行结果如图 16.3 所示。

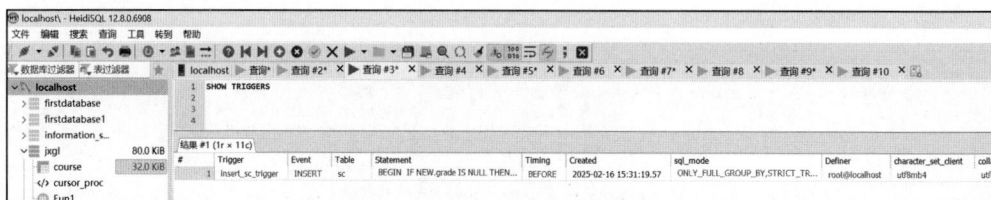

图 16.3　通过语句查看触发器

在 DOS 环境下可以加上/G 纵向显示。

2. 通过 TRIGGERS 表查看触发器

在 MySQL 中，所有触发器的定义都存储在 INFORMATION_SCHEMA 数据库下的 TRIGGERS 表中，用户可以通过 SELECT 语句来查看所有触发器的信息。

查看所有触发器的信息的语法格式为

SELECT * FROM INFORMATION_SCHEMA.`TRIGGERS`;

结果如图 16.4 所示。

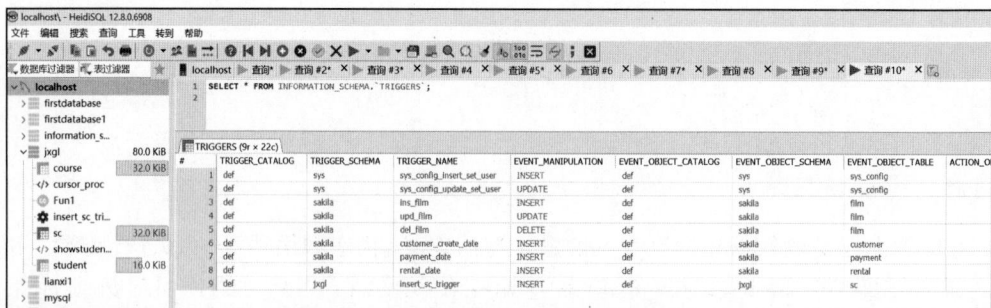

图 16.4　通过 TRIGGERS 表查看触发器

16.1.4　删除触发器

在 MySQL 中，修改触发器可以通过删除原触发器，再以相同的名称创建新的触发器来

实现。当不再使用触发器时,建议将触发器删除以避免影响事件操作。MySQL 使用
DROP TRIGGER 语句来删除触发器,其基本语法如下:

```
DROP TRIGGER [IF EXISTS] trigger_name;
```

注意:使用 IF EXISTS 可以避免在没有触发器的情况下执行删除触发器操作。

16.2 MySQL 事件

16.2.1 事件概述

在 MySQL 中,事件(event)是一种定时任务功能,它允许用户配置定时执行的 SQL 语
句,从而实现定时任务的自动化。这个功能从 MySQL 5.1.6 版本开始提供,可以用来替代
操作系统层面的计划任务。事件是一种特殊的存储过程,可以用于定时执行特定的任务,如
定时删除记录、汇总数据或删除表等某些特定的任务。事件和触发器类似,都是在某些事务
发生时被激活。触发器的语句是为了响应给定表上发生的特定类型的操作事件而执行的,
而事件的语句是为了响应指定的时间间隔而执行的。

MySQL 使用事件调度器(EVENT SCHEDULER)来调用事件,它可以不断地监视一
个事件是否被调用。事件调度器默认是开启的,如果要创建事件,就必须打开它。

16.2.2 创建事件

在 MySQL 中,用户可以使用 CREATE EVENT 语句来创建事件。事件主要由两部分
组成:第一部分是事件调度,说明事件激活的时刻和频率;第二部分是事件动作,说明事件
激活时执行的 SQL 语句。事件的动作可以是一条 SQL 语句,也可以是一个存储过程或者
BEGIN…END 语句块。创建 MySQL 事件的基本语法为

```
CREATE EVENT [IF NOT EXISTS] event_name
ON SCHEDULE schedule
[ON COMPLETION [NOT] PRESERVE]
[ENABLE | DISABLE | DISABLE ON SLAVE]
[COMMENT 'comment']
DO event_body;
```

说明:

(1) event_name。表示创建事件的名称。事件名称必须是唯一的。

(2) schedule。表示事件调度规则,决定事件激活的时间或者频率。

(3) ON COMPLETION [NOT] PRESERVE。可选项,表示一次执行还是永久执行,
默认为 ON COMPLETION NOT PRESERVE,即事件一次执行,执行后会自动删除。ON
COMPLETION PRESERVE 为永久执行事件。

(4) ENABLE | DISABLE | DISABLE ON SLAVE。可选项,表示设定事件的状态,
默认为 ENABLE,表示事件是被激活的,即事件调度器会检查该事件是否被调用。
DISABLE 表示事件关闭,即事件的声明存储到目录中,但是事件调度器不会检查事件是否
被调用。DISABLE ON SLAVE 表示事件在从机中是关闭的。

(5) COMMENT 'comment'。可选项,定义注释的内容,comment 表示注释内容。

（6）event_body。事件激活时执行的代码，可以是 SQL 语句、存储过程、事件或者 BEGI N…END 语句。

【例 16.2】 创建立刻执行的事件 event_name1，该事件的任务为在数据库 jxgl 中创建一个 tb_one 表，表的字段包括 tno 和 ttime，tno 为主键，且插入数据时自动增加，ttime 的格式为 TIMESTAMP。

创建事件 event_name1 的代码如下：

```
CREATE DEFINER=`root`@`localhost` EVENT `event_name1`
ON SCHEDULE AT NOW()
ON COMPLETION NOT PRESERVE
ENABLE
COMMENT '创建表'
DO
BEGIN
CREATE TABLE tb_one(tno INT AUTO_INCREMENT PRIMARY KEY,ttime TIMESTAMP);
END
```

创建事件的过程如图 16.5 所示。

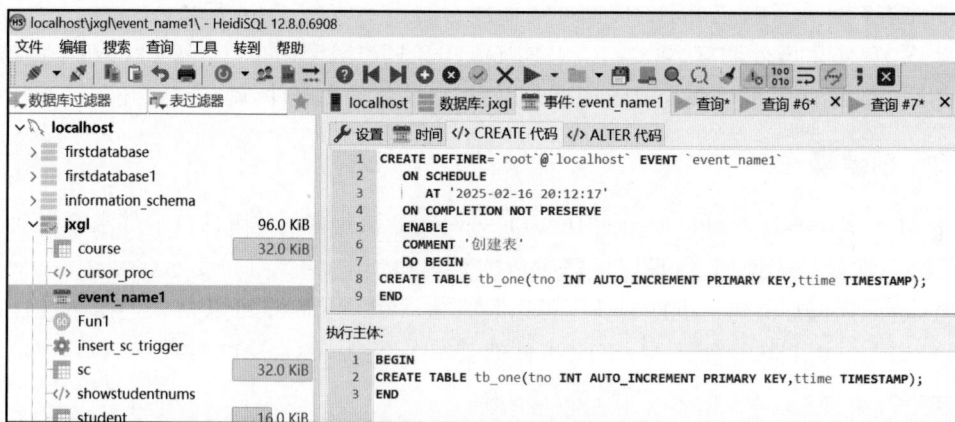

图 16.5 创建一个创建表的事件

验证事件，如图 16.6 所示。

```
SHOW TABLES;
```

【例 16.3】 创建立刻执行的事件 event_name2，该事件的任务为 10s 后往 tb_one 表中插入一条记录。

创建事件 event_name2 的代码如下：

```
CREATE EVENT `event_name2`
ON SCHEDULE AT CURRENT_TIMESTAMP+INTERVAL 10 SECOND
ON COMPLETION NOT PRESERVE
ENABLE
COMMENT '插入记录'
DO
INSERT INTO tb_one VALUES(0,NOW());
```

运行结果如图 16.7 所示。

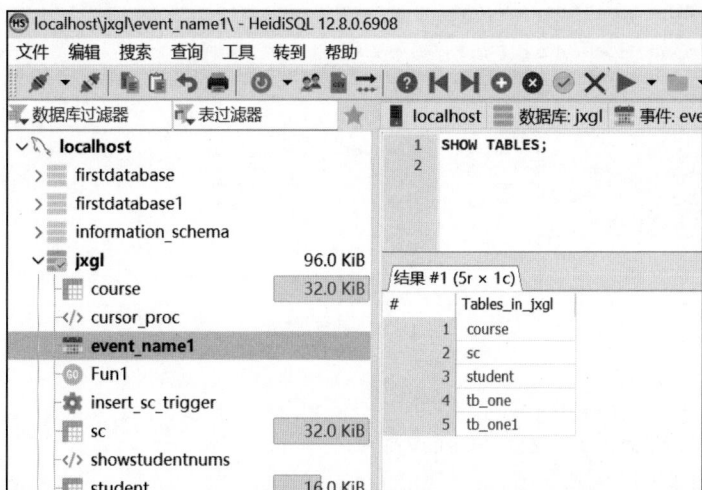

图 16.6 验证事件

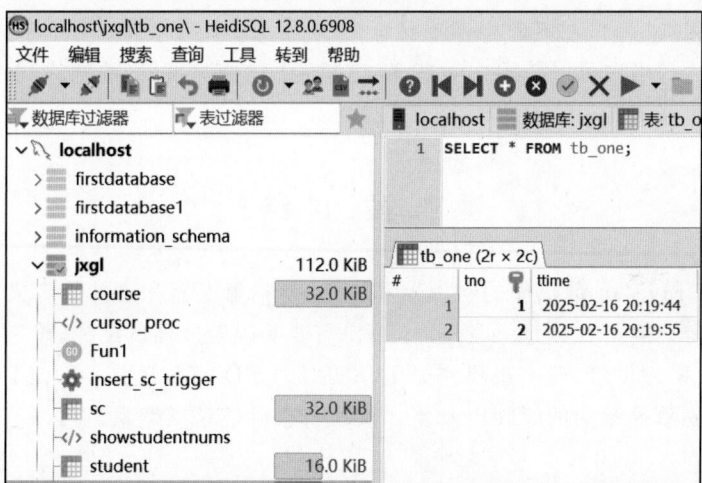

图 16.7 插入记录验证事件

16.2.3 查看事件

在当前数据库下,创建事件后,用户可以通过以下方式查询事件信息。

在 MySQL 中,用户可以使用 SHOW EVENTS 语句查询当前数据库中所有事件的信息,语法格式为

```
SHOW EVENTS;
```

查询结果如图 16.8 所示。

16.2.4 修改事件

在 MySQL 中,用户可以使用 ALTER EVENT 语句修改事件的定义和相关属性,如事件的名称、状态、注释等,语法格式为

```
ALTER EVENT [IF NOT EXISTS] event_name
```

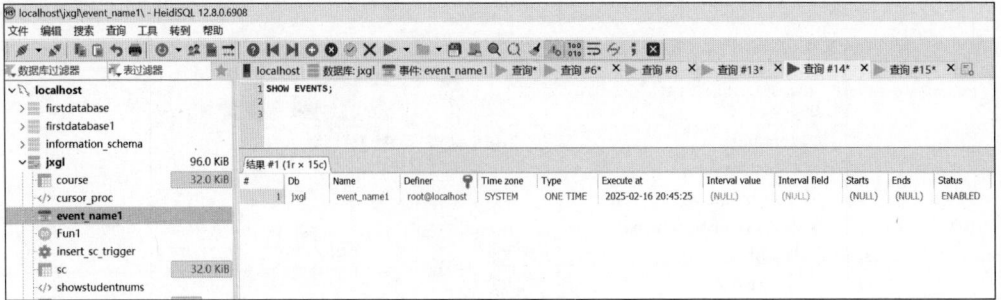

图 16.8　显示事件

```
ON SCHEDULE schedule
[ON COMPLETION [NOT] PRESERVE]
[ENABLE | DISABLE | DISABLE ON SLAVE]
[COMMENT 'comment']
DO event_body;
```

注意：ON COMPLETION [NOT] PRESERVE]属性定义的事件最后一次执行后，事件就不存在了，因此，用户也不需要再修改事件了。

在 MySQL 中，用户可以使用 DROP EVENT 语句删除事件，语法格式为

```
DROP EVENT [IF NOT EXISTS] event_name;
```

本 章 小 结

本章介绍了 MySQL 数据库的触发器和事件，包括触发器和事件的定义、作用、创建、查看、使用和删除等内容。在创建触发器时，用户需要明确触发器的结构，确定是 BEFORE 触发器还是 AFTER 触发器，确定表操作是 INSERT、UPDATE 还是 DELETE。在创建事件时，用户需要明确事件激活的时间以及是一次执行事件还是周期执行事件。

习 题 十 六

一、选择题

1. 当删除(　　)时，与它关联的触发器也同时被删除。

　　A. 视图　　　　　　　　B. 临时表　　　　　　C. 过程　　　　　　　　D. 表

2. MySQL 数据库所支持的触发器不包括(　　)。

　　A. INSERT 触发器　　　　　　　　　　B. UPDATE 触发器

　　C. DELETE 触发器　　　　　　　　　　D. ALTER 触发器

3. 下面有关触发器的叙述错误的是(　　)。

　　A. 触发器是一种特殊的存储过程

　　B. 触发器可以引用所在数据库以外的对象

　　C. 一个表中可以定义多个触发器

　　D. 触发器创建之后不能修改

4. MySQL 中创建修改表中数据的触发器基于(　　)。

A. INSERT 操作　　B. UPDATE 操作　　C. DELETE 操作　　D. 以上都正确

5. 通过以下( )语句可以临时关闭事件 event_name_test。

A. DROP EVENT event_name_test;

B. ALTER EVENT event_name_test DISABLE;

C. ALTER EVENT event_name_test ENABLE;

D. SET GLOBAL event_name_test＝OFF;

6. 下列关于事件的描述不正确的是( )。

A. 通过 SHOW EVENTS 语句只能查看当前数据库中创建的事件

B. 对应递归调度的事件,结束日期不能在开始日期之前

C. 默认创建的事件存储在当前数据库中,用户也可指定创建在哪个数据库中

D. 事件和触发器一样,都是可以被调度的

二、填空题

1. 触发器分为( )和( )两类。

2. 创建和删除触发器的关键字分别为( )和( )。

3. 查询特定事件的关键字是( )。

4. 可以通过关键字( )修改事件的定义和属性。

三、简答题

1. 什么是触发器? 触发器的作用是什么?

2. 什么是事件? 事件的作用是什么? 事件与触发器的区别是什么?

第17章

综合案例——网上选课系统的开发与设计

随着信息技术的飞速发展,传统的手工选课方式已经逐渐无法满足现代高校对教学管理的需求。为了提高选课的效率,减少管理成本,并提升学生的选课体验,越来越多的高校开始引入网上选课系统。通过这一系统,学生可以方便快捷地进行选课,教师与管理员也可以更高效地管理课程资源与学生数据。网上选课系统不仅仅是一个单纯的技术工具,它的设计与开发需要综合考虑用户需求、系统可行性、技术实现以及最终的用户体验等多个因素。

本章将围绕网上选课系统的开发与设计,详细阐述从系统目标设定到最终实施和测试的全过程。通过这一综合案例,读者将能够全面了解如何从需求分析到系统实施,再到最终测试,系统地进行软件开发的全过程。

17.1 网上选课系统的目标

网上选课系统的主要目标是提高学生选课的便捷性,提高学校教学资源的利用效率,同时为学校的教学管理提供多方面的支持。

1. 提高学生选课的便捷性

网上选课系统的首要目标是提高学生选课的便捷性,打破传统人工选课方式的时间与空间限制。通过网上选课系统,学生可以随时在线查看课程信息,方便地进行选课、退课和修改选课操作,不再受限于线下选课的时间和地点,从而节省时间并提高选课效率。

2. 提高学校教学资源的利用效率

系统的设计目标之一是优化教学资源的管理和利用效率。通过自动化的选课系统,学校可以实时掌握各个课程的选课人数、教学需求、教师负荷等信息,避免资源浪费与课程冲突,实现教室、教师和其他教学资源的合理分配和利用。

3. 简化教学管理流程

网上选课系统通过数字化和自动化手段简化了教学管理流程,减少了人工干预,降低了人为错误的发生概率。教师和管理员可以更加轻松地管理课程信息、学生选课情况及课程安排,系统能够自动处理选课冲突、生成报表等,极大地提高了工作效率并减少了手动操作的负担。

4. 支持多角色管理

网上选课系统支持不同角色(如学生、教师、管理员)的管理需求,确保每个角色能够访问并操作其权限范围内的功能。学生可以查看课程、选课、退课和查询成绩;教师可以查看课程的选课情况、修改课程内容;管理员则负责管理课程安排、统计数据、审核选课情况等任务。通过不同权限的设置,系统确保各角色能够高效执行相应任务。

5. 提供数据分析与决策支持

系统通过记录和分析学生的选课数据,提供决策支持功能。学校能够实时获得课程的选课数据、教师授课负荷、学生的选课趋势等信息,这些数据有助于学校进行课程设置、教师分配、资源优化等决策,帮助学校更加科学地规划教学工作。

6. 提升系统的安全性与稳定性

网上选课系统的安全性和稳定性是其设计目标的重要组成部分。系统必须确保学生个人信息和选课数据的安全,通过用户认证、数据加密、权限控制等技术手段保护用户隐私。同时,系统应具备高可用性,能够承受高并发请求,保障在选课高峰期间仍能稳定运行,避免系统崩溃或数据丢失。

17.2 网上选课系统的可行性分析

本节将对网上选课系统的可行性进行详细分析,确保该系统在技术、经济、操作、法律和社会方面的可实施性。

1. 技术可行性

网上选课系统的技术可行性较强,现有的技术(如前端使用 React、Vue.js 等现代框架,后端采用 Spring Boot 或 Django,数据库使用 MySQL 或 PostgreSQL)已非常成熟且广泛应用于各类 Web 开发。利用云计算平台(如阿里云、AWS)提供的计算与存储资源,能够高效应对高并发的需求。通过加密技术(如 SSL、HTTPS)确保数据安全,并通过现代身份验证技术(如 OAuth 2.0、JWT)防范安全风险。因此,从技术角度看,网上选课系统的设计与实现是完全可行的。

2. 经济可行性

从经济角度分析,网上选课系统的开发成本主要来源于人力投入和初期硬件、软件资源的采购。长期来看,系统能够通过提高选课效率、减少人工干预、降低管理成本来获得回报。云服务和开源技术的应用大幅降低了开发和运维成本,同时,系统还能够通过提供增值服务(如课程预订、在线支付等)产生额外收入。综合考虑开发与运维的成本效益,系统的经济可行性是显而易见的。

3. 操作可行性

网上选课系统的操作可行性较强,设计时应注重用户友好性,确保学生、教师与管理员都能迅速掌握系统操作。通过简化界面、优化流程、提供培训和技术支持,可以有效降低学习成本。系统的兼容性较好,能够适配各种设备(如 PC、手机、平板电脑)并提供流畅的操作体验。此外,通过系统的负载均衡、故障恢复等设计,确保在高并发情况下的稳定运行,具备良好的操作可行性。

4. 法律可行性

法律可行性是设计网上选课系统时必须重点考虑的方面。系统必须遵守相关法律法规,如《中华人民共和国个人信息保护法》和《中华人民共和国数据安全法》,确保学生的个人信息在存储、传输和使用过程中的安全性。所有涉及数据收集和处理的操作须获得用户授权,并确保合规性。此外,在系统开发中还应避免侵犯第三方的知识产权,确保软件的合法

性和合规性。因此,从法律角度来看,系统的实施是可行的。

5. 社会可行性

网上选课系统符合现代教育管理的需求,能够有效提升选课效率和管理水平,特别是在学生数量庞大、选课需求复杂的高等院校中,具有广泛的应用前景。随着信息化教育的发展,学生和教务人员对便捷、高效的选课方式有着强烈需求,网上选课系统不仅能改善用户体验,还能节省人力和时间资源,从而获得广泛的社会认同和支持。因此,社会上对该系统的需求强烈,具备良好的社会可行性。

17.3　网上选课系统的系统分析

本节通过对网上选课系统需求的深入分析,明确系统应具备的功能和性能要求,以确保系统能够满足不同用户群体(如学生、教师、管理员等)的需求,并且能够高效、稳定地运行。系统分析阶段从功能需求和非功能需求两方面分析。

17.3.1　网上选课系统的功能需求分析

网上选课系统的功能需求根据不同用户的角色进行分析。主要用户角色包括学生、教师、管理员和系统管理员,每个角色在系统中具有不同的操作权限和功能需求。

1. 学生端功能

(1) 查看课程信息。学生可以查看课程的详细信息,包括课程名称、学分、上课时间、授课教师等。

(2) 选课与退课。学生可以根据自己的需求选择或退选课程。系统应自动检查学生选课冲突、课程人数限制等条件。

(3) 查看选课情况。学生可以实时查看自己的选课情况,确认已选课程,并及时做出调整。

(4) 查询成绩与学分。学生可以查询自己已选课程的成绩和累计学分情况。

2. 教师端功能

(1) 查看选课情况。教师可以查看自己所授课程的选课人数、学生名单等信息,方便管理课程。

(2) 发布和修改课程信息。教师可以发布课程公告、修改课程内容,确保学生获取最新课程资料。

(3) 查看学生成绩。教师可以录入并查询学生的成绩情况,帮助学生更好地了解自己的学习进度。

3. 管理员端功能

(1) 课程管理。管理员可以新增、删除、修改课程信息,合理安排课程的时间和教师。

(2) 学生与教师管理。管理员可以管理学生和教师的信息,包括学号、姓名、联系方式等基本信息。

(3) 选课冲突处理。系统能够自动识别学生的选课冲突,管理员可以手动或自动调整课程安排。

(4) 数据统计与报表生成。管理员可以生成课程选课情况统计报表,包括每门课程的选课人数、教师负荷、课程受欢迎程度等数据,支持决策制定。

4. 系统管理功能

(1)用户管理与权限控制。系统应支持不同角色(学生、教师、管理员)登录,并为每个角色分配不同的访问权限。

(2)日志管理。系统需要记录用户操作日志,便于安全审计和问题追踪。

(3)系统维护与升级。系统应具备灵活的升级功能,支持新的功能扩展或版本更新。

17.3.2　网上选课系统的非功能需求分析

非功能需求分析涉及系统的性能、可靠性、安全性等方面,确保系统在运行过程中能够稳定、高效地满足用户需求。主要非功能需求包括以下五点。

1. 性能需求

(1)高并发处理能力。系统需要在选课高峰期(如开学初的选课阶段)支持大量用户并发访问,确保系统能够稳定响应,避免因负载过高导致崩溃。

(2)实时性。系统应提供实时的选课信息更新,包括课程人数变化、选课状态变更等,确保学生和教师能够实时看到选课情况。

2. 安全性需求

(1)数据保护。系统必须对学生个人信息、课程数据等进行加密存储,并保证数据在传输过程中不被泄露。采用 SSL/TLS 加密协议,确保数据传输的安全。

(2)用户认证与权限管理。系统应通过用户名、密码等认证方式确保只有授权用户才能访问系统,并对不同角色的用户进行权限控制,避免未授权访问。

(3)防止恶意攻击。系统需要具备防止常见网络攻击(如 SQL 注入、XSS 攻击等)的能力,保障系统安全。

(4)日志记录与审计。系统应记录用户操作日志,并进行安全审计,确保操作可追溯性。

3. 可靠性需求

(1)高可用性。系统需要具备高可用性设计,确保在任何情况下都能够提供稳定的服务。比如,采用冗余服务器部署、数据库备份和灾难恢复机制,防止因单点故障导致系统停机。

(2)容错性。系统应能够在出现错误或故障时自动恢复,避免因单个模块故障影响整个系统的使用。

4. 可扩展性需求

(1)支持多学校多学院使用。系统需要支持多个学校、多个学院的选课需求,具有良好的扩展性,能够在未来根据不同学校的需求进行个性化调整。

(2)功能扩展。系统应具备良好的架构设计,能够便捷地扩展新功能,如引入在线支付、移动端支持等。

5. 可维护性需求

(1)代码可维护性。系统的代码结构需要清晰,采用模块化设计,便于后期维护与扩展。

(2)系统日志与监控。应提供完善的系统监控与日志功能,帮助运维人员及时发现系统问题,并进行有效的故障排查。

17.4　网上选课系统的系统设计

系统设计阶段是将需求分析转换为具体实现方案的过程,它决定了系统的架构、功能模块及整体运行方式。本节将从概念结构设计、逻辑结构设计、物理结构设计以及系统实施四方面进行详细阐述,确保系统能够满足预期功能并高效运行。网上选课系统的功能模块图如图 17.1 所示。

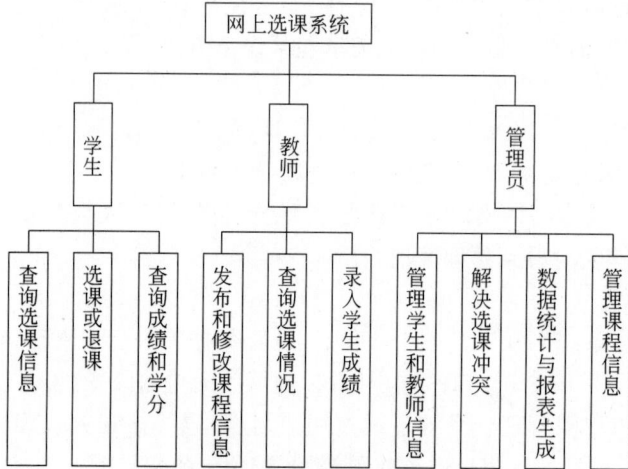

图 17.1　网上选课系统的功能模块

17.4.1　网上选课系统的概念结构设计

1. 模块划分

根据功能模块图,网上选课系统的概念结构设计包括以下三部分。

1) 用户模块

(1) 学生模块。实现学生的选课、退课、查询选课信息、查询成绩和学分等功能。

(2) 教师模块。实现教师查询选课情况、录入学生成绩、发布和修改课程信息等功能。

(3) 管理员模块。实现管理课程信息、管理学生与教师信息、解决选课冲突、数据统计与报表生成等管理功能。

2) 数据模块

(1) 课程信息管理模块。存储所有课程的相关信息,如课程名称、学分、授课教师、时间安排等。

(2) 选课数据管理模块。记录学生选课、退课的操作信息,保证数据的实时更新与一致性。

(3) 成绩管理模块。存储学生的课程成绩、学分情况等,并提供成绩查询与统计功能。

3) 系统接口模块

提供与其他外部系统(如学校信息管理系统、教务管理系统)的接口,支持数据的同步与交换。

4）安全与权限控制模块

管理用户认证、权限分配和数据访问控制，确保系统的安全性和数据隐私。

2. 属性定义和关系分析

1）实体（entities）

基于上述模块的分析，为构建完整的系统架构，需对以下数据实体的属性进行精确定义，以确保系统的功能和数据结构能够满足业务需求。

① 学院（Department）

属性：学院 ID（DepartmentID）、学院名（DepartmentName）。

② 专业（Major）

属性：专业 ID（MajorID）、专业名（MajorName）、学院 ID（DepartmentID）。

③ 班级（Class）

属性：班级 ID（ClassID）、班级名（ClassName）、专业 ID（MajorID）。

④ 学生（Student）

属性：学号（StudentID）、姓名（Name）、性别（Gender）、联系方式（Contact）、班级 ID（ClassID）、学分（Credits）。

⑤ 教师（Teacher）

属性：工号（TeacherID）、姓名（Name）、性别（Gender）、联系方式（Contact）、学院 ID（DepartmentID）。

⑥ 课程（Course）

属性：课程 ID（CourseID）、课程名称（CourseName）、学分（Credits）、上课时间（ClassTime）、授课教师（TeacherID）、最大人数（MaxEnrollment）、已选人数（CurrentEnrollment）。

⑦ 管理员（Admin）

属性：管理员 ID（AdminID）、姓名（Name）、联系方式（Contact）。

2）关系（relationships）

网上选课系统中，不同实体之间存在着紧密的从属和关联关系。其中，学院与专业之间存在从属关系，一个学院可以开设多个专业，而每个专业又可以包含多个班级，形成学院-专业-班级的层次结构。在班级与学生之间，一个班级可以有多个学生，每个学生隶属于一个班级。学生与课程之间通过选课形成多对多关系，一个学生可以选修多门课程，一门课程也可以被多个学生选修，同时在选课记录中保存选课时间、选课状态以及成绩等信息。课程由教师授课，一位教师可以教授多门课程，而每门课程由一位教师负责。在学生与成绩之间，通过成绩记录表保存学生在每门课程中的得分，反映学生的学习成果和课程的考核结果。这些实体和关系构成了系统的核心数据模型，支持了教学管理、选课操作和成绩管理等核心功能的实现。由此绘制出网上选课系统的总体的 E-R 图，如图 17.2 所示。

17.4.2 网上选课系统的逻辑结构设计

基于概念结构设计分析，逻辑结构设计的目标是对数据模型进行抽象和表示。在逻辑结构设计中，通过明确数据实体的属性、实体之间的关系，为系统的核心功能提供数据支撑。该阶段不仅是概念模型到物理模型转换的重要桥梁，同时也是保证系统数据一致性、完整性

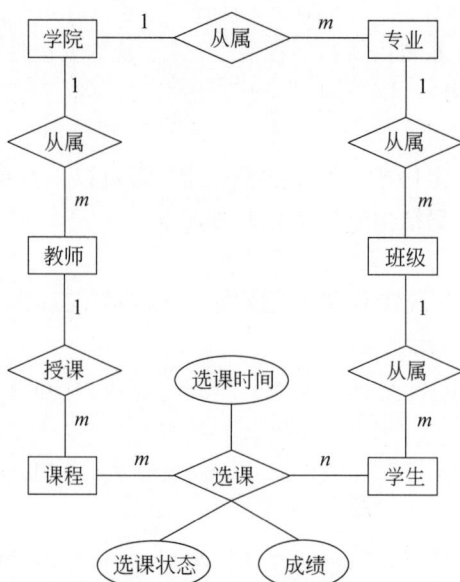

图 17.2   网上选课系统的 E-R 图

和高效性的重要步骤,为后续的物理结构设计和数据库实现奠定坚实的基础。

以下是网上选课系统的逻辑结构设计,如表 17.1～表 17.9 所示。

表 17.1   Department(学院表)

字 段 名	数 据 类 型	描 述	约 束 条 件
DepartmentID	VARCHAR(10)	学院编号	主键
DepartmentName	VARCHAR(50)	学院名称	非空

表 17.2   Major(专业表)

字 段 名	数 据 类 型	描 述	约 束 条 件
MajorID	VARCHAR(10)	专业编号	主键
MajorName	VARCHAR(50)	专业名称	非空
DepartmentID	VARCHAR(10)	所属学院编号	外键,关联 Department(DepartmentID)

表 17.3   Class(班级表)

字 段 名	数 据 类 型	描 述	约 束 条 件
ClassID	VARCHAR(10)	班级编号	主键
ClassName	VARCHAR(50)	班级名称	非空
MajorID	VARCHAR(10)	所属专业编号	外键,关联 Major(MajorID)

表 17.4 Student(学生表)

字 段 名	数 据 类 型	描 述	约 束 条 件
StudentID	VARCHAR(20)	学生学号	主键
Name	VARCHAR(50)	学生姓名	非空
Gender	CHAR(1)	性别	检查约束：M 或 F
Contact	VARCHAR(50)	联系方式	
ClassID	VARCHAR(10)	班级编号	外键,关联 Class(ClassID)
Credits	DECIMAL(5,1)	学分	默认值为 0
Password	VARCHAR(100)	登录密码	非空
Status	TINYINT	学生状态	默认值为 1,1:正常,0:停用

表 17.5 Teacher(教师表)

字 段 名	数 据 类 型	描 述	约 束 条 件
TeacherID	VARCHAR(20)	教师编号	主键
Name	VARCHAR(50)	教师姓名	非空
Gender	CHAR(1)	性别	检查约束：M 或 F
Contact	VARCHAR(50)	联系方式	
DepartmentID	VARCHAR(10)	所属学院编号	外键,关联 Department(DepartmentID)
Password	VARCHAR(100)	登录密码	非空
Status	TINYINT	教师状态	默认值为 1,1:正常,0:停用

表 17.6 Course(课程表)

字 段 名	数 据 类 型	描 述	约 束 条 件
CourseID	VARCHAR(20)	课程编号	主键
CourseName	VARCHAR(100)	课程名称	非空
Credits	DECIMAL(3,1)	学分	非空
ClassTime	VARCHAR(100)	上课时间	非空
TeacherID	VARCHAR(20)	授课教师编号	外键,关联 Teacher(TeacherID)
MaxEnrollment	INT	最大选课人数	非空
CurrentEnrollment	INT	当前选课人数	默认值为 0
Semester	VARCHAR(20)	学期	非空
Status	TINYINT	课程状态	默认值为 1,1:正常,0:停课

表 17.7　Admin(管理员表)

字　段　名	数据类型	描　　述	约束条件
AdminID	VARCHAR(20)	管理员编号	主键
Name	VARCHAR(50)	姓名	非空
Contact	VARCHAR(50)	联系方式	
Password	VARCHAR(100)	登录密码	非空
Status	TINYINT	管理员状态	默认值为 1,1:正常,0:停用

表 17.8　SC(选课记录表)

字　段　名	数据类型	描　　述	约束条件
SelectionID	INT	选课记录编号	主键,自增
StudentID	VARCHAR(20)	学生编号	外键,关联 Student(StudentID)
CourseID	VARCHAR(20)	课程编号	外键,关联 Course(CourseID)
SelectTime	DATETIME	选课时间	默认当前时间
Grade	DECIMAL(5,2)	成绩	
Status	TINYINT	选课状态	默认值为 1,1:正常,0:退课
unique_selection	UNIQUE	学生和课程的唯一组合	(StudentID,CourseID,Status)

表 17.9　CourseNotice(课程公告表)

字　段　名	数据类型	描　　述	约束条件
NoticeID	INT	公告编号	主键,自增
CourseID	VARCHAR(20)	课程编号	外键,关联 Course(CourseID)
TeacherID	VARCHAR(20)	教师编号	外键,关联 Teacher(TeacherID)
Title	VARCHAR(200)	公告标题	非空
Content	TEXT	公告内容	非空
PublishTime	DATETIME	发布时间	默认当前时间
Status	TINYINT	公告状态	默认值为 1,1:有效,0:已删除

17.4.3　网上选课系统的物理结构设计

在物理结构设计中,合理的硬件部署和网络架构是保证系统高效、稳定运行的关键。本节将从服务器配置、网络架构、存储设计、存储引擎、字符集与校对规则、索引、可扩展性等方面对网上选课系统的物理结构设计进行详细阐述。

1. 服务器配置与部署

为了保证选课系统的高可用性和稳定性,采用主服务器与备份服务器的配置。主服务器负责处理系统的正常业务请求,提供课程查询、学生选课、成绩发布等服务;而备份服务器则在主服务器发生故障时承担备份角色,保证系统能够迅速恢复正常运行。为了进一步提升系统的可靠性和性能,建议部署数据库集群,在数据库服务器上实施主从复制,以实现数据冗余和容错。此外,负载均衡服务器将流量均衡分配到多台应用服务器,优化资源利用率,减少单一服务器的负担;同时,设置缓存服务器存储热门数据或查询结果,减轻数据库访问压力,提高响应速度。

2. 网络架构

网络架构的设计是确保选课系统高效、稳定运行的关键。学校内部使用局域网(LAN)来连接各个服务器,以保证服务器之间的高速通信。而外部用户(如远程学习的学生)通过广域网(WAN)访问系统,提供系统跨地域访问的能力。在此基础上,需要合理规划网络带宽,确保在高峰期间能够满足并发用户的访问需求。为了保障系统的安全性,防火墙和入侵检测系统(IDS)将被部署在系统外围,实时监控并阻止恶意访问和潜在的网络攻击,确保数据的安全性和系统的稳定性。

3. 存储设计

通过使用 RAID 技术,系统能实现数据的冗余存储,保障硬件出现故障时数据不丢失。此外,系统应定期进行数据备份,采用备份服务器进行异地存储,以避免自然灾害或人为错误导致的数据丢失。为了实现系统的维护与问题排查,日志存储设计同样不可忽视。系统会记录各类操作日志、错误日志等关键信息,帮助管理员及时发现潜在问题,进行故障排查和性能优化。

4. 存储引擎

选课系统的数据库采用 InnoDB 存储引擎,以保证数据的事务性和一致性。InnoDB 支持 ACID 事务特性,这对于选课系统至关重要,因为系统涉及学生的选课、退课等多种操作,要求数据处理过程中必须保证原子性和一致性。此外,InnoDB 支持外键约束,可以确保各个表之间的关联完整性。例如,学生表与选课记录表之间的外键关系能够避免出现无效数据。此外,InnoDB 的行级锁机制能够在高并发的情况下提供更高的性能,适应系统大规模并发的需求。

5. 字符集与校对规则

选课系统采用 utf8mb4 字符集,以确保能够支持多种语言字符,特别是对中文和英文字符的支持。utf8mb4 是 Unicode 标准的一部分,能够处理包括表情符号在内的多种字符,满足系统日益多样化的需求。为确保排序和字符比较的一致性,系统选择了 utf8mb4_unicode_ci 校对规则,它遵循 Unicode 标准,对各种字符进行精确的排序和比较。此校对规则能够兼容不同语言的字符处理,尤其适用于学生姓名、课程名等字段的准确排序与比较,避免在多语言环境下出现不一致的情况。

6. 索引

选课系统在多个关键字段上设计了合适的索引,以提高查询效率。例如,在学生表中,设置了学号字段的唯一索引,确保每个学生的学号唯一,同时加速基于学号的查询。在选课记录表中,创建了学生 ID 和课程 ID 的组合索引,加速多条件查询的速度,尤其是在需要快速查询某个学生已选课程时。此外,课程表的课程名称字段也使用了普通索引,以提高对课程名称的查询速度,尤其是在学生选择课程时,因为这种情况下经常需要快速检索大量的课程信息。对于课程简介等长文本字段,系统使用了全文索引,优化了对课程描述的关键词搜索能力,使学生能够高效地搜索到感兴趣的课程。

7. 可扩展性

随着用户数量的增长和业务需求的变化,选课系统的可扩展性成为物理结构设计中的一个重要因素。为了应对系统未来可能的访问压力,设计时应采用水平扩展策略。通过增加更多的应用服务器、数据库服务器和缓存服务器,系统能够在不影响正常业务的情况下,平滑地扩展处理能力。同时,如果使用云服务或虚拟化技术,弹性伸缩功能将发挥巨大作用。通过自动化扩展和收缩资源,系统能够根据实时流量变化动态调整服务器资源,确保在用户量激增时依然能够保证高效的服务质量。

8. 系统监控与管理

为了确保选课系统的稳定性和性能,必须部署系统监控与管理平台。通过该平台,管理员能够实时监控服务器状态、网络流量、应用性能等关键指标。监控系统可以及时发现服务器的异常状况,如负载过高、内存溢出、磁盘空间不足等问题,并发送预警信息,以便管理员采取相应的措施进行处理。此外,监控系统还能够对应用层面进行深度分析,例如对数据库查询性能进行监控,识别慢查询,优化查询效率,从而确保系统在高并发环境下的良好表现。

17.4.4　网上选课系统的系统实施

系统实施是将网上选课系统从设计阶段转换为实际应用的重要过程,包括环境准备、数据库安装与配置、系统实现三个步骤。

1. 环境准备

(1) 硬件环境。根据系统设计配置相应的硬件设备,包括服务器、存储设备、网络设备等。使用高性能的计算节点和 SSD 存储设备能应对高并发和高可用性的要求,保证数据的快速读写和存储。

(2) 软件环境。所需的操作系统选用 Windows Server、MySQL 数据库管理系统、Apache Tomcat 应用服务器以及 SpringBoot 开发框架。

(3) 网络环境。确保内外部网络的正常通信,合理配置防火墙、路由器等设备,保障系统的安全性。同时,规划好带宽资源,避免在高并发情况下出现网络瓶颈。

2. 数据库安装与配置

1) 数据库安装

在进行系统与 MySQL 的连接之前,需要确保 MySQL 数据库的正确安装,确认数据库的主机地址、端口号、用户名和密码等信息。为确保系统的安全性,创建了专门的数据库用户并授予必要的权限。命令语句如下。

```
CREATE USER 'course_user'@'localhost' IDENTIFIED BY '12345678';
GRANT SELECT, INSERT, UPDATE, DELETE ON
course_system.* TO 'course_user'@'localhost';
```

本系统的 MySQL 配置:

主机端口号: 3306

登录用户名: course_user

登录密码: 12345678

数据库名称：course_system

2）与 MySQL 数据库的连接配置

MySQL 数据库是存储关键数据（如课程信息、学生记录、选课信息等）的重要组成部分。因此，网上选课系统与 MySQL 数据库的连接是确保数据能够被有效存取和管理的基础。

本系统选用了 Java 语言进行开发，而 JDBC（Java DataBase Connectivity）是 Java 提供的一种标准 API，用于与数据库进行连接。通过 JDBC，Java 程序可以执行 SQL 语句与 MySQL 数据库进行交互，完成数据的增删改查操作。下面介绍 Java 环境下的 JDBC 连接方法以及 Java Spring 环境下的 Spring Boot 配置方法。

JDBC 连接（Java 环境）

具体的连接步骤如下：

（1）引入 MySQL JDBC 驱动。对于 Maven 项目，可以在 pom.xml 中添加以下依赖：

```
<dependency>
    <groupId>mysql</groupId>
    <artifactId>mysql-connector-
    java</artifactId><version>8.0.26</version>
</dependency>
```

（2）配置数据库连接信息。在系统的配置文件 properties 中，设置数据库连接参数，包括数据库主机、端口、数据库名称、用户名和密码等。代码如下。

```
db.url=jdbc:mysql://localhost:3306/course_system? useSSL=false&
    serverTimezone=UTC
db.username=course_user
db.password=12345678
```

（3）建立数据库连接。在代码中，通过 DriverManager 获取连接，并执行数据库操作。代码如下。

```
import java.sql.Connection;
import java.sql.DriverManager;
import java.sql.SQLException;
public class DatabaseConnector {
    public static Connection getConnection() throws SQLException {
        String url ="jdbc:mysql://localhost:3306/course_system? useSSL=
false&serverTimezone=UTC";
        String username ="course_user";
        String password ="12345678";
        // 建立数据库连接
        return DriverManager.getConnection(url, username, password);
    }
}
```

Spring Boot 配置（Java Spring 环境）

可以通过 Spring Data JPA 或 MyBatis 简化与 MySQL 的连接配置。

（1）application.properties 配置。

在 application.properties 或 application.yml 中配置数据库连接信息。

```
spring.datasource.url=jdbc:mysql://localhost:3306/course_system? useSSL
=false&serverTimezone=UTC
spring.datasource.username=course_user
spring.datasource.password=12345678
spring.datasource.driver-class-name=com.mysql.cj.jdbc.Driver
spring.jpa.hibernate.ddl-auto=update
spring.jpa.database-platform=org.hibernate.dialect.MySQL5InnoDBDialect
```

其中,spring.datasource.url 是数据库的连接地址;

spring.jpa.hibernate.ddl-auto=update 表示在启动时自动更新数据库结构;

spring.jpa.database-platform 则是用于指定 MySQL 的方言。

(2) Entity 类与 Repository 配置。

Spring Data JPA 会自动配置数据库连接和数据访问。用户只需要定义 Entity 类和 Repository 接口。例如,定义一个 Course 类表示课程信息:

```
@Entity
@Table(name="courses")
public class Course {
    @Id
    @GeneratedValue(strategy =GenerationType.IDENTITY)
    private Long id;
    private String name;
    private String description;
    // getters and setters
}
```

(3) 定义一个 CourseRepository 接口,Spring Data JPA 会自动实现数据库操作方法:

```
public interface CourseRepository extends JpaRepository< Course, Long > { List
<Course>findByName(String name); }
```

3) 执行数据库操作

一旦系统成功连接到 MySQL 数据库,就可以开始执行各种数据库操作,如查询、插入、更新和删除。例如,使用 Spring Data JPA 可以直接通过 Repository 调用:

```
@Autowired
private CourseRepository courseRepository;
public void createCourse() {
    Course course =new Course();
    course.setName("Java Programming");
    course.setDescription("Learn Java programming basics");
    courseRepository.save(course); // 插入课程
}
public List<Course>findCourses() {
    return courseRepository.findByName("Java Programming"); // 查询课程
}
```

3. 系统实现

在选课系统的设计中,系统通过"学生""教师""管理员"三个角色的权限控制,使每个角色具有不同的权限和功能,确保了系统的灵活性、安全性,实现了高效的资源管理。

(1)登录界面如图17.3所示。

图17.3 "网上选课系统"登录界面

(2)"学生"角色登录后的选课功能如图17.4所示。

图17.4 "学生"角色界面

(3)"教师"角色登录后的功能如图17.5所示。

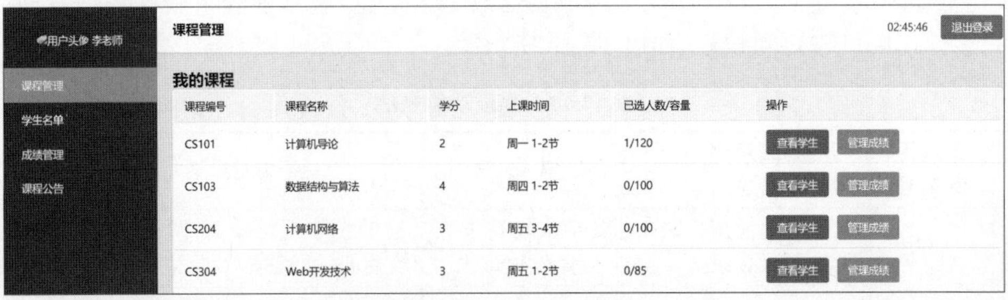

图17.5 "教师"角色界面

(4)"管理员"角色登录后的功能如图17.6所示。

图 17.6　"管理员"角色界面

17.5　网上选课系统的测试

系统的测试是确保网上选课系统在发布前能够稳定、可靠并满足用户需求的重要步骤。测试可以帮助发现系统中的缺陷,评估其性能、稳定性和安全性,从而确保系统上线后能够顺利运行并提供良好的用户体验。

1. 功能测试

功能测试旨在验证系统各项功能是否按预期工作,确保系统能够执行所有定义的功能,如选课、退课、查询成绩等。功能测试的主要内容包括以下五个方面。

（1）登录功能。确保学生、教师和管理员可以使用正确的账户和密码登录系统,且不同角色的用户可以访问其对应的权限和功能,如表 17.10 所示。

（2）选课功能。验证学生是否能够成功浏览课程、选择课程以及完成选课操作,如表 17.11 所示。

（3）退退功能。测试学生是否能够在规定时间内成功退课,并检查退课后的数据更新是否正确。

（4）成绩查询功能。检查学生是否能查看到自己的成绩,教师是否能录入和修改成绩,如表 17.12 所示。

（5）信息修改功能。验证学生能否成功修改个人信息,教师能否更新课程信息,管理员是否能够管理用户账户和权限,如表 17.13 所示。

表 17.10　登录功能测试

功能模块	测试用例编号	测试用例描述	预 期 结 果	实 际 结 果	是否通过	备注
登录模块	TC001	测试学生使用正确账号密码登录	系统应成功登录并进入学生主页	学生账号成功登录,跳转到学生主页,页面显示"欢迎学生"	是	无
登录模块	TC004	测试学生使用错误账号密码登录	系统应提示"用户名或密码错误"	输入错误的用户名和密码后,系统弹出提示框显示"用户名或密码错误"	是	无

表 17.11　选课功能测试

功能模块	测试用例编号	测试用例描述	预期结果	实际结果	是否通过	备注
选课功能	TC006	测试学生选课功能（选一门课程）	系统应成功保存选课记录并显示"选课成功"	选课成功后，系统提示"选课成功"，并在学生的课程列表中显示该课程	是	无
选课功能	TC007	测试学生选课功能（选满课程人数的课程）	系统应提示"课程已满，无法选课"	系统提示"选课失败：课程已满，无法选课"，并无法将课程添加到学生课程列表	是	无

表 17.12　成绩查询功能测试

功能模块	测试用例编号	测试用例描述	预期结果	实际结果	是否通过	备注
成绩查询功能	TC009	测试学生查看已选课程成绩	系统应显示学生的课程成绩	系统成功显示该学生的成绩，成绩为"80 分"	是	无
成绩查询功能	TC010	测试教师查看已录入成绩的学生名单	系统应显示选课学生及其成绩	教师登录后，系统显示了所有学生的成绩，包括课程"管理信息系统"的成绩	是	无

表 17.13　管理员管理功能测试

功能模块	测试用例编号	测试用例描述	预期结果	实际结果	是否通过	备注
管理员管理功能	TC014	测试管理员添加新学生账号	系统应成功创建学生账号并显示在学生列表	成功添加新学生账号，显示"添加成功"	是	无
管理员管理功能	TC016	测试管理员删除学生账号	系统应删除学生账号并更新学生列表	成功删除学生账号，显示"删除成功"	是	无

2. 测试环境

为了确保测试的真实性和可靠性，测试通常会在与生产环境类似的测试环境中进行，如表 17.14 所示。

表 17.14　环境测试

环境组件	配置描述	具体信息/配置	备注
操作系统	操作系统类型及版本	Windows Server 2019（或 Linux Ubuntu 20.04）	适用于服务器部署和开发测试环境
数据库	数据库类型及版本	MySQL 9.0	数据存储使用 MySQL 数据库
应用服务器	应用服务器类型及版本	Apache Tomcat 9.0	用于部署 Web 应用程序
开发框架	使用的开发框架或平台	Spring Boot 2.5	用于开发后端服务
前端框架	前端开发框架	Vue.js 3.x	用于构建用户界面

续表

环 境 组 件	配 置 描 述	具体信息/配置	备　　注
浏览器	测试使用的浏览器类型及版本	Google Chrome 92.0 或 Firefox 90.x	用于前端界面的兼容性测试
测试工具	用于性能和负载测试的工具	Apache JMeter 5.4	用于模拟并发访问,进行压力测试
网络环境	测试时使用的网络配置	内网/外网(根据需要模拟不同网络带宽)	需测试网络延迟、带宽限制等
硬件配置	测试服务器的硬件配置	CPU:Intel Xeon 4 核。内存:16GB。存储:SSD 500GB	服务器硬件要求,保证测试环境的稳定运行
数据库服务器	数据库服务器配置	服务器地址:192.168.1.10。MySQL 端口:3306	专用于数据存储和管理
负载均衡器	使用的负载均衡器及配置	Nginx 或 Apache HTTP Server	用于分配请求,确保系统高可用性
备份系统	数据备份及灾难恢复方案	定期全量备份(每日/每周)	确保系统数据安全与恢复能力
安全配置	防火墙与安全设置	配置防火墙,限制不必要的端口开放	防止外部攻击或未授权访问
日志系统	日志管理与监控工具	ELK Stack(Elasticsearch,Logstash,Kibana)	用于收集和分析日志,监控系统运行情况

本 章 小 结

　　本章深入探讨了网上选课系统的开发与设计,重点介绍了系统的架构设计、功能实现、测试及系统实施的全过程。包括需求分析、技术选型、数据库设计、前后端开发、测试和部署等多个方面。

　　在功能需求方面,选课系统需要满足学生、教师和管理员三个角色的不同需求。例如,学生可以进行选课、退课、查询成绩等操作,教师能够管理课程信息、录入成绩,而管理员则负责系统的维护和用户管理。

　　在系统的架构设计与技术选型方面,选课系统的前端采用 Vue.js 框架,后端使用 Spring Boot,数据库选用 MySQL,这些技术的组合不仅满足了系统的功能需求,还确保了系统的高性能和高可扩展性。

　　在系统实施部分,通过合理的服务器配置、数据库部署和安全配置等,确保系统能够稳定运行并有效防止潜在的安全风险。通过合理的负载均衡、备份机制和可扩展性设计,系统能够应对高并发访问,保障数据的安全和高可用性。

　　系统的功能测试验证系统的各项功能是否按预期运行,确保没有出现错误和漏洞。性能测试评估系统在高并发情况下的表现,保障用户体验不会受到影响。环境测试对系统的各项操作进行了全面测试,确保系统上线后的稳定性和可靠性。

参 考 文 献

[1]　许薇,黄灿辉,刘云香,等. 数据库原理与应用[M]. 北京：清华大学出版社,2020.

[2]　西泽梦路. MySQL 基础教程[M]. 卢克贵,译. 北京：人民邮电出版社,2020.

[3]　陈志泊,崔晓晖,韩慧,等. 数据库原理及应用教程(MySQL 版)[M]. 北京：人民邮电出版社,2022.

[4]　陈志泊,崔晓晖. 数据库原理与应用学习指导与上机实验(MySQL 版)[M]. 北京：人民邮电出版社,2023.

[5]　赵杰,杨丽丽,陈雷. 数据库原理与应用(MySQL 版)[M]. 北京：人民邮电出版社,2023.

[6]　高亮,韩玉民,赵冬. 数据库原理及应用(MySQL 版)[M]. 北京：中国水利水电出版社,2019.

[7]　孔祥盛. MySQL 基础与实例教程[M]. 北京：人民邮电出版社,2020.

[8]　王坚,唐小毅,柴艳妹,等. MySQL 数据库原理及应用[M]. 北京：机械工业出版社,2021.

[9]　陈业斌. 数据库原理及应用(MySQL 版)[M]. 北京：人民邮电出版社,2023.

[10]　王珊,张俊. 数据库系统概论(第 5 版)习题解析与实验指导[M]. 北京：高等教育出版社,2015.

MySQL 实验指导

实验一 数据库的创建和管理

一、知识导图

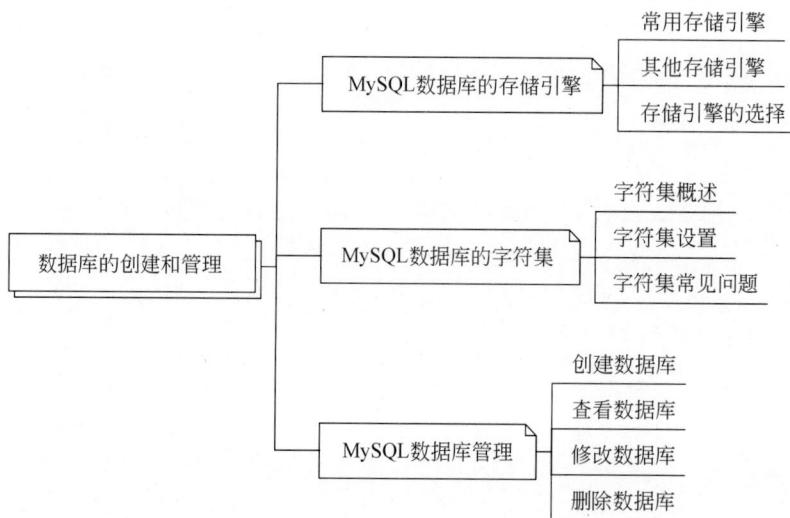

二、核心知识点

MySQL Server 9.0 将数据保存在数据库中,并为用户提供了访问这些数据的接口。对数据库的基本操作包括创建、查看、修改和删除等。在学习这些操作之前,先来了解一下 MySQL 数据库的存储引擎和 MySQL 数据库的字符集。

(一)MySQL 数据库的存储引擎

存储引擎是决定如何存储数据库中的数据、如何建立索引、如何更新和查询数据的机制。MySQL 常用的存储引擎有 InnoDB、MyISAM、Memory 和 MERGE 等。在实际工作中,用户可以根据应用场景的不同,对各种存储引擎的特点进行对比和分析,选择适合的存储引擎。表 A.1 所示为常用的两种引擎——MySQL 的存储引擎 InnoDB 与 MyISAM 的比较。

表 A.1 MySQL 的存储引擎 InnoDB 与 MyISAM 的比较

比 较 项	InnoDB	MyISAM
构成上的区别	基于磁盘的资源是 InnoDB 表空间数据文件和它的日志文件,InnoDB 表的大小只受限于操作系统文件的大小,一般为 2GB	每个 MyISAM 在磁盘上存储成三个文件。第一个文件的名字以表的名字开始,扩展名指出文件类型。 .frm 文件存储表定义。 数据文件的扩展名为.MYD(MYData)。 索引文件的扩展名是.MYI(MYINDEX)
事务处理方面	InnoDB 提供支持事务、外部键(foreign key)等高级数据库功能	MyISAM 类型的表强调的是性能,其执行速度比 InnoDB 类型更快,但是不提供事务支持
SELECT UPDATE,INSERT,Delete 操作	① 如果数据执行大量的 INSERT 或 UPDATE,出于性能方面的考虑,应该使用 InnoDB 表。 ② DELETE FROM table 时,InnoDB 不会重新建立表,而是逐行删除。 ③ LOAD TABLE FROM MASTER 操作对 InnoDB 是不起作用的,解决方法是首先把 InnoDB 表改成 MyISAM 表,导入数据后再改成 InnoDB 表,但是对于使用额外的 InnoDB 特性(例如外键)的表不适用	如果执行大量的 SELECT,MyISAM 是更好的选择
优缺点比较	优点:支持事务,支持外键,并发量较大,适合大量 UPDATE。 缺点:查询数据相对较快,不适合大量的 SELECT	优点:查询数据相对较快,适合大量的 SELECT,可以全文索引。 缺点:不支持事务,不支持外键,并发量较小,不适合大量 update

用户可以查看所使用的 MySQL 版本支持的存储引擎,语法格式为

```
SHOW ENGINES;
```

也可以设置默认的存储引擎,如果想把其他存储引擎设置为默认存储引擎,可使用如下命令:

```
SET DEFAULT_STORAGE_ENGINE=存储引擎名;
```

Memory 和 MERGE 存储引擎处理非事务表,这两个引擎也都被默认包含在 MySQL 中。Memory 存储引擎正式被确定为 HEAP 引擎。

(二)MySQL 数据库的字符集

MySQL 服务器支持多种字符集,包括多种 Unicode 字符集。

1. 查看字符集

用户可以通过如下命令查看 MySQL 支持的所有字符集。

```
SHOW CHARACTER SET;
```

用户也可以使用系统表 information_schema 中的 CHARACTER_SETS 命令,语法格式如下:

```
use information_schema;
SELECT * FROM CHARACTER_SETS;
```

2. 查看校对规则

很多字符集包含多个校对规则，用户可以通过如下命令查看 MySQL 支持的所有校对规则。

```
SHOW COLLATION;
```

用户也可以使用系统表 information_schema 中的 COLLATION 命令，语法格式为

```
use information_schema;
SELECT * FROM COLLATION;
```

如果需要查看某一种特定的字符集的校对规则，如 UTF-8 字符集的校对规则，可以使用如下命令：

```
SHOW COLLATION WHERE CHARSET='utf16';
```

用户也可以使用系统表 information_schema 中的 COLLATION 命令，语法格式为

```
use information_schema;
SELECT * FROM COLLATIONS WHERE CHARACTER_SET_NAME ='utf16';
```

3. MySQL 字符集设置

MySQL 字符集和排序规则有服务器（server）、数据库（database）、表（table）和列（column）四个级别的默认设置。

用户可以查看 MySQL 字符集在各个级别上的默认设置，语法格式为

```
SHOW VARIABLES LIKE 'character%';
```

用户也可以单独查看某个特定级别的字符集默认设置。例如，查看服务器级的字符集默认设置的命令如下：

```
SHOW VARIABLES LIKE 'character_set_server';
```

用户也可以查看 MySQL 校对规则在各个级别上的默认设置，语法格式为

```
SHOW VARIABLES LIKE 'collation%';
```

用户也可以单独查看某个校对规则在各个级别上的默认设置。例如，查看服务器级的校对规则默认设置的命令如下：

```
SHOW VARIABLES LIKE 'collation_server';
```

（三）MySQL 数据库管理

1. 创建数据库

在 MySQL 中，创建数据库的语法格式为

```
CREATE {DATABASE|SCHEMA} [IF NOT EXISTS] db_name
[[DEFAULT] CHARACTER SET charset_name]
[[DEFAULT] COLLATE collation_name];
```

说明：

① CREATE DATABASE|SCHEMA。创建数据库的命令。在 MySQL 中，SCHEMA 也指数据库。

② IF NOT EXISTS。判断若创建的数据库名已经存在，会给出错误信息。

③ db_name。数据库名。

④ [DEFAULT] CHARACTER SET charset_name。为数据库设置的默认字符集，其

中 charset_name 可以替换为具体的字符集。

⑤ ［DEFAULT］COLLATE collation_name。为数据库设置的默认校对规则。

如果在创建数据库时，省略了上述字符集和校对规则的设置，MySQL 将采用当前服务器在数据库级别上的默认字符集和默认校对规则。

2. 查看数据库

在 MySQL 中，查看数据库的语法格式为

```
SHOW CREATE DATABASE db_name;
```

3. 修改数据库

在 MySQL 中，修改数据库的语法格式为

```
ALTER DATABASE|SCHEMA db_name
[DEFAULT] CHARACTER SET charset_name
[DEFAULT] COLLATE collation_name;
```

4. 删除数据库

在 MySQL 中，删除数据库的语法格式为

```
DROP DATABASE [IF EXISTS] db_name
```

三、实验任务

（一）实验目的

- 掌握 MySQL 中使用 HeidiSQL 管理工具或 SQL 语句创建数据库的方法。
- 掌握在 MySQL 中使用 HeidiSQL 管理工具或 SQL 语句查看、修改、删除数据库的方法。

（二）实验内容

1. 在 MySQL 中使用 HeidiSQL 创建、查看、修改、删除数据库，数据库的名称自定

（1）使用 HeidiSQL 创建数据库，请给出重要步骤的截图。

（2）使用 HeidiSQL 查看数据库，请给出重要步骤的截图。

（3）根据需要使用 HeidiSQL 修改数据库，请给出重要步骤的截图。

（4）使用 HeidiSQL 删除数据库，请给出重要步骤的截图。

2. 在 MySQL 中使用 SQL 语句创建、查看、修改、删除数据库，数据库的名称自定

（1）使用 SQL 语句创建数据库，请给出 SQL 语句。

（2）使用 SQL 查看数据库，请给出 SQL 语句。

（3）根据需要使用 SQL 修改数据库，请给出 SQL 语句。

四、实验步骤

（一）在 MySQL 中使用 HeidiSQL 创建、查看、修改、删除数据库，数据库的名称自定

1. 使用 HeidiSQL 创建数据库

打开 HeidiSQL 主界面，如图 A.1 所示。

右击 localhost，在弹出的快捷菜单中执行"创建新的"→"数据库"命令，创建数据库，如图 A.2 所示。

在"创建数据库"对话框的"名称"文本框中输入 firstdatabase 作为数据库名，单击"确

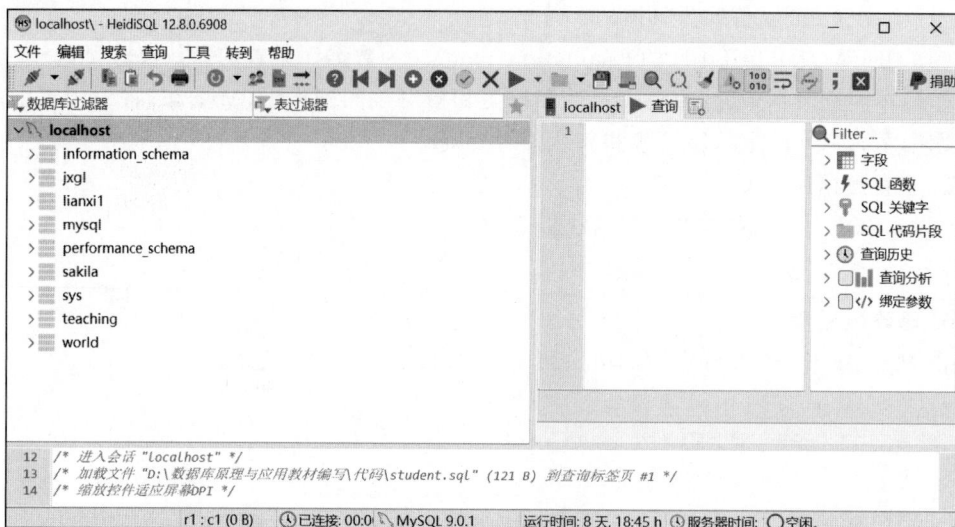

图 A.1 HeidiSQL 主界面

图 A.2 创建数据库

定"按钮,如图 A.3 所示。

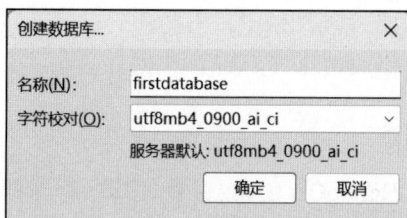

图 A.3 命名数据库

2. 使用 HeidiSQL 查看数据库

在 HeidiSQL 主界面下,左侧区域是数据库的列表,选择数据库 firstdatabase 作为当前的数据库,在右侧工作区就能直观地看到数据库 firstdatabase 的信息,如图 A.4 所示。

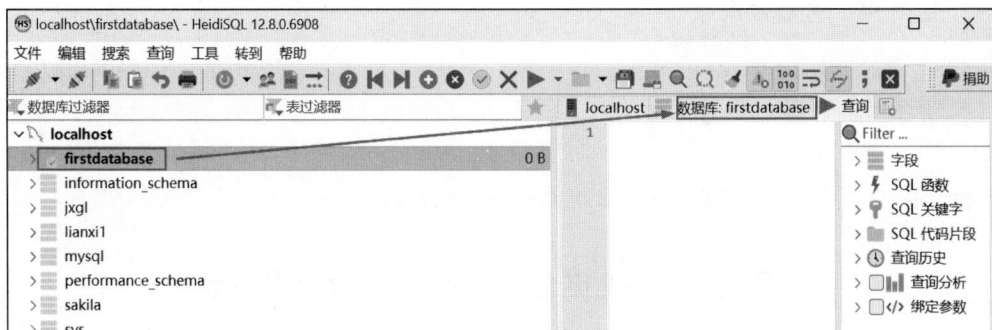

图 A.4　查看数据库

3. 根据需要使用 HeidiSQL 修改数据库

在 HeidiSQL 主界面下,可以通过右击数据库名,在弹出的快捷菜单中执行"编辑"命令来修改数据库,如图 A.5 所示。

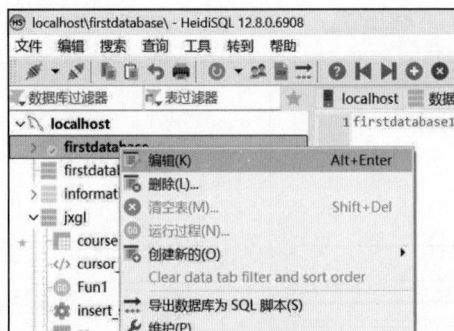

图 A.5　修改数据库

4. 使用 HeidiSQL 删除数据库

在 HeidiSQL 主界面下,可以通过右击数据库名,在弹出的快捷菜单中执行"删除"命令来实现删除数据库,如图 A.6 所示。

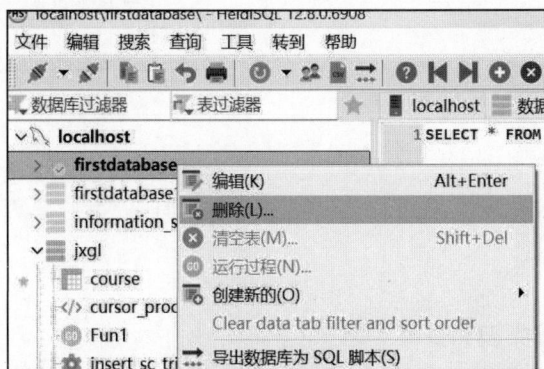

图 A.6　删除数据库

(二) 在 MySQL 中使用 SQL 语句创建、查看、修改、删除数据库,数据库的名称自定

1. 使用 SQL 语句创建数据库

```
CREATE DATABASE firstdatabase;
```

2. 使用 SQL 查看数据库

```
SHOW DATABASE;
```

3. 根据需要使用 SQL 修改数据库

```
ALTER DATABASE firstdatabase DEFAULT CHARSET UTF16 DEFAULT COLLATE utf16_general_ci;
```

注：设置字符集为 UTF-16，校对规则为 utf16_general_ci。

实验二 数据表的创建和数据操纵

一、知识导图

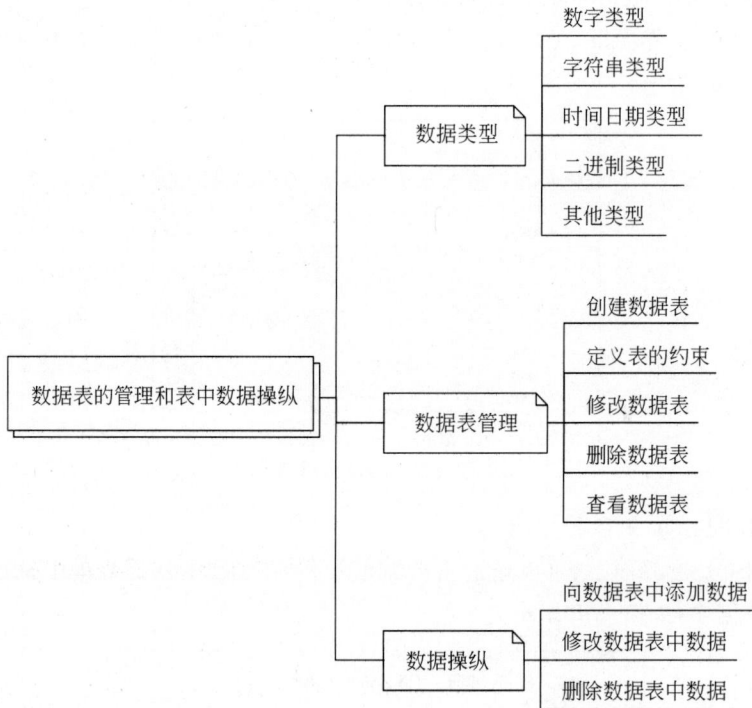

二、核心知识点

常见的数据类型包括数字类型、字符串类型、时间日期类型、二进制类型和其他类型。

（一）数据类型

1. 数字类型

数字类型包括整数类型和数值类型。

整数类型按照取值范围从小到大，包括 TINYINT、SMALLINT、MEDIUMINT、INT 和 BIGINT。

数值类型包括精确数值型 DECIMAL 和近似数值型 FLOAT、DOUBLE、REAL。

2. 字符串类型

字符串类型用于存储字符串数据，包括 CHAR、VARCHAR 和 TEXT。

其中,CHAR 是固定长度字符串,VARCHAR 是可变长度字符串。

TEXT 类型用于表示非二进制字符串,如文章内容、评论等,其可进一步分为 TINYTEXT 和 TEXT、MEDIUMTEXT 和 LONGTEXT。

3. 时间日期类型

时间日期类型包括 TIME、DATE、YEAR、DATETIME 和 TIMESTAMP。

4. 二进制类型

二进制类型包括 BIT、BINARY、VARBINARY、TINYBLOB、BLOB、MEDIUMBLOB 和 LONGBLOB。

其中,BIT 类型以位为单位存储字段值,其他二进制类型以字节为单位存储字段值。

5. 其他类型

MySQL 支持两种复合数据类型: ENUM 和 SET。

ENUM 类型允许从一个集合中取得一个值,SET 类型允许从一个集合中取得多个值。

(二)在 MySQL 中使用 SQL 语句管理数据表

1. 创建数据表

```
CREATE TABLE [IF NOT EXISTS] table_name
(column_list) [engine=table_type];
```

说明:

① table_name 是表的名称,在数据库中必须是唯一的;

② column_list 是指定表的列,用","分隔;

③ IF NOT EXISTS 是用来防止创建已存在的新表而产生错误;

④ engine= table_type 为表指定存储引擎,可以使用任何存储引擎,如 InnoDB、MyISAM、HEAP 等,如果不指明存储引擎,MySQL 默认使用 InnoDB。

2. 定义表的约束

约束是对表中的数据进行限定,目的是保证数据的正确性、有效性和完整性。约束分为主键约束(PRIMARY KEY)、外键约束(FOREIGN KEY)、非空约束(NOT NULL)、唯一约束(UNIQUE)和检查约束(CHECK)。

(1) 主键约束:PRIMARY KEY。

若某一列添加了该约束,则代表该列非空,且唯一;一张表只能有一个字段为主键,主键就是表中记录的唯一标识,可以定义为列级或表级约束,其语法格式有如下两种。

用于定义列约束时:

```
<字段名><数据类型>PRIMARY KEY
```

用于定义表约束时:

```
[CONSTRAINT]<约束名>PRIMARY KEY(<字段名>[{,<字段名>}])
```

(2) 外键约束:FOREIGN KEY。

外键约束用于连接两个数据表,语法格式为

```
[CONSTRAINT<约束名>]FOREIGN KEY (从表 A 中<字段名>)
FOREIGN KEY(主表 B 中<字段名>)
```

(3) 空/非空约束:NULL/NOT NULL。

空/非空约束用于在创建表时添加约束,该约束只能用于定义列约束,语法格式为

```
<字段名><数据类型>NULL/NOT NULL
```

(4) 唯一约束:UNIQUE。

在创建表时添加唯一约束,该约束可以定义为列级或表级约束,语法格式有如下两种。

用于定义列约束时:

```
<字段名><数据类型>UNIQUE
```

用于定义表约束时:

```
UNIQUE(<字段名>[{,<字段名>}])
```

(5) 检查约束:CHECK。

在创建表时添加检查约束,该约束可以定义为列级或表级约束,语法格式为

用于定义列约束时:

```
<字段名><数据类型>CHECK(<检查条件>)
CHECK(<检查条件>)
```

3. 修改数据表

使用 ALTER 命令可以修改数据表名、修改数据表字段类型、修改字段名、添加和删除字段、更改表的存储引擎等,也可以用于更改表的列定义、添加约束、创建和删除索引等操作。

(1) 使用 ADD 增加字段和完整性约束。

语法格式为

```
ALTER TABLE <表名>ADD [<新字段名><数据类型>][<完整性约束定义>]
```

(2) 使用 RENAME 修改表名。

语法格式为

```
ALTER TABLE <旧表名>RENAME [TO] <新表名>;
```

(3) 使用 MODIFY 修改字段数据类型和字段排序。

语法格式为

```
ALTER TABLE <表名>
MODIFY <字段名 1><数据类型>[FIRST|AFTER 字段名 2];
```

说明:使用 FIRST,则将字段名 1 修改为表的第一个字段;使用 AFTER,则将字段名 1 插入字段名 2 后面。

(4) 使用 CHANGE 修改字段名。

语法格式为

```
ALTER TABLE <表名>
CHANGE <旧字段名><新字段名><新数据类型>;
```

(5) 使用 ENGINE 修改表的存储引擎。

语法格式为

```
ALTER TABLE <表名>ENGINE=<修改后存储引擎名>;
```

(6) 使用 DROP 删除字段和完整性约束。

语法格式为

```
ALTER TABLE <表名>DROP <字段名>;
ALTER TABLE <表名>DROP CONSTRAINT<约束名>;
```

4. 删除数据表

用户可以使用 DROP TABLE 删除一个或多个表。

语法格式为

```
DROP TABLE [IF EXISTS] <表名>;
```

5. 查看数据表

用户可以使用 SHOW TABLES 语句来查看数据库中已经创建的数据表。

语法格式为

```
SHOW TABLES;
```

也可以使用 DESCRIBE(DESC)和 SHOW CREATE TABLE 语句来查看数据表结构。

语法格式为

```
DESCRIBE(DESC) <表名>;
```

或

```
SHOW CREATE TABLE <表名>;
```

（三）在 MySQL 中使用 SQL 语句操纵数据

1. 向数据表中添加数据

添加一条记录的语法格式为

```
INSERT INTO <表名>[(<字段名 1>[,<字段名 2>,…])]
VALUES (值 1, 值 2, 值 3, …);
```

添加多条记录的语法格式为

```
INSERT INTO <表名>[(<字段名 1>[,<字段名 2>,…])]
SELECT 子查询;
```

2. 修改数据表中的数据

修改表中数据的语法格式为

```
UPDATE <表名>
SET <字段名 1>=<表达式 1>[,<字段名 2>=<表达式 2>,…]
[WHERE <条件>];
```

3. 删除数据表中的数据

删除表中数据的语法格式为

```
DELETE FROM <表名>
[WHERE <条件>];
```

三、实验任务

（一）实验目的

• 掌握 MySQL 中使用 HeidiSQL 管理工具或 SQL 语句创建数据表的方法。

• 掌握 MySQL 中使用 HeidiSQL 管理工具或 SQL 语句增加、修改、删除数据的方法。

（二）实验内容

在 MySQL 中使用 HeidiSQL 管理工具或 SQL 语句创建数据表。

创建数据库"jxgl",在数据库中创建表 Student、Course 和 SC,如表 A.2～表 A.4 所示。

表 A.2 Student 表的结构

列 名	数 据 类 型	长 度	字 段 说 明	能 否 为 空	是 否 主 键
Sno	CHAR	10	学号	否	是
Sname	CHAR	10	姓名	是	否
Ssex	CHAR	2	性别	是	否
Sage	TINYINT		年龄	是	否
Sdept	CHAR	10	系	是	否

表 A.3 Course 表的结构

列 名	数 据 类 型	长 度	字 段 说 明	能 否 为 空	是 否 主 键
Cno	CHAR	5	课程号	否	是
Cname	CHAR	10	课程名	否	否
Credits	TINYINT		学分	是	否
PCno	CHAR	5	先修课程号	是	否

表 A.4 SC 表的结构

列 名	数 据 类 型	长 度	字 段 说 明	能 否 为 空	是 否 主 键
Sno	CHAR	10	学号	否	是
Cno	CHAR	5	课程号	否	是
Grade	TINYINT		成绩	是	否

在 MySQL 中使用 HeidiSQL 管理工具或 SQL 语句,为表 Student、表 Course 和表 SC 添加数据,如表 A.5～表 A.7 所示。

表 A.5 Student 表

学 号	姓 名	性 别	年 龄	所 在 系
S101101	陈名军	男	18	计算机系
S101102	吴小晴	女	19	计算机系
S101201	李国庆	男	21	信息系
S101202	李祥	男	21	信息系
S101203	孙渝研	男	20	信息系
S101204	赵艳	女	18	信息系
S101205	刘唯	女	19	信息系
S101301	王成	男	20	会计系

续表

学　号	姓　名	性　别	年　龄	所　在　系
S101302	张平安	男	18	会计系
S101401	钟琴	女	19	会计系
S101402	吴娟娟	女	21	会计系
S101403	李月	女	22	会计系
S101404	陈名军	男	23	会计系
S101405	赵艳	女	21	会计系

表 A.6　Course 表

课　程　号	课　程　名	学　分	先修课程号
101	计算机基础	3	
102	C 语言程序设计	4	101
201	数据结构	4	102
202	高等数学	4	
301	操作系统	4	
302	大学物理	4	202
303	计算机网络	3	
304	电子技术	4	
305	数据库应用	3	201

表 A.7　SC 表

学　号	课　程　号	成　绩	学　号	课　程　号	成　绩
S101101	101	60	S101102	102	75
S101101	102	83	S101102	202	86
S101101	201	78	S101102	303	67
S101101	201	87	S101201	101	78
S101101	305	79	S101201	102	72
S101101	304	89	S101201	303	76
S101101	303	64	S101201	201	50
S101101	302	90	S101301	101	90
S101101	301	83	S101302	101	90
S101102	101	84	S101302	303	83

四、实验步骤

在 MySQL 中使用 HeidiSQL 创建、查看、修改、删除表。

右击数据库名 jxgl，在弹出的快捷菜单中执行"创建新的"→"表"命令，如图 A.7 所示。

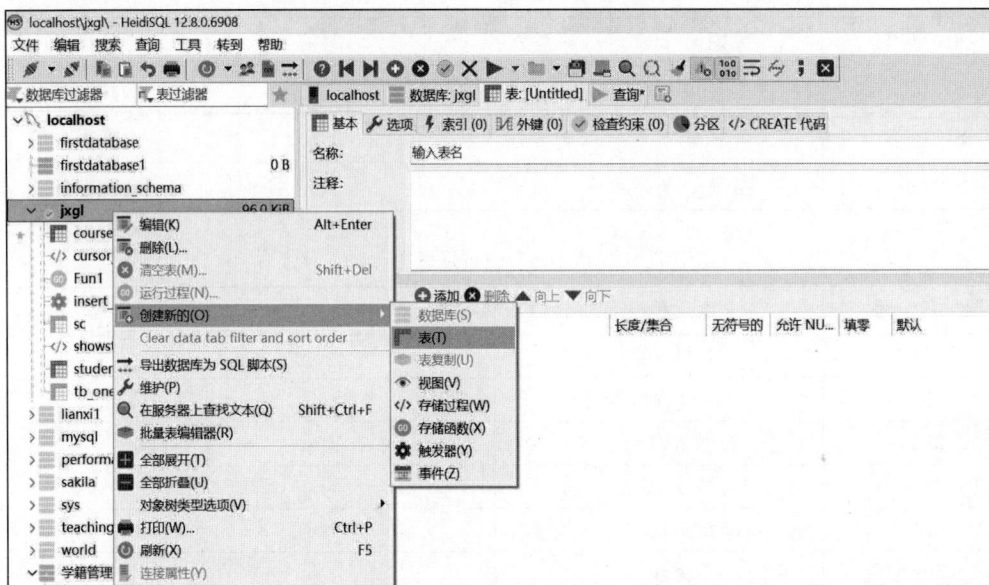

图 A.7　创建表

输入表名并添加行。如在 jxgl 数据库中创建表 student，然后单击"添加"按钮，如图 A.8 所示。

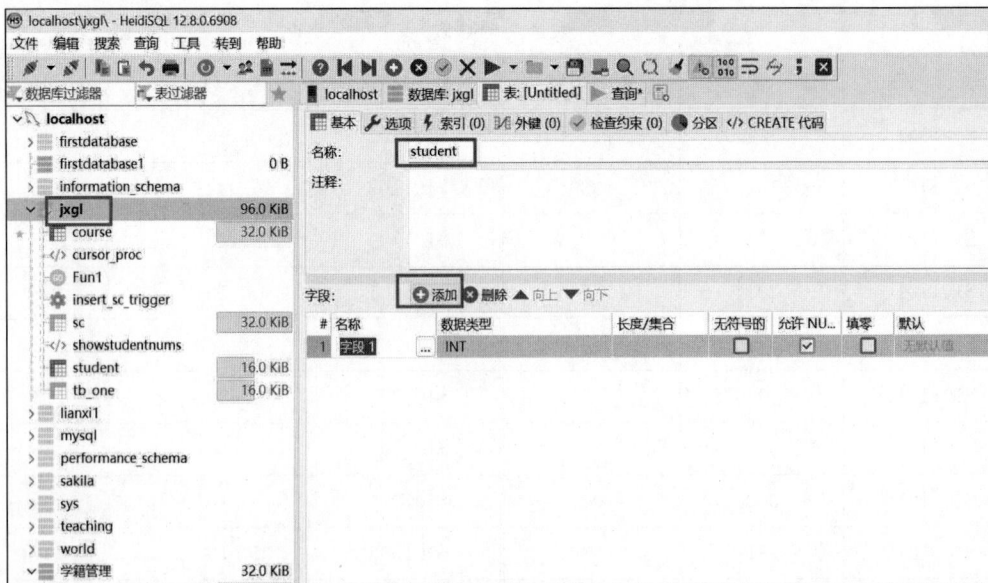

图 A.8　创建 student 表

继续进行添加操作，直到所有属性添加完成。最后为表 student 设置主键，即在要设置主键的行右击,在弹出的快捷菜单中执行"创建新索引"→PRIMARY 命令,继续为其他列添加约束,如图 A.9、图 A.10 所示。

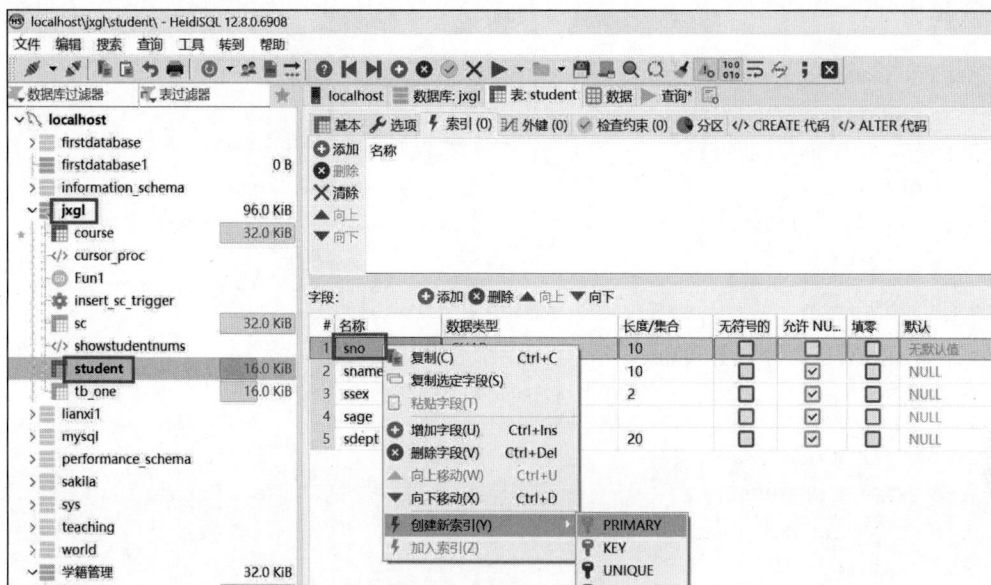

图 A.9　为表 student 设置主键

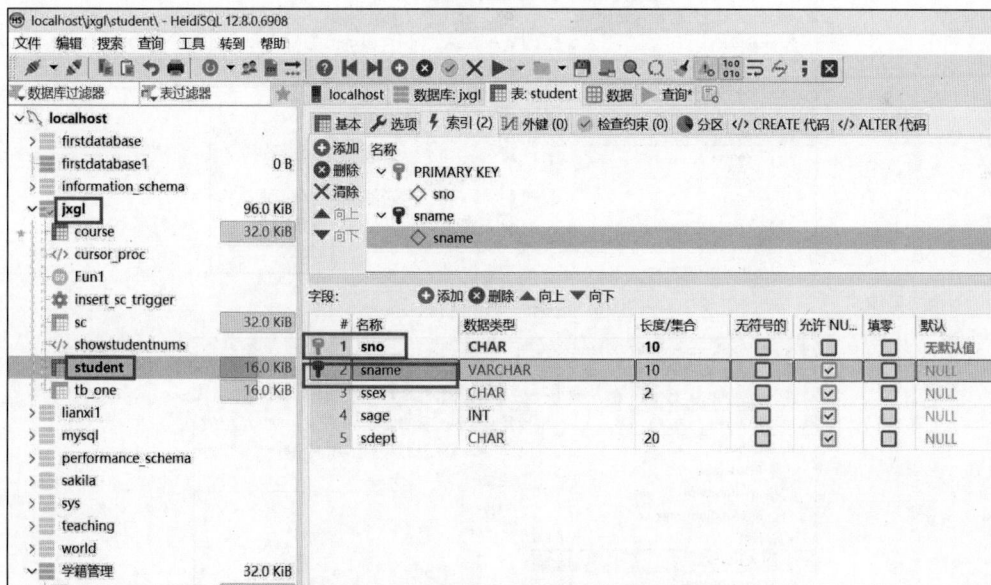

图 A.10　将 Sno 设为主键,Sname 设为唯一键

这里介绍一下右侧各个按钮的功能(此步骤不需要跟着操作),如图 A.11 所示。单击图 A.11(a)中"数据库"可显示该数据库下的数据;单击图 A.11(b)中"表"可显示表数据内容;单击图 A.11(c)中"数据"可显示数据所在的表,单击图 A.11(d)中"查询"会显示输入代码窗口,可以通过输入 SQL 语句对数据库表的数据进行增加、删除、修改和查询操作,图 A.11(d)就是执行 SELECT 语句的结果。

在 MySQL 中使用 SQL 语句创建、修改和删除表。

（1）利用 SQL 命令创建 student 表。

代码如下：

```
CREATE TABLE student
(Sno CHAR(10) PRIMARY KEY,
Sname CHAR(10),
Ssex CHAR(2)
check (Ssex in ('男','女')),
Sage TINYINT,
Sdept CHAR(10));
```

（2）利用 SQL 命令创建 Course 表。

代码如下：

```
CREATE TABLE Course
(Cno CHAR(5) NOT NULL,
Cname CHAR(10) NOT NULL,
PCno CHAR(5),
```

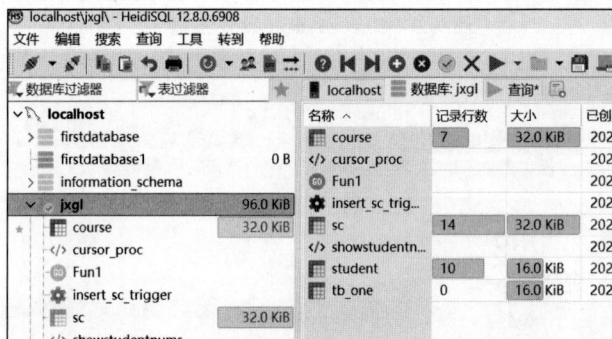

(a) "数据库"按钮功能

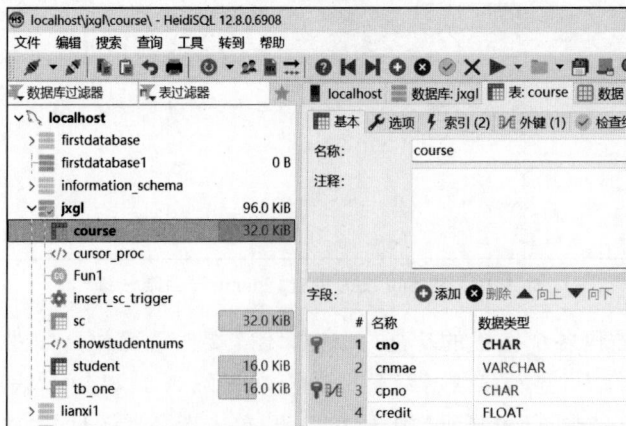

(b) "表"按钮功能

图 A.11　HeidiSQL 中右侧按钮功能示例

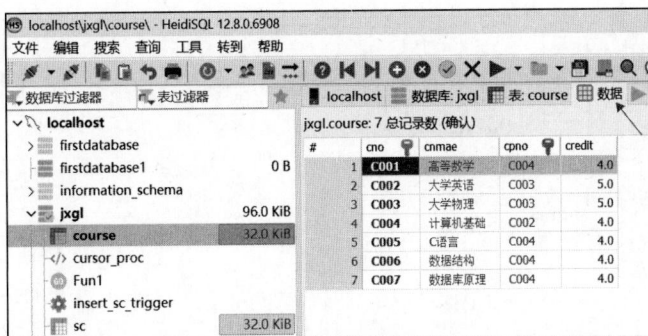

(c) "数据"按钮功能

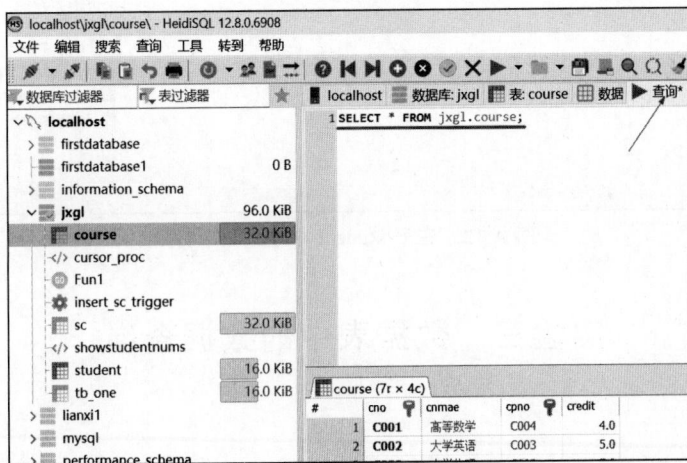

(d) "查询"按钮功能

图 A.11 （续）

```
Credit TINYINT CHECK (Credit>0),
PRIMARY KEY(Cno),
FOREIGN KEY (PCno) REFERENCES Course(Cno));
```

(3) 利用 SQL 命令创建 SC 表。

代码如下：

```
CREATE TABLE SC
(Sno CHAR(10) FOREIGN KEY(Sno) REFERENCES Student(Sno),
Cno CHAR(5) FOREIGN KEY(Cno) REFERENCES Course(Cno),
Grade TINYINT CHECK(grade<=100 and grade>=0),
PRIMARY KEY(Sno,Cno))
```

在 MySQL 中使用 HeidiSQL 添加数据,选择已创建的表 student,在右侧窗格上单击
"数据"标签,然后在下面的空白处右击,在弹出的快捷菜单中执行"插入记录行"命令,如
图 A.12所示。

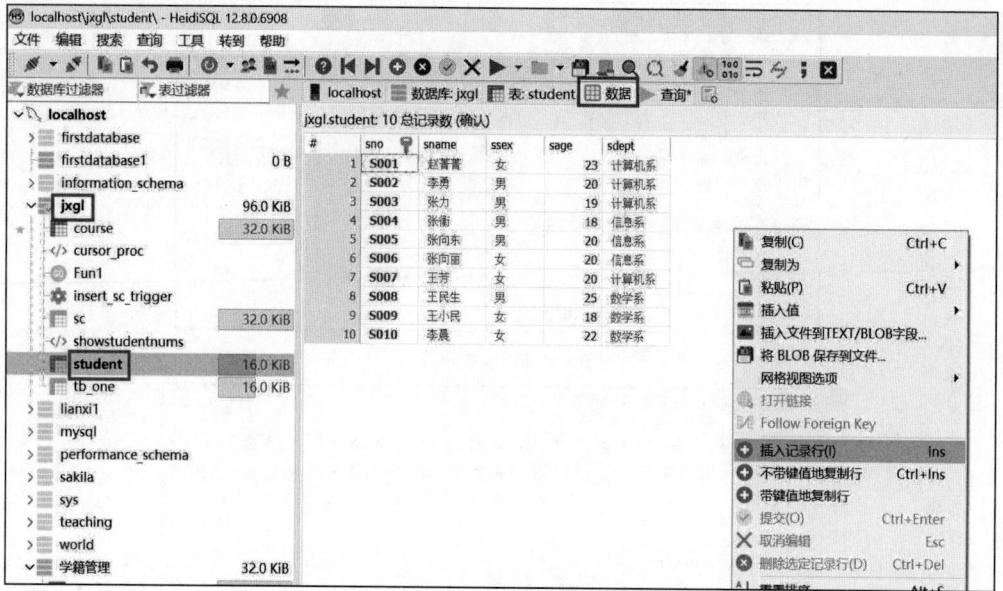

图 A.12 在表 student 中插入记录行

实验三 数据表中的数据查询

一、知识导图

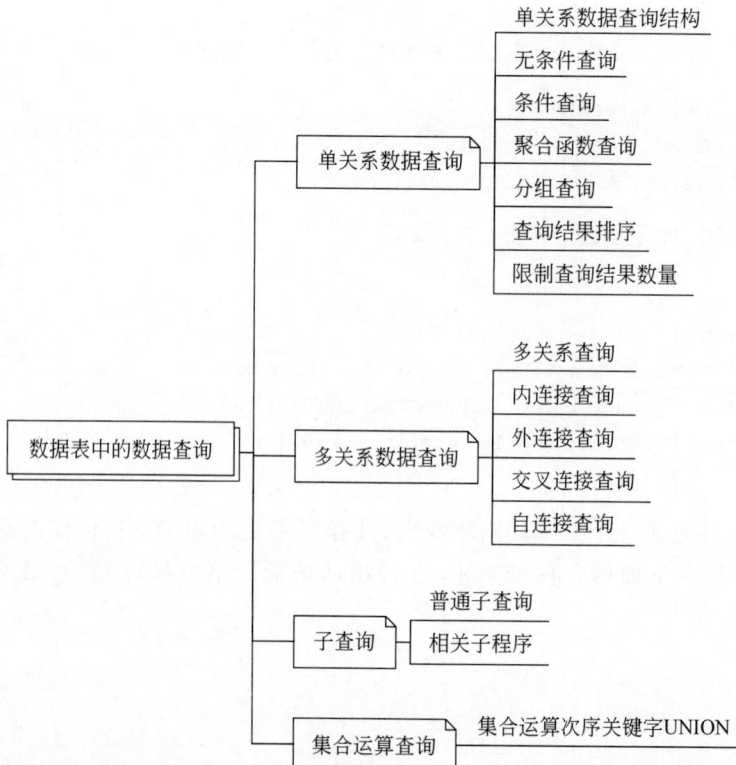

二、核心知识点

数据查询是数据库的核心操作,占数据库操作很大比例。SQL 语言提供了 SELECT 语句用于数据库的查询,该语言具有灵活的使用方式和丰富的功能。

(一) 单关系数据查询

1. 单关系数据查询结构

查询语句的一般语法格式如下:

```
SELECT [ALL|DISTINCT] <字段名>[AS 别名][{,<字段名>[AS 别名]}]
FROM <表名或视图名>[ AS 别名]
[WHERE <条件表达式>]
[GROUP BY <字段名>[HAVING <条件表达式>]]
[ORDER BY <字段名>[ASC|DESC]];
```

说明:

① SELECT 子句。从列的角度进行投影操作,指定要显示的属性列,可以使用 AS 为字段名指定别名(字段名和别名之间的 AS 也可以省略),这样,别名会代替字段名显示在查询结果中。关键字 ALL 表示所有元组,关键字 DISTINCT 表示查询结果中,去掉了重复的行。

② FROM 子句。指定查询的基本表或视图。

③ WHERE 子句。从行的角度进行选择操作,其中指定查询条件是用来约定元组的,只有满足检索条件的元组才会出现在查询结果中。

④ GROUP BY 子句。对查询结果按照 GROUP BY 后的<字段名>的值进行分组,该属性列值相等的元组为一个组。

⑤ HAVING 子句。该子句不能单独存在,必须放在 GROUP BY 子句之后,用于筛选出分组查询之后满足指定条件的元组。

⑥ ORDER BY 子句。用于对查询结果进行排序,ASC 代表升序,DESC 代表降序,默认情况下查询结果按升序显示。

2. 条件查询

条件查询需要使用 WHERE 子句指定查询条件。查询条件中,字段名与字段名之间,或者字段名与常数之间,通常使用比较运算符连接,常用的比较运算符如表 A.8 所示。

表 A.8　常用的比较运算符

运　算　符	含　　义
=、>、<、>=、<=、!=、<>	比较大小
AND(&&)、OR(‖)、NOT(!)	多重条件
BETWEEN AND、NOT BETWEEN AND	确定范围
IN、NOT IN	确定集合
LIKE、NOT LIKE	字符匹配
IS NULL、IS NOT NULL	空值

3. 聚合函数查询

SQL 提供了许多实用的聚合函数,增强了基本查询能力。常用的聚合函数及其功能如表 A.9 所示。

表 A.9　常用的聚合函数及其功能

聚合函数名称	功　　能
AVG	按列计算平均值
SUM	按列计算值的总和
MAX	求一列中的最大值
MIN	求一列中的最小值
COUNT	按列值计数

(二) 多关系数据查询

多关系(表)的连接方法共有两种。

1. 按照满足一定的条件进行连接

多表之间连接时,FROM 子句指明进行连接的表名,WHERE 子句指明连接的列名及其连接条件,语法格式为

```
SELECT [ALL|DISTINCT] <字段名>[AS 别名][{,<字段名>[AS 别名]}]
FROM <表名 1>[ AS 表名 1 别名] [{,<表名 2>[[AS] 表名 2 别名,…]}]
[WHERE <检索条件>]
[GROUP BY <字段名>[HAVING <条件表达式>]]
[ORDER BY <字段名>[ASC|DESC ]];
```

2. 利用关键字 JOIN 进行连接

```
SELECT [ALL|DISTINCT] <字段名>[AS 别名][{,<字段名>[AS 别名]}]
    FROM <表名 1>[ AS 表名 1 别名]
INNER|LEFT|RIGHT|FULL|[OUTER]]|CROSS] JOIN <表名 2>[[AS] 表名 2 别名]
ON <条件>];
```

说明:

① INNER JOIN。内连接,用于显示符合条件的记录,为默认值。

② LEFT〔OUTER〕JOIN。左(外)连接,用于显示符合条件的记录以及左边表中不符合条件的记录。此时右边表记录会以 NULL 来显示。

③ RIGHT〔OUTER〕JOIN。右(外)连接,用于显示符合条件的记录以及右边表中不符合条件的记录。此时左边表记录会以 NULL 来显示。

④ FULL〔OUTER〕JOIN。全(外)连接,用于显示符合条件的记录以及左右两边表中不符合条件的记录。此时缺乏数据的记录会以 NULL 来显示。

⑤ CROSS JOIN。交叉连接,将一个表的每个记录和另一个表的每个记录匹配成新的记录。

⑥ JOIN。将 JOIN 关键字放在 FROM 子句中时,应有关键字 ON 与之对应,以表明连接的条件。

（三）子查询

1. 普通子查询

普通子查询的执行顺序：首先执行子查询,然后把子查询的结果作为父查询的查询条件的值。普通子查询值依次执行,而父查询所涉及的所有记录行都与其查询结果进行比较,以确定查询结果集合。

2. 相关子查询

普通子查询中,子查询的查询条件不涉及父查询中基本表的属性。但是,有些查询任务中,子查询的查询条件需要引用父查询表中的属性值,这类查询称为相关子查询。

相关子查询的执行顺序：首先,选取父查询表中的第一行记录,子查询利用此行中相关的属性值在子查询涉及的基本表中进行查询;然后父查询根据子查询返回的结果判断父查询表中的此行是否满足查询条件,如果满足条件,则把该行放入父查询的查询结果集合中,重复执行这一过程,直到处理完父查询表中的每一行数据。

由此可以看出,相关子查询的执行次数是由父查询表的行数决定的。

（四）集合运算查询

集合运算查询是使用 UNION 关键字将来自不同查询的数据组合起来,形成一个具有综合信息的查询结果。UNION 操作会自动将重复的数据进行剔除。必须注意的是,参加集合运算查询的各子查询的查询结果的结构应该相同,即各子查询的查询结果中的数据属性的数目和对应的数据类型都必须相同。

三、实验任务 1

（一）实验目的

- 掌握关系（表）数据 SELECT 查询结构及 WHERE 子句的使用方法。
- 掌握 5 种基本的聚集函数查询、分组查询、查询结果排序等。
- 学会数据的导入与导出的方法。

（二）实验内容

创建一个名为 lianxi1 的数据库,在该数据库中导入仓库表和职工表,如表 A.10、表 A.11 所示。

表 A.10　仓库表

仓 库 号	城 市	面积/m²
WH1	北京	370
WH2	上海	500
WH3	广州	200
WH4	广州	300
WH5	天津	340
WH6	上海	350
WH7	上海	600
WH8	天津	300

表 A.11　职工表

职 工 号	姓　　名	仓 库 号	月工资/元	性　　别
E1	朱迪	WH2	2220	女
E2	牛丽丽	WH1	1810	女
E4	李安	WH2	1850	男
E5	王进步	WH3	1530	男
E6	李光铭	WH1	1550	男
E7	赵芙蓉	WH4	2300	女
E8	刘山	WH4	2000	男
E9	张尚琳	WH5	2050	女
E10	王玛丽	WH5	1900	女
E11	胡尼克	WH6	2100	男
E12	古梅	WH7	1700	女
E15	胡俊	WH5	1780	男
E16	胡轩	WH1	1600	男

用 SQL 语句实现以下功能：

(1) 检索职工表中所有工资值。

(2) 检索仓库表中的所有元组。

(3) 检索工资高于 2000 元的职工对应的职工号和姓名。

(4) 检索哪些仓库的面积在 400 到 550 平方米之间，列出仓库号和所在的城市。

(5) 检索广州包含哪些仓库，列出仓库号。

(6) 检索所在城市为广州的仓库的个数。

(7) 检索所有职工的平均工资。

(8) 检索在 WH5 仓库工作的职工的人数。

(9) 检索职工表的所有的仓库号，去掉重复值。

(10) 检索每个仓库的人数。

(11) 检索上海有哪些仓库，列出仓库号、面积。查询结果按面积降序排列。

(12) 检索哪些仓库女职工的人数达到了两人。

(13) 检索所有姓胡职工的职工号、姓名、性别、工资。查询结果按性别排降序、工资排升序。

(14) 检索职工"王玛丽"的年工资。

(15) 检索在仓库 WH1 和仓库 WH2 工作的职工的基本信息。

(16) 检索年工资在 24000 元以上的职工的姓名和年工资值。

四、实验步骤 1

(1) 检索职工表中所有工资值。

```
SELECT zgname 职工姓名,gz 工资
FROM zg;
```

（2）检索仓库表中的所有元组。

```
SELECT *
FROM ck;
```

（3）检索工资高于 2000 元的职工对应的职工号和姓名。

```
SELECT zgno 职工号,zgname 姓名,gz 工资
FROM zg
WHERE gz>2000;
```

（4）检索哪些仓库的面积为 $400\sim500m^2$，列出仓库号和所在的城市。

```
SELECT ckno 仓库号,cs 所在的城市
FROM ck
WHERE ckmj between 400 and 550;
or
SELECT ckno 仓库号,cs 所在的城市
FROM ck
WHERE ckmj>=400 and ckmj<=550;
```

（5）检索广州包含哪些仓库，列出仓库号。

```
SELECT cs 城市,ckno 仓库号
FROM ck
WHERE cs='广州';
```

（6）检索所在城市为广州的仓库的个数。

```
SELECT COUNT(ckno) 广州的仓库的个数
FROM ck
WHERE cs='广州';
```

（7）检索所有职工的平均工资。

```
SELECT AVG(gz) 平均工资
FROM zg;
```

（8）检索在 WH5 仓库工作的职工的人数。

```
SELECT COUNT(zgno) WH5 仓库工作的职工的人数
FROM zg
WHERE ckno='WH5';
```

（9）检索职工表的所有的仓库号，去掉重复值。

```
SELECT distinct ckno 仓库号
FROM zg;
```

（10）检索每个仓库的人数。

```
SELECT ckno 仓库号,COUNT(zgno) 各仓库人数
FROM zg
GROUP BY ckno;
```

（11）检索上海有哪些仓库，列出仓库号、面积。查询结果按面积降序排列。

```
SELECT ckno 仓库号,ckmj 仓库面积
```

```
FROM ck
WHERE cs='上海'
ORDER BY ckmj desc;
```

（12）检索哪些仓库女职工的人数达到了两人。

```
SELECT ckno,COUNT(zgno)
FROM zg
WHERE xb='女'
GROUP BY ckno
HAVING COUNT(*)>=2;
```

（13）检索所有胡姓职工的职工号、姓名、性别、工资。查询结果按性别排降序、工资排升序。

```
SELECT zgno,zgname,xb,gz
FROM zg
WHERE zgname like '胡%'
ORDER BY xb,gz desc;
```

（14）检索职工"王玛丽"的年工资。

```
SELECT gz*12 年工资
FROM zg
WHERE zgname='王玛丽';
```

（15）检索在仓库 WH1 和仓库 WH2 工作的职工的基本信息。

```
SELECT *
FROM zg
WHERE ckno='WH1' or ckno='WH2'
or
SELECT *
FROM zg
WHERE ckno in('WH1','WH2');
```

（16）检索年工资在 24000 元以上的职工的姓名和年工资值。

```
SELECT zgname,gz*12 年工资
FROM zg
WHERE gz*12>24000;
```

五、实验任务 2

（一）实验目的

- 掌握基本的连接操作,掌握内连接与外连接的方法,学会应用自身连接。
- 掌握不相关子查询、相关子查询。
- 学会数据的导入与导出的方法。
- 学会给表命别名。

（二）实验内容

创建一个名为 lianxi2 的数据库,在该数据库中导入仓库表、职工表、供应商表和订购表,如表 A.12～表 A.15 所示。

表 A.12 仓库表

仓 库 号	城 市	面 积
WH1	北京	3700
WH2	上海	5000
WH3	广州	2000
WH4	武汉	4000
WH5	上海	4560
WH6	广州	6700
WH7	珠海	4800

表 A.13 职工表

仓 库 号	职 工 号	月 工 资
WH2	E1	2220
WH1	E2	2210
WH2	E3	4050
WH3	E4	3230
WH1	E5	3250
WH1	E6	2300
WH4	E7	5000
WH5	E8	4000
WH5	E9	3400
WH6	E10	3800

表 A.14 供应商表

供 应 商 号	供 应 商 名	地 址
S3	振华电子厂	西安
S4	华通电子公司	北京
S6	607 厂	郑州
S7	爱华电子厂	北京

表 A.15 订购表

职 工 号	供 应 商 号	订 购 单 号	订 购 日 期
E3	S7	OR091204	2023-12-4
E1	S4	OR090101	2024-4-1
E7	S4	OR100402	2024-4-2

续表

职 工 号	供 应 商 号	订 购 单 号	订 购 日 期
E6	S6	OR100121	2024-1-21
E3	S4	OR091115	2023-11-15
E1	S6	OR060201	2024-2-1
E3	S6	OR100312	2024-3-12
E3	S3	OR090302	2024-3-2
E8	S7	OR100928	2024-9-28
E6	S7	OR100712	2024-7-12
E5	S3	OR100507	2024-5-7

用 SQL 语句实现以下功能。

(1) 检索每个城市的仓库总面积。

(2) 检索每个仓库的职工人数,如果该仓库没有职工,也要列出人数为 0。

(3) 检索有多少职工在上海工作。

(4) 检索哪些职工在上海工作,列出他们的职工号和仓库号。

(5) 检索与 E3 号职工有订购业务联系的供应商号和供应商名。

(6) 检索哪些职工与爱华电子厂有订购业务联系,列出他们的职工号和仓库号。

(7) 检索每个供应商的订购单数目,列出供应商号和他们的订购单数目。

(8) 检索工资超过 3000 元并且在北京或上海工作的职工,列出他们的职工号和工资。

(9) 检索与供应商 S3 有业务联系的职工的职工号、订购单号、仓库号、城市。

(10) 检索哪些仓库没有分配职工。

(11) 检索哪些职工的工资高于全体职工平均工资。

(12) 检索哪些职工的工资高于他所在仓库的职工的平均工资。

(13) 求出哪位职工所发出的订购单最多。

六、实验步骤 2

(1) 检索每个城市的仓库总面积。

```
SELECT cs 城市,SUM(ckmj) 仓库面积
FROM ck
GROUP BY cs;
```

(2) 检索每个仓库的职工人数,如果该仓库没有职工,也要列出人数为 0。

```
SELECT ck.ckno 仓库号,职工人数
FROM ck LEFT JOIN (SELECT ckno,COUNT(zgno) 职工人数
FROM zg GROUP BY ckno) AS z ON ck.ckno=z.ckno
```

(3) 检索有多少职工在上海工作。

```
SELECT COUNT(zgno) 上海工作的职工人数
FROM zg
WHERE ckno in(SELECT ckno FROM ck
WHERE cs='上海');
```

or
SELECT COUNT(zgno) 上海工作的职工人数
FROM ck JOIN zg ON ck.ckno=zg.ckno
WHERE cs='上海';

（4）检索哪些职工在上海工作，列出他们的职工号和仓库号。

SELECT zg.zgno 职工号,zg.ckno 仓库号
FROM ck JOIN zg ON ck.ckno=zg.ckno
WHERE cs='上海';

（5）检索与 E3 号职工有订购业务联系的供应商号和供应商名。

SELECT gys.gysno 供应商号,gys.gysname 供应商名
FROM dgb JOIN gys ON dgb.gysno=gys.gysno
WHERE zgno='E3';

（6）检索哪些职工与爱华电子厂有订购业务联系，列出他们的职工号和仓库号。

SELECT zg.zgno 职工号,zg.ckno 仓库号,gysname 供应商名称
FROM dgb JOIN gys ON dgb.gysno=gys.gysno JOIN zg ON dgb.zgno=zg.zgno
WHERE gysname='爱华电子厂';

（7）检索每个供应商的订购单数目，列出供应商号和他们的订购单数目。

SELECT gys.gysno 供应商号,COUNT(*) 订购单数目
FROM dgb JOIN gys ON dgb.gysno=gys.gysno
GROUP BY gys.gysno;

（8）检索工资在 3000 元并且在北京或上海工作的职工，列出他们的职工号和工资。

SELECT zgno 职工号,gz 工资
FROM zg JOIN ck ON zg.ckno=ck.ckno
WHERE (cs='北京' or cs='上海') and gz>3000;

（9）检索与供应商 S3 有业务联系的职工的职工号、订购单号、仓库号、城市。

SELECT zg.zgno 职工号,gys.gysno 供应商号,dgno 订购单号,ck.ckno 仓库号,cs 城市
FROM gys JOIN dgb ON gys.gysno=dgb.gysno JOIN zg ON dgb.zgno=zg.zgno JOIN ck ON zg.
ckno=ck.ckno
WHERE gys.gysno='S3';

（10）检索出哪些仓库没有分配职工。

SELECT ck.ckno
FROM ck
WHERE ckno not in (SELECT distinct ckno FROM zg);

（11）检索出哪些职工的工资高于全体职工平均工资。

SELECT zgno,gz
FROM zg
WHERE gz>(SELECT AVG(gz) FROM zg);

（12）检索出哪些职工的工资高于他所在仓库的职工的平均工资。

SELECT zgno 职工号,ckno 仓库号,gz 工资
FROM zg s1
WHERE gz>(SELECT AVG(gz) FROM zg s2 WHERE s2.ckno=s1.ckno);

（13）求出哪位职工所发出的订购单最多。

SELECT zgno 职工号,COUNT(dgno) 最多订购单数

```
FROM dgb
GROUP BY zgno
HAVING COUNT(dgno)=(SELECT top 1 COUNT(dgno) FROM dgb GROUP BY zgno ORDER BY COUNT
(dgno) DESC);
```

实验四 视图和索引的管理

一、知识导图

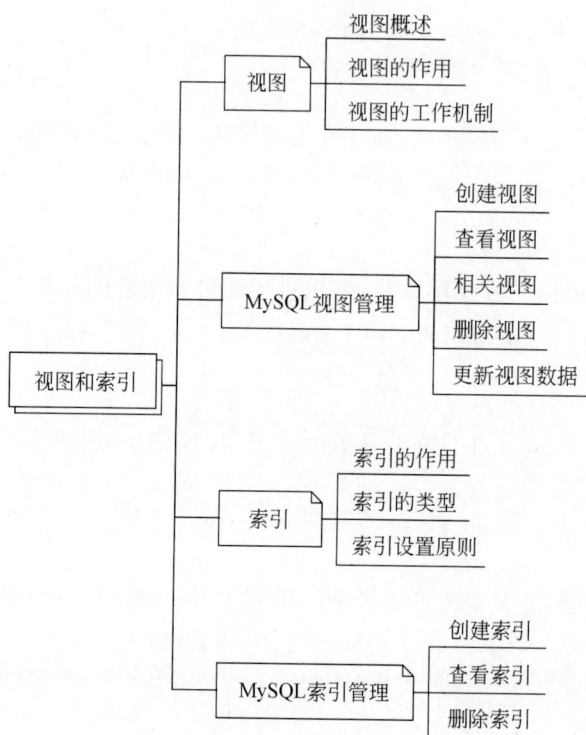

二、核心知识点

视图是从一个或几个基本表（或视图）导出的表。它与基本表不同，值存放视图的定义而不存放视图对应的数据，是虚表。

（一）视图

1. 视图

视图是在一个或多个基本表或视图的基础上，通过查询语句定义的虚拟表。

视图与基本表的关系如表 A.16 所示。

表 A.16　视图与基本表的关系

视图/基本表	联　　系	区　　别
视图	可在 SELECT 语句中作为基本表查询	只存储视图的定义，是虚表
基本表	可在 SELECT 语句中作为基本表查询	包括表的定义和表的数据

2. 视图的作用

操作角度：可根据多个表构建虚表，基于现有基本表字段，构建新的字段，以提高 SQL 查询语句的编写效率。

安全角度：配合权限管理，保护基本表中字段，提升数据的安全性。

其他角度：配合外模式，提升数据的逻辑独立性；视图还可用于大规模、分布式数据集成。

3. 视图的工作机制

因为视图为虚表，所以查询视图时，查询语句会转化为对基本表的查询。

4. 在 MySQL 中使用 SQL 语句管理视图

1）创建视图

创建视图的语法格式为

```
CREATE[OR REPLACE][ALGORITHM={UNDEFINED|MERGE|
TEMPTABLE}][DEFINER={user|CURRENT_USER}]
VIEW 视图名称[(视图字段列表)]
AS 查询语句
[WITH [CASCADED|LOCAL] CHECK OPTION];
```

创建视图的关键语句如下：

```
CREATE VIEW 视图名称[(视图字段列表)]
AS 查询语句;
```

说明：

① OR REPLACE。当 DBMS 存在与创建视图同名的视图时，该可选参数可保持语句正确执行，但会覆盖已有视图的定义。

② ALGORITHM＝{UNDEFINED|MERGE|TEMPTABLE}。算法参数指明运用视图查询数据时，视图查询的工作机制。MERGE 与 TEMPTABLE 的区别在于是将查询直接转换为基本表查询还是将查询作用于视图定义所产生的临时表上。

从查询效率上看，MERGE 查询效率较低，TEMPTABLE 查询效率较高。

从空间复杂度上看，TEMPTABLE 空间复杂度较高。

实际上，TEMPTABLE 是一种以空间换时间的查询方式。

③ 视图字段列表。使用视图字段列表可隐藏基本表中敏感的字段名称，也可以基于基本表中的字段。

④ [WITH [CASCADED|LOCAL] CHECK OPTION。当插入、修改和更新数据时，使用该参数表明将按照创建视图的 WHERE 子句进行检查，不满足条件时将拒绝数据的插入、修改和更新数据的操作。

2）查看视图

使用 DESCRIBE 语句查看视图的结构信息，语法格式为

```
DESCRIBE 视图名称;
```

使用 SHOW TABLE STATUS 语句查看视图的状态情况，语法格式为

```
SHOW TABLE STATUS LIKE '视图名称';
```

使用 SHOW CREATE VIEW 语句查看视图的创建信息，语法格式为

```
SHOW CREATE VIEW 视图名称;
```

通过 MySQL 系统表 information_schema.VIEWS,可查看指定视图的定义、状态等信息。

3）修改视图

使用 CREATE OR REPLACE VIEW 语句可替换现有视图定义,使用 ALTER VIEW 语句可修改视图的定义,语法格式为

```
ALTER [ALGORITHM={UNDEFINED|MERGE|TEMPTABLE}]
[DEFINER={user|CURRENT_USER}]
VIEW 视图名称[(视图字段列表)]
AS 查询语句
[WITH [CASCADED|LOCAL] CHECK OPTION];
```

上述参数定义同创建视图参数。

4）删除视图

使用 DROP VIEW 语句可删除视图,语法格式为

```
DROP VIEW [IF RXISTS] 视图名称 1[,…] [RESTRICT|CASCADED];
```

说明:

RESTRICT|CASCADED。删除约束限制。如果存在基于该视图构建的其他视图,则使用 RESTRICT 表明不允许删除视图。使用 CASCADED 表明删除视图的同时级联删除基于视图构建的其他视图。

5）更新视图的数据

用户可以像操作基本表一样更新视图,但视图的本质是方便查询或保护数据,因此,当对视图执行数据更新操作时,有些情况下是不可能实现的,如视图依赖于多张基本表,实际上,人们很少使用视图来更新数据。

（二）索引

1. 索引的作用、类型和设置原则

1）索引的作用和特点

作用:加快检索速度;

特点:以空间换取时间。

2）索引的类型

（1）根据索引特征分类:普通索引、主键索引、唯一索引、全文索引和空间索引。

① 普通索引是指创建索引时不附加任何约束和限制条件的索引,如果该索引的字段存在重复内容,则索引效率一般。

② 主键索引为根据数据表时自动生成的索引,主键索引是聚集索引。

③ 全文索引适合文本内容较多的数据索引。

④ 空间索引适合地理信息系统。

（2）根据索引涉及列数分类:单列索引和复合索引。

① 单列索引指针对一个列构建的索引。

② 复合索引指针对多个列共同构建的索引,在很多关联表中比较常见。使用复合索引可以有效解决单列索引重复性引发的查找效率问题。

（3）根据索引存储方式分类:B 树和哈希索引。

① B 树索引适合范围条件类型的索引,为 MySQL 默认的索引方式,也是大多数关系数据库常用的索引方式。

② Hash 索引适合固定值类型的索引。

(4) 根据索引与数据物理存储关系分类:聚集索引和非聚集索引。

① 聚集索引为实际物理存储数据使用的索引,通常使用主码作为聚集索引。

② 非聚集索引为根据查找需要构建的非存储数据使用的索引。

3) 索引设置原则

原则 1:索引并非越多越好,索引数量越多,索引的维护成本越高。

原则 2:建议针对重复内容较少的且经常查询的列构建索引,对于重复内容较多的列,可结合其他列构建复合索引,以降低重复内容对索引使用效率的影响。

原则 3:建议对查询语句中经常查询的列、排序的列构建索引。

2. 在 MySQL 中使用 SQL 语句管理索引

1) 创建索引

创建索引的语法格式为

```
CREATE [UNIQUE|FULLTEXT|SPATIAL] INDEX 索引名称
ON 表名称(字段名称[(索引字符长度)[ASC|DESC]][,…])
```

2) 查看索引

使用 SHOW INDEX 语句可以查看已有表或视图上的索引信息,语法格式为

```
SHOW INDEX FROM 表名称[FROM 数据库名称];
```

3) 删除索引

① 使用 ALTER INDEX 语句可以删除索引,语法格式为

```
ALTER TABLE 表名称
DROP INDEX;
```

② 使用 DROP INDEX 语句可以删除索引,语法格式为

```
DROP INDEX 索引名称 ON 表名称;
```

三、实验任务

(一) 实验目的

* 掌握创建视图、删除视图的方法。
* 查询视图。
* 更新视图、修改视图对应的数据。
* 理解索引的概念和索引的作用,学会使用索引。
* 了解聚簇索引和非聚簇索引。

(二) 实验内容

根据实验二中表 Student、Course 和 SC,用 SQL 语句实现以下功能。

(1) 创建视图 V1,包含学生的学号、姓名、所在系、课程号、课程名、课程学分。

(2) 创建视图 V2,包含每个学生的平均成绩,要求列出学生学号及平均成绩。

(3) 创建视图 V3,包含每个学生的修课学分,要求列出学生学号及总学分。

（4）视图 V3 能否对其总学分对应的数据进行修改？

（5）创建视图 V4，包含计算机系的学生基本信息。视图 V4 能否更新学生的姓名？（不包含选课的信息）

（6）创建视图 V5，包含每个学生获得的最高成绩，要求列出学号和最高成绩。

（7）借助视图 V5，检索每个学生获得最高成绩的课程号。

（8）删除视图 V1。

（9）为表 Student 的姓名列创建一个非聚集索引。

（10）为表 Course 的课程名列创建一个聚集索引。

四、实验步骤

（1）创建视图 V1，包含学生的学号、姓名、所在系、课程号、课程名、课程学分。

```
CREATE VIEW V1(学号,姓名,所在系,课程号,课程名,课程学分)
AS
SELECT student.Sno,sname,sdept,course.cno,cname,credit
FROM Student JOIN sc ON student.Sno=sc.sno
JOIN course ON sc.cno=course.cno;
```

（2）创建视图 V2，包含每个学生的平均成绩，要求列出学生学号及平均成绩。

```
CREATE VIEW v2(学号,平均成绩)
AS
SELECT sno,AVG(grade)
FROM sc
GROUP BY sno;
```

（3）创建视图 V3，包含每个学生的修课学分，要求列出学生学号及总学分。

```
CREATE VIEW v3(学号,总学分)
AS
SELECT sc.sno,sum(credit)
FROM sc JOIN course ON sc.cno=course.cno
GROUP BY sc.sno;
```

（4）视图 V3 能否对其总学分对应的数据进行修改？

答：不能修改，因为含有分组子句。

（5）创建视图 V4，包含计算机系的学生基本信息。视图 V4 能否更新学生的姓名？（不包含选课的信息）。

```
CREATE VIEW v4
AS
SELECT *
FROM Student
WHERE Sdept='计算机系';
能更新学生的姓名
```

（6）创建视图 V5，包含每个学生获得的最高成绩，要求列出学号和最高成绩。

```
CREATE VIEW v5(学号,最高成绩)
AS
SELECT sno,max(grade)
FROM sc
GROUP BY sno;
```

（7）借助视图 V5，检索每个学生获得最高成绩的课程号。

```
SELECT cno 最高成绩的课程号
FROM v5 JOIN sc ON v5.学号=sc.sno
WHERE v5.最高成绩=sc.grade;
```

（8）删除视图 V1。

```
DROP VIEW v1;
```

（9）为表 Student 的姓名列创建一个非聚集索引。

```
CREATE INDEX student_name ON student(sname);
```

（10）为表 Course 的课程名列创建一个聚集索引。

```
CREATE CLUSTERED INDEX course_name ON course(cname);
```

实验五　数据库安全性管理

一、知识导图

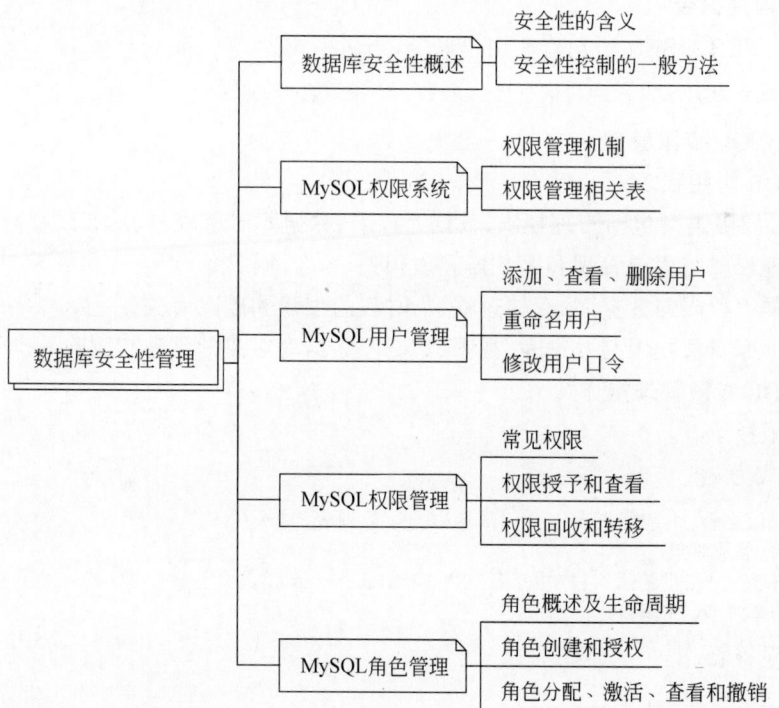

二、核心知识点

数据库管理系统提供了完善的安全机制和管理方法。MySQL 的安全机制主要包括服务器启停与客户端访问权限控制、用户管理与用户权限管理等。

（一）MySQL 权限系统

（1）权限管理机制。

（2）权限管理表及关键字段。

（二）MySQL 用户管理

1. 添加用户

使用 CREATE USER 语句创建普通用户，语法格式为

```
CREATE USER [IF NOT EXISTS] '用户名'[@'主机地址或标识'];
```

2. 查看用户信息

MySQL 表可以查看用户信息，也可以通过管理工具查看。

3. 删除用户

（1）使用 DROP USER 语句删除用户。

```
DROP USER '用户名'@'主机信息' [,'用户名'@'主机信息']…;
```

（2）使用系统表删除用户。

使用 DELETE 语句删除表 mysql.user 中的记录，可实现用户删除。但不推荐使用。

4. 重命名用户

使用 RENAME USER 语句可以一次重命名多个用户，语法格式为

```
RENAME USER '原用户信息'TO'新用户信息' [,'原用户信息'TO'新用户信息']…;
```

5. 修改用户口令

使用 ALTER USER 语句修改用户口令，语法格式为

```
ALTER USER '用户名'@'主机信息'IDENTIFIED BY '新密码';
```

（三）MySQL 权限管理

1. MySQL 常用权限

MySQL 权限类型包括管理权限、数据库权限、数据库对象权限、函数或存储过程权限。

（1）管理权限与用户管理和服务器管理相关，为全局权限。

（2）数据库权限与数据库、存储过程、临时表的创建和删除有关。

（3）数据库对象权限与数据表、视图、索引等数据库对象的创建和删除等操作有关。

2. MySQL 权限管理操作

（1）权限授予。

语法格式为

```
GRANT 权限名称 [(字段列表)][,权限名称[(字段列表)]]…
ON 授权级别及对象
TO '用户名'@'主机信息' [,'用户名'@'主机信息']…;
[WITH GRANT OPTION];
```

（2）权限查看。

语法格式为

```
SHOW GRANTS FOR '用户名'@'主机信息';
```

（3）权限回收。

使用 REVOKE 语句可以依次回收用户多个权限，语法格式为

```
REVOKE 权限名称 [(字段列表)][,权限名称[(字段列表)]]…
ON 回收权限级别及对象
FROM '用户名'@'主机信息' [,'用户名'@'主机信息']…;
```

（4）权限转移。

使用 REVOKE 语句可以将用户拥有的权限转移给其他用户。

（四）MySQL 角色管理

1. 角色的内涵

将一系列权限集中在一起就构成了角色,不同角色代表不同权限的集合。

MySQL 9 版本允许使用角色授权,用户和角色间是多对多的关系。

2. 角色的创建及授权

使用 CREATE ROLE 语句可以依次创建多个角色,其语法格式为

`CREATE ROLE '角色名称'@'主机信息'[,'角色名称' @'主机信息']…;`

3. 角色分配及激活

使用 GRANT 语句可以将角色包含的权限赋予角色,语法格式同权限授予类似。

使用 SET DEFAULT ROLE 语句可以使角色生效。

4. 角色查看及撤销

使用 SELECT CURRENT_ROLE()查看当前用户的生效角色。

使用 REVOKE 语句可以回收已经分配给各用户的角色。

使用 DROP ROLE 语句可以删除角色。

三、实验任务

（一）实验目的

- 掌握在 MySQL 中数据库使用 HeidiSQL 管理工具或 SQL 语句管理用户的方法(以 SQL 命令为重点)。
- 掌握在 MySQL 中数据库使用 HeidiSQL 管理工具或 SQL 语句授权和回收权限的 方法(以 SQL 命令为重点)。
- 掌握在 MySQL 中数据库使用 SQL 语句创建、分配和激活角色的方法(以 SQL 命令 为重点)。

（二）实验内容

以实验二的数据库"学籍管理"为例,用 SQL 语句实现以下功能。

1. 在 MySQL 中数据库使用 HeidiSQL 管理工具或 SQL 语句管理用户

（1）在 MySQL HeidiSQL 或命令行环境下,创建一个超级用户 admin(设定密码为 admin123,使用默认策略加密)。

（2）使用 SQL 语句创建 7 个本地登录的用户,用户名 U1～U7(可以自己设定密码,使 用默认策略加密)。

（3）使用 SQL 语句,将用户名为 U1 的用户密码修改为 u1。

（4）使用 SQL 语句,用查询语句查询系统表,查看已经创建的用户的情况。

（5）使用 SQL 语句,删除 U2 用户,并通过查询系统表,查看已经删除用户的情况。

2. 掌握在 MySQL 中数据库使用 HeidiSQL 管理工具或 SQL 语句授权和回收权限的 方法

（1）使用 SQL 语句,为用户 admin 授予全局权限,并允许权限转移。

（2）使用 MySQL HeidiSQL 为 U1 用户授予数据库 jxgl 中课程表和成绩表的查找、修 改时间权限,不允许权限转移。

（3）使用 SQL 语句，为 U3、U4 用户授予数据库 jxgl 中表 Student 的查询和更新权限，并把修改学生学号的权限授予用户 U4。

（4）使用 SQL 语句，为 U5 用户授予数据库 jxgl 中表 SC 的 INSERT 权限，并允许他再将此权限授予其他用户。

（5）执行（4）后，U5 不仅拥有了对表 SC 的 INSERT 权限，还可以传播此权限，将此权限授予 U6 用户。

（6）使用 SQL 语句，查询系统表，查看用户授权的情况。

（7）使用 SQL 语句，把用户 U4 修改学生学号的权限收回。

（8）使用 SQL 语句，把用户 U5 对表 SC 的 INSERT 权限收回。

3. 在 MySQL 中使用 SQL 语句创建、分配和激活角色

（1）使用 SQL 语句，创建角色 R1。

（2）使用 SQL 语句，为角色 R1 授予数据库 jxgl 中对表 Student 的 SELECT、UPDATE、INSERT 权限。

（3）使用 SQL 语句，将角色 R1 分配给 U1、U3、U4，使他们具有角色 R1 所包含的全部权限。

（4）使用 SQL 语句，激活用户 U1 的角色 R1。

（5）使用 SQL 语句，查看用户 U1 当前活跃的角色情况。

（6）使用 SQL 语句，删除角色 R1。

四、实验步骤

创建一个超级用户 admin（设定密码为 admin123，使用默认策略加密）和本地用户，用户名分别为 U1～U7。

（1）把查询表 Student 的权限授予用户 U1。

```
GRA NT SELECT
ON Student TO U1
```

（2）把对表 Student 的查询和更新权限授予用户 U2 和 U3。

```
GRANT select,update ON Student
TO U2,U3;
```

（3）把对表 SC 的查询权限授予所有用户。

```
GRANT SELECT ON
SC TO PUBLIC;
```

（4）把查询表 Student 和修改学生学号的权限授予用户 U4。

```
GRANT UPDATE(Sno), SELECT
ON
Student TO U4;
```

（5）把对表 SC INSERT 权限授予 U5 用户，并允许他再将此权限授予其他用户。

```
GRANT INSERT ON
SC TO U5
WITH GRANT OPTION;
```

（6）执行（5）后，U5 不仅拥有了对表 SC 的 INSERT 权限，还可以传播此权限。

```
GRANT INSERT ON
SC TO U6
WITH GRANT OPTION;
```

（7）同样，U6 还可以将此权限授予 U7。

```
GRANT INSERT ON
SC TO U7;
```

但 U7 不能再传播此权限。

（8）把用户 U4 修改学生学号的权限收回。

```
REVOKE UPDATE(Sno) ON
Student
FROM U4;
```

（9）收回所有用户对表 SC 的查询权限。

```
REVOKE SELECT ON
SC FROM
PUBLIC;
```

（10）把用户 U5 对表 SC 的 INSERT 权限收回。

```
REVOKE INSERT ON
SC FROM U5
CASCADE ;
```

（11）通过角色来实现将一组权限授予一个用户。

```
CREATE
ROLE R1;
```

（12）然后使用 GRANT 语句，使角色 R1 拥有表 Student 的 SELECT、UPDATE 、INSERT 权限。

```
GRANT SELECT,UPDATE, INSERT
ON
Student TO R1;
```

（13）将这个角色授予 U1、U2、U3。使他们具有角色 R1 所包含的全部权限。

（14）可以一次性通过 R1 回收 U2 的这 3 个权限，通过对象管理器操作实现。

（15）角色的权限修改。

```
GRANT DELETE ON
Student TO R1
```

（16）角色的权限收回。

```
REVOKE SELECT ON
Student
FROM R1;
```

（17）建立计算机系学生的视图，把对该视图的 SELECT 权限授予 U1，把该视图上的所有操作权限授予 U2。

先建立计算机系学生的视图 CS_Student

```
CREATE VIEW CS_Student
AS
```

```
SELECT  *  FROM  Student
WHERE  Sdept='CS';
```

在视图上进一步定义存取权限 GRANT

```
SELECT  ON  CS_Student
TO U1;
GRANT ALL ON
CS_Student
TO  U2;
```

实验六　MySQL 备份和还原

一、知识导图

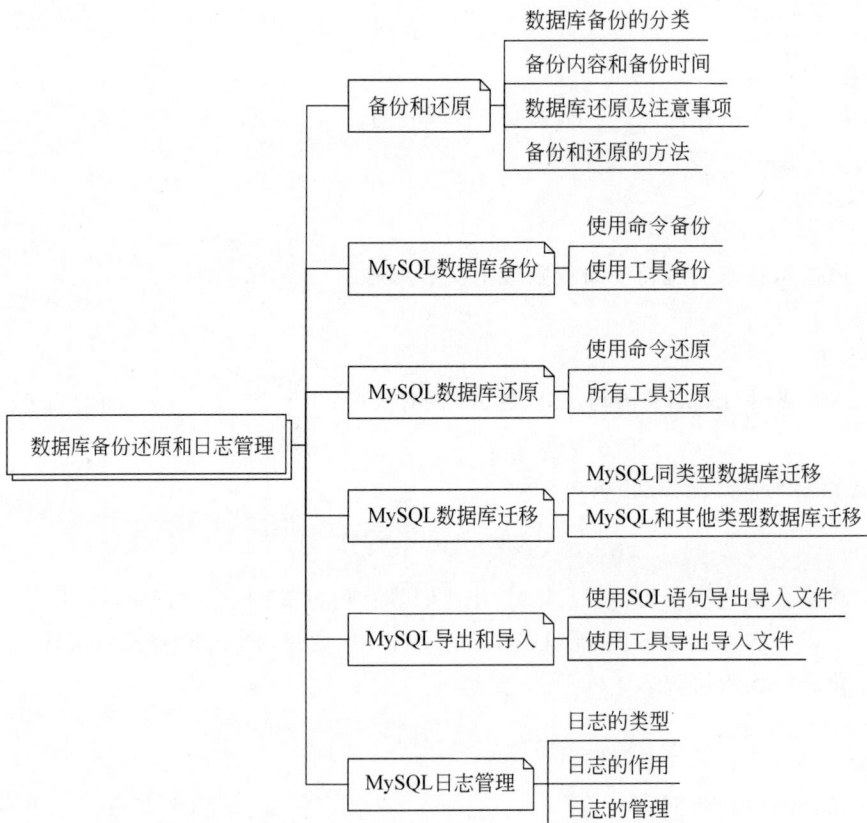

二、核心知识点

数据库备份还原是在数据丢失或者在数据不满足一致性、完整性的时候,根据之前某一状态的数据库备份将数据还原到这一状态的操作。

数据库还原是指加载数据库备份到系统中;数据库备份是在本地服务器上进行的操作。

（一）MySQL 数据库备份的分类

（1）按照备份内容划分,可分为物理备份和逻辑备份。

（2）按照备份数据库的备份范围划分,可分为完整备份、差异备份和增量备份。

其中,完整备份时备份全部数据文件和日志文件,差异备份和增量备份不能单独使用,需要借助完整备份。备份的频率取决于数据的更新频率。

（二）备份内容和备份时间

（1）备份内容。

在备份数据库时需要同时备份用户数据库和系统数据库,以保证系统还原能够正常运行,通常包括数据、日志、代码、服务器配置文件等。

（2）备份时间。

对于系统数据库,一般是在修改之后立即备份。

对于用户数据库,一般采用周期性备份的方法,备份的频率与数据更改频率和用户能够允许的数据丢失量有关。

（三）数据库还原的注意事项

要还原的数据库是否存在;数据库文件是否兼容;数据库采用了哪种备份类型。

（四）备份和还原的方法

（1）数据库备份和还原需要考虑的要素。

丢失数据距今的时间、还原需要的时间、数据的更改频率等。

（2）备份和还原策略。

备份策略:定期备份和增量备份。

还原策略:完全＋增量＋二进制日志;完全＋差异＋二进制日志。

三、实验任务

（一）实验目的

- 掌握使用命令进行 MySQL 数据库备份和还原的方法。
- 掌握使用 HeidiSQL 管理工具进行 MySQL 数据库备份和还原的方法。

（二）实验内容

（1）在 D 盘新建一个用于存放备份文件的文件夹 bakup。

（2）分别使用 SQL 语句和 HeidiSQL 管理工具将实验二所创建的数据库完整备份到文件夹 bakup 中,给出 SQL 语句和重要步骤截图。

（3）删除实验 2 所创建的数据库。

（4）使用 SQL 语句和 HeidiSQL 管理工具还原数据库,给出 SQL 语句和重要步骤截图。

四、实验步骤

（1）在 D 盘新建一个用于存放备份文件的文件夹 bakup。

（2）分别使用 SQL 语句或 HeidiSQL 管理工具将实验二所创建的数据库完整备份到文件夹 bakup 中,给出 SQL 语句和重要步骤截图。

① 使用 SQL 语句备份 bakup 中的命令如下:

```
Mysqldump -u root -p -database jxgl >d:/bakup/jxgl_bakup.sql
```

② 以 HeidiSQL 管理工具为例,进行数据库备份,步骤如下:

选择要导出的数据库 jxgl，右击，执行"导出数据库为 SQL 脚本"命令，如图 A.13 所示。

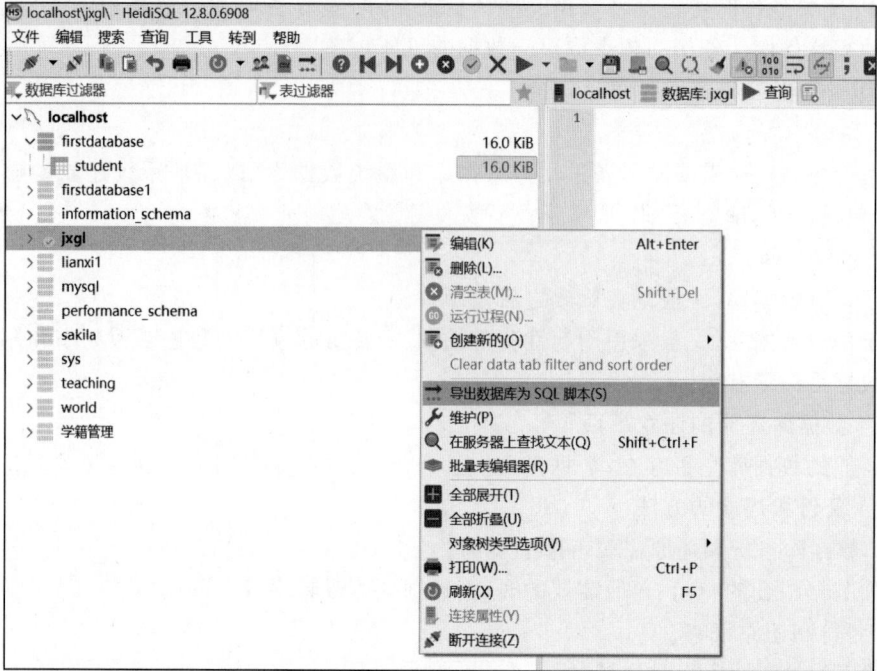

图 A.13　备份数据库 jxgl

在"表工具"对话框中选择输出文件的类型和备份数据库 jxgl 的目标位置和文件名，如图 A.14 所示。

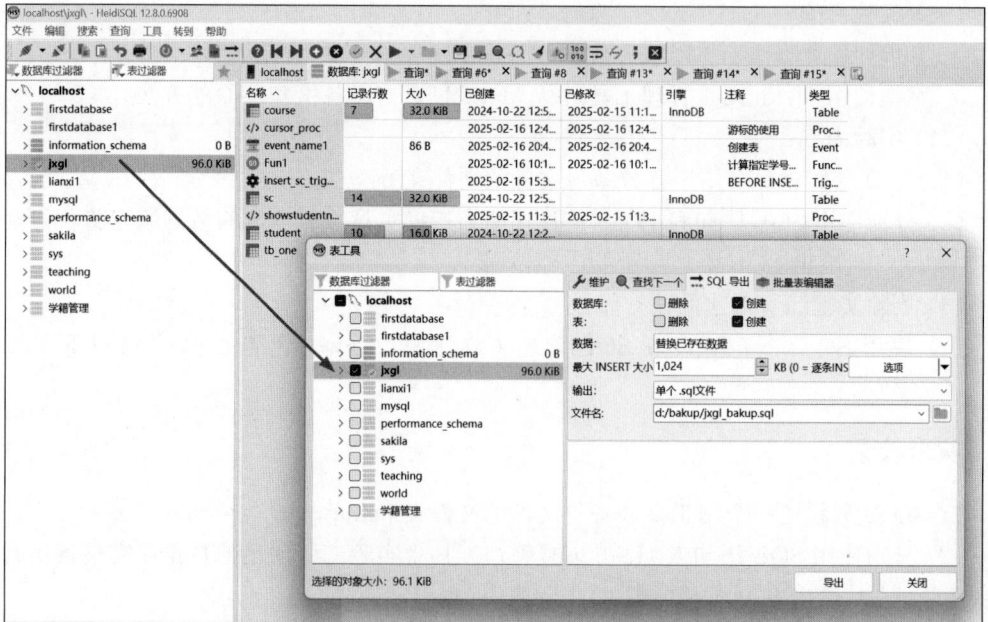

图 A.14　选择备份数据库 jxgl 的位置和文件名

选择输出单个 SQL 文件,在文件名位置输入路径和备份的文件名 d:/bakup/jxgl_bakup.sql,单击"导出"按钮开始备份,导出完成后的界面如图 A.15 所示,数据库 jxgl 的备份文件如图 A.16 所示。

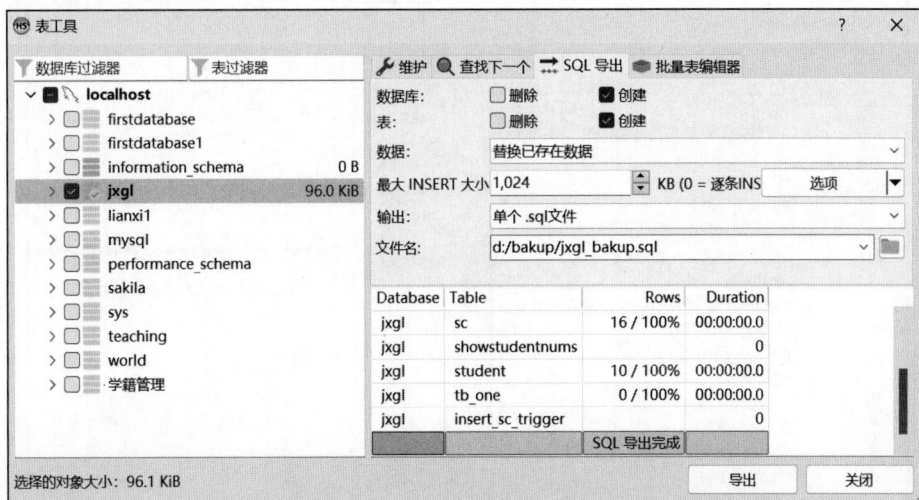

图 A.15 备份数据库 jxgl 完成

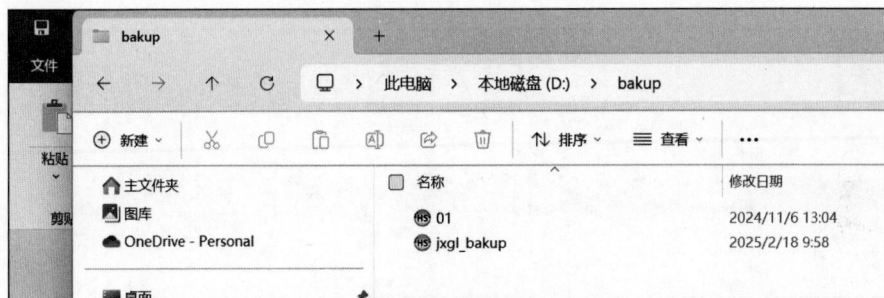

图 A.16 查看备份数据库 jxgl 文件

(3) 选择已备份的 jxgl 数据库右击,在弹出的快捷菜单中执行"删除"命令,即可删除数据库 jxgl,如图 A.17 所示。

(4) 使用 SQL 语句和 HeidiSQL 管理工具还原数据库,给出 SQL 语句和重要步骤截图。

使用 SQL 语句还原的命令如下:

```
Mysqldump -u root -p -database jxgl <d:/bakup/jxgl_bakup.sql
```

以 HeidiSQL 管理工具为例,进行数据库还原,步骤如下:

在备份文件的目录下,选择已备份的文件名双击,弹出 HeidiSQL 登录窗口,正常登录后,在窗口中显示要恢复的 SQL 代码,再单击工具栏上的运行图标,即可恢复导出的数据库,如图 A.18 所示。

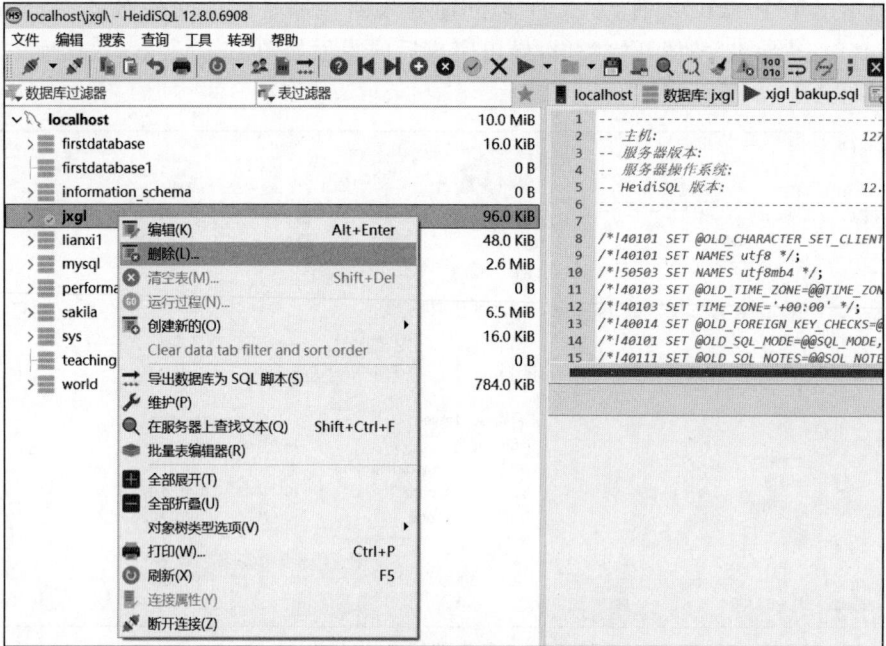

图 A.17 删除数据库 jxgl

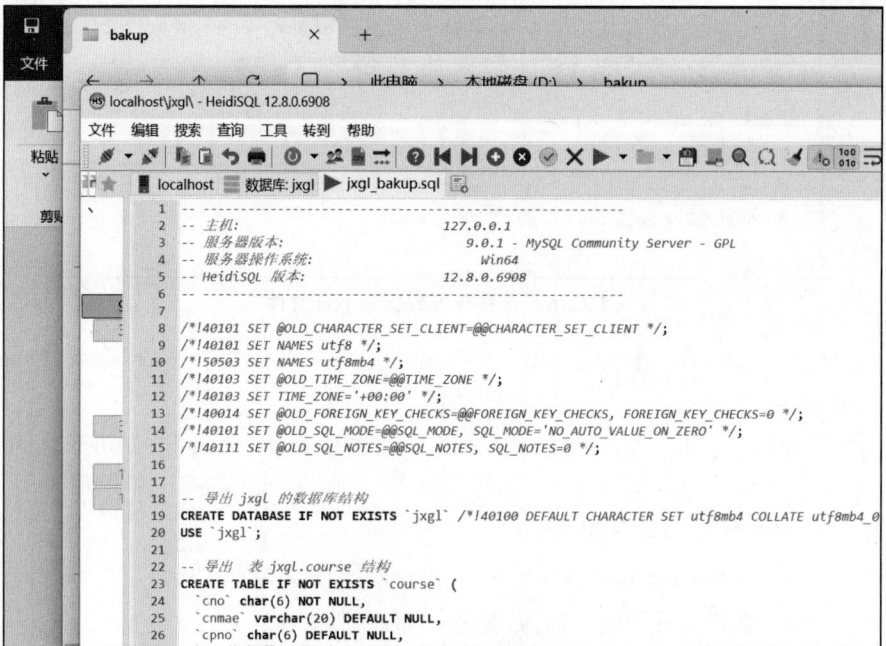

图 A.18 恢复已备份数据库 jxgl 文件

实验七　综合案例——网上选课系统的设计

一、知识导图

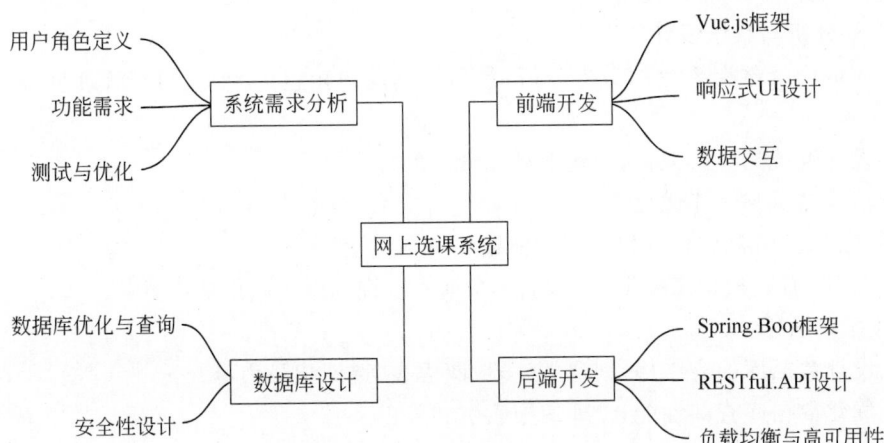

二、核心知识点

（一）系统需求分析

（1）确定系统的用户角色（学生、教师、管理员）以及每个角色的功能需求。

（2）功能划分与界面设计，确保满足不同用户的需求。

（3）系统测试与部署。

进行功能测试、性能测试、安全测试，确保系统功能的正确性与系统的稳定性。

部署到生产环境，配置服务器和数据库，保障高可用性。

（二）数据库设计

（1）设计数据库表结构（学生表、课程表、选课记录表等），并合理使用索引、外键等确保数据的一致性与完整性。

（2）数据库优化与查询，保证高效的数据存取。

（三）前端开发（Vue.js 框架）

（1）使用 Vue.js 实现系统的用户界面，关注响应式设计与用户体验。

（2）使用组件化开发思想，确保代码的复用性与可维护性。

（四）后端开发（Spring Boot 框架）

（1）使用 Spring Boot 实现后端业务逻辑，设计 RESTful API 进行前后端数据交互。

（2）集成 MySQL 数据库，处理数据增删改查操作。

三、实验任务

（一）实验目的

- 通过设计和开发一个基于 Web 的网上选课系统，掌握系统分析、设计、开发、测试和部署的完整流程。

- 学习和实践前端开发技术(Vue.js)、后端开发技术(Spring Boot)、数据库设计(MySQL),以及系统优化与性能测试。
- 深入理解如何结合需求分析、功能设计、数据库设计、前后端技术栈等方面,构建一个完整的高可用、高性能的选课系统。

(二)实验内容

1. 需求分析与系统设计

(1)完成网上选课系统的需求分析,包括不同用户角色(学生、教师、管理员)的需求和权限。

(2)设计系统的整体架构,确定前后端分离的方案。

(3)功能测试与性能优化。

对系统进行功能测试,确保每个功能模块按预期运行。

进行性能测试,模拟高并发请求,优化数据库查询和系统响应速度。

2. 数据库设计

(1)设计数据库的表结构,创建学生表、课程表、选课记录表等。

(2)优化数据库查询性能,合理使用索引和外键。

3. 前端开发

(1)使用 Vue.js 框架实现学生、教师、管理员的操作界面。

(2)实现选课、退课、成绩查询等功能模块,设计友好的用户交互界面。

4. 后端开发

(1)使用 Spring Boot 开发系统的业务逻辑,设计 RESTful API。

(2)实现用户认证与权限管理,进行数据的增删改查操作。

四、实验步骤

(一)需求分析阶段的实现步骤

(1)组织团队讨论。召集团队成员,包括前端开发者、后端开发者、数据库管理员、UI/UX 设计师等,共同讨论系统需求。

(2)收集需求。通过问卷调查、访谈、用户故事等方式,收集目标用户(学生、教师、管理员)的具体需求。

(3)需求整理。将收集到的需求进行整理,按功能性需求和非功能性需求分类。功能性需求包括用户注册登录、课程浏览、选课、课程管理、用户管理等;非功能性需求包括系统响应时间、安全性、可维护性等。

(4)形成需求文档。将整理后的需求以文档形式记录下来,确保团队成员对需求有共同的理解。

(二)设计阶段的实现步骤

1. 总体架构设计

网上选课系统是一个基于分层架构的设计,整合了客户端、应用服务、权限管理、数据库和运行环境,采用 MySQL 数据库和 InnoDB 引擎,支持多种云服务与虚拟化环境,提供高效的学生、教师、管理员管理功能,如图 A.19 所示。

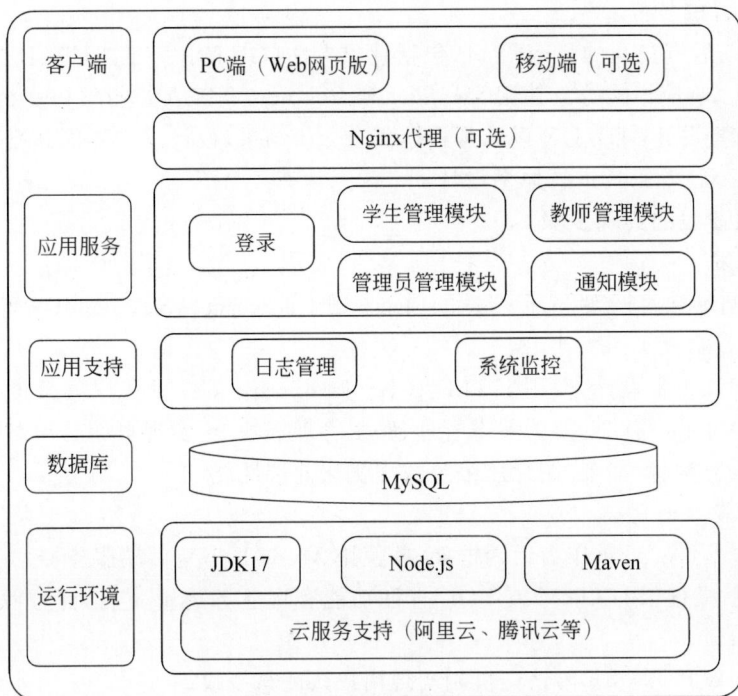

图 A.19　网上选课系统的架构设计

2. 数据库设计的步骤

根据需求分析的结果,绘制网上选课系统的全局 E-R 图,如图 A.20 所示,并基于该 E-R 图进行逻辑结构设计,具体参考 17.4.2 小节。

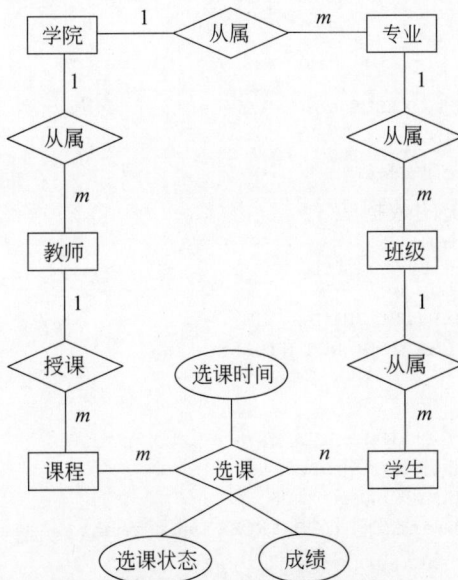

图 A.20　网上选课系统的全局 E-R 图

3. 接口设计的步骤

（1）定义前后端交互的 API 接口，包括请求方法（GET、POST、PUT、DELETE）、URL 路径、请求参数、响应格式等。使用 Swagger 或 Postman 等工具进行接口文档化。

（2）UI/UX 设计：UI/UX 设计师根据需求分析结果，设计用户界面和交互流程。使用 Sketch、Adobe XD 等工具进行原型设计。

（三）开发阶段的实现步骤

1. 前端开发

（1）搭建前端项目框架，选择合适的前端框架（如 React、Vue、Angular 等）和构建工具（如 Webpack、Vite 等）；

（2）根据 UI/UX 设计，使用 HTML、CSS、JavaScript 等技术实现页面布局和样式；

（3）通过 Vue.js 前端框架的状态管理、路由管理等功能，实现页面的动态渲染和交互逻辑，并通过代码分割、懒加载、图片压缩等技术优化前端性能。

2. 后端开发

（1）选择 Spring Boot 作为后端框架，并使用 MySQL 搭建后端服务器；

（2）利用后端框架的 ORM 或 SQL 查询功能实现业务逻辑，包括课程管理、选课逻辑和数据查询等；

（3）通过 JWT、OAuth 等认证机制实现用户认证与授权；

（4）编写单元测试，以确保后端代码的正确性。

3. 数据库开发

创建数据库和表结构，执行 SQL 脚本。

（1）创建数据库，MySQL 默认的存储引擎通常是 InnoDB；字符集采用 utf8mb4，可以支持完整的 Unicode；排序规则采用 utf8mb4_unicode_ci，更注重遵循 Unicode 标准，支持复杂排序规则。代码如下：

```
--创建数据库
CREATE DATABASE IF NOT EXISTS course_selection_system
CHARACTER SET utf8mb4
COLLATE utf8mb4_unicode_ci;
```

（2）创建网上选课系统的数据表。

```
--学院表
CREATE TABLE Department (
  DepartmentID VARCHAR(10) PRIMARY KEY,
  DepartmentName VARCHAR(50) NOT NULL);
--专业表
CREATE TABLE Major (
  MajorID VARCHAR(10) PRIMARY KEY,
  MajorName VARCHAR(50) NOT NULL,
  DepartmentID VARCHAR(10),
  FOREIGN KEY (DepartmentID) REFERENCES Department(DepartmentID));
--班级表
CREATE TABLE Class (
  ClassID VARCHAR(10) PRIMARY KEY,
  ClassName VARCHAR(50) NOT NULL,
  MajorID VARCHAR(10),
  FOREIGN KEY (MajorID) REFERENCES Major(MajorID));
```

```
--学生表
CREATE TABLE Student (
  StudentID VARCHAR(20) PRIMARY KEY,
  Name VARCHAR(50) NOT NULL,
  Gender CHAR(1) CHECK (Gender IN ('M', 'F')),
  Contact VARCHAR(50),
  ClassID VARCHAR(10),
  Credits DECIMAL(5,1) DEFAULT 0,
  Password VARCHAR(100) NOT NULL,    --登录密码
  Status TINYINT DEFAULT 1,          --学生状态(1:正常, 0:停用)
  FOREIGN KEY (ClassID) REFERENCES Class(ClassID));
--教师表
CREATE TABLE Teacher (
  TeacherID VARCHAR(20) PRIMARY KEY,
  Name VARCHAR(50) NOT NULL,
  Gender CHAR(1) CHECK (Gender IN ('M', 'F')),
  Contact VARCHAR(50),
  DepartmentID VARCHAR(10),
  Password VARCHAR(100) NOT NULL,        --登录密码
  Status TINYINT DEFAULT 1,              --教师状态(1:正常, 0:停用)
  FOREIGN KEY (DepartmentID) REFERENCES Department(DepartmentID));
--课程表
CREATE TABLE Course (
  CourseID VARCHAR(20) PRIMARY KEY,
  CourseName VARCHAR(100) NOT NULL,
  Credits DECIMAL(3,1) NOT NULL,
  ClassTime VARCHAR(100) NOT NULL,
  TeacherID VARCHAR(20),
  MaxEnrollment INT NOT NULL,
  CurrentEnrollment INT DEFAULT 0,
  Semester VARCHAR(20) NOT NULL,         --学期
  Status TINYINT DEFAULT 1,              --课程状态(1:正常, 0:停课)
  FOREIGN KEY (TeacherID) REFERENCES Teacher(TeacherID));     --管理员表
  CREATE TABLE Admin (
  AdminID VARCHAR(20) PRIMARY KEY,
  Name VARCHAR(50) NOT NULL,
  Contact VARCHAR(50),
  Password VARCHAR(100) NOT NULL,        --登录密码
  Status TINYINT DEFAULT 1               --管理员状态(1:正常, 0:停用)
  );
--选课记录表(学生和课程的多对多关系)
CREATE TABLE SC (
  SelectionID INT AUTO_INCREMENT PRIMARY KEY,
  StudentID VARCHAR(20),
  CourseID VARCHAR(20),
  SelectTime DATETIME DEFAULT CURRENT_TIMESTAMP,
  Grade DECIMAL(5,2),                    --成绩
  Status TINYINT DEFAULT 1,              --选课状态(1:正常, 0:退课)
  FOREIGN KEY (StudentID) REFERENCES Student(StudentID),
  FOREIGN KEY (CourseID) REFERENCES Course(CourseID),
  UNIQUE KEY unique_selection (StudentID, CourseID, Status));
--课程公告表
CREATE TABLE CourseNotice (
  NoticeID INT AUTO_INCREMENT PRIMARY KEY,
```

```
CourseID VARCHAR(20),
TeacherID VARCHAR(20),
Title VARCHAR(200) NOT NULL,
Content TEXT NOT NULL,
PublishTime DATETIME DEFAULT CURRENT_TIMESTAMP,
Status TINYINT DEFAULT 1,                    --公告状态(1:有效, 0:已删除)
FOREIGN KEY (CourseID) REFERENCES Course(CourseID),
FOREIGN KEY (TeacherID) REFERENCES Teacher(TeacherID));
```

（3）优化数据库查询，使用索引、查询缓存等技术提高性能。

```
--为 users 表添加索引
CREATE INDEX idx_users_username ON users(username);
CREATE INDEX idx_users_type ON users(type);
CREATE INDEX idx_users_status ON users(status);
--为 courses 表添加索引
CREATE INDEX idx_courses_teacher_id ON courses(teacher_id);
CREATE INDEX idx_courses_department ON courses(department);
CREATE INDEX idx_courses_status ON courses(status);
CREATE INDEX idx_courses_name ON courses(name);
--为 SC 表添加组合索引
CREATE INDEX idx_selections_student_course ON course_selections(student_id,
course_id);
CREATE INDEX idx_selections_course_student ON course_selections(course_id,
student_id);
--为 departments 表添加索引
CREATE INDEX idx_departments_name ON departments(name);
```

（四）测试与调试阶段

（1）根据需求文档和设计文档，编写单元测试、集成测试、系统测试等测试用例，确保各模块功能正确。

（2）进行压力测试，评估系统在高并发状态下的表现。

（3）调试系统中出现的错误和异常，确保系统稳定运行。